地盤工学・実務シリーズ 32

防災・環境・維持管理と地形地質

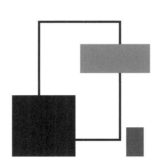

公益社団法人 地盤工学会

まえがき

　建設計画であろうと保全計画であろうと，地形・地質の観察はその最初に行われる行為であり，地質条件を読み取るのに不可欠である。その目的で，『建設計画と地形・地質』は，昭和59年（1984），池田俊雄委員長のもと，土質基礎工学ライブラリーシリーズ26として計画・出版された。爾来，約30年間読み継がれて，我が国の高度経済成長期の社会資本整備にたずさわる者の座右の書となってきた。同書の内容は，今後といえども建設段階では不可欠な分野である。とくに従来，地盤工学や土質工学に従事する技術者は，調査の初期段階で必要な地形・地質調査を軽視しがちであった。その必要性を啓発する意味をも込めて，同書の初版は出版された。

　ところが，この30年間には，社会資本の建設計画への投入の減少と維持管理・更新の相対的な増加とともに，①1995年の阪神淡路大地震と2011年の東日本大震災，さらにはその間に発生した数々の大地震，②毎年頻発する豪雨災害とそれに伴う土砂災害，③山岳横断道路の建設や多くの整備新幹線の建設等があって，防災の面からの地盤工学への要求も著しく増えている。

　一方，建設・維持管理いずれであっても，今日われわれが業務を遂行する上では，環境に配慮するのが当然のこととなっており，建設コンサルタンツ協会のアンケート調査によると，88％が「業務で環境に配慮している」とされる[1]。特記仕様書に特に記されていなくとも，環境への配慮を行うのが当たり前の社会になってきている。官側（発注者）も，環境に配慮した業務の実施に積極的である。それは，国民の志向，地域社会や住民意識，法や条例の変化などによって，環境への配慮は避けて通れないからである。こういう実態は今後も変わることなく推進されよう。

　我が国では高度経済成長期に社会資本（道路・港湾・空港・公共住宅・下水道・公園・治水・護岸など）が集中的に整備され，これらストックされたインフラの多くがすでに30～50年の期間を経過していて，今後急速な老朽化が想定される。一方ではこれらの長寿命化が計画的に進められてはいるものの，社会資本の老朽化が増える現状を見ると，今後は，これらストック・インフラの長寿命化を含めた，維持管理や更新に社会資本は多くが投入されることになる。今後の投資総額の伸びが2010年度以降，対前年度比±0％のまま維持管理・更新に従来通りの費用を投入すると仮定すると，2037年には，維持管理・更新が投資額を上回ると予測されている[2]。現在，既に建設（新設）費よりも維持管理・更新費のほうが増加している。今後の公共事業では，50年後には人口は今の3分の2に減る見込みだという点を踏まえて，建設と維持管理・更新のことを考えていかねばならない。

　本書は初版本『建設計画と地形地質』の改訂版として出版されたが，上述のような社会の変容の現実を踏まえ，実態に合った事業の実施に参画する地盤工学技術者は，初版本を基礎にしながらも，この間に進展した新しい技術やこの間に経験したさまざまの事例を取り入れて，このような今後の社会変化の実態に合った技術を創造・発展させ，社会資本の整備に効果的に対応していく必要がある。このことから本書の改訂は，次の基本方針のもとに実施した。

① 今後20年くらいの使用に耐える内容とする。
② 建設事業が無くなるわけではないが著しく減るので，書名は思い切って標記のように変えた。書名を見る限り「新本」とさえ言える。
③ 地形・地質の基本的な読み取り技術―例えば，活断層・地すべり・土石流堆・低地微地形・段丘・火山体・・・といった基礎知識については，初版本や他の

---

[1] 建設コンサルタンツ協会　マネジメントシステム委員会　環境配慮専門委員会　平成25年度マネジメントセミナー「環境配慮の動向と建設コンサルタントの役割」による。
[2] 国土交通省によると，2011年から2060年度までの50年間に必要な更新費（約190兆円）のうち，30兆円（全体必要額の約16％の更新ができないと試算されている（国土交通省ホームページによる）。

書籍に譲り，本書では割愛した。
④ そのうえで本書では，㋐問題地形（上記③）の地形・地質条件があった場合，それらがどういう状態のときどういう問題があるのか，㋑それらは理学的に見てどう評価されるのか、㋒その評価結果に基づいて，今後の建設や維持管理・更新の際には，工学的にどう対処するのが良いか等，土木技術者・土質技術者では読み取りにくい地形・地質面での内容を必ず提示することにした。

このために，次の点を念頭に置いて執筆した。
① 執筆者の持つ貴重なノウハウ（物の見方・考え方）を，おしみなく出してもらった。
② 土木屋技術者や土質技術者あるいは未熟なコンサルタントでは気がつかない，あるいは発見できそうにないこと（現象や事実、地形地質的特徴等）について，よく書くようにした。
③ 記述内容は其本的には「地形・地質」についてであるが，それと密接な関係のある植生や土地利用・土質的な特徴などがあれば，それらも入れて判断材料に供した。
④ とくに、防災対策や環境保全などの計画や調査・施工にたずさわる技術者は，その際，どういう点に注意してほしいかを，丁寧に記述した。
⑤ 防災上の問題点をイメージしてもらいやすくするために，防災の章の冒頭に，過去の歴史的な大災害の実態を載せて，防災上の注意を喚起するよう努めた。

なお，本書の原稿がほぼ出揃った頃，74名の死者を出した広島市の土石流災害や，50余名が犠牲になった御嶽山の噴火災害など，本書で重視している重大災害が発生したので，それらの災害事例も本書に取り込むことにした。そのため，本書の出版が予定より遅れたことを記しておきたい。

平成27年11月　　今村遼平

防災・環境・維持管理と地形地質　編集委員会名簿

委 員 長	今村　遼平	アジア航測株式会社
副委員長	上野　将司	応用地質株式会社
委　　員	荒井　　融	地圏科学研究所
〃	稲垣　秀輝	株式会社環境地質
〃	井上　公夫	一般財団法人砂防フロンティア整備推進機構
〃	小俣新重郎	日本工営株式会社

防災・環境・維持管理と地形地質　執筆者名簿

井上　公夫	（一財）砂防フロンティア整備推進機構	第1章1.1
小俣新重郎	日本工営株式会社	第1章1.2.1，1.2.3，1.2.7，第3章3.6，コラム
稲垣　秀輝	株式会社環境地質	第1章1.2.2，第2章2.6，第3章3.3 コラム
太田　英将	（有）太田ジオリサーチ	第1章1.2.4，1.3.4
小荒井　衛	国立大学法人茨城大学	第1章1.2.5，1.2.6，1.3.5
上野　将司	応用地質株式会社	第1章1.3.1，1.3.2，1.6.5，第3章3.2，3.5
今村　遼平	アジア航測株式会社	第1章1.3.3，コラム
千葉　達朗	アジア航測株式会社	第1章1.4
関口　辰夫	国土地理院	第1章1.5.1
平田　　文	日特建設株式会社	第1章1.5.2
内藤　邦夫	船橋コンサルタント株式会社	第1章1.5.3
中村　裕昭	株式会社地域環境研究所	第1章1.6.1，第2章2.1，2.7，コラム
若林祐一郎	基礎地盤コンサルタンツ株式会社	第1章1.6.2，第3章3.4
荒井　　融	地圏科学研究所	第1章1.6.3，1.6.4，第3章3.8
大里　重人	株式会社土質リサーチ	第1章1.6.6，第2章2.5
大野　博之	株式会社環境地質	第2章2.2，2.3，2.4，コラム
阿部　知之	応用地質株式会社	第3章3.1
中山　健二	川崎地質株式会社	第3章3.7
遠藤　邦彦	日本大学名誉教授	コラム

目次

まえがき
第 1 章　防災 ··· 1
 1.1　歴史災害 ··· 2
  1.1.1　1707 年の宝永地震・富士山噴火と土砂災害 ························· 3
  1.1.2　1783 年の浅間山天明噴火と土砂災害 ································ 8
  1.1.3　1792 年の島原大変肥後迷惑 ·· 13
  1.1.4　1847 年の善光寺地震と土砂災害 ···································· 16
  1.1.5　1889 年の紀伊半島豪雨災害 ·· 21
  1.1.6　1923 年の関東大震災と土砂災害 ···································· 24
  ＜コラム＞地質時代区分と用語の用法が変わりました ····················· 32
 1.2　地震災害 ··· 34
  1.2.1　地震動（地形・地盤の影響） ······································ 34
  1.2.2　液状化 ·· 41
  1.2.3　斜面の崩壊・地すべり ·· 47
  1.2.4　盛土のすべり ··· 55
  1.2.5　津波 ·· 61
  1.2.6　広域隆起・沈降 ··· 67
  1.2.7　活断層（地震断層） ·· 72
  ＜コラム＞軟弱地盤のナレッジツリー ···································· 80
 1.3　豪雨災害 ··· 81
  1.3.1　地すべり ··· 81
  1.3.2　斜面崩壊 ··· 86
  ＜コラム＞深度とガル ·· 91
  1.3.3　土石流 ·· 92
  1.3.4　盛土のすべり ··· 99
  1.3.5　洪水災害 ··· 105
 1.4　火山災害 ·· 111
  1.4.1　火山噴火と噴火災害 ·· 112
  1.4.2　降下火砕物 ·· 114
  1.4.3　火砕流・火砕サージ ·· 120
  1.4.4　溶岩流 ·· 122
  1.4.5　火山ガス ··· 124
  1.4.6　岩屑なだれ（山体崩壊） ··· 126
  1.4.7　地殻変動 ··· 127
  1.4.8　空振 ·· 128
  1.4.9　2 次災害（泥流） ··· 129
  1.4.10　その他の火山災害 ·· 131
  ＜コラム＞軟岩 ··· 132
 1.5　雪氷・融雪災害 ·· 133
  1.5.1　雪崩 ·· 133
  1.5.2　融雪災害 ··· 140
  1.5.3　凍上 ·· 144
 1.6　その他の災害 ··· 149
  1.6.1　広域地盤沈下 ·· 149
  1.6.2　不同沈下 ··· 155
  1.6.3　陥没災害 ··· 159
  1.6.4　隆起災害 ··· 164
  1.6.5　海岸侵食 ··· 169

- 1.6.6 高潮災害 -- 175

第 2 章 環境 --- 179
- 2.1 地下水障害 --- 180
  - 2.1.1 地下水位回復に伴う新たな都市地下水問題 ------------------------------- 180
  - 2.1.2 地下開発に伴う地下水障害 -- 183
- 2.2 土壌・地下水汚染 -- 185
  - 2.2.1 国土の特性と土壌・地下水汚染 --- 185
  - 2.2.2 自然的原因 --- 186
  - 2.2.3 地下水年代による流動把握 -- 188
  - 2.2.4 土壌・地下水汚染と地形・地質モデル ------------------------------------- 189
  - 2.2.5 土壌・地下水汚染を捉える際の地形・地質の見方 ---------------------- 190
- 2.3 廃棄物処理 --- 191
  - 2.3.1 廃棄物処理 -- 191
  - 2.3.2 最終処分場と地盤の安定性 --- 192
  - 2.3.3 最終処分場と地下水問題 -- 192
  - 2.3.4 最終処分場と活断層 -- 194
  - 2.3.5 最終処分場の地形・地質の見方 --- 195
  - ＜コラム＞災害がれき・廃棄物とその対応 --------------------------------------- 197
- 2.4 地層処分 -- 198
  - 2.4.1 地層処分と地形・地質調査 -- 198
  - 2.4.2 地下深部の地質構造の把握 -- 199
  - 2.4.3 地震・断層活動の把握 --- 200
  - 2.4.4 火山・火成活動、熱・熱水活動の把握 -------------------------------------- 200
  - 2.4.5 地殻変動特性（隆起・沈降）の把握 -- 202
  - 2.4.6 地下水の地化学的特性の把握 -- 203
  - 2.4.7 地層処分の地形・地質の見方 -- 203
- 2.5 地球環境 -- 205
  - 2.5.1 地球環境変動の歴史 -- 205
  - 2.5.2 気候変動と地形形成 -- 207
  - 2.5.3 気候変動と地盤形成 -- 207
  - 2.5.4 実務から見た地球環境と過去の環境変動情報の利用 -------------------- 208
  - 2.5.5 地球温暖化現象を中心とした地球環境問題 -------------------------------- 209
- 2.6 応用地生態 --- 212
  - 2.6.1 応用地生態学の概念 -- 212
  - 2.6.2 文献で見る地形・地質と生態系の関係 -------------------------------------- 213
  - 2.6.3 アンケートで見る地形・地質と生態系の保全の現状 -------------------- 214
  - 2.6.4 応用地生態学に必要な地形・地質調査技術 -------------------------------- 215
  - 2.6.5 応用地生態学による自然環境の調査事例 ----------------------------------- 221
  - ＜コラム＞地すべりの地形・地質と地生態学的な土地利用 ------------------ 226
- 2.7 水環境 --- 227
  - 2.7.1 水循環基本法の基本理念 -- 227
  - 2.7.2 流域の水循環 -- 228
  - 2.7.3 涵養域保全と湧水モニタリング --- 231

第 3 章 維持管理 --- 233
- 3.1 河川構造物 --- 234
  - 3.1.1 河川堤防の特徴 -- 234
  - 3.1.2 治水機能を維持する上での留意点 -- 234
  - 3.1.3 安定性評価に関わる地盤の見方 --- 236
  - 3.1.4 維持管理上の課題 --- 238

- 3.2 土構造物 -------- 240
  - 3.2.1 切土のり面 -------- 240
  - 3.2.2 盛土のり面 -------- 242
- 3.3 宅地 -------- 246
  - 3.3.1 宅地の地盤災害 -------- 246
  - 3.3.2 谷埋め盛土のすべり -------- 247
  - 3.3.3 宅地造成等規制法 -------- 250
- 3.4 基礎構造物 -------- 253
  - 3.4.1 問題となる地形地質 -------- 253
  - 3.4.2 対処法と課題 -------- 254
- 3.5 トンネル -------- 259
  - 3.5.1 地すべりを貫くトンネル -------- 259
  - 3.5.2 断層破砕帯・変質帯等の脆弱地質を貫くトンネル -------- 261
- 3.6 ダム -------- 264
  - 3.6.1 ダム堤体の維持管理における課題と対応 -------- 264
  - 3.6.2 貯水池の維持管理における課題 -------- 265
  - 3.6.3 継続的な土砂管理対策 -------- 265
  - 3.6.4 貯水池およびその周辺の課題と対応 -------- 266
  - 3.6.5 ダムの長期的な維持管理計画 -------- 268
  - 3.6.6 ダムの再開発 -------- 268
  - ＜コラム＞構造物の長寿命化 -------- 270
- 3.7 埋設物 -------- 271
  - 3.7.1 埋設物の現状 -------- 271
  - 3.7.2 埋設物や周辺地盤の調査 -------- 273
- 3.8 発電施設 -------- 278
  - 3.8.1 東北地方太平洋沖地震による発電施設の被害 -------- 278
  - 3.8.2 原子力発電所の安全規制と活断層の扱い -------- 279
  - 3.8.3 原子力施設における活断層評価の課題 -------- 281
  - ＜コラム＞小水力発電 -------- 283

あとがき -------- 284
索引 -------- 285

第 1 章　防災

　日本列島は 4 枚のプレートがぶつかる世界的に見て特異な場に位置する。プレートのもぐり込む場所やその周辺では，プレート間の摩擦で歪みの蓄積や岩石が融けてマグマが生じるため，地震が頻発し活発な火山活動が見られる。プレートの押す力によって海洋底の地層が付加されるとともに，日本列島は隆起して標高 3000m 級の山脈が形成され，基盤を構成する地質には多くの断層や褶曲が生じた。火山活動は，溶岩や火山灰などを大量に噴出させ，周辺の地質に熱水による変質作用を加えて脆弱化させた。さらに，地表からの風化作用は硬い岩石を土砂状の風化岩に変質させている。このような脆弱な地質で形成された日本列島を評して地質学者の藤田和夫博士は「日本砂山列島」[*]と呼んだ。

　また，日本列島は気候区分上からは温帯モンスーン帯にあたり，はっきりとした四季を持ち，降水量は世界的にみて多い地域にあたる。春と秋には前線が日本列島上に停滞し，夏から秋には台風の通過コースにあたるため，豪雨に見舞われることが多く毎年のように地すべり・崩壊・土石流等の斜面変動や洪水による災害が発生する。さらに，冬期の北西の季節風は日本海の暖かい海水にふれて水蒸気をたっぷりと含んで日本列島の脊梁山地にぶつかり，日本海側の地域に大雪を降らせる。最大積雪深は日本海側の留萌，青森，富山，福井などの都市で 2m を超え，新潟県上越市では 4m 程度となっている。世界的に見ても都市部における豪雪地帯はまれであり，雪崩や融雪期の地すべり等による災害が発生する。

　脆弱な国土に災害をもたらす誘因としては，気象条件に加えて頻発する地震や火山活動がある。地震に伴う地盤の液状化，津波，地すべりや崩壊，断層変位などによる災害は，東北日本太平洋沖地震をはじめ多くの地震で発生している。火山活動については，火砕流や溶岩流の流出，降灰，地盤変動などによる災害に加えて，活動が平穏な時期であっても山体が崩れやすいために阿蘇山や伊豆大島では降雨時に多数の崩壊が発生している。このように，我が国の国土は災害列島とも言うべき姿を呈している。

　また，都市域の拡大にともなう低地や丘陵部の宅地化，地盤の悪い臨海部の開発，山間部を通過する主要道路網の整備，活断層が発達する国土での原子力発電所の建設，火山山麓の開発等により災害ポテンシャルが高まっている。

　本章では各種の歴史災害を概観した上で，地震・豪雨・火山活動等の誘因による災害について，事例を含めて防災面に着目した地形地質の見方について説明する。

主要都市を結ぶ交通路は内陸では山岳地帯を通過し，海岸沿いのルートも各地に隘路がある。
静岡県の由比海岸では大規模な地すべり地の直下を，東名高速道路・国道 1 号・JR 東海道線が並走する。
（撮影地点：静岡市薩埵峠）

---

[*]藤田和夫：日本列島砂山論，小学館，1982.

1.1 歴史災害

　山地での崩壊や地すべり，渓流での土石流などによる土砂移動現象は，見方を変えれば，地形変化の一断面である。このような地形変化は，過去から現在にわたり，数十年に一度，数百年，数千年に一度という間隔で繰り返されてきたし，今後も同様に繰り返される[1),2)]。本来，土砂移動現象（侵食・移動・堆積）は，その土地の持つ環境要素，すなわち，地形・地質・土壌・植生・気候・水理（地表水と地下水）などの主要素を反映して発生する。特に，大規模な土砂移動現象ほど，このような地形を形成してきた内的・外的因子が多くなり，現象は複雑となる。

　言い換えれば，現在の地形は地表を構成する地質・地質構造・風化程度・侵食に対する抵抗性，これらに由来する土壌や植生・土地利用などを素因として持ち，地震や火山活動などの内的営力や気候・気象などの外的営力が長い地学的時間の中で作用し，相互に関連して形成されてきた。これらの作用は過去から現在まで一様に働いてきた訳ではなく，強弱の変化を繰り返しながら地形に影響を与えてきた。つまり，現在の地形は過去の様々な環境要素が働きかけて形成された，歴史的産物である。

　図-1.1.1.1は，4つの海溝型地震（1707年の宝永地震，1854年の安政地震，1923年の関東地震，2011年の東北地方太平洋沖地震）による土砂災害地点を示している[4)]。図-1.1.1.2は，日本国内で形成された天然ダム災害のうち，発生年月日と形成地点，継続時間などが分っている被災事例を収集・整理したものである[3)]。この図では，61災害168事例の天然ダムの位置を示している。詳しくは，水山ほか[3)]の表-1.3日本の天然ダム事例一覧表を参照されたい。

　本項では，以降の記述内容の理解を深めるために，過去300年間に発生した大規模土砂災害について，6事例を紹介する。

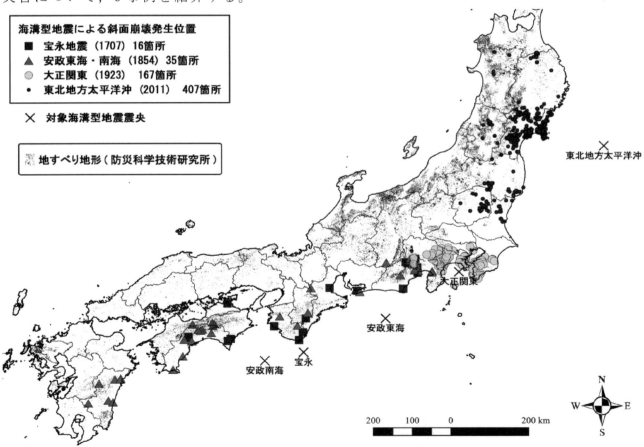

図-1.1.1.1　4つの海溝型地震による土砂災害地点の分布図[4)]
防災科学技術研究所客員研究員（現消防庁消防研究センター研究官）土志田正二作成

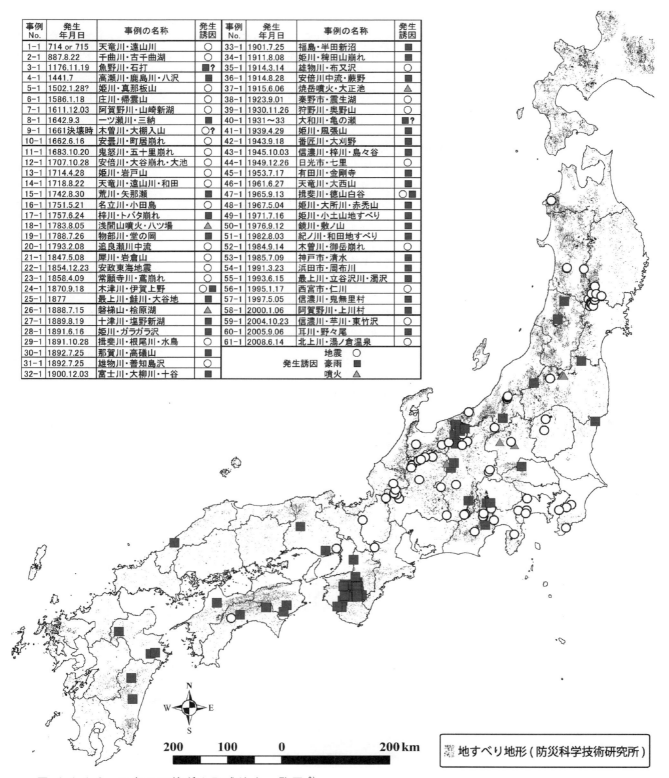

図-1.1.1.2 日本の天然ダム形成地点一覧図[3)]
防災科学技術研究所客員研究員（現消防庁消防研究センター研究官）土志田正二作成

1.1.1 1707年の宝永地震・富士山噴火と土砂災害
(1) 1707年の宝永地震による土砂災害

　宝永四年十月四日（1707年10月28日）に発生した宝永地震（M8.4～8.6）は，遠州灘沖から紀伊半島沖を震源として発生した海溝型巨大地震で，南海トラフのほぼ全域にわたってプレート間の断層破壊が発生したと推定され，記録に残る日本最大級の地震である[5)]。この地震では，静岡県の大谷崩れ，白鳥山，山梨県の下部湯之奥，香川県の五剣山，高知県の仁淀川中流の鎌井田などで，大規模な土砂災害が発生した[3),6),7)]。

『谷陵（こくりょう）記』（奥宮正明記）[8]によれば，「宝永四丁亥年十月四日未之上刻（1707年10月28日14時），大地震起こり，山穿（うがち）て水を漲りし，川を埋まりて丘となる。國中の官舎悉（ことごと）く轉倒す。逃げんとすれども眩（めくるめ）いて壓（おし）に打れ，或は頓絶の者多し。または幽岑寒谷の民は巖石の為に死傷するもの若干也・・・」と記されており，平野部の人家の倒潰や津波被害だけでなく，山間部で多くの土砂災害（具体的な地名は記載されていない）が発生していたことが分る。

(2) 1707年の富士山宝永噴火と土砂災害

宝永四年十月四日（1707年10月28日）の宝永地震（M8.4）から49日後の十一月二十三日（12月16日）に富士山は大規模な宝永噴火を開始した[9]。その後16日間も噴火が続き，大量の宝永テフラ・降下火砕物（当時の文書では**砂降り・焼砂・富士砂・黒砂**と呼ばれた）が降り続いた[11),12),13]。図-1.1.1.3は，宝永噴火による火砕物の等層厚線[10]と宝永噴火後の主な土砂災害地点を示している[11),14),15),16]。

宝永噴火の時，富士山の山麓では3〜1mもスコリア質の焼砂・焼石が降り積もり，人家の焼失・倒潰，草木の枯死が起こり，耕作はまったく不能となった。この地域は厚い火砕物の堆積層を耕作地から取り除くことができないため，小田原藩では**亡所**とされた。

図-1.1.1.4は酒匂川中流・山北地区の旧版地形図（1/2万正式図，明治20年（1887））で，東海道線（現在の御殿場線）が山北駅まで開通した直後の状況を示している。この旧版地形図には，江戸時代とほとんど同じ地名が記載されており，史料を読んで地名と地形状況が確認できる。

この付近は焼砂が2尺（60cm）以上も堆積したため，降雨のたびに斜面に堆積した焼け砂が斜面下方に移動し，酒匂川の河床が上昇し，土砂氾濫が発生した。特に，半年後の宝永五年六月二十二日（1708年8月8日）に酒匂川は大氾濫し，足柄平野は非常に大きな被害を受けた。このような氾濫は100年以上もの間，繰り返し発生し，この地域の復興には

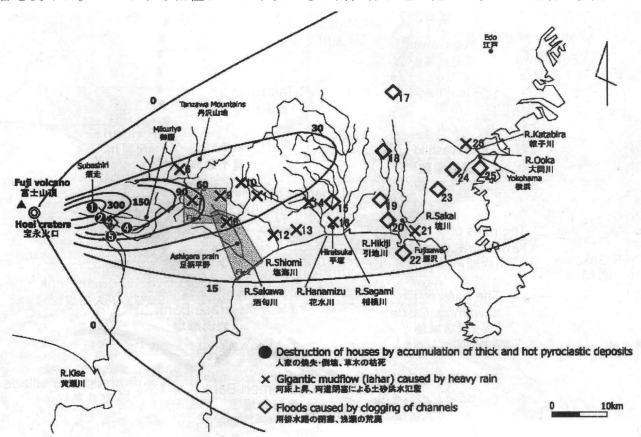

図-1.1.1.3　富士山宝永噴火による火砕物の等層厚線[10]と噴火後の主な土砂災害地点[11),14]

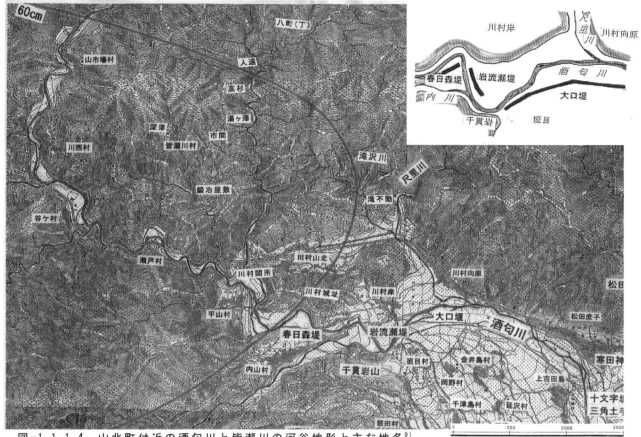

図-1.1.1.4 山北町付近の酒匂川と皆瀬川の河谷地形と主な地名[9]
基図は旧版地形図（1/2万正式図「山北」，明治20年（1887）測図）

長い期間を要した。この辺の状況については，新田次郎『怒る富士』[17]や勝俣昇『砂地獄』[18]の小説などに詳しく描かれている。

酒匂川は元々暴れ川として知られていた。このため，小田原藩は酒匂川の洪水の流速を弱めるために，春日森堤・岩流瀬堤（がらせてい）・大口堤などを構築し，足柄平野を洪水・氾濫から守ろうとしてきた。しかし，宝永噴火後に谷壁斜面や支渓流からの土砂流出によって，酒匂川の河床が上昇したこともあって，半年後の豪雨によって，大口堤は大きく決壊し，足柄平野を大洪水が襲い，上流から流出してきた焼け砂を厚く堆積させた。

山北集落の載る幅広い河谷地形は，元の酒匂川の河谷地形[19]であるが，2900年前の富士山の山体崩壊に伴い，御殿場岩屑なだれが酒匂川の河谷を埋積した。その後，酒匂川は次第に下刻して，現在の流路になった。元の酒匂川の河谷は広い谷として残り，宝永噴火以前には，皆瀬川が山北の集落付近を流下していた。半年後の台風襲来によって，大量の焼砂が皆瀬川上流から流出し，山北の集落は洪水土砂が堆積し，一面湖のようになったと

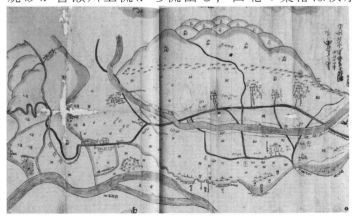

図-1.1.1.5 相模国足柄上郡山北村絵図[21]
（宝永以前，鈴木友徳氏蔵）

図-1.1.1.6 相模国足柄上郡山北村絵図[21]
（天保七年（1836）十月，鈴木友徳氏蔵）

いう。

神奈川県の山北町[20]，山北町史編さん室[21]によれば，近世の山北町の状況が村・小字単位で詳細に記載され，被災状況とその後の復興過程が分る。図-1.1.1.5 は宝永噴火以前，図-1.1.1.6 は噴火後の山北の状況を示している。宝永噴火以前の皆瀬川は山北の集落の真中を流れていた。この地域は宝永の焼砂が 60〜70cm も堆積し，長期間にわたって甚大な被害を受けたが，被災住民の懸命な復興への努力を読み取ることができる。天保十年(1839)の『相模国風土記稿』には，神社・仏閣等の地理情報が詳しく記載されている。1839年には，皆瀬川村の民戸は 94 軒で，村内には 7 つの小字（梶屋敷・深澤・市間・湯ヶ澤・高杉・八町（丁）・人遠）があった。

(3) 元禄地震（1703 年 10 月 28 日，M8.2）

貞享三年(1686)の『皆瀬川村指出帳』によれば，皆瀬川村は人口 540 人（男 274 人，女 266 人），馬 48 頭，石高 116.9 石（内 0.2 石,年々川成永荒）の山村であった。元禄十六年十一月二十三日（1703 年 10 月 28 日）に発生した元禄地震（M8.2）によって，関東地方全体の死者不明 6700 人，被災戸数 28000 戸[5]にも達した。皆瀬川村では，ほとんどすべての家は全半壊した（地震による直接の死者の記載はない）。中でも家屋敷共無 7 軒という記録があり，地すべりや崩壊・土石流によって，敷地ごと流失してしまったと考えられる。富士山の噴火直前の時期には 43 人が皆瀬川村を離れ，小田原などに出稼ぎに行っている。宝永地震（1707 年 10 月 28 日）による被害記録は『山北町史』[20]には記載されていない。海溝型の巨大地震であるが，皆瀬川村は震源から離れており，被害は少なかったものと考えられる。元禄地震から 4 年後でまだ掘立小屋しかなかったためであろう。

(4) 富士山の噴火による皆瀬川村の被害と復興対策

宝永噴火から 14 日後の十二月六日には，皆瀬川村から『砂降り被害の書上げ』が小田原藩に出され，被災戸数は 12 戸と記載されている。噴火終了後の十二月十一日には『炭運送路変更願い』が提出され，「川村関所を通らずに，川村山北から小田原城下町へ直接搬出させて欲しい」と記載されている。

宝永五年閏一月七日（1708 年 2 月 28 日）に，酒匂川流域は小田原藩領に返地され，関東代官頭（関東郡代）伊奈半左衛門忠順（ただのぶ）がこの地域を復興する砂除川浚（すなよけかわざらい）奉行に任命された。

皆瀬川村の名主・市右衛門は，噴火から 3 ヶ月後の宝永五年二月十五日に『皆瀬川村差出帳下書』を提出し，小字ごとに被害状況を詳細に記載している。4 年前の元禄地震時よりも 22 軒増えて，民戸 80 軒，91 人増で 631 人となっている。**「年々川成永引」**（次第に耕作地が沢状となり耕作できない）となった耕地は 16.6 石で全体の 15％となっている。

1 年半後の宝永六年（1709）七月十一日の記録では，飢人が 390 人（全人口の 60％）となり，扶持米 39 石（1 人に付き米 1 合を 10 日間）が渡された。

宝永五年六月二十二日（1708 年 8 月 8 日）の台風襲来によって，酒匂川流域では降砂が大量に流出し，大氾濫した。岩流瀬堤・大口堤は大きく決壊し，足柄平野は 50％以上も氾濫した。山北地区では，皆瀬川や滝沢川からも土砂流出によって，山北の集落は土砂氾濫・水没し，生活できなくなった。

このため，名主からの願書をもとに，江戸幕府は伊勢国津藩（藤堂藩）に手伝い普請を命じ，皆瀬川の掘割（瀬替）工事が行われた。この工事によって，皆瀬川は山北町の手前で，直接酒匂川に流入できるようになった。工事は宝永七年八月に完成し，皆瀬川の河道だった河川敷を住民に配分した。しかし，瀬替工事によって，皆瀬川からの取水ができなくなり，山北集落は水不足となった。このため，享保十九年（1734）に名主を中心として，酒匂川上流 2km の瀬戸に用水堰「川入堤」を造り，酒匂川の左岸に水路を建設した。これらの工事を記念して，『川村土功碑』が明治 26 年（1893）に建立された。

20 年後の享保十二年（1727）の『皆瀬川村鏡帳』によれば，人口は 532 人と 100 人近く減少し，**「年々川成川欠山崩亥砂埋無開発」**（次第に火山砂に埋まり元の耕作地に復旧できない）の耕地が 35.7 石と全体の 30％にも達した。

（5） 酒匂川下流の足柄平野における土砂災害

酒匂川の治水に関して，小田原藩は酒匂川の谷地形を利用して，春日森堤，岩流瀬（がらせ）堤，大口堤を構築した。足柄平野の出口の狭窄部に建設された岩流瀬堤は，突出した堤として建設された。これは洪水の際の流路を南に誘導して，岩盤の露出部（千貫岩）にぶつけ，流速を弱めて大口堤が破壊されることを防ぐためであった。大口堤は酒匂川を東に誘導し，南側の足柄平野を耕作地とするため構築された。

噴火終了後から，降下火砕物が谷壁や支渓流から流出して，酒匂川の河床は次第に上昇していった。宝永五年六月二十二日（1708年8月8日）の台風襲来によって，岩流瀬堤，大口堤が決壊し，酒匂川下流の足柄平野では，大規模な土砂洪水氾濫が発生した。**図-1.1.1.7**に4時期の氾濫範囲を示す。噴火後100年近くにわたって，土砂洪水氾濫が繰り返し発生した[11),14)]。古文書に記載された氾濫範囲は，**図1.1.1.4**に示した1/2万の旧版地形図（1886～1889）から地名などを読み取って作成したものである。

第1期（1708～1711）

この時には足柄平野の酒匂川右岸（西側）地域を大きく氾濫して，大口堤が築かれる前の流路を流れ下った。大口堤はすぐに修復されたが，岩流瀬堤の修復は享保十一年（1726）まで実施されなかった。

第2期（1711～1731）

正徳元年（1711）には，岩流瀬堤は完成しておらず，大口堤は激流の直撃を受けて再び決壊し，大被害をもたらした。大口堤による流路の固定がなくなった酒匂川は，出水の毎に流路を変えて流下し，新大川と呼ばれた。足柄平野の扇頂部には，岡野村，班目（まだらめ）村・千津島村・壗下（ままし た）村・竹松村・和田河原村があり，「**大口水下水損六ヶ村**」と呼ばれた。水損六ヶ村の住民は足柄平野に隣接する微高地に避難し，幕府に大口堤修復の嘆願書を提出した。

第3期（1731～1802）

幕府の支配勘定格・田中休愚（きゅうぐ）と代官・蓑笠之助正高により，岩流瀬堤，大口堤は次第に堅固に最構築された。しかし，享保十六年（1731）五月には，支流・川音川との合流点左岸の堤防（三角土手）付近で決壊し，洪水流は足柄平野の東側を流れるようになった。このため，左岸側流域の村々が洪水・土砂氾濫の被害を受けるようになった。

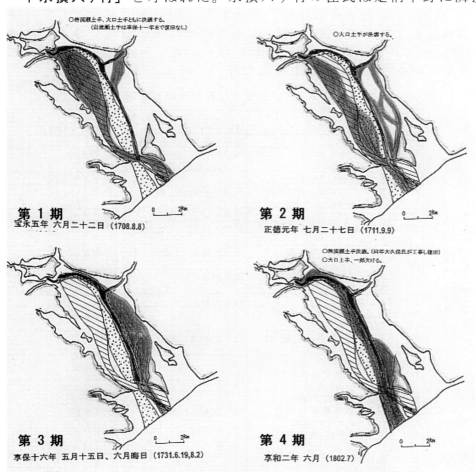

図-1.1.1.7　足柄平野における宝永噴火後の洪水氾濫範囲[11),14)]

第 4 期（1802～）

享和二年（1802）の出水では，岩流瀬堤は決壊したが，大口堤は大きな決壊はなかった。しかし，下流域の数ヶ所で決壊したため，古代（平安時代）の流路と想定される付近を流下して氾濫した。

(6) 酒匂川流域の流出土砂量

図-1.1.1.3 に示した下鶴[10]の等層厚線から宝永噴火の降下火砕物の堆積量を算出すると，6.8億 m^3 となる。このうち，どの程度の土砂が足柄平野に流出したのか。富士山東麓の鮎沢流域には 1m 以上堆積しているが，火砕物の粒径が大きく，斜面傾斜が緩いため，現在でも原位置に多く残っている。被災住民が宅地・田畑から砂除けした土砂を川に捨てたことが酒匂川氾濫の一因とも言われているが，その量は少ないであろう。

それに対し，斜面傾斜の急な丹沢山地を流れる酒匂川流域（推定堆積土砂量 1.26 億 m^3）では，原位置の降下火砕物は残っておらず，かなりの量が大口堤より下流の足柄平野に流出した[13),14),15),16),22)]。酒匂川上流域から足柄平野に流出した量を 1 億 m^3 程度とすれば，足柄平野の平均堆積深は 2m となる。宝永以後の流出堆積物は，大口堤付近の金島で 6m，千津島で 1m の層厚で確認されている。

1.1.2 1783 年の浅間山天明噴火と土砂災害

(1) 浅間山天明噴火の概要

浅間山（2568m）の天明三年（1783）の大噴火は，古文書や絵図に噴火や被害の詳しい状況が残されている。萩原進は浅間山の天明噴火に関する史料を 60 年間にわたり収集・整理して，『天明噴火史料集成』（全 5 巻）[23)]を著した。本書には天明噴火に関する多くの文献が掲載され，文献の後には解説がついており，史料の形成過程や前後関係が説明されている。**表**-1.1.2.1に示したように，天明噴火の最後に噴出した火山現象の解釈や名称は研究者によってまちまちで混乱したままとなっている。この堆積物に天明噴火で噴出した本質岩塊が 10%以下[24)]しかないので，井上ほか[25),26),27)]は，噴火前から浅間山本体を構成していた岩塊・土砂が大部分を占めるため，「**鎌原土石なだれ**」と呼ぶことにした。

噴火は天明三年（1783）四月八日（5月8日）に始まり，連日のように多量の降下軽石（浅間 A 軽石）を噴出した。このため，関東地方に重大な社会的混乱を引き起こした。噴火最末期の七月七日（8月4日）には吾妻火砕流，七月八日（8月5日）には鬼押出し溶岩流と鎌原土石なだれが噴出した[28)]。**図**-1.1.2.1 は天明噴火に伴う堆積物と流下範囲を示したものである。円グラフ●で示した死者・行方氏名者数は，古澤[29)]が当時の村毎にまとめた 1523 人という数値を採用した。気象庁要覧[30)]の 1151 人よりもかなり多くなっているが，支配階級である武士などの犠牲者は含まれていない（支配階級の被害が記載された文書は存在しない）。

表-1.1.2.1 鎌原土石なだれの名称の変遷 [25),26)]

文献の著者	対象	地域
	浅間山の山頂～北麓	吾妻川～利根川
荒牧重雄（1968）	鎌原火砕流（鎌原熱雲）	―
荒牧重雄（1981）	鎌原火砕流（鎌原熱雲）→二次（乾燥）粉体流	二次洪水
吾妻町教育委員会（1983）		天明三年泥流
荒牧重雄・早川由紀夫・鎌田桂子・松島栄治（1986）	高温火砕流→岩屑流	洪水
澤口宏（1983, 86）	鎌原火砕流→泥流	異常洪水，天明泥流
建設省利根川水系砂防工事事務所（1990）	鎌原火砕流	天明泥流
山田孝・石川芳治・矢島重美・井上公夫・山川克己（1993a,b）	鎌原火砕流／土石なだれ	天明泥流
田中知栄子・早川由紀夫・早川由紀夫（1995）	鎌原岩なだれ	鎌原熱泥流
田中栄史（1999）	鎌原岩屑なだれ	―
山下伸太郎・安養寺信夫・小菅尉多・宮本邦明（2001）	―	吾妻泥流
中央防災会議・災害教訓の継承に関する専門調査会（2006）	鎌原火砕流／岩屑なだれ	天明泥流
群馬県立歴史博物館（1995）		
群馬県埋蔵文化財調査事業団（1997, 2000, 01, 03）		
群馬県中之条事務所（1997）		
長野県佐久建設事務所（1999）	鎌原土石なだれ	天明泥流
浅間山ハザードマップ（2003）		
井上公夫・古澤勝幸・荒牧重雄（2003）		
気象庁編（2005）		
早川由紀夫（2007）		
井上公夫（2011）		

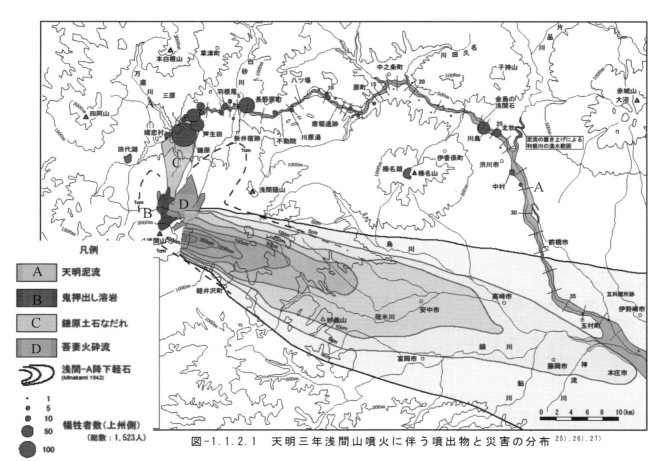

図-1.1.2.1 天明三年浅間山噴火に伴う噴出物と災害の分布 [25),26),27)]

(2) 鎌原土石なだれの分布状態

最後に噴出したとされている鬼押出し溶岩流に覆われているため，鎌原土石なだれの浅間山山麓上部の分布範囲は良くわからない。長野原町立浅間火山博物館の鬼押出し遊歩道付近には，直径700mの半円形の凹地が存在する。鎌原土石なだれはこの凹地から下流30度の扇形の範囲にしか存在しない。土石なだれの中には，地下から噴出した高温のマグマが冷えて固まった黒い本質岩塊（史料では火石，浅間石と呼ばれる）が数多く存在する。

1978年から行われた鎌原観音堂などの発掘調査 [31),32)]によれば，鎌原観音堂の下の階段は全部で50段（高さ8.4m），地上部分は15段（2.5m）で，その下に35段の埋没階段があった。土石なだれ堆積物中には高温の本質岩塊（浅間石）は少なく [25),26),27)]，埋蔵物はほとんど焼けていなかった。階段下部で2人の女性の遺体が見つかったが，骨格は壊されていなかった。観音堂を襲った流れが1991年の雲仙のような火砕流であれば，上部に熱風部を伴っているので，観音堂に集まって祈祷していた住民は全員死亡していたであろう。

鎌原土石なだれの分布範囲は18.1km^{2}で，堆積物の総量は浅間山北麓に4700万m^3，天明泥流となって吾妻川を流下した分を含めると1億m^{3}となる [26),27)]。堆積物には巨大な本質岩塊が多く存在し，古地磁気の測定結果によれば，山頂から70km離れた利根川との合流点付近までキュリー温度（400℃）以上の本質岩塊が194万m^{3}あり，天明泥流となって流下した分を含めると，720～1060万m^{3}が噴出したと考えられる [33)]。

「鎌原村復興絵図」（嬬恋村佐藤次熙氏所有，嬬恋郷土資料館蔵）によれば，当時浅間山噴火前の北麓の半円形凹地付近には柳井沼と呼ばれる湖沼があって，周辺にはかつら井戸・用水などと呼ばれる湧水地や沼地があった。現在でも鬼押出しの末端部には湧水が多く，湿地状となっている。テストピットの掘削による地質観察によって，パイプ構造（高温の本質岩塊の周りには地下水が水蒸気化し噴出した跡）が認められたので，鎌原土石なだれの流下・堆積時にかなりの水分があったと判断される [25),26),27)]。図-1.1.2.2に示した鬼押出し溶岩流上で実施した調査ボーリング（深さ72.6m）によれば，半円形凹地の中央部には地表から64.8mもの厚さの鬼押出し溶岩が認められた [33)]。この溶岩を取り除くと深い凹地となるので，柳井沼（中腹噴火想定地点）はこの付近にあったと思われる [25),26),27)]。

(3) 鎌原土石なだれの噴出場所

幕府勘定吟味役の根岸九郎左衛門鎮衛は，被害調査に派遣された最高責任者である。鎮衛一行は武州・上州・信州の被災地に赴き，被害状況を実地見分している。彼は佐渡奉行・勘定奉行・町奉行などを務めた逸材で，『耳袋』など多くの随筆を書いている。

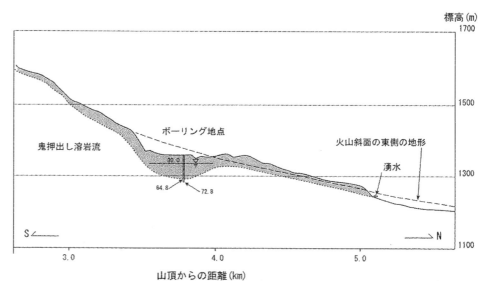

図-1.1.2.2 浅間山北麓の鬼押出し溶岩流部分の地質推定断面図[25),26),27)]

『浅間山焼に付見分覚書』[23),Ⅱ]の中で，「今回の浅間山焼について，押出してきた泥石がいずれから湧出してきたかを多くの領民に尋ねたが，山頂の御鉢と呼ばれる火口から湧きこぼれたと言う者もあれば，中腹より吹破れたと言う者もいて，どちらか決定できなかった」と述べている。

当時から山頂噴火だけでなく，中腹噴火を示す**図 1.1.2.3**のような絵図が多く残っている。このため，山田ほか[33)]や井上ほか[25)]は2通りの考えを提案した。

① 山頂からの噴出物質が柳井沼に流入し，柳井沼の水や土石と一緒になって流下した。
② 中腹の凹地から側噴火し，柳井沼付近の水や土石と一緒になって流下した。

田村・早川[34)]は，「鎌原」は前日から流れ始めていた鬼押出し溶岩流が，火山性地震によって岩なだれを起こし，柳井沼に飛び込んだ。そして，柳井沼の水と接触して，急激な減圧を生じて「熱雲」となり，「鎌原土石なだれ」が発生したと考えた。

井上素子[35),36)]は，鬼押出し溶岩流の表層10数mは観察しうる限り，溶岩ではなく火砕物であることを明らかにした。表層部は赤色に酸化している部分が多く，多孔質部分と緻密部からなる不明瞭な成層構造があった。このことから，スパター（粘性の低いマグマが爆発的噴火時に放出した可塑性溶岩片）が噴火口の中で圧密により溶結したものであり，アグルチネイト（火砕成溶岩）と呼ばれている。安井・小屋口[37)]は，鬼押出し溶岩流は浅間山山頂を構成する釜山の主体部と連結しており，火砕物が何回も崩壊して斜面を流動したものであるとした。このようなアグルチネイトは，天明噴火のプリニー式噴火の最盛期に形成されたものである[38)]。

(4) 天明泥流の流下状況

図1.1.2.4に示したように，鎌原土石なだれは浅間山北麓を高速で流下後，JR万座鹿沢口駅付近の急な谷壁から吾妻川になだれ落ち，天明泥流となって吾妻川から利根川を流下した。浅間山北麓の柳井凹地付近から65km離れた吾妻川の新幹線高架橋の下まで，巨大な浅間石が流下していることが，群馬県埋蔵文化財調査事業団の多くの発掘調査で明らかになった[39)]。密度の高い泥流の上を高温の本質岩塊が水と接触しながら水蒸気を大量に噴出させ，まるでホバークラフトのように巨大な本質岩塊を流下させたと思われる[40)]。

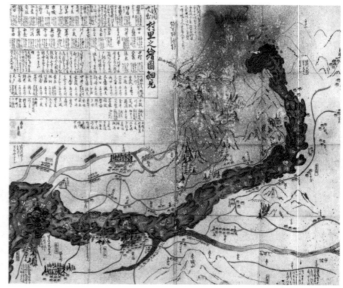

図-1.1.2.3 吾妻川筋被害絵図[27)]（飯島栄一郎氏蔵）

天明泥流は，吾妻川沿いの集落や田畑を次々に飲み込みながら流下した。流下区域には泥流による被害記録や絵図が多く残されており，現在の地形図との比較や遺跡の発掘箇所により，流下範囲・高さを推定した。これらの結果をもとにマニングの水理公式を用いて泥流の流速・流下時間を計算し，図-1.1.2.4に示した。当時の記録によれば，柳井凹地から65km下流までの吾妻川では「泥押し・火石泥入り」という言葉が使われ，死者・流出家屋が多くなっている。それに対し，利根川より下流では「泥入り」という言葉が使われ，死者はほとんど出ていない。20km下流の長野原町では，八ツ場ダムの建設に伴って，1995年頃から多くの発掘調査が行われている[41]。畑面の上には天明泥流の1～2週間前に降り積もった火山灰が2～5cmの暑さで堆積していた。被災住民は，耕地を復興させようと，様々な対策を講じていた。しかし，天明泥流は吾妻川の河床から30～70mの高さまで襲い，一度に集落や田畑を押し流し，埋没させた。

長野原町上湯原（図-1.1.2.4の地点8）の南岸には不動院と呼ばれる寺院跡がある。不動院の住職が天明泥流に襲われ，山の上に逃げていく記録が残されている。毛呂義卿（1724-92）の『天明三年七月砂降り候以後之記録』[23],[III]によれば，「住職は前日からの浅間山噴火や火山性地震によって，気分が悪くなり寝ていた。七月八日四ツ半（8月5日11時前），下からじわじわ押し寄せる大きな水音に目をさまし，衣を着て寺の30m位上にある上湯原観音堂に向かって逃げた。住職の2間（3.6m）近くまで泥流が来たが，ぎりぎりのところで助かった」と記録されている。

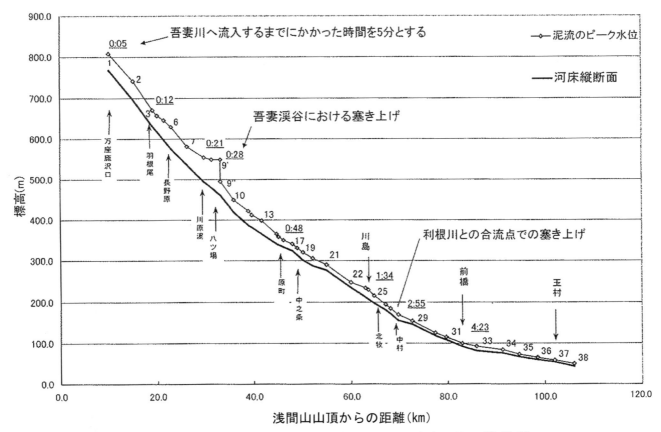

図-1.1.2.4　吾妻川と利根川の河床縦断面図と泥流流下状況 [25],[26],[27]

(5) 鎌原土石なだれの噴火・流下・堆積機構

以上の結果をもとに，鎌原土石なだれの噴火・流下・堆積機構のモデルを考察した。前述の史料によれば，「七月初め，浅間の北ナダレの谷地の泥が2間（3.6m）ほど湧き上がっていた」[23],[III]ことを，草刈の者が見ている。この時期は吾妻火砕流の噴出前なので，柳井沼付近で地下から熱水が上昇し，小規模な水蒸気爆発を起こした可能性が強い。また，「七月八日未明には，村の長が鎌原の用水が枯れてしまったので見に行ったところ，泥が山のように湧き出していた。彼はそれを見て驚いて飛鳥のごとく村へ立ち帰り，村に着く

と『大変だ』,家財も捨て逃げよ,逃げよ」と叫び廻った。そして我が家へ帰り,取る物も取り敢えず,あたりの人達を引き連れて高き山に遁れて命が助かった」[23),II]と記されている。鎌原村では村人450余人のうち,助かったのは93人と記されているが,この人数は狭い観音堂には入りきれない。このため,事前に安全な場所に逃げた人達がいたのであろう。

七月八日未明にはすでにかなりの水蒸気爆発が始まっていたことになる。その時には鬼押出し溶岩流の先端が柳井沼付近に到達していたと判断される。そして,運命の七月八日四ツ半(8月5日時11前)の鎌原土石なだれの噴出となる。田村・早川[34]は,鬼押出し溶岩流の先端が柳井沼に到達した時に,火山性地震が起こり,鬼押出しの先端が崩れて,鎌原土石なだれが噴出したと考えた。しかし,地震による崩壊だけで非常に大きな水平方向の駆動力や侵食力が得られるとは思えない。

井上ほか[25]は島原の眉山(1792, 1.1.3 項参照),磐梯山(1888),セントヘレンズ火山(1981)のように,大規模な水蒸気爆発が北方向に発生したと考えた。中腹から噴出した本質岩塊(1000万 m^3)は,山腹を構成していた土砂や熱水(柳井沼の水を含む)を巻き込み,鎌原土石なだれとなって一気に北方向へ流下した。そして,中腹の凹地(柳井沼)から下流6km区間の山体斜面を構成していた土石を侵食して取り込み,次第に移動土砂量を増大させ,ピーク時には1億 m^3 にも達した。それより下流では徐々に堆積するようになり,浅間山北麓での堆積土砂量は4700万 m^3 にも達した。土石なだれは鎌原観音堂の建てられていた丘の部分を残して,延命寺や鎌原集落の載る平坦地を堆積厚2.0~5.9mの堆積物で埋めてしまった[31]。土石なだれ堆積物は高温の本質岩塊は10%以下で,大部分は浅間山の山体を構成していた土石からなる。

図-1.1.2.5は,噴火・流下堆積機構の小菅・井上の試案である[42]。

① 火砕成溶岩(鬼押出し溶岩)が山頂部周辺から流下し始めた。
② 火砕成溶岩が地すべり地冠頭部の滑落崖から柳井沼に流れ込み覆い始めた。
③ 覆った溶岩の上載荷重により,地すべりが再移動を開始した。
④ その時,溶岩が引きちぎられ,高温高圧部が減圧爆発(水蒸気爆発)した。
⑤ この爆発力は移動し始めた地すべり土塊に与えられ,急速に土塊を急激に押し出し,鎌原土石なだれが発生した。柳井沼を覆った火砕成溶岩は減圧爆発により破砕され,本質岩塊(浅間石)となって,鎌原土石なだれに取り込まれて運搬された。一部は柳井凹地周辺にブラスト堆積物(水蒸気爆発堆積物)として堆積した。
⑥ 鎌原土石なだれは,柳井沼の水と地下水を取り込んで泥流化し,天明泥流となって吾妻川に流入した。

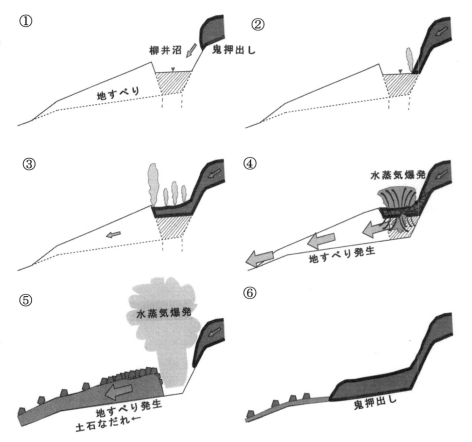

図-1.1.2.5 鎌原土石なだれの噴火・流下堆積機構のモデル[42]

1.1.3 1792年の島原大変肥後迷惑
(1) 雲仙普賢岳と眉山

図-1.1.3.1に示したように，雲仙普賢岳は220年前に寛政噴火（1791-92）を起こし，この噴火の最末期の寛政四年四月朔日（1792年5月21日）夜，四月朔地震（M6.4）によって，島原城下町の西側にそびえる眉山が大規模な山体崩壊を起こした[43),44)]。崩壊した岩石や土砂は流れ山を形成して，島原城下町南部と付近の農村を埋め尽くすだけでなく，有明海に流入して大津波を発生させた。このため，多くの住民が崩壊土砂によって生き埋めとなり，島原半島の沿岸や有明海対岸の熊本や天草の沿岸では死者・行方不明者1万5000人にも達したため，**「島原大変肥後迷惑」**と呼ばれている。

島原大変については非常に大規模な災害であったため，島原地方だけでなく日本各地に多くの絵図や記録が残されている[44),45),46),47)]。島原藩の公式記録だけでなく，民間でも様々な記録が残され，雲仙普賢岳の噴火や眉山の研究資料として，大きな意義を持っている。島原半島の中央部には雲仙地溝帯があって，東西方向の断層が数本平行して走っている[48)]。この地溝帯は現在でも南北に拡大し続け，火山活動や地震活動が活発である。雲仙火山は粘り気の強いデイサイト質の岩石からなり，平成新山（標高1486m）や普賢岳，国見岳，眉山など多くの溶岩ドームからなる。溶岩ドームは不安定で崩壊しやすく，火砕流（噴火時のみ）や土石流が多く発生し，山麓部には崩落・流出した土砂によって形成された複合扇状地が広がっている。時には，島原大変のような大規模な山体崩壊を起こすため，斜面下部には多くの流れ山地形が分布している。眉山は2つの溶岩ドーム（七面山と天狗岳）からなり，南側の天狗岳は1792年に山体崩壊を起こし，東側が大きく抉られている。東側の沖合5kmまでの広い範囲に多数の流れ山地形が認められる[49),50)]。

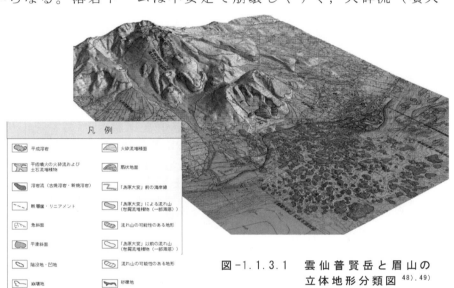

図-1.1.3.1 雲仙普賢岳と眉山の立体地形分類図[48),49)]

(2) 寛政噴火から島原大変に至るまでの経緯

寛政噴火と眉山山体崩壊に至る経緯は，図-1.1.3.2に示した4段階であり，その後の状況を加えて5段階について説明する[45),50)]。

第1段階 1791年11月3日に始まり，以後毎日のように有感地震が続いた前駆地震群の時期である。地震動は島原西側の小浜地方で最も強く，震度5〜6に達した。

第2段階 新焼け溶岩が噴出し続けた時期である。1792年1月には前駆地震はほぼ静まったが，次第に普賢岳付近で山鳴りが激しくなり，2月10日から大きな鳴動・地震が起こり，噴火が開始した。新焼け溶岩流が噴出し，長さ2kmの穴迫谷を埋めて，徐々に流下した。普賢岳東麓の山中で有毒の火山ガスが大量に噴出し，鳥地獄の様相を示した。

第3段階 眉山-島原地区を中心として，4月21日の新月の時期に三月朔地震が発生した。この地震群は5月14日頃まで続き，島原城下では震度5〜6に達した。眉山・天狗岳で山鳴りが激しく，強い地震時には天狗岳からの落石や崩壊で山が一

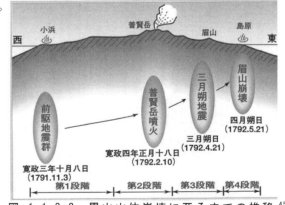

図-1.1.3.2 眉山山体崩壊に至るまでの推移[45),50)]

時的に見えなくなった。4月29日に天狗岳の東麓の楠平で大規模な地すべり（南北720m, 東西1080m, 滑落崖90m）が発生した。この地すべりが山体崩壊の前兆だった可能性が強く, 楠平で地下水の異常な上昇に気付いて島原大変前に避難して助かった者もいた。

第4段階 5月21日20時頃に四月朔地震が発生した。2度の強い地震とともに, 天狗岳から海上にかけて大音響が鳴って, 天狗岳は山体崩壊を起こし, 有明海に高速で突入したため, 大規模な津波を引き起こした。

第5段階 その後も天狗岳は地震のたびに二次崩壊を引き起こした。湧水が各地で発生し, 現在よりも大きな白土（しらち）湖が形成された。このため, 島原藩では音無川を開削して, 白土湖の湛水範囲を減少さる工事を行った。眉山には六筋の堅割れができ, 数箇所の穴から泥水が噴出し, 煮えるような音がした。7月8日には水無川で土石流が発生し, 9日には普賢岳で噴火し, 火山灰を周辺に降灰させた。

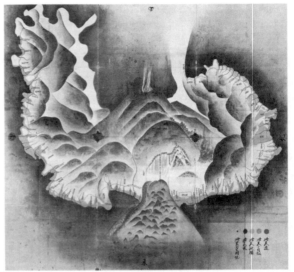

図-1.1.3.3　大変後島原絵図
（本光寺常盤歴史資料館蔵）

(3) 絵図からみた地形変化

寛政噴火時の多数の絵図の中で, 島原藩が幕府に報告した絵図は眉山の山体現象を考える上で重要である。島原藩は五月十八日（7月3日），六月三日（7月21日），九月二十五日（11月9日）に幕府（老中・松平定信）に提出している。図-1.1.3.4と図-1.1.3.5は2回目に提出されたものである[51]。図-1.1.3.4は新焼け溶岩が流れているが, 三月朔地震で発した市内の地割れが描かれていない。図-1.1.3.5は地割れが描かれ, 四月朔地震で発生した天狗山の山体崩壊と流れ山地形を示している。両図では右側の七面山の図柄は全く同じである。図-1.1.3.5は, 現在の島原城の天守閣, 島原城の天守閣から見た景観（高さ方向は2倍に強調）とほぼ同じである。

これらの図をもとに, 崩壊前後の天狗山の地形変化を比較したのが, 図-1.1.3.6である[44),45)]。右図は国土数値情報（1996年作成の沿岸海域地形図1/2.5万「島原」）をもとに島原城を視点として描いた鳥瞰図である。左図は2枚の絵図を比較して, トライアンドエラーで描いた山体崩壊前の鳥瞰図である。左図をもとに標高データを復元したのが, 図-1.1.3.7である[44),45)]。図-1.1.3.5では天狗山から崩れた土砂は2種類あったことが分る。右側が山体崩壊による無数の流れ山地形で, 左側の黒い流れはその後に発生した火山泥流（土石流）と考えられる。島原大変時に有明海を航海中であった船員の報告には, 天狗山が6分ほど崩れたところで白砂が噴出したと記録されている[52)]。

図-1.1.3.4　寛政四年大震図
（本光寺常盤歴史資料館蔵）

図-1.1.3.5　島原大変地図
（肥前島原松平文庫所蔵）

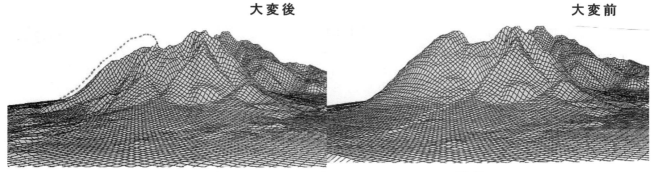

図-1.1.3.6 眉山（天狗山と七面山）の島原大変前後の鳥瞰図 [44),45)]

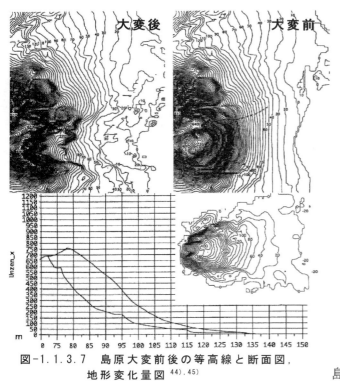

図-1.1.3.7 島原大変前後の等高線と断面図, 地形変化量図 [44),45)]

図-1.1.3.7 は大変前後の等高線と断面図, 地形変化量図 [44),45)] である。この図をもとに島原大変前後の等高線の差分を求めて, 地形変化量を測定した。山地部は山体崩壊で侵食された地域（最大侵食深 360m）, 堆積地域（最大堆積深 40m）は, 多くの流れ山地形が有明海の 3km 先まで認められる。等高線の差から山体崩壊土砂量は 3.25 億 m^3, 陸上部の堆積土砂量は 0.41 億 m^3, 海中部の堆積土砂量は 2.76 億 m^3 と推定した。

（4） 災害復興の記録『大岳地獄物語』

図-1.1.3.5 大変後島原絵図は, 眉山の山体崩壊と津波発生後の状況を示したもので, 海岸線に沿って, 津波の到達範囲が表現されている。島原半島は壊滅的被害を受けたが, 佐賀藩の救援などもあって, 徐々に復興が進んできた [45),50]。島原半島の北部には, 佐賀藩の飛地である神代（こうじろ）領（現在の雲仙市国見町）がある。当地は島原半島北部の街道に沿った港町であり, 対岸の本藩との交流が密接であった。このため, そこを通行する人々から島原の被害などの情報が集まりやすい地区であった。『大岳地獄物語』は, 神代領西里名思案橋の与次兵衛という農民が,「病のため仰向けに寝て天に向かって」見聞したことを 8 年間にわたり詳細に記録したもので, 神代古文書研究会が現代文に翻刻した [53),54)]。表-1.1.3.1 は『大岳地獄物語』の巻別の内容を示している。この書と島原藩などの公式記録 [55)] を比較検証すると, 島原大変肥後迷惑という天変地異に対して, 一農民に被害や復興などの情報がどのように伝わって行ったかが分る。また, 公式には書かれていない事実や誇張された情報が書かれており, 興味深いものがある [53)]。寛政三年七月（1791 年 8 月）には, 寛政噴火の前駆地震に関する記述も見られる。また, 焼け岩（溶岩流の流下）, 火風（火砕流）, 山潮（土石流）の発生など, 火山噴火に伴う様々な地形変化の状況が詳しく書かれている。島原藩領から佐賀藩神代領へ避難してきた者へは, 米だけでなく味噌や薪などに至るまで援助が与えられ, 活発な救援活動が行われた。

表-1.1.3.1 『大岳地獄物語』の内容 [45),53)]

第1巻	寛政三年七月～四年四月	噴火開始から火砕流発生、眉山崩壊まで
第2巻	寛政四年四月	神代への避難状況、殿様の死と藩の混乱
第3巻	寛政四年五月	眉山崩壊後の二次災害の状況など
第4巻	寛政四年六月～八月	白地湖の出現、被災後の人々の生活
第5巻	寛政四年八月～十二月	屋敷間数改め、白地湖の掘割等の復興事業
第6巻	寛政五年	津波流死者供養塔の建立などの復興事業
第7巻	寛政五年～寛政十一年	土石流災害、娯楽の復活等庶民生活の復興

1.1.4 1847年の善光寺地震と土砂災害
(1) 善光寺地震による土砂災害の分布

善光寺地震は、弘化四年三月二十四日（1847年5月8日）に発生したM7.4の直下型地震で、震源地は地震断層や被災状況から判断して、長野市浅川地区と推定されている[5]。この地震によって、長野県北部では非常に多数の山崩れを起こし、松代藩領で4万2000箇所、松本藩領で1900箇所に及んだ[56],[57]。この災害の中心となった犀川丘陵は、新第三紀層の比較的軟弱な地層からなり、もともと地すべり地形の発達した地区である。当時の史料では、「**抜け**」という言葉が多く使われていた[56]。

松代藩主・真田幸貫（1791〜1852）は、藩のお抱え絵師・青木雪卿（せっけい）などを従え、被災した領内を巡視している。**図-1.1.4.1**は主な土砂災害地点と巡視コース、雪卿

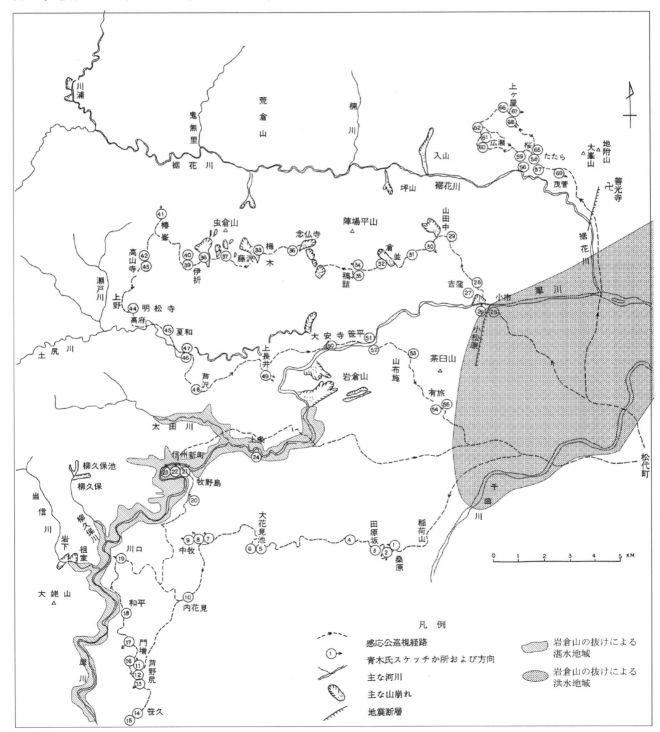

図-1.1.4.1 善光寺地震時の主な土砂災害地点と青木雪卿のスケッチ箇所図[56],[57]

図-1.1.4.2 善光寺地震の土砂災害地点スケッチ（防衛大学校・中村三郎名誉教授作）[57]

が描いたスケッチ図（67枚）を示している。巡視は3年後に行われ，災害が最も激甚であった犀川丘陵を回っている。御巡視之図には感応公一行の状況や藩内の様子，特に，地震時に発生した大規模な地すべりや崩壊の状況が克明に描かれている。現在でもその場所を訪ね，現在の地形・土地利用との差異を確認できる（森林の繁茂で見えなくなった箇所も多い）[58),59]。図-1.1.4.2は防衛大学校の中村三郎名誉教授が描いた土砂災害地点のスケッチ図で，犀川と土尻川の丘陵地（東松之木）の尾根部から北方を見た陣馬平山山麓の眺望である[57]。この付近は新第三紀小川累層の高府泥岩層からなり，もともと地すべりの多発地帯である。上位の荒倉山火砕岩層の部分が陣馬平山などの残丘地形を形成している。善光寺地震時には，この火砕岩層地帯周辺で大規模な崩壊・地すべりが多発した。

(2) 岩倉山の地すべりと天然ダムの形成・決壊

長野市涌池の上方にある岩倉山（標高764m）は，図-1.1.4.3，図-1.1.4.4に示したように，善光寺地震時に地すべり性崩壊を起こして，信濃川の上流部・犀川を河道閉塞し，天然ダムを形成した。田畑ほか[60]は，移動土砂量は8400万 m^3，堰止め土砂は2000万 m^3 と推定した。地震直後，雪解け洪水で増水していた犀川の水は，背後に次第に貯留されるようになった。このため，図-1.1.4.5に示したように，信州新町の集落を初め，30km上流の地点まで湛水した。当時の史料や絵図をもとに，現在の地形条件から判断して，堰止高65m，湛水量3.5億 m^3 にも達したと推定した[6),60),69]。

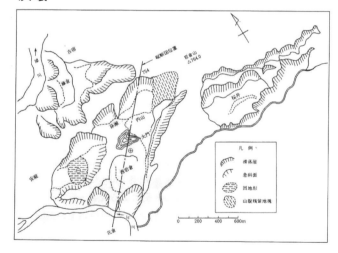

図-1.1.4.3 岩倉山周辺空中写真判読図[56]

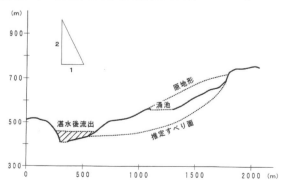

図-1.1.4.4 岩倉山地すべり地推定断面図[6),60]

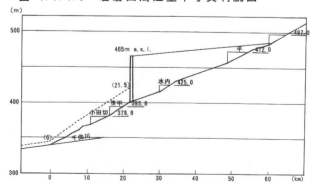

図-1.1.4.5 天然ダムの湛水域推定河床縦断面図[6),60]

そして，19日後の四月十三日（5月27日）に天然ダムは一気に決壊し，高さ20mにも達する段波となって流下した。その結果，下流の善光寺平のほぼ全域に氾濫し，大被害を引き起こした。この大洪水は飯山から下流の信濃川まで流下した。

(3) 善光寺地震池田組大絵図と犀川上流の土砂災害

図-1.2.4.6は，長野県池田町原田恵美子氏蔵の**「善光寺地震池田組大絵図」**（縦1.65m, 横3.85m）で，松本藩領の池田組32ヶ村の善光寺地震による崩壊や地すべりの状況が詳しく描かれている[60),62),63)]。この図は池田町の文化財に指定されているが，同じ図柄の絵図が上原卓郎氏宅にもあることが判明した。本絵図は善光寺地震3か月後の弘化四年六月に池田町の庄屋を務めた上原仁右衛門・山崎参十郎により製作されたもので，被害状況を松本藩に報告したものの控えである。明科から下流の犀川が曲流している状況が克明に描かれている。この図は江戸幕府末期に描かれているので，伊能忠敬（1745-1818）などの測量技術が武士階級だけでなく，名主層まで会得していたことが分る。

この大絵図を詳しく見ると，地震直後に新たに発生した土砂災害の状況が，白い顔料で克明に追記されている。右下の図は生坂村袖山付近の拡大図で，袖山集落は大きな地すべり被害（全潰6戸，半潰4戸）を受けた状況が読み取れる。地すべり土塊が斜面下部を流れる袖山川にまで達し，河道閉塞している。右側の図は袖山付近の拡大図で，上図は原田氏蔵，下図は上原氏蔵の図である。人家の倒潰と倒木の表現が2枚の絵図では少し異なっている。袖山川の河道閉塞による天然ダムの湛水域にも差が認められ，上原氏蔵の図は天然ダムの湛水範囲が大きくなっている。

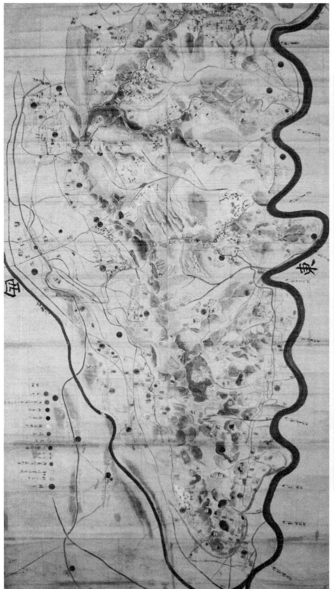

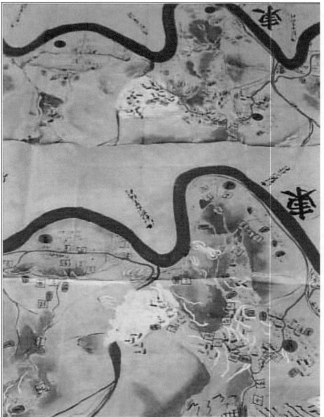

図-1.2.4.7 袖山付近の拡大図
（上図：原田恵美子氏蔵）
（下図：上原卓郎氏蔵）

図-1.2.4.6 善光寺地震池田組大絵図
（長野県池田町原田恵美子氏蔵）

(4) 史料解析の新しい研究成果

最近でも，善光寺地震に関する史料分析が続けられている。

長野市信更町涌池区では，涌池周辺の史跡公園の整備を行い，地区に残っている史料などをもとに記録誌[64]を作成している。宮下秀樹ほか[65]は，煤花（裾花（すそばな））川上流の長野市（旧鬼無里村）の川浦のせき止め湖決壊災害について，鬼無里ふるさと資料館所蔵の「地震災害絵図」や史料，現地調査などをもとに解析を行った。

長野県立歴史館では，平成25年度冬季展「山国の水害，─戌の満水と善光寺地震─」を平成25年11月23日～26年1月19日に開催した。11月23日（土）には，山浦直人氏の講演「善光寺地震その時何が？～犀川をせき止めた巨大崩壊，巨大湖，大水害を絵図から学ぶ～」[66]が行われた。以下に山浦氏の講演の概要を記す。

① 涌池はいつから存在したか

明治初期の『安庭村誌』の涌井神社の項には，「貞観五年に大地震に由て社地より五町を距り，忽然清水涌出し，其水中より本神，涌出せしを以て，合殿庶神と共に創齋（そうさい）す」と記されている。『日本三大実録』によれば，貞観五年六月十七日（863年7月6日）に越中越後で大地震が起き，山や谷が所を変え，水泉が湧出し，民家が破壊され，圧死するものが多かった[64],[66]。柳沢虎一郎『更埴地質誌』によれば，善光寺地震前に壱千坪（3300m^2）の涌池があったという（現在の涌池の1/10程度）。

② 善光寺地震前後の虚空蔵山（岩倉山）の地形変化

上記の史料などから，山浦は図-1.1.4.8に示したように，善光寺地震前後の地形変化を推定している[64],[66]。現在の涌池よりも標高の高い位置に1/10程度の大きさの涌池があり，3段の段丘状地形となっていた。図-1.1.4.9は虚空蔵山崩壊機構推定断面図[64],[66]である。崩壊（地すべり）は，まず中段より下方の土塊が犀川に向かってすべり，その先端にあった岩塊（凝灰角礫岩）が犀川に押し出し，その後から崩れた土塊が覆った。同時に虚空蔵山の斜面が，引きずられるように滑動した。現在より高い平坦面にあった涌池は，現在の高さまで落ち込んで大きな窪みをつくり，その後「涌池」となった。

③ 地すべり土塊量・湛水量の推定

山浦[64],[66]は図-1.1.4.9になどをもとに，すべり面までの最大深度は80～90m，断面積は7～8万m^2，と想定し，主滑動土塊のブロック幅400～500mを乗じると，移動土塊量は3000～4000万m^{3}となると推定した。また，せき止め湖の湛水標高を470mとし，湛水面積（A）を1/2.5万地形図で求めると11.34km^{2}となり，最大湛水深（D）を65mとすると，湛水量は2.46億m^3（$=1/3 \times A \times D$）となる。

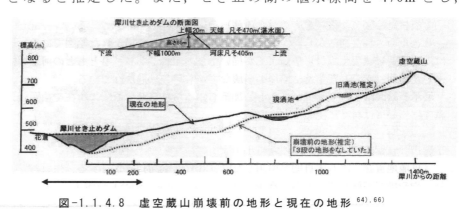

図-1.1.4.8 虚空蔵山崩壊前の地形と現在の地形[64],[66]

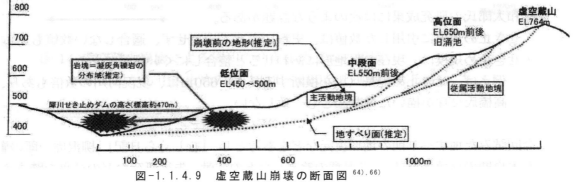

図-1.1.4.9 虚空蔵山崩壊の断面図[64],[66]

図-1.1.4.10　犀川丘陵の傾斜量分布図と岩倉山地すべりの湛水範囲（井上誠作成）

(5)　今後のさらなる分析

　江戸時代中期には幕府の命令で全国の村絵図が作成されており，善光寺地震以前の村絵図を入手できれば，善光寺地震以前の岩倉山地すべりなどの地形の推定が可能となろう。

　図-1.1.4.10 は犀川丘陵の傾斜量分布図と岩倉山地すべりと湛水範囲で，国土地理院の5m メッシュの DEM を用いた（許可番号：平25情使　第94号）。傾斜量図は(有)地球情報・技術研究所の井上誠氏の作成で，その作成法や地形・地質の見方については，脇田・井上誠[67]に詳しく説明されている。**図 1.1.4.10** の範囲の地名などは，**図 1.1.4.1** を参照されたい。柳久保池と河道閉塞した地すべりとの関係が良くわかり，(独)産業技術総合研究所地質調査総合センターのシームレス地質図などと比較すると，犀川丘陵背後の地質構造と地すべり地形との関係が読み取れる。5m メッシュの DEM をもとに作成した等高線地形図から，最高湛水位 470m 以下の面積と湛水量を計測すると，湛水面積 $11.9km^2$，最大湛水量 3.4 億 m^3 となった。

1.1.5　1889年の紀伊半島豪雨災害
(1)　1889年の紀伊半島豪雨災害

2011年8月30日～9月6日に台風12号が襲来し，紀伊半島で連続雨量1000mmを超える豪雨が降り続いた。国土交通省のレーダー雨量観測によると，奈良県大台ヶ原で2436mmにも達した。このため，多くの土砂移動が発生し，天然ダムが形成された[70]。

この地域では，明治22年（1889）に2011年以上の大規模な天然ダム（当時「新湖」と呼ばれた）が数多く形成され，激甚な被害となった記録が残されている[71),72),73),74]。この時，最大の天然ダムとなった「林新湖」は，田畑など[60]で示された湛水範囲とされてきた。しかし，『吉野郡水災史』[71),72),73]を再検討した結果，林新湖はさらに大規模な天然ダムであることが判明した[76),77]。本項では湛水範囲図などをもとに，以上の経緯を紹介する。

明治22年（1889）8月19～20日の台風襲来によって，奈良県十津川流域（宇智吉野郡）では大規模な崩壊や地すべりが1146箇所，天然ダムが28箇所以上発生し，245名もの死者・行方不明者を出した。当時の十津川村（北十津川・十津花園・中十津川・西十津川・南十津川・東十津川村）は，戸数2415戸，人口は1万2862人であった。十津川流域は幕末時に勤皇志士を多く輩出したこともあって，明治天皇の計らいで，被災家族641戸，2587人が北海道に移住し，新十津川村（1967年から町）を建設したことが知られている[75),78]。

しかし，この豪雨時に和歌山県内では，死者・行方不明者1247人，家屋全壊1524戸，半壊2344戸，床上・床下浸水33,081戸，田畑流出・埋没・冠水8342haもの被害が出ていたことはあまり知られていない。和歌山県側の災害状況については，『紀州田辺明治大水害，―100周年記念誌―』[79]などに詳しく記載されている。

明治22年豪雨は，紀伊半島でも和歌山県西牟婁郡・日高郡から奈良県吉野郡にかけて激しかった。このため，上記の3郡を中心として極めて多くの山崩れが発生し，急俊な河谷が閉塞され，各地に天然ダムが形成された。これらの天然ダムは豪雨時，または数日～数か月後に満水になると決壊し，決壊洪水が発生して1000人以上の犠牲者がでる事態となった。**図-1.1.5.1**は，以上の図や現地調査結果などをもとに作成した和歌山県・奈良県における流域別被害状況を示したものである[3]。

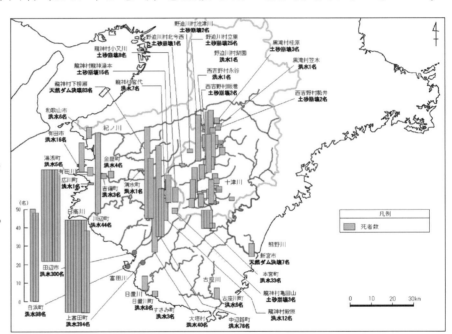

図-1.1.5.1　明治22年（1889）大水害の和歌山県・奈良県における被害状況[3]

水害後の8月に田辺地方を現地調査した内務省御雇工師であるオランダ人ヨハネス・デレーケ（1842～1913）は水害の原因を「其初薄々の雲海洋に起こりて，黒風之を送り，幾んど十里牟婁郡日置川，西は日高郡日高川の海口を劃り，東北に向て進行せり。これに雨を含むこと頗る多くして，太だ重きが為に，高く騰るを得ず。故に東西牟婁二郡の間に峙ち，海面を抜く事三千八百七十尺（1161m）なる大塔峯に，右の一角を障えられ，前面は奈良県に聳えて四千尺（1200m）なる釈迦嶽に遮られ，直行突進能わず。雲将その神鞭鬼取の意の如くならざるを怒り，縦横顚狂噴瀉して遂に二処に近接の関係ある大和の十津川，我紀伊の日置川・富田川に災すること甚し‥‥」と述べている[3),79]。

(2) 田辺地域の災害状況

田辺町・湊村（現田辺市）は、会津川の下流部に発達した市街地で、図-1.1.5.2に示したように、右会津川上流の高尾山と左会津川上流の槙山付近に形成された天然ダムの形成・決壊によって、激甚な被害を受けた。明治大水害誌編集委員会[79]によれば、8月17日の午前中は晴れていたが、午後6時頃から小雨がパラつき出し、18日は午前中から雨が激しくなった。午後に入ると大雨が強くなり、まさに傾盆の水のようであった。新築なった三栖小学校の校舎がその夜倒壊した。19日になっても相変らず暴風雨が続き、大雨は一向に衰えをみせなかった。正午頃特にひどかったが、ついに15～16時に八幡堤が360mにわたって決壊し、泥流が田辺町と湊町の家々を襲い、多大な被害をもたらした。14時頃から雨量が減り、15～16時には雨も止み、洪水水位も下がってきた。退潮時でもあったので、洪水の大きさの割に人的被害は少なかった。17時にはかなり減水したため、高所に避難していた人々は帰宅したが、家や道路には泥土が積り沼田のようであった。災害は去ったと思って安心して眠りについたため、かえって人的被害を大きくした。再び降り出した大雨は激しく、翌20日の1時頃には「雨声砂礫を打つが如く」大粒の激しい雨が降り、田辺町は大浸水を受け、人命も奪われた。田辺町の大洪水は8月19日の15～16時と20日0時～6時頃の2回あった。2回目は満潮時と重なり、増幅され被害を大きくした。日雨量902mm、最大時間雨量168mmの記録はこの時発生した[3]。この最大時間雨量は1982年の長崎水害における西彼杵郡長与町の178mmが記録されるまで、日本の最大時間雨量であった。このため、2011年災害と異なり、表層崩壊も多発していた。これらの激甚な被害を受けて、田辺町には各地に記念碑が建てられている。**写真1.1.5.1**は田辺市民総合センター前に建設された、明治大水害の記念碑である[3]。

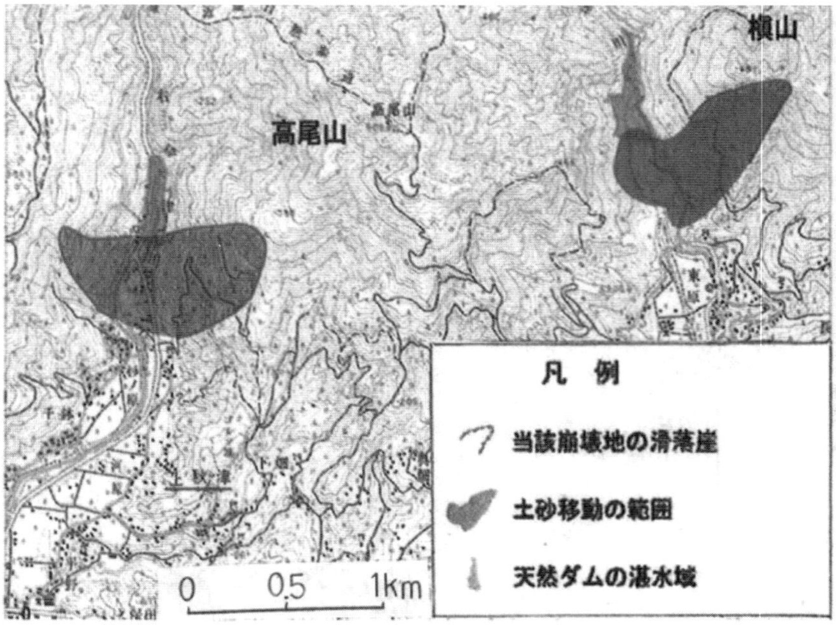

図-1.1.5.2 秋津川上流高尾山と槙山の災害状況図[3]

写真-1.1.5.1 明治大水害記念碑（田辺市民総合センター前）（2004年10月撮影）[3]

(3) 十津川流域の天然ダムの経時変化

図-1.1.5.3は、紀伊半島中央部・十津川流域における1889年災害と2011年災害の分布図（基図は国土地理院基盤地図情報数値標高モデル（10mメッシュ）による傾斜量図）[76),77)]を示している。**表-1.1.5.1**は明治22年（1889）災害の経時変化を示したものである[77]。表中に記す天然ダムの位置や番号は、**図-1.1.5.3**に示してある。

明治22年の災害では、十津川最上流部の塩野新湖（地点1、堰止高80m、湛水量1700万m^3）は20日の8時に形成され、7時間後に決壊した。その後も堰止高20mの天然ダムが残っていたが、11日後の31日に決壊した。辻堂新湖（地点2、堰止高18m、湛水量78万m^3）は、19日の22時に形成されたが、1時間後には決壊した。宇井新湖（同10m、93万m^3）は、20日10時に形成されたが、5.5時間後に塩野新湖の決壊によって流下した

図-1.1.5.3 紀伊半島中央部・十津川流域における1889年災害と2011年災害の分布図
（基図は国土地理院基盤地図情報数値標高モデル（10mメッシュ）による傾斜量図）[77]

表-1.1.5.1 明治22年（1889）災害時の天然ダム決壊の経時変化[77]

		移動土砂量 V1(万m³)	堰止高 H1(m)	湛水量 V3(万m³)	湛水時間 T(日・時)	8月																9月														
	天候状態					17日	18日	19日	20日	21日	22	23	24	25	26	27	28	29	30	31	1日	2	3	4	5	6	7	8	9	10	11	12	13	14	15
						雨	豪雨	豪雨	豪雨	晴れ					豪雨											晴れ					豪雨				
	田辺の降雨量 (20日未明の最大時間雨量170mm)						368	902																											
和歌山県	田辺市の氾濫（死者320名、和歌山県計1247人）								15時 0-6時氾濫																										
	右会津川高尾山	400万m³	30m	19万m³	3時間			18時																											
	左会津川・櫨山	720万m³	30m	40万m³	5時間				4時																										
	日高川・下柳瀬	50万m³	40m	1300万m³					深夜																										
奈良県・十津川流域	1塩野新湖	500万m³	80m	1700万m³	7時間					8時(H20m残る)－－－－－－－→再決壊																									
	2辻堂新湖	2300万m³	18m	78万m³	1時間					22時																									
	3宇井新湖	160万m³	10m	93万m³	5.5時間					10時(塩野新湖の決壊洪水で決壊)																									
	5立里新湖	540万m³	140m	2600万m³	6日				深夜	－－－－－－→25日																									
	6河原樋新湖	2600万m³	80m	3600万m³	17日									16時																		→11時(H40m残る)			
	4牛ノ鼻新湖	－	6m	26万m³	4日																										11時－→11日			
	7長殿新湖	560万m³	12m	72万m³	すぐ決壊				3時																										
	玉置高良郡長（大鉢山崩壊で死亡）								5時																										
	9林新湖	370万m³	110m	1.8億m³	17時間				7時(H55m残る)																										
	10川津新湖	360万m³	15m	130万m³	3時間				21時																										
	山葵新湖	－	－	－	17時間				6時																										
	13内野新湖	360万m³	10m	56万m³	30分				2時																										
	三浦新湖								深夜																										
	15野広瀬新湖	2000万m³	28m	320万m³					深夜																										
	16鳳屋新湖	250万m³	50m	160万m³	1時間				8時																										
	17野尻新湖	170万m³	10m	52万m³	すぐ決壊				15時																										
	18小原新湖	11万m³	7m	65万m³	2時間				10時																										
	19小川新湖	2000万m³	190m	3800万m³	5日					10時－－－→15時(H110m残る)																									
	20山手新湖	660万m³	80m	1200万m³	22日				5時	－－																								→16時(H18m残る)
	21柏渓新湖	490万m³	70m	170万m³	22日				5時	－－																								→15時(H20m残る)
	22上湯川新湖	340万m³	100m	230万m³	10日				23時	－－							→																		
	25久保谷新湖	440万m³	20m	130万m³	9時間				6時																										
	26大畑瀞	270万m³	25m	11万m³	決壊せず				5時																										
	28西ノ陰地新湖	30万m³	20m	40万m³	9時間				5時																										
	熊野本宮（本宮社流出・現地点に移設）								夜洪水																										
	新宮市（流出556戸，半壊375戸）								大洪水																										

*1 平野ほか(1984)，川村たかし(1987)，田畑ほか(2002)，蒲田文雄・小林芳正(2006)，水山ほか(2011)，十津川村歴史民俗資料館：大水災などをもとに作成した
*2 上記の文献は宇智吉野郡役所(1891，十津川村，1977-81復刻)：吉野郡水災史，巻之壹～巻之十一)をもとにしている

洪水によって決壊した。河（川）原樋新湖（80m，3600万m³）は，十津川の右支・川原樋川に形成された大規模天然ダムで，豪雨が降りやんだ後の21日16時に形成された。湛水量が大きかったため，すぐには満水にならなかった。

このため，野迫川村の林村長は大阪の第四師団に調査を依頼し，8月27日頃から発破作業が計画されたが，この作業は実現しなかった。河原樋新湖は17日後に満水となり，晴天であった9月7日11時に決壊した。この決壊によって，洪水が十津川本川に達し，合流地点付近に牛ノ鼻新湖（同6m，26万m³）が形成され，4日後の11日に決壊した。

林新湖は20日の7時に形成されたが，湛水量が最も多く，十津川流域に一番大きな影響を与えた。湛水標高は360mで，谷瀬の吊り橋（人道橋で日本最長，297m）の高さとほぼ同じ標高である。宇智吉野郡役所（1891）をもとに，林新湖による天然ダムの湛水範囲を再検討した結果，図-1.1.5.4に示したように，林・高津地区で水深83m，上野地で80m，谷瀬で67m，宇宮原で63m，長殿で47mとなった。このため，林新湖は，堰止高110m，湛水量1.8億m³と極めて大規模な天然ダムとなったことが分る[77]。

図-1.1.5.4 新たに想定した林新湖の湛水範囲（基図は図-1.1.5.3と同じ）[76]

1.1.6 1923年の関東大震災と土砂災害
(1) 関東大震災による土砂災害の分布

2013年は，大正12年（1923）9月1日11時58分に発生した大正関東地震（M7.9）から90周年であった。関東大震災では，地震直撃とその後の延焼によって，10.5万人もの死者・行方不明者を出したが，土砂災害のみでも，169地点，1062人以上の死者・行方不明者を出したことはあまり知られていない[80],[81],[82],[83],[84],[85]。本項では，関東大震災による土砂災害の跡地を歩いた結果をもとに，その分布と特性を紹介する。

図-1.1.6.1は，内務省社会局[86]の付図で，林野被害区域山崩れ地帯概況図である。丹沢山地は**山崩れ激甚地帯**，山梨県東部・東京都西部から静岡県東部にかけては**山崩れ多大地**

帯，神奈川県東部から千葉県南部は**山崩れ軽微地帯**となっている。この図には関東地震による土砂災害の169地点（神奈川県東部68地点，西部35地点，静岡県東部7地点，山梨県12地点，東京府5地点，千葉県南部42地点）[80),82),83)]を追記してあるが，山崩れ地帯概況図と土砂災害の分布の対応は良い。伊豆大島・岡田でも急崖が崩壊し，3名が亡くなった[83),84)]。

関東地震の前日から当日未明にかけてかなりの降雨があり[80)]，地震による激震によって土砂災害が多発した（○印）。また，2週間後の9月13日〜15日の豪雨が多かった地区で，土砂災害が多発している（■印）。表-1.1.6.1は関東地震による土砂災害の犠牲者と被災戸数，河道閉塞箇所を示している。

神奈川県西部の丹沢山地は「山崩れ激甚地帯」で，地震直撃による土砂災害と2週間後の豪雨によって，土砂災害が多発した。箱根火山の内部や海岸線に沿った地帯でも多くの土砂災害が発生した。また，神奈川県東部の横浜・鎌倉・横須賀の市街地では，多くの崖崩れが発生した。特に，関内などの旧横浜市街地には軟弱地盤が広がっており，人家の倒潰とともに各地からの延焼によって，2.7万人にも達する死者・行方不明者を出した。横浜市民は人家の倒潰と延焼から逃れようとして，周辺の台地部に向かったが，台地周辺の急崖部に設置されていた階段などが倒潰して，急崖を登れず，迫りくる火炎で焼死した人も多い。横浜市内の土砂災害は27箇所で，死者68人・行方不明者60人となったが，全体の死者・行方不明者（2.7万人）の中には，土砂災害による犠牲者も多く含まれている可能性が強い。横浜以上に急崖の多い横須賀市は，20箇所，死者・行方不明者は220人＋5人となった。鎌倉市は死者7名と少ないものの，多くの人家や神社・仏閣などが倒潰した。

また，鎌倉と周辺地域とを結ぶ切通し

表-1.1.6.1　関東地震による土砂災害一覧表[80),84),85)]

地 区	箇所数	死者(人)	行方不明(人)	被災戸数(戸)	河道閉塞(箇所)
神奈川県西部	37	650	74	264	5
神奈川県東部	66	295	65	203	0
横浜市内	27	68	60	83	0
鎌倉町内	19	7	0	9	0
横須賀市内	20	220	5	111	0
静岡県東部	7	64	0	8	1
山梨県	12	4	0	0	0
東京府	5	12	0	2	0
千葉県南部	42	37	0	16	6
計	169	1062	139	493	12

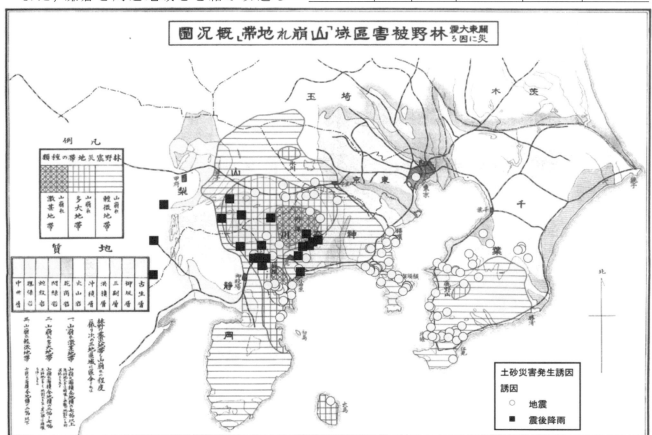

図-1.1.6.1　関東大震災による林野被害区域「山崩れ地帯」概況図[86)]と土砂災害地点169地点[82),83),84),85)]

の急崖や隧道坑口が崩壊し，津波の被害もあって，一時鎌倉は陸の孤島と化した。なお，この表の東京府には，2013年10月の伊豆大島災害後の調査で，大島岡田の崖崩れによる死者3名を追加してある[83),84)]。

(2) 白糸川上流の大洞の大崩壊と土石流の流下

大正関東地震によって，神奈川県西部の箱根外輪山の東側斜面では，根府川・米神などで，大規模な土砂災害が発生した。特に，図-1.1.6.2に示したように，根府川集落を襲った白糸川の土石流は，当時10歳だった内田一正氏の測量図と手記[87)]で正確な情報が得ら

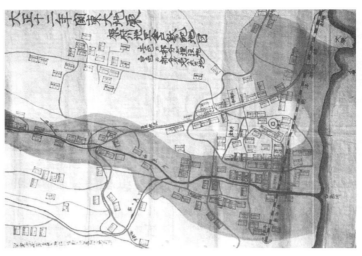

図-1.1.6.2 大正十二年関東大地震根府川地区全戸数の配置図[87)]

れた。土石流の発生源は大洞と呼ばれ，明瞭な深層崩壊の痕跡地形が残っている。ご子息の内田昭光氏の案内で，2012年12月と2013年4月に白糸川源頭部・大洞の現地調査が行われた[80)]。

大洞地区の深層崩壊や白糸川流域を流下した土石流については，内務省社会局[86)]や復興局[88)]にかなり多くの写真が掲載されており，写真-1.1.6.1は国鉄職員が大洞まで登って，撮影したものである。小林[89)]と釜井[90)]も内田氏の案内で，詳細な地形・地質調査を行った。

白糸川は箱根火山の外輪山を東方向に流れる急流河川（標高差750m，流路長4000m）である。大洞地区は柱状節理が発達する溶岩地帯からなる。白糸川の源頭部・大洞の大規模深層崩壊は，長さ300m，幅140m，崩壊深さ100m，崩壊土量108万m^3と推定した[80)]。崩壊地直下には流れ山（小丘）が形成され，26万m^3の崩壊土砂が残り，82万m^3が土石流となって，白糸川（長さ3500m，標高差500m）を流下した。土石流は12m/s（42km/h）の速度で流れ下り，5分後に根府川集落を襲ったと推定されている[80)]。

地質踏査の結果[80)]によれば，大洞付近には北嶺と南嶺（湯王）と呼ばれる溶岩ドームがあり，大洞上部斜面には何本も走る直線状の凹地が存在した。大洞の崩壊斜面には顕著な板状節理の発達する溶岩（根府川溶岩，久野[91)]のO_{18}溶岩）などが見られ，斜面下部の流れ山（小丘）には，板状の溶岩片が多く存在した。

関東地震の前日の8月31日には，かなりの降雨があったため，大洞地区では地下水位が上昇し，関東地震の激震で深層崩壊を起こしたのであろう。

写真-1.1.6.1 白糸川上流の大規模崩壊地と崩壊地下部の流れ山（小丘）の地形[88)]

(3) 白糸川を流下した土石流

内田[87)]の手記によれば，「2度目の地震（12時3分の山梨県東部を震源とするM7.3の余震）の後，『寒根山が来た，逃げろ』の声とともに，北側の家の桑畑30mの所まで逃げ，振り返

ると1分もたたないうちに，今まで居った私の家など集落の多くが土石流に巻き込まれた」(**写真**1.1.6.2)。このような時間経過から，大洞の大規模深層崩壊は11時58分の本震によって発生し，白糸川を河道閉塞し，2度目の余震によって，増水中の白糸川の河川水とともに，崩壊土砂は土石流となって流下した。根府川集落の全戸数159戸のうち，埋没家屋は78戸で289名（336名とも記されている）が死亡した。海岸で遊んでいた児童20名が津波と山津波の挟み撃ちにあって死亡している。また，北側の根府川駅付近は地すべりによって，列車乗客109名，駅とホームで22名，計131名が死亡している[80]。

白糸川の土石流によって，国鉄熱海線（現在の東海道線）の白糸川橋梁は完全に流失した。白糸川橋梁が復旧したのは1925年3月である。その後，1934年に丹那トンネルが完成し，熱海線は東海道線となり，輸送力が増強された。

写真 1.1.6.2 根府川集落を埋没させた土石流，戸主の名前は内田氏が追記 [87]

（3）　横浜，O.M. プールの逃避行

Otis Manchester Poole（当時43歳）は，関東地震の30年前から横浜に住んでおり，イギリス系貿易商社Dodwellの日本総支配人であった。彼は，43年後の1966年に，『The Death of Old Yokohama in the Great Japanese Earthquake of 1923　古き横浜の壊滅』(1966, 金井圓訳，1976, 有隣堂)[92]を著し，地震直後の9月1日の数時間の逃避行の様子を詳細に記録している。この逃避行ルートを**図**-1.1.6.3に示し，土砂災害との関係を紹介する。関内にあったドッドウェル商会の事務所（山下町72番地）は倒潰しなかったが，周辺の建物はほとんど倒潰し，各地から火災が発生した。彼は妻ドロシーと3人の子供に会うため，社員とともに山手（68番地）にある自宅に向かった。しかし，中華街などの建物はほとんど倒潰し，各地から火災が始まっていた。彼らは延焼を避けながら，中華街の横を通り，元町の商店街を抜け，山手の自宅に向かって登ろうとした。しかし，元町から登る百段の階段（**写真**-1.1.6.3)等は大きく崩落していた。彼は代官坂へ迂回して急坂を登り，やっとの思いで山手にある自宅に辿り着いた。しかし，家族は自宅にいなかったため，大声で家族の名前を叫びながら付近を探し廻った。

そして，義父の家に避難していた義父母や妻・子供と会うことができた。その後，義父らと話して，仏波止場に係留されている義父所有のヨットに家族全員で逃げることにした。しかし，周辺から迫りくる猛火によって，仏波止場に向かうルートはすべてふさがれていた。

このため，英国海軍病院（現在の港の見える丘公園）の落差40mの急崖から埋め立て地（当時は人家や建物はほとんどない）に降りようと方策を色々と検討していたところ，猛火が次第に迫ってきた。このため，急崖を降りることに決定し，病院内のテニスコートにあった網を取り外し崖上から垂らしたが，半分にも

図-1.1.6.3　O.M. プールの逃避行ルート [80]
(1/1万地形図「横浜近郊南部」，1922年測図に追記)

足りなかった。彼は子供を背負って網を伝って中段まで降り，何とか急崖の中腹に足場を見つけ，家族全員を無事崖下まで降ろすことができた。外国人達が無事埋め立て地まで降りるのを見た周辺の日本人も迫りくる猛火に耐えかねて，この急崖から飛び降りた。このため，急崖下には多くの負傷者が出たという。

写真-1.1.6.4は港の見える丘公園から見た急崖部で，2005年当時，急傾斜地対策事業が実施中であった。写真-1.1.6.5は埋め立て地から見た急崖部で，現在は遊歩道が建設されているが，プールが必至に降りた急崖の状況がしのばれる。

プールは埋め立て地に降りたものの，横浜市街地は倒潰と猛火が続いており，まだ燃え続けているグランドホテルの横を通り抜け，仏波止場のヨットまで逃避行する場所をようやく見つけ出し，家族全員を無事義父のヨットまで到達させることができた。

(5) 震生湖周辺を歩く

図-1.1.6.4に示したように，秦野市南部の大磯丘陵で市木沢に面した斜面が関東地震時に大規模地すべりを起こし，市木沢を塞き止めて，震生湖を形成した[93),94)]。震生湖は決壊せず，現在も秦野市立公園として市民の憩いの場となっている。この地すべりは震生湖地すべりと呼ばれ，面積3.9万m^2，平均崩壊深を5mとすると，全移動土砂量は19.6万m^3となる[85)]。現在の震生湖（湛水面標高152.7m）は，秦野市史の「震生湖の水深図」[94)]をもとに計測すると，湛水面積1.6万m^2，湛水位9mで，湛水量6.0万m^3となり，地すべり土塊量の1/3程度である。震生湖への流入面積はかなり狭く（15.3万m^2），雨水の震生湖への流入と地すべり土塊への浸透水のバランスが取れ，現在まで決壊せず残っているのであろう。

大磯丘陵には箱根火山・富士火山からの噴出物が数100mも厚く堆積しており，震生湖地すべりの移動土塊は風化した火砕物からなる。秦野盆地と大磯丘陵の間には東西方向の渋沢東断層が走り，50〜100mの撓曲崖が続いている[95)]。

また，震生湖地すべり付近には，NE-SW方向の柄沢北断層が認められる。撓曲崖の中段付近にはゴミ焼却場所の露頭があり，地質状況が良く分かる。写真-1.1.6.6は土志田達治撮影加筆の写真[85)]で，6.6万年間に箱根火山から噴火・堆積した東京軽石層TPと東京軽石流T(pfl)と三浦軽石層MPが見られた[96)]。このTP下面付近が震生湖地すべりのすべり面になる可能性があると考えられたが，明確な風化粘土層は認められなかった。なお，この露頭ではTPより下部に落差50cmにも変位した断層が認められたが，TPより上位には断層変位は認められなかった。このことから，この断層変位をもたらした地震は，TP・T(pfl)噴火直前に発生したことが明らかになった。宝永地震（1707

写真-1.1.6.3　元町から浅間山に向かう百段[80)]
（百段公園にある陶板写真）

写真-1.1.6.4　港の見える丘公園の急崖部[80)]
（崩壊対策工を実施中，2005年5月撮影）

写真-1.1.6.5　急崖部には遊歩道が建設され崖下に降りられる[80)]（2013年5月撮影）

年10月28日）から49日後に噴火した富士山のような現象が起こったのであろうか。

関東地震前日の8月31日～9月1日の午前中までに降った雨量は60mm程度であるが，この付近の火山噴出物はかなり湿潤状態であったと考えられる。このような状態時に最初の激甚な縦揺れ（P波）を受け，すぐに横揺れ（S波）を3分間も受け続けた。恐らく1000galを超える加速度を受け，一時的には浮き上がるような状態になってから，全体が崩れ落ちるように地すべり変動を起こした可能性が強い。

図-1.1.6.4 震生湖周辺の平面図（秦野市 1/2500）[85]

(6) 関東大震災の教訓

関東地震から90年が経過し，関東地方南部の被災範囲には，重要な道路・鉄道網が整備され，土地利用が高度化している。コンクリート構造物や耐震耐火住宅が増え，海溝型巨大地震や直下型地震が発生しても，大正12年（1923）当時のような倒潰や延焼は少なくなるであろう（自動車などの可燃物は逆に増えている）。しかし，急斜面地での宅地化が著しく進んでいるため，関東地震当時は土石流や崖崩れが発生しても被害が発生しなかった山地や丘陵地，急崖部で，多くの土砂災害が発生する危険性が危惧される。森林や耕作地，公園などの避難可能地もかなり減少している。人口稠密地域での土砂災害は，1923年当時以上に大きな被害をもたらす危険性がある。このような観点から，海溝型巨大地震や東京湾直下型地震等，大規模地震が発生想定されている地区で，地震による土砂災害対策を見直す必要があると考えられる。

写真-1.1.6.6 震生湖北部の露頭写真[85]（土志田達治撮影）
TP:東京軽石（降下テフラ），Tpfl:東京軽石流，MP:三浦軽石層，F:正断層（TP上部は変形していない）

引用・参考文献

1) 井上公夫：地形発達史からみた大規模土砂移動に関する研究，京都大学農学部学位論文，269p. 1993
2) 井上公夫：建設技術者のための地形判読実例問題 中・上級編，古今書院，143p. 2006
3) 水山高久監修・森俊勇・坂口哲夫・井上公夫編著：日本の天然ダムと対応策，古今書院，187p. 2011
4) 井上公夫：関東大震災と土砂災害，古今書院，口絵，16p. 本文，226p. 2013
5) 宇佐美龍夫：新編日本地震総覧，416-2001，東京大学出版会，605p. 2003
6) 中村浩之・土屋智・井上公夫・石川芳治：地震砂防，古今書院，口絵16p. 本文190p. 2000
7) 小山内信智・井上公夫：第4章 地震と土砂災害，内閣府（防災担当）「1707宝永地震」報告書，pp.187～205. 2014
8) 高知県立図書館：土佐国資料集成，土佐国群書類従．第七巻，巻七十四 災異部，谷陵記（奥宮正明記），pp.2～11. 2005
9) 井上公夫：第5章第1節 頻発する土砂災害と洪水，中央防災会議・災害教訓の継承に関する専門調査会「1707富士山宝永噴火」報告書，pp.136～157. 2006
10) 下鶴大輔：富士山の活動史，Disaster Mapと災害評価，噴火災害の特質とHazard Mapの作成およびそれによる噴火災害の予測の研究，文部省科研費自然災害特別研究成果報告書，No.A-56-1，（研究代表者：下鶴大輔），pp.88～97.1981
11) 南哲行・花岡正明・中村一郎・安養寺信夫・井上公夫・角谷ひとみ：富士山宝永噴火（1707）後の土砂災害1，2，平成14年度砂防学会研究発表会概要集，pp.20～21，pp.252～253，2002
12) 井上公夫：元禄地震（1703）と富士山宝永噴火（1707）による土砂災害と復興過程，―神奈川県山北町における最近の史料学・考古学的成果による再検討―，歴史地震，20号，pp.247～255. 2005
13) 国土交通省富士砂防事務所：富士山宝永噴火と土砂災害，製作/NPO法人砂防広報センター，カラー口絵，39p. 白黒本文，143p. 2003
14) 井上公夫：富士山宝永噴火（1707）後の長期間に及んだ土砂災害，富士火山（改訂版），荒牧重雄・藤井

敏嗣・中田節也・宮地直道編集，日本火山学会，pp.427〜439. 2007
15) 井上公夫：富士山宝永噴火後の土砂災害，地理，特集火山災害は噴火だけじゃない，59巻5号，口絵，pp.2〜3，本文，pp.42〜50. 2014
16) 井上公夫：富士山による災害史，地質と調査，140号，pp.11-16. 2014
17) 新田次郎：怒る富士，文芸春秋，1974，文春文庫，1980
18) 勝俣昇：砂地獄，静岡新聞社，2007
19) 鈴木隆介：箱根火山北東部における軽石流の堆積とそれに伴った地形変化について，地理評，26巻，pp.24〜41. 1963
20) 山北町：山北町史，史料編，近世，1421p. 2003
21) 山北町教育委員会：江戸時代が見えるやまきたの絵図，36p. 1999
22) 角谷ひとみ・井上公夫・小山真人・冨田陽子：富士山宝永噴火後の土砂災害，歴史地震，18号，pp.133〜147. 2002
23) 萩原進：浅間山天明噴火史料集成，群馬県文化事業振興会，Ⅰ372p. Ⅱ348p. Ⅲ381p. Ⅳ343p. Ⅴ355p.
24) 松島榮治：災害の記録と考古学，群馬県文書館，16号，pp.1〜3. 1993
25) 井上公夫・石川芳治・山田孝・矢島重美・山川克己：浅間山天明噴火時の鎌原火砕流から泥流に変化した土砂移動の実態，応用地質，35巻1号，pp.12〜30. 1994
26) 井上公夫：浅間山天明噴火と鎌原土石なだれ，地理，49巻5号，表紙，口絵，pp.1〜4. 本文 85〜97. 2004
27) 井上公夫：噴火の土砂洪水災害，―天明の浅間焼けと鎌原土石なだれ―，古今書院，204p. 2011
28) 荒牧重雄：浅間火山の地質（地質図付），地団研専報，14号，45p. 1958
29) 古澤勝幸：天明三年浅間山噴火による吾妻川・利根川流域の被害状況，群馬県立歴史博物館，18号，pp.75〜92. 1997
30) 気象庁：4.3 浅間山，日本活火山総覧（第3版），pp.270〜288. 2005
31) 荒牧重雄：浅間山の活動史，噴出物および Disaster Map の作製およびそれによる噴火災害の予測の研究，文部省科学研究費自然災害特別研究，No.A-561，pp.247〜288. 1986
32) 嬬恋村教育委員会：埋没村落鎌原村発掘調査概要，―よみがえる延命寺―，53p. 1994
33) 山田孝・石川芳治・矢島重美・井上公夫・山川克己：浅間山天明噴火に伴う北麓斜面での土砂移動現象の発生・流下・堆積実態に関する研究，新砂防，45巻6号，pp.3〜12. 1993，天明の浅間山噴火に伴う吾妻川・利根川沿川での泥流の流下・堆積実態に関する研究，新砂防，46巻1号，pp.18〜25. 1993
34) 田村知栄子・早川由紀夫：史料解読による浅間山天明三年（1783）噴火推移の再構築，地学雑誌，104巻6号，pp.843〜863. 1995
35) 井上素子：浅間火山鬼押出し溶岩流の全岩化学組成変化，金沢大学文学部地理学報告，10号，pp.7〜23. 2002
36) 井上素子：火砕溶岩流としての鬼押出し溶岩流，月刊地球，28巻4号，pp.223〜230. 2006
37) 安井真也・小屋口剛博：浅間火山・東北東山腹における1783年噴火の噴出物の産状とその意義，日本大学文理学部自然科学研究所研究報告，33号，pp.105〜126. 1998
38) 高橋正樹：浅間火山の地質と活動史，日本火山学会第10回公開講座テキスト集，2003（2014/8/26確認）
39) 群馬県埋蔵文化財調査事業団：自然災害と考古学，―災害・復興をぐんまの遺跡から探る―，上毛新聞社，224p. 2014
40) 中村庄八：吾妻川から失われつつある浅間石の記載保存，―中之条高校文化祭発表のまとめを兼ねて―，群馬県立中之条高等学校紀要，16号，pp.15〜25. 1998
41) 関俊明：天明泥流はどう流下したか，ぐんま史研究，24号，群馬県立文書館，pp.27〜54. 2006
42) 小菅尉多・井上公夫：鎌原土石なだれと天明泥流の発生機構に関する問題提起，平成19年度砂防学会研究発表会概要集，pp.486〜487. 2007
43) 片山信夫：島原大変に関する自然現象の古記録，九大理学部島原火山観測所研報，9号，pp.1〜45. 1974
44) 井上公夫：1792年の島原四月朔地震と島原大変後の地形変化，砂防学会誌，52巻4号，pp.45〜54. 1999
45) 井上公夫：第2章 寛政の雲仙普賢岳噴火の災害伝承，―島原大変肥後迷惑―，高橋和雄編著，災害伝承，―命を守る地域の知恵―，古今書院，口絵，pp.3〜5，本文，pp.25〜52. 2014
46) 菊地万雄：日本の歴史災害，―江戸時代後期の寺院過去帳による実証―，古今書院，301p. 1980
47) 島原市：たいへん，―島原大変2百回忌記念誌―，662p. 1992
48) 渡辺一徳・星住英夫：雲仙火山地質図，1:50,000，地質調査所，1995
49) 井上公夫・今村隆正：島原四月朔地震（1792）と島原大変，歴史地震，13号，pp.99〜111. 1997
50) 国土交通省雲仙復興事務所：島原大変，―日本の歴史上最大の火山災害―，製作／砂防フロンティア整備推進機構，42p. 2003，英語版，The 1971-92 eruption of Unzen-Fugendake and the sector collapse of Mayu-Yama, 24p. 2002
51) 小林茂・小野菊雄・関原祐一：島原大変関係図の検討，野口喜久雄・小野菊雄編「九州地方における近世自然災害の歴史地理学的研究」，九州大学教養部，pp.4〜28. 1986
52) 小林茂・鳴海邦匡：島原大変における眉山崩壊時の水蒸気爆発に関連すると推定される資料について，待兼山論叢，36号（日本学編），pp.1〜18. 2002
53) 松尾卓次：大岳地獄物語，国見町史談会，9p. 2001
54) 神代古文書勉強会：大岳地獄物語，国見町教育委員会，171p. 1989

55) 神代古文書勉強会：寛政四年子正月　島原地変記，星雲社，209p．2012
56) 善光寺地震災害研究グループ：善光寺地震と山崩れ，長野県地質ボーリング協会，130p．1994
57) 井上公夫：建設技術者のための土砂災害の地形判読実例問題　中・上級編，古今書院，143p．2006
58) 赤羽貞幸・原田和彦：1.1　善光寺地震，ドキュメント災害史1703～2003，―地震・噴火・津波，そして復興―，国立歴史民俗博物館，pp.25～34．2003
59) 小熊友和：青木雪卿が描いた善光寺地震絵図，―現在との対比―，長野県建設部砂防課「長野県の地すべり」，pp.73～138．2009
60) 田畑茂清・水山高久・井上公夫：天然ダムと災害，古今書院，口絵 8p．本文 205p．2002
61) 国土交通省松本砂防事務所：松本砂防管内とその周辺の土砂災害，48p．2003
62) 井上公夫：Ⅲ2　地震，日本地すべり学会編「地すべり　Landslides，地形地質的認識と用語」，pp.216～239．2004
63) 赤羽貞幸・井上公夫：第1章2～4節，災害の状況，土砂災害，天然ダムの形成と決壊洪水，中央防災会議・災害教訓の継承に関する専門調査会「1947 善光寺地震報告書」，pp.22～66．2007
64) 涌池史跡公園記録誌編集委員会：善光寺地震と虚空蔵山の崩壊，―弘化四年その時涌池になにが起きた―，長野市信更町涌池区，190p．2011
65) 宮下秀樹・山浦直人・井上公夫：弘化四年善光寺地震における煤花（裾花）川の土砂災害とその後の対応，土木史研究，33号，pp.41～51．2013，土木学会論文集 D2（土木史），70巻1号，pp.30-42．2014
66) 山浦直人：善光寺地震による水害を伝える資料について，平成25年度冬季展「山国の水害」の展示資料，長野県立歴史館研究紀要，20号，pp.58～68．2014
67) 脇田浩二・井上誠：地質と地形で見る日本のジオサイト，―傾斜量図が開く世界―，170p．2011
68) 静岡大学防災総合センター：[古代・中世]地震・噴火史料データベース（β版）
69) 建設省中部地方建設局河川計画課：天然ダムによる調査事例集，119p．1987
70) 深層崩壊研究会：平成23年紀伊半島水害深層崩壊のメカニズム解明に関する現状報告書，39p．2013
71) 内智吉野郡役所：吉野郡水害史，巻之壱～十一，1891，十津川村復刻，1977～1981
72) 垣野一光：吉野郡水災誌，明治二十二年記録解読本，巻二，大塔村，113p．巻四，北十津川村，195p．巻五，十津川花園村，82p．巻六，中十津川村，101p．巻七，西十津川村，89p．巻八，南十津川村，125p．巻九，東十津川村，108p．2011
73) 平野昌繁・諏訪浩・石井孝行・藤田崇・後町幸雄：1889年8月災害による十津川災害の再検討，―特に大規模崩壊の地質規制について―，京大防災研究所年報，27-B1，pp.1～18．1984
74) 芦田和男：明治22年（1889）十津川水害について，社団法人全国防災研究会，No.2，河道埋没に関する事例研究，pp.37～45．1987
75) 鎌田文雄・小林芳正：十津川水害と北海道移住，シリーズ日本の歴史災害，No.2，古今書院，181p．2006
76) 井上公夫・土志田正二：紀伊半島の1889年と2011年の災害分布の比較，砂防学会誌，65巻3号，pp.42～46．2012
77) 井上公夫・土志田正二・井上誠：1889年紀伊半島災害によって十津川流域で形成・決壊された天然ダム，歴史地震，28号，pp.113～120．2013
78) 川村たかし：十津川出国記，北海道新聞社，道新新書，285p．1987
79) 明治大水害史編集委員会：紀州田辺明治大水害，―100周年記念誌―，和歌山県田辺市，207p．1989
80) 井上公夫編著：関東大震災と土砂災害，古今書院，口絵，16p．本文，226p．2013
81) 井上公夫：関東地震（1923）による土砂災害の跡地を歩く，砂防と治水，pp.84～98．2013
82) 井上公夫・相原延光・笠間友博：関東大震災，横浜の現地見学会，―1923年9月1日のプールの逃避行ルートを歩く―，地理，58巻12号，口絵 p.8，本文，pp.82～91．2013
83) 井上公夫：伊豆大島・元町の土砂災害史，地理，59巻2号，口絵 p.8，本文，pp.10～19．2014
84) 井上公夫：伊豆大島・元町の土砂災害史と「びゃく」，砂防と治水，219号，pp.85-90．2014
85) 井上公夫：関東大震災・秦野盆地と大磯丘陵の現地見学会，―秦野駅から震生湖周辺をあるく―，地理，60巻2月号，口絵 pp.2-7，本文 pp.68-76．2015
86) 内務省社会局：大正震災志，上巻，1236p．下巻，836p．附図，20図葉，1926
87) 内田一正：人生八十年の歩み，内田昭光発行，151p．2000
88) 復興局：大正十二年関東大地震震害報告，第2巻，鉄道・軌道の部，土木学会，1927
89) 小林芳正：1923年関東大地震による根府川山津波，地震，第2輯，32巻，pp.57～73．1979
90) 釜井俊孝：1923年関東地震による根府川地域の地すべり，日本地すべり学会関東支部平成18年度現地討論集，pp.44～57．2006
91) 久野久原著：箱根火山地質図説明書，箱根火山地質図再版委員会（代表：荒牧重雄），53p．1972
92) Poole, O.M.: The Death of Old Yokohama in the Great Japanese Earthquake of 1923, 1966, 金井圓訳，古き横浜の壊滅，有隣堂，1976
93) 寺田寅彦・宮部直巳：秦野に於ける山崩れ，地震研究所彙報，10巻，pp.192-199．1932
94) 秦野市史編纂室：秦野の自然Ⅲ，震生湖の自然，秦野市史自然調査報告，3号，155p．1987
95) 平塚市博物館：平塚周辺の地盤と活断層，夏期特別展示解説書，49p．2007
96) 笠間友博：箱根東京テフラの噴火と火砕流，相模原市史研究，4号，pp.15-31，2009

column
『地質時代区分と用語の用法が変わりました－第四紀と第三紀，沖積と洪積を中心に－』

　地盤工学の分野でなじみの深い第四紀の始まりは 2009 年の国際地質科学連合(IUGS)の会議で再定義され，80 万年さかのぼって 258(258.8)万年前からとなった。すなわち，第四紀は古い順に更新世と完新世からなるが，更新世の始まりが 80 万年古くなった(表－1 参照)。このような新しい定義は気候変動(実質的に海水準変動)を基準にしたもので，その意義は第四紀の気候変動・環境変動の基本的な仕組みが成立した時期をもって始まりとするところにある[1]。

　日本の地質学関係学会は，この新しい第四紀・第三紀の定義を受け入れ，第三紀という用語を廃止し，新第三紀と古第三紀の用語に置き換えることにした。さらに，「洪積世・洪積層」，「沖積世・沖積層」の用語についても議論され，沖積世・洪積世の使用は廃し，完新世・更新世を使用することを徹底させることが確認された。ただし，地盤工学の分野でも重要な用語である『沖積層』は，更新世末から完新世にまたがるものであることを周知させたうえで，引き続き使用することが認められた。近年，国際化の観点からも，あるいは，環境・防災問題をはじめ異分野交流なしでは解決できない課題も多く，そこで使用される技術用語の定義は共通でなければ交流は成立しない。地盤工学分野でも沖積・洪積に関わる用語については，慣用に拘らず，国際的な新しい定義に従って使用していくことが望まれる。

表－1 改訂された新生代の年代層序区分

* 1Maは100万年前

代 界	紀 系	世 統		期 階	年代 Ma*
新生代 Cenozoic	第四紀 Quaternary	完新世 Holocene			0.0117
		更新世 Pleistocene	後期	'Tarantian'	0.126
			中期	'Ionian'	0.78
			前期	Calabrian	1.81
				Gelasian	2.58
	新第三紀 Neogene	鮮新世 Pliocene		Piacenzian	3.60
				Zanclean	5.33
		中新世 Miocene		Messinian	7.25
				Tortonian	11.6
				Serravallian	13.6
				Langhian	16.0
				Burdigalian	20.4
				Aquitanian	23.0
	古第三紀 Paleogene				65.5

　そもそも日本は 19 世紀後半に迎えた地質学の黎明期にドイツからこれを学んだため，Alluvium[沖積世]，Diluvium[洪積世]の用語が長く使用されてきた。しかし国際的には Holocene(完新世)，Pleistocene(更新世)の用語が古くから確立していた。この経緯から，「洪積層」や「洪積地盤」などの用語は，地盤工学的支持層の意味で広く使われてきたが，公式の文書においては使用しないようにしていく必要があるだろう。

　つまり，図－1 に示すように，沖積層は，グローバルには-120m～-140m も海面が低下していた最終氷期最寒冷期(Last Glacial Maximum，LGM:2.6～1.9 万年)の時代から，海面が上昇する過程で，同じ一つの"器"の中に形成された。"器"の底にある沖積層基底礫層(BG)の識別は重要な意味をもち，東京低地では七号地層と有楽町層に細分される(図-2)。

　ここで，図－1 内の MIS とは何だろう。海洋酸素同位体比編年(MIS:Marine Isotope Stage)は，深海底コアに含まれる有孔虫化石の殻の酸素同位体比に基づいて気候変動を復元し，さらにその変動パターンを用いて編年の基準とする国際的に定着した手法である。下末吉層といっても国際的には通用しないが，MIS5e(あるいは MIS5.5)と言えばどこでも通用する。沖積層は MIS2 から MIS1 にあたる。原則として奇数は間氷期，偶数は氷期を示す。現在では，深海底コアだけでなく，氷床コアや鍾乳洞の石筍に対しても同位体編年が適用される。

column

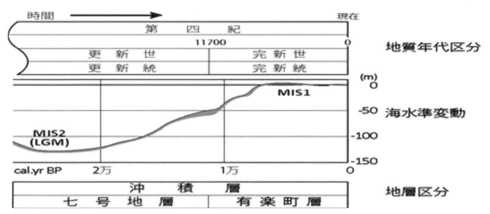

図−1 沖積層層序と海水準変動

ところで，図−2に示すように，"洪積"の語を使用せずとも，十分に記述・表現することができる。支持層や支持基盤などの用語はその上で示されればよい。例えば，七号地層は更新世末期に属するが，現実には沖積層を構成する地層である。したがって，沖積層は更新世末期の最終氷期末期から完新世にまたがる地層単位の名称であり，完新世の地層（完新統）と同義ではない。七号地層は，一般に沖積作用によって形成されたものであるが，かつては"沖積世"に形成されたという意味合いをもっていたので，地質学上誤解され易く，好ましい表現とはいえない。とは言うものの地盤工学の分野では，長年使用されかつ広く普及している用語であるため，例外的にその使用が認められている。この場合，沖積層は固有名詞としての地層名であると考えればよい。

なお，堆積環境と建設用途によっては，更新世堆積層であっても支持地盤にならないこともあれば，完新世堆積層であっても支持地盤になる場合もあり，地層の時代区分と強度区分とは必ずしも一致している訳ではないことに留意しなければならない。

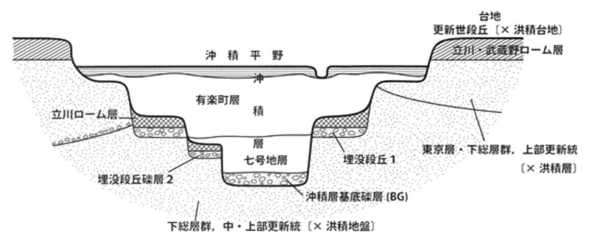

図−2 完新統や更新統の断面図の例

図に示されるように，「洪積層」，「洪積台地」，「洪積地盤」などの用語なしで表現することができる。[x]印は使用を避けるべき用語。

（遠藤邦彦・中村裕昭）

引用・参考文献
1) 遠藤邦彦・奥村晃史：第四紀の位置と新定義，地盤工学会誌，Vol.58(2)，pp.46〜49，2010.

1.2 地震災害

地震は,震源域で岩盤の破壊が起こることで地震の波(地震波:主要な要素は,振幅・波長/周波数・継続時間)が発生し,その波が地下を伝わり,大地を揺すり(地震動),建物等を揺らす現象である。地震の原因は,断層の活動,火山マグマの活動,山体崩壊など巨大な地すべりの変動,地下の空洞に岩盤が落ち込む陥没などであるが,最も多く大規模なものは断層の活動である。

地震の被害には,地震動による家屋など建築構造物の倒壊,電気・ガス・水道などライフラインの損傷,落石・崩壊・地すべり・土石流などの斜面の破壊,地盤の液状化があり,また,ずれ変位による被害は,地表地震断層沿いの地形の食い違い(地変線という)に伴う構造物の変位,海域での海底の変位に伴う津波などがある。さらに,間接的には延焼火災がある。そのほか長期にわたる影響として,地盤の隆起や沈降などにより港湾の水深が浅くなる,高潮時に浸水するなどの障害や温泉の泉温の低下・湧水量の減少あるいは増加などの変化も起こる。このような地震の災害の規模と様相は,地震の規模や震源域からの距離だけでなく,その地域の地形・地質・地下構造,地震の発生時期や時刻,その地域の社会状況,さらには地震が引き起こす火災・水害などの二次的災害の規模と状況など,多くの要因によって変わってくる。

日本列島は近年,1995年の兵庫県南部地震(阪神淡路大震災)以降,2011年の東北地方太平洋沖地震(東日本大震災)まで多くの地震災害が発生し,これらを受け,震源断層の発生機構,地震動の影響,被害の状況などについて,地質学・地形学・地震学・地球物理学・地震工学など多分野から多くの詳細な文献が刊行された[1)-14)]。また,活断層や海域についてもトレンチ調査や,音波探査・海底堆積物採取などの補完調査が計画的に実施され,その成果も論文やウエブサイトで公表されている[15)-19)]。

本項ではこれらの資料を参考に,地震災害の主要因となる地震動について述べた後,地震動による災害として液状化,斜面の崩壊・地すべり,盛土のすべりを,また,ずれ変位の海域での影響として津波を,地震後の地殻変動として広域の隆起・沈降を述べ,最後に防災上の観点から,直下型地震といわれる陸域の浅い地震の原因となる活断層を概観する。

1.2.1 地震動(地形・地盤の影響)
(1) プレートテクトニクスと地震活動

地球表面は,地殻とその下位のマントル表層部の硬い岩石で構成された,厚さ数十から百数十km程度の硬くて変形しにくい十数枚に割れた硬板(プレート)で覆われている。それぞれのプレートは海嶺,海溝あるいは横ずれ断層などを境界として,深部の比較的軟かいマントル層の対流に乗って,地球の表面を滑るように運動し,1)プレート同士が衝突するところ,2)プレート同士がずれ動くところ,および3)相対的に重い海のプレートがより軽い陸のプレートの下に沈み込むところでは,プレートの相互作用により蓄積されたひずみエネルギーを解消する運動として,地震が起こっている。

日本列島付近は,2つの陸域のプレート(北アメリカプレート,ユーラシアプレート)と2つの海域のプレート(太平洋プレート,フィリピン海プレート)との会合部に位置し,陸域のプレートに海域のプレートが東側から年間4~10cmの変位速度で沈み込むことで,東西圧縮の応力を受けている。第四紀後半の100万年前から数十万年前以降は現在と同じ東西圧縮の応力場が継続し,圧縮による歪がプレート間やプレート内部に蓄積している。この歪蓄積部が破壊することによって歪を開放するのが地震である(**図-1.2.1.1**)。

プレート境界の固着部では,下盤の海域のプレートの沈み込みに引きずられて下へ曲げられた陸域のプレートが限界に達し,反発して元に戻ることで逆断層の破壊が起き,プレート境界の地震(プレート間地震:海溝型地震)が発生する。プレート間地震は通常40~50kmの深さまでの範囲で,ほぼ100~150年間隔で繰り返すもので,歪の大部分はこれによって解放される。一方,沈み込む海域のプレート内部では,650km程度の深さまでの範囲で,プレートの曲がり・引張り・圧縮などの応力の違いにより,正断層や

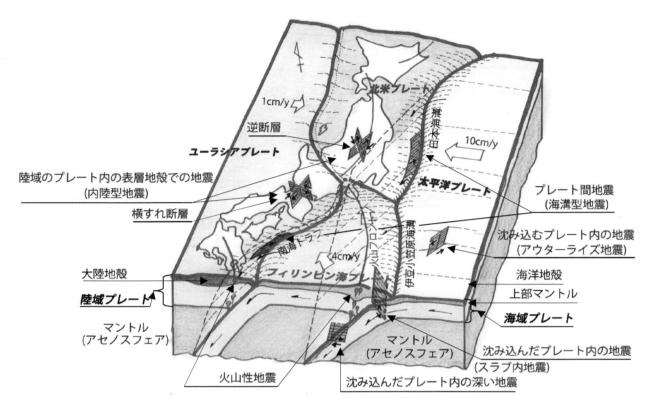

図—1.2.1.1 日本近傍の4枚のプレートと地震発生にかかわる断層の模式図[20]

逆断層に伴う地震（プレート内の地震：スラブ内地震，アウターライズ地震）が発生している。

また，歪の一部は，上盤の陸域のプレート内の表層地殻での地震（内陸型地震）としても解放される。さらに2つの陸域プレート，北アメリカプレートとユーラシアプレートの東西圧縮の変位速度が年間数mm～1cm程度であるため，この圧縮による歪の解放も内陸型地震の原因となっている。このような内陸型地震は，陸域プレート内の表層地殻の既存の弱線（断層や断層破砕帯など）や温度の異常のあるところに歪が集積し，繰り返し同じ場所で破壊することにより発達した断層（活断層）が，再活動することで発生する。内陸型地震は20km以浅に震源が集中しているが，この理由として，陸域の花崗岩質地殻では，20km程度以深の温度・圧力条件下では石英や長石が流動化しやすく，弾性ひずみエネルギーの蓄積が困難であるためといわれる。なお，活断層とは数十万年以降の最近の地質時代に繰り返し活動が確認され，過去の破壊と同じ個所で今後も発生する可能性がある断層をいう。活断層による内陸型地震の平均発生間隔は数千年～数万年と非常に長い。日本列島は東西の圧縮応力場にあることから，東北日本では南北性の逆断層が，西南日本では横ずれ断層が卓越している。

このように地震は，プレート境界での逆断層とプレート内での逆断層，正断層，横ずれ断層の活動によって発生するが，そのほか，沈み込む海域プレートが100kmを超えるような深さとなるところの地表部には多数の火山が分布し，ここではマグマの移動や膨張・収縮などの活動やマグマが供給する熱エネルギーがもたらす現象に伴い，火山性微動やマグマの上昇による岩盤の破壊，火山爆発などによる火山性地震も発生している。内陸部では活断層だけでなく，活褶曲運動で地層が曲がるのに伴って岩盤がずれることで地震が発生することもある。

（2） 地震動やずれ変位による土木構造物の地震被害

世界中のマグニチュード(M)5以上の地震の一割程度が日本とその周辺で起こっており，震度4以上に限っても東京では平均して年に一度は発生している。ちなみに1984

年に本書の旧版が出版されて以降 30 年間でも，日本国内で死者，行方不明者を出すような地震が 16 回，ほぼ 1 回/2 年の頻度で発生している。

これらの被害は地震動による建物の倒壊や橋梁の損壊が多いが，土木構造物等の被害では例えば，1995 年兵庫県南部地震による阪神淡路大震災時の被害調査 [2]などによれば，以下のように強い地震動やずれ変位による被害が生じている。

① **土構造物**（盛土体・土留め構造物・保護工）：宅地盛土・河川堤防盛土・道路盛土・鉄道盛土・擁壁・混合擁壁・路床などでは，平地部の基礎地盤が湿潤・軟弱な区間，丘陵・山岳部の特に地下水位が高い区間（沢横断箇所や沢埋め盛土），池や川に面した個所，集水地形，二次堆積物や旧表土が残存する個所，片切片盛構造の片盛り部などに沈下や崩壊などの被害が発生した。アースダム・ため池では，皿池での被害は他の盛土被害と同様多かったが，特に震源断層から 10km までに被害が集中した。補強土盛土は柔軟な構造のため，被害を受けにくかった。

② **砂地盤**：地形・地質条件および表層地盤の増幅特性などに関連して，液状化，地盤の側方流動，道路の陥没，地割れなどが，主として震度 7 のいわゆる「震災の帯」沿いで発生した。

③ **港湾施設**：液状化，捨石部の沈下が生じた。

④ **河川・砂防施設**：土構造物として内部に現地発生材の不均質な材料を用いているため，変形しやすかった。

⑤ **トンネル**：地上構造物に比べ軽微な被害である。耐震構造ではなかった開削トンネルでは，幅広トンネルで中柱のせん断破壊，上下端部の曲げ破壊が生じたが，シールドトンネル，沈埋トンネルではコンクリートの剥離，施工継ぎ目や継ぎ手部のずれ程度，山岳トンネルも断層破砕帯の周辺にジョイント部の目開き，打ち継ぎ目のコンクリート剥落，段差，ひび割れが集中した程度で，構造的な被害はなかった。

このようにトンネルの地震被害は地上構造物に比べ一般に軽微であった。しかし，過去の地震では地震規模が大きい場合や地震断層が近い場合，あるいはトンネルが断層破砕帯を横切る箇所などで，トンネル周囲の地山の崩壊や滑動などによる坑口地すべりやトンネルのずれなどが発生したことがある [21]-[23]。たとえば 1930 年北伊豆地震での掘削中の丹那トンネル（水平 2.3m，垂直 0.2m のずれ変位）[24]や 1978 年伊豆大島近海地震での伊豆急稲取トンネル [25],[26]では，地震断層のずれに付随した変位が生じた。また，2004 年中越地震では，いくつかのトンネルで覆工コンクリートの破壊・剥落，側壁のはらみ，トンネル路盤の盛り上がりなども生じている [27]。

(3) 地震動に影響する特性

地震の震源域の規模を示すマグニチュードは地震の原因の大きさを示し，地震動による地盤の揺れを表す震度は地震の結果の大きさを表している。通常の構造物の亀裂は震度 5 から始まり，6 弱で耐震性の低い木造家屋では倒壊することがある。がけ崩れ・石垣の崩れ・落石・湿地のひび割れなどは震度 4 程度で起こり始め，震度 5 から土砂災害が発生する。

地震動は，一般に震源域の地震の規模が大きく（震源特性），震源断層からの距離が近いほど強く，遠くでは弱くなるが（距離減衰），実際に地面がどう揺れるかは，各地の表層地盤の状況や地形の条件（サイトの動的特性）の方が大きく影響する。また，一般に都市が広がる平野部や盆地部は柔らかな堆積層に覆われており，地下からやってきた地震波が地表と途中の固い基盤との間を何度も往復反射するため，何倍にも揺れが増幅されるとともに，振動の継続時間も長くなる（伝播経路特性）。

i) 震源特性

震源で最初に発生したせん断破壊は，周囲へ 2～3km/s 程度の速度で伝わり，断層面が形成される。この過程で生じる地震波には，実体波として振動方向が波の伝わる方向と一致し体積の伸び縮みによって伝わる縦波（P 波）と，振動方向が波の伝わる方向と直角でねじれズレ変形によって伝わる横波（S 波）があり，通常は，横波の方が縦波より揺れが大きく主要動と呼ばれ地震災害に関与する。また，地球表面を伝わる表面波も

地震動に関与する（図-1.2.1.4）。

地震災害（建物の倒壊，地盤の液状化，落石・崩壊・地すべりなど）との関係で重要な地震動は，最大振幅が大きく，周波数特性として周期1秒程度以下の短周期で，主要動の継続時間が長いことである。また，内陸型地震の場合には，断層運動（破壊）の進行方向では，ドップラー効果により短周期の振動が卓越して地震動は大きくなる（指向性効果）。さらに，断層面で岩盤が固着した領域（アスペリティ）では，断層運動で激しく破壊されて短周期の大振幅の地震波を発生させる。

ii) 伝播経路特性

震源断層から放出された地震波は，すべての方向に伝播し，震源断層から離れるほど，地震動が小さくなる（地震動の距離減衰）（図-1.2.1.2，図-1.2.1.3）。地震波は均質な物質内では直進するが，他の物質との境界では，反射・屈折・回析・他の波との干渉などが生じる。阪神・淡路大震災時の神戸六甲地域では，海側の平地部と山地の境界付近に切り立った岩盤があり，堆積層の分布する平地部では，震源断層から直接伝わった実体波（S波）と山側の切り立った岩盤と堆積層の境界の地表部分からの表面波が重なり合って，地震動が増幅し，いわゆる「震災の帯」を形成した。

iii) サイトの動的特性

地表付近の地盤や地形の動的特性により，地震動は増幅される。

地震波のエネルギーは波の伝わる速さと振幅の大きさによって決まるので，弾性波伝播速度が小さい表土層・崖錐層・軟弱地盤・盛土などの軟らかい地盤ほど，速度が遅くなるかわりに振幅が大きくなる。また，基盤岩から盛土内に入力した地震波は，反射・回析により増幅され，切土と盛土の境界部や末端の薄い盛土の部分に，大きな被害が生じやすい。

断層の上盤ほど被害が大きく崩壊や地すべりが多い。断層面の上盤側に位置する斜面では，真下の震源断層からの距離が近く断層の固着域（ア

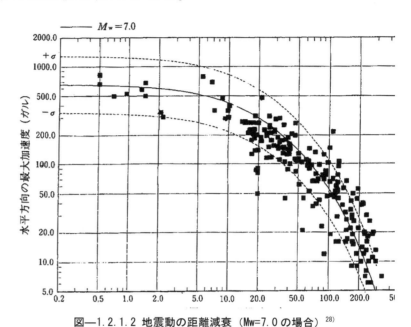

図—1.2.1.2 地震動の距離減衰（Mw=7.0の場合）[28]
曲線はMw=7.0の場合の距離減衰式[29]，点線はその標準偏差の範囲を示す．

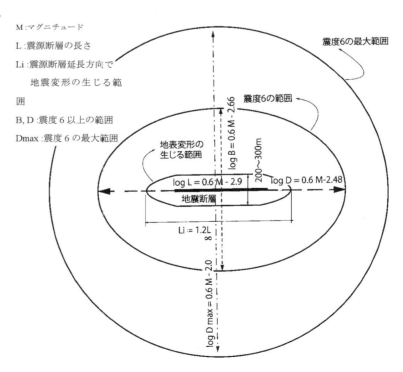

図—1.2.1.3 震源断層と予想される震度6以上の発生範囲[30]

スペリティ）からの強い地震動が直接伝わることに加え，表面波が重なり増幅しやすいこと，斜面が震源断層の破壊方向に位置しているため地震波のエネルギーが集中すること，上盤の地表部は水や大気に接して変位が拘束されず動きやすいことなどのいわゆる断層の上盤効果[31]で，下盤側の地盤に比較して地震動が大きくなる。さらに，過去の断層運動や撓曲による基盤地質の脆弱化が下盤より進んでいるため，地震動が増幅される傾向がある（図-1.2.1.4）。

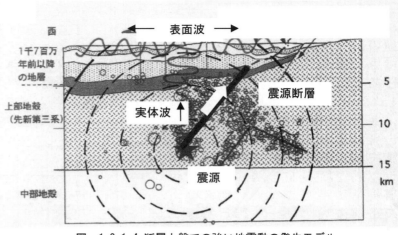

図—1.2.1.4 断層上盤での強い地震動の発生モデル
2004年新潟県中越地震の本震ならびに余震分布断面図[32]を基に加筆
（○は余震分布を示す）

一方，地震波の通過地の岩石が軟質な場合には，地震動の減衰が大きくなることもあるが，震源から遠くとも盆地や平地など堆積層の厚い地域や埋め立て地などの軟弱な地盤上にある建築物は，減衰せずに遠方まで到達する長周期地震動が伝播することで，これと地盤や建物の固有周期が一致すると共振して揺れが大きくなる。このため，平地部での都市の過密化は地震災害の危険を拡大する。

地形の平面形状としては，ゆるやかに膨らんだ凸型斜面が起伏のない平たんな斜面よりも地震動が大きくなる。また，細長い半島の先端部や急斜面部でも地震動が増幅する。遷急線付近や標高が高いほど地形による増幅は大きく，崩壊は尾根近くの遷急線直背後から発生することが多い。

（4）　地震動の予測と対応

1990年代後半以降，日本には密な地震観測網が構築され，リアルタイムの地震観測がおこなわれている。また，1995年の兵庫県南部地震の被害を受けて制定された「地震防災対策特別措置法」のもと設立された「地震調査研究推進本部」では，活断層の長期評価と強振動予測を統合した全国地震動予測地図の作成（全国98主要活断層帯および海溝型地震を対象に2005年完成，その後12の追加補完調査，計110の活断層帯を対象）を行い，毎年，評価更新している。これは防災科学技術研究所 J-shis 地震ハザードステーション[17]で，「確率論的地震動予測地図」，「想定地震地図」などで公表されている（図-1.2.1.5）。

確率論的地震動予測地図は，全国の表層地盤を250mメッシュ区画で山地，丘陵地などの微地形から区分して，深さ30mまでの表層地盤の平均S波速度を算出し，工学的基盤（S波速度300〜700m/s程度以上）における海溝型地震，内陸型地震に対応した地震動の計算値を基に，表層地盤増幅率から対象区画の地震動を確率的に予測したものである。また，想定地震地図は，主要活断層帯の地震活動により対象区画の震度を予測したものである。これらは，地震に関する調査観測の立案，国民の地震防災意識の高揚，土地利用計画や構造物の耐震設計等の地震防災対策などに用いられている。いずれも最新の知見に基づき作成されているが，使用データに限りがあることから不確実さが含まれ，確率が低いからといって安全とは限らない。

予想される地震動への対応は，ダム・橋梁・建築物・下水道施設・河川構造物などで耐震設計基準をもとに耐震構造がとられてきているが，地震動に対する各機関の考え方は施設の機能の違いにより統一されていない。また，活断層による地震動を，設計には直接反映していないが，これは地震規模を推定するための震源断層をどこに設定するか，

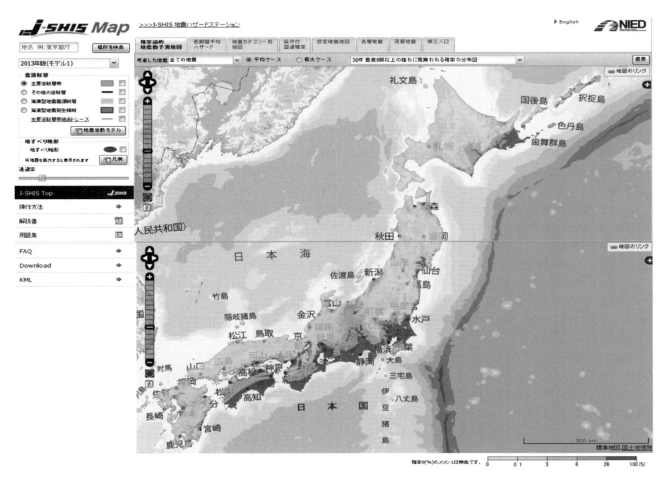

図—1.2.1.5　確率論的地震動予測地図 [17]

地表での地震動の増幅に関係する対象物の地盤の，堆積盆地構造や完新統（沖積層）・更新統（洪積層）などの物性の詳細などが不確実であることによる。

　以上の地震動は震度に直接影響する1秒以下の短周期地震動であるが，これ以外に周期2秒程度以上の長周期地震動への対応も必要である。これはマグニチュードの大きいプレート境界地震で発生しやすく，振幅をあまり減じることなく遠方まで伝わり，大規模な堆積盆地に入射すると表面波として伝わって大きく増幅され，揺れも長く継続する。最近では，2003年の十勝沖地震（海溝型地震）の際に，長周期地震動の周期と大型石油タンクの固有周期とが一致し，震源から約250kmも離れた石油タンク内の液体が共振（スロッシング）して火災を発生した。また，2004年の中越地震の際には，震源から200km以上離れた関東平野で5～10秒程度の卓越周期の長周期地震動が観測された。さらに，2011年の東日本大震災の際には，震源から700km以上離れた大阪平野に2～5秒程度の卓越周期の長周期地震動が伝播し，これと6秒程度の固有周期をもつ高層ビルが共振現象を起こし，1m以上の揺れが5分以上も継続した。関東平野や大阪平野だけでなく，日本の主要都市はいずれも堆積盆地構造の平野に発展していることから，高層ビルや大型石油タンクなどでは，長周期地震動を考慮した設計法やスロッシング対策等の長周期地震動対策が求められている [12],[13]。

引用・参考文献

1) 日本応用地質学会　阪神・淡路大震災調査委員会：兵庫県南部地震—応用地質学からの視点—，応用地質 37-4, 121p., 1996.
2) 阪神・淡路大震災調査報告編集委員会（地盤工学会・土木学会・日本機械学会・日本建築学会・日本地震学会）：阪神・淡路大震災調査報告，—土木構造物の被害（トンネル・地下構造物，土構造物，基礎構造物）—360p., —土木構造物の被害（港湾・海岸構造物，河川・砂防関係施設）—537p., —土

木構造物の被害原因の分析（地盤・土構造物，港湾・海岸構造物等）—300p., 土木学会, 1998.
3) 日本治山治水協会：地震による山地災害とその対策—兵庫県南部地震から得られたもの—治山技術研究会編, 161p., 1998.
4) 日本地すべり学会：中山間地における地震斜面災害—2004年新潟県中越地震報告(Ⅰ), (Ⅱ), 2008
5) 日本地すべり学会：地震地すべり 302p., 2012.
6) 地震調査研究推進本部地震調査委員会編：日本の地震活動—被害地震からみた地域別の特徴—第2版, 2009.
7) 地震調査研究推進本部地震調査委員会：今後の地震動ハザード評価に関する検討—2013年における検討結果—, 2013.
8) 中村一明：火山とプレートテクトニクス, 東京大学出版会, 323p., 1989.
9) 金森博雄：地震の物理, 岩波書店, 279p., 1991.
10) 島崎邦彦・松田時彦：地震と断層, 東京大学出版会, 239p., 1994.
11) 平朝彦：地質学1 地球のダイナミックス, 岩波書店, 296p., 2001.
12) 古村孝志・浜田政則・北村春幸ほか協力："想定外"の大震災, ニュートン, 2005年3月号, pp.26~55, 2005.
13) 金森博雄：巨大地震の科学と防災, 朝日選書, 朝日新聞出版, 218p., 2013.
14) 宇佐美龍夫, 石井寿, 今村隆正, 武村雅之, 松浦律子：日本被害地震総覧 599~2012, 東京大学出版会, 694p., 2013.
15) 産業技術総合研究所地質調査総合センター：活断層・古地震研究報告第1号~第12号, 2001~2012.
16) 産業総合技術研究所 活断層・地震研究センター：AFERC News No.1~No.48, 2009~2013.
17) 防災科学技術研究所「地震ハザードステーション」(http://www.j-shis.bosai.go.jp/ 2014/04/25 確認)
18) 地震調査研究推進本部「ホームページ」(http://www.jishin.go.jp/main/index.html 2014/04/25 確認)
19) 産業総合技術研究所「活断層データベース」
    (https://gbank.gsj.jp/activefault/index_gmap.html?search_no=j001&version_no=1&search_mode=2
    2014/04/25 確認)
20) 全地連 website(http://www.zenchiren.or.jp/tikei/index.htm 2014/04/25 確認)を参考に作成
21) 吉川恵也：地震断層による鉄道トンネルの被害, 土と基礎, vol.30, No.3, pp.27~32, 1982.
22) 吉川恵也：鉄道トンネルの震災と地震対策, トンネルと地下, vol.15, No.8, pp.621~630, 1984.
23) 森伸一郎・土谷基大：木沢トンネルの被害とそのメカニズム, 土木学会地震工学論文集, vol.28, pp.1~10, 2005.
24) 川口愛太郎：丹那隧道の工事に及ぼした北伊豆大地震の影響に就て, 土木建築工事画報, vol.7, No.2, pp.3~18, 1931.
25) 小野田耕治・楠山豊治・吉川恵也：伊豆大島近海地震による被害(1), トンネルと地下, vol.9, No.6, pp.7~12, 1978.
26) 今田徹：伊豆大島近海地震による被害(2), トンネルと地下, vol.9, No.7, pp.9~16, 1978.
27) 朝倉俊弘・志波由紀夫・松岡茂・大矢敏雄・野木一栄：山岳トンネルの被害とそのメカニズム, 土木学会論文集 No.659, pp.27~28, 2000.
28) 入倉孝次郎：1995年兵庫県南部地震による強振動, 月刊地球, 号外 13, pp.54~62, 1995.
29) Fukusima, Y. and Tanaka, T.: A new attenuation relation for peak horizontal acceleration of strong earthquake ground motion in Japan. *Bull. Seismol. Soc. Amer.*, 80, pp.757~783, 1990.
30) 桑原啓三：地盤災害から身を守る—安全のための知識—, 古今書院, 131p., 2008.
31) ハスバートル・石井靖雄・丸山清輝・寺田秀樹・鈴木聡樹・中村明：最近の逆断層地震により発生した地すべりの分布と規模の特徴, 日本地すべり学会誌 vol.48, No.1(199), pp.23~38, 2011.
32) 平田直：2004年新潟県中越地震(M6.8)の地震予知研究計画における意義, 月刊地球, 号外 Vol.53, pp.233~238, 2006.

1.2.2 液状化

　地盤の液状化とは，地震などの強い揺れによって主として砂が堆積してできたゆるい沖積層などが液体状になって地表に噴出し，地盤が沈下してしまう現象のことである。逆に地中にあるマンホールなどは浮力を受けて，浮き上がってしまう。したがって，基本的に地盤の液状化は地下水位が高い埋立地や沖積低地で起きやすい。地盤内で液状化が発生すると水と砂が地表に吹き出して地表が水浸しになり，水がひいた後も噴出した砂が残る。そのため，地震後に噴砂・噴水地点を見付け出し，液状化発生地点とみなすことが一般に行われている。これらの液状化現象が発生した地盤上の構造物は沈下したり，傾いたりといった被害を受ける。ここでは，これらの液状化しやすい地盤の見分け方を中心にまとめる。

（1）液状化の発生メカニズムと地盤被害

図−1.2.2.1　1894年庄内地震の際の小藤文次郎による液状化の噴砂スケッチ[1]

　日本で初めて液状化が注目されたのは，1964年に発生した新潟地震であるといわれている。しかし，1948年の福井地震の際にも沖積低地の地盤で液状化が発生したことを，GHQの調査団が詳しく調べている。さらに古い記録では，1894年に起った庄内地震の被害調査に出かけた東大教授の小藤文次郎が，海岸砂丘地帯の低地（砂丘間低地）で液状化による噴砂口をスケッチし，1883年南イタリアで発生したカラブリア地震の事例と比較しながら砂を含んだ水が噴出した記録として残している（**図-1.2.2.1**）。

　図-1.2.2.2には，液状化の発生メカニズムと地盤被害の例を示す。地盤の液状化は地下水で飽和したゆるい砂層が，地震によって砂同士が離れて，水に浮いた状態となり，地震中やその直後に水や砂が噴出し，その分地表が沈下して建物や電柱が傾き，下水管などが浮き上がることになる。これらの液状化しやすい地域や微地形を事前に知っておくことは，防災上大切なことである。

（2）液状化の発生しやすい地形・地質とその見分け方

　我が国で液状化が発生した地域を**図-1.2.2.3**に示す。いずれも，ゆるい砂層が分布している沖積低地の臨海部や内陸の河川や湖沼周辺の低地である。これらの低地の中でも特に液状化が起こりやすい地形は，**図-1.2.2.4**に示したとおり，旧河道や谷底低地，砂丘間低地，潟湖跡地，後背湿地，埋め土地，盛り土地などである。このような地形の地盤では，地下水位が高くゆるづめの砂が多く分布する。

　これらの液状化の発生しやすい地域や地形を見つけるだけでなく，**表-1.2.2.1**に示した地名のような地域では過去に液状が発生したことがあるので，液状化に対して危ない土地を見分けることもできる。液状化しやすい土地を知るには，いろいろな地形・地質や地名の知識を知っておくことが重要であり，**表-1.2.2.2**のような調査手法が一般に行われる。

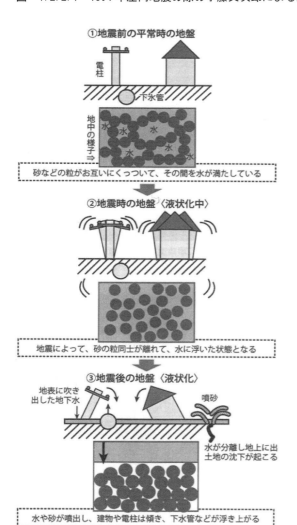

図−1.2.2.2　液状化現象とその被害[2]

図-1.2.2.3 我が国で発生した液状化地域[3]
注）液状化回数は若松：日本の液状化履歴マップ，745-2008年間による。

（3） 液状化の発生した事例

先に述べたように，新潟地震では液状化により地盤が大きく移動し，地割れも発生したことが地震後の現地調査で指摘されていた。これに対して，地震の約20年後に空中写真を用いて定量的に変位を測定した例[7]でも，空中写真により液状化の発生しやすい地形や地質を判読することができた。

また，関東地震により川崎市内で発生して液状化箇所を聞き込み調査した例を図-1.2.2.5に示す。これによると，液状化が発生して地質は完新統（沖積層）が分布する低地である。それらの低地の中でも，旧河道や埋立地での発生が多いことが分かる。また，首都圏における過去の液状化の履歴記録からも，水田部への盛土や河川・池沼の埋立地，旧河道，臨海部の埋立地などが，地震時に液状化しやすいと指摘されている。

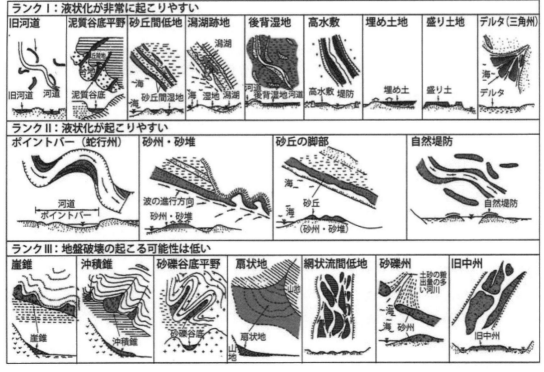

図-1.2.2.4 液状化の起こりやすい地形[4]

表-1.2.2.1 液状化がかつて起こったと思われる地名[5]

地下水位が高いことを示す地名	湿地を表わす地名	鴨ヶ池、鵜ヶ池、菱池、女池、鵜沼、長沼、平沼、沼影、男沼、妻沼、沼尻、蓮潟、牛潟、内潟
		釜谷地、大谷地、岡の谷地、丸谷地、野谷地、仁助谷地、西谷地、鷺谷地、八郎谷地、大谷田、下谷、上谷、行ヶ谷、松ヶ谷、下菹、富菹、菹原
		赤沼、赤札、赤淵新田、赤渋、赤崎
	湿地植物にちなむ地名	芹田、荒茅、芦渡、大芦、芦原、芦崎、芦野菅、小菅、菅場、萩原、菱池、菱潟、蓮田、蓮潟、蓮野、菖蒲、平柳、三本柳、八柳、柳津、柳瀬、青柳、柳原、高柳、柳川、柳島、法柳
	湧水地点を示す地名	小泉、泉新田、中泉、泉町、清水池、清水尻、井戸、井戸場、温湯
若齢な地盤であることを示す地名	新開地を示す地名	派立、羽立、下興屋、蜘手興野、草平新田、福原新田、新町、萩島新田、曽根新田、横場新田、川原新田、下川原新田、川久保新田、明治新田、吉田新田、福富新田、海地新田、浜新田、沢新田、安田新田、上新田、庄右衛門新田、彦名前新田、神子新田、塩新田、坂野辺新田、西野新田、松ヶ崎新田、中条新田、犬帰新田、東笠巻新田、戸田新田
	氾濫を示す地名	押切、押堀、川内、川合、河合、落合、河増、曲沢、大曲
砂質地盤であることを示す地名または地下水位の高い	砂地を示す地名	砂川原、砂河原、砂山、砂田、砂下り、砂越、小砂川、砂町、砂原、砂子、砂森、砂場、吹上
	自然堤防や旧中州を示す地名	小島、福島、中島、相の島、大島、川中島、丹波島、堂島、中田島、三島、旦ノ嶋、気子島、太田島、屋島、矢島、島、北嶋、東嶋、近嶋、河田嶋、松原嶋、鏡嶋、平嶋、小網嶋、草道嶋、川島、下島、中洲島、松ヶ島、西島、八斗島、松ノ木島、松木島、西之島、海老島、五領島、京ヶ島、横島、清久島
	自然堤防を示す地名	桑野木田、桑川、鶴ヶ曽根、曽根
	河川敷・旧河道や河川の隣接地を示す地名	川部（辺）、鵜渡川原、川原、川田、川端、川跡、高河原、川久保、河間、川通、古川、堤下、下川原、下河原、上川原、中川原、古川端、大川端、水門通、古川通、新川岸、金川原、川尻、川岸、前渡、渡前、四居渡、堤外、中瀬、小和瀬、大瀬、島瀬
	海岸や河口を表わす地名	浜の田、塩浜、荒浜、千浜、菊浜、大淵浜、浜部、浜原、仁保浦、和泉浦、宮野浦、下ノ江、沖州、州崎、出洲、須賀、加々須野、船場町、船付、入船町

表-1.2.2.2 液状化発生地点の調査方法[6]

調査方法	長　所	短　所
①地表の踏査	・簡単に，素早く行える ・判断が確実に行える ・噴砂の試料採取が行える	・広範囲にわたってもれなく調査することは無理である ・時間がたつと噴砂孔が消えたりする
②アンケートおよび聞き込み	・地震後しばらくたってからでも調査が可能である ・地震時の状況（噴水高さなど）も場合によっては調べられる	・住民に関係ない土地での調査は行えない ・手間が少しかかる
③空中写真の判断	・広範囲にもれなく調査ができる	・撮影の費用がかかる ・木や屋根の陰になっている所では判読できない

2011年3月11日に発生した東北地方太平洋沖地震では，関東地方で多くの液状化が発生した。特に利根川下流域や東京湾岸地域の低地で広域にわたる被害が発生し，液状化発生層の多くは，地下水位が高く，比較的浅いゆるい砂質土層である。埋立地の多くがこれに当該する。東京湾岸の液状化被害範囲を図-1.2.2.6に示す。東京ディズニーランドなど，液状化対策が施された箇所では液状化被害を免れている。しかしながら，一般の住宅地では，多くの箇所で液状化被害が発生した。造成から時間が経っていない新しい埋立地において，その被害が顕著な傾向を示している。

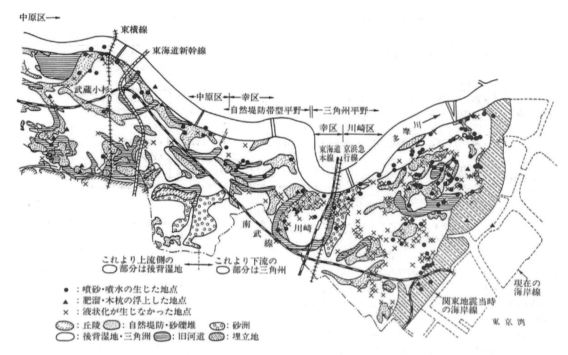

図−1.2.2.5 関東地震により川崎市内で発生した液状化箇所について聞込み調査例[8]

図−1.2.2.6 東北地方太平洋沖地震による東京湾岸の液状化範囲[9]

液状化発生個所では，噴砂が確認されるだけでなく，道路や構造物に段差が生じたり，ガス管や電柱，上下水道などのライフラインが損傷したり，地下構造物が浮き上がるといった被害（**写真-1.2.2.1**）が発生した。

このように東京湾の湾岸部での埋立地で発生した液状化を詳細に見てみると，いろいろな要因もあるが，液状化発生個所の埋立地前の海底地形やその堆積物に特徴があることも分かってきた[10]。**図-1.2.2.7** によると，小さな谷が東京湾にそそぐ稲毛海岸では谷筋の変化は少なく，谷は海底に入って澪筋を形成する。この澪筋ではゆるい砂層が堆積しやすい。液状化発生地点をみると，埋立地の中でも澪筋に沿って多く発生していること

写真-1.2.2.1 液状化による地下構造物の浮き上がり

が分かる。**写真-1.2.2.2**は**図-1.2.2.7**の中の澪筋2の付近の空中写真であり，埋立地前の海底に澪筋2がはっきりと認められる。また，**図-1.2.2.7**の中の澪筋1を横断する地質断面図を描くと**図-1.2.2.8**のようになり，埋土の下に澪筋のゆるい砂質堆積物が分布していることがわかる。このように，埋立地の旧海底地形やその堆積物を判読していくことが，1例ではあるが埋立地での液状化危険地点の抽出に役立つことを示している。

1987年の千葉東方沖地震の際にも，この稲毛海岸で液状化が発生している[11]。その液状化発生地点を2011年の液状化の被害マップと重ねたものが**図-1.2.2.7**でもある。澪筋を中心に典型的な再液状化を示していることがわかる。

図-1.2.2.7内の（A）箇所では，埋立時期の異なる境界で液状化が発生していることも分かる。これは図1.2.2.9に示した旧護岸等の埋没構造物による地下水位の高さの違いによるものであろう。**図-1.2.2.7**内の(B)箇所のように旧水路跡での液状化も認められる。液状化のおこりやすい地形・地質を大局的にみることも重要であるが，先に述べたこのようなローカルな微地形で検討することも必要といえる。

地盤の液状化が発生しやすい地形や地質を知ることは，都市部に住む多くの市民の共通の関心事であるとともに，地盤技術者がわかりやすく市民に液状化しやすい地盤を伝えることが重要である。

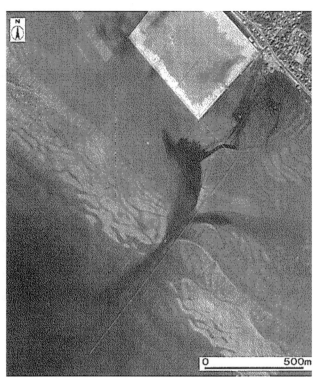

写真-1.2.2.2　1961年撮影の空中写真における澪筋2[10]

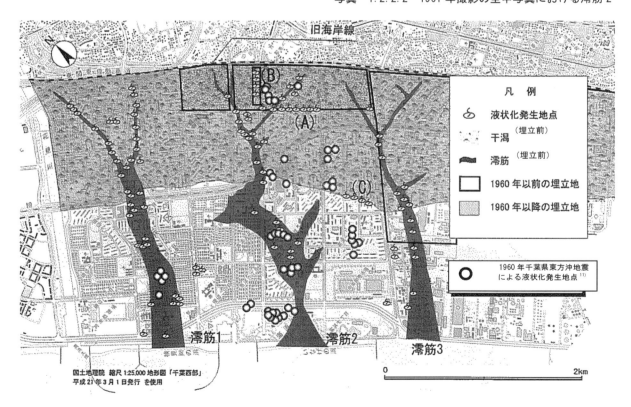

図-1.2.2.7　2011年東北太平洋沖地震と1987年千葉県東方沖地震との液状化現象の発生地[10]

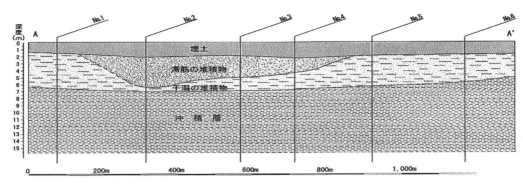

図-1.2.2.8　液状化の集中した澪筋1周辺の地質断面図[10]

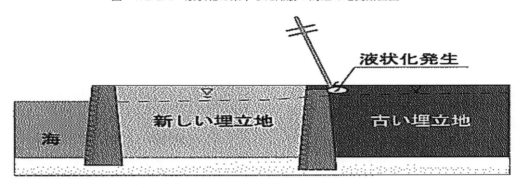

図-1.2.2.9　時期の異なる埋立地境界での液状化模式図[10]

引用・参考文献

1) 小藤文次郎：震災予防調査会報告8，1896.
2) 全国地質調査業協会連合会：日本ってどんな国 - 液状化に学ぶ，2012.
3) 今村遼平：安全な土地，東京書籍，p.92, 2013.
4) 今村遼平：安全な土地，東京書籍，p.103, 2013.
5) 若松加寿江：我が国における地盤の液状化履歴と微地形に基づく液状化危険度に関する研究，1993.
6) 陶野郁雄・安田 進・社本康広：液状化範囲の調査方法，土質工学会東北支部研究討論会，日本海中部地震シンポジウム講演概要集，pp.7～10, 1984.
7) 浜田政則・安田 進・磯山龍二・恵本克利：液状化による地盤の永久変位の測定と考察，土木学会論文集，No.376，Ⅲ-6, pp.211～220, 1986.
8) 久保慶三郎・杉山孝志・安田 進：関東地震時の川崎市における液状化地点，第14回土質工学研究発表会講演集，pp.1289～1292, 1979.
9) 国土交通省関東地方整備局・地盤工学会：東北地方太平洋沖地震による関東地方の地盤液状化現象の実態解明 報告書 平成23年8月，2011
10) 下河敏彦・稲垣秀輝：2011年東北地方太平洋沖地震による液状化発生地点の地形・地質的特徴 - 千葉県稲毛海岸平野における調査事例を中心に - ，応用地質，Vol.54, No2, pp.72-77, 2013.
11) 若松加寿江：首都圏直下地震による液状化の発生と被害，地学雑誌，Vol.116, No.4, pp.480-489, 2007.

1.2.3 斜面の崩壊・地すべり

地震による強い振動によって，山間部の急傾斜地などでは多数の崩壊や地すべりが発生し，土砂災害を引き起こす。また，地震で緩んだ地盤はその後の大雨で地すべりを起こす可能性も高くなる。さらに，崩落土砂によって堰き止められた川では，善光寺地震(1847,M7.4)での岩倉山崩壊，飛越地震(1847,M7.1)での鳶崩れなどのように，上流域の湛水や天然ダムの決壊で下流に水害を及ぼした事例も多い。

(1) 震源断層と崩壊や地すべりの分布・規模

崩壊や地すべりの発生に関与した地震の規模は，内陸型地震ではM6.1以上，海溝型地震ではM7.9以上であり，また，震度は概ね5以上から崩壊や地すべりが発生し始め，6強以上で発生件数が増加している。なお，地震のマグニチュードと震度6以上となる地域との関係は，例えば前掲の図-1.2.1.3のように推定されている。

震源断層が陸地より離れている海溝型地震では，地震動が増幅しやすい軟質な地盤，すなわち火山噴出物が過去の地表を埋積した丘陵地や，新第三紀堆積岩からなる島嶼部・丘陵地，傾斜地の造成盛土などで斜面変動が発生している。規模の大きな海溝型地震で震源から100km以上離れた個所でも大規模な崩壊が生じるのは，距離減衰しにくい長周期地震動が到達するためで，宝永地震(1707,M8.4)での大谷崩れや安政南海地震(1854,M8.4)での七面山崩壊のように地震前に重力変形で緩んでいる山頂平坦面に近い斜面や，東北地方太平洋沖地震(2011,M9.0)での葉ノ木平崩壊のように軟質岩で構成される斜面などで，地震動が増幅して崩壊を発生している。なお，関東地震(1923,M7.9)は海溝型地震であるが，震源断層が陸地に近かったため，内陸型地震と同様，上盤側に相当する陸地部の丹沢山地や根府川などで多くの崩壊や土石流が発生した。

内陸型地震の逆断層では，善光寺地震，新潟県中越地震(2004,M6.8)，岩手・宮城内陸地震(2008,M7.2)，中国汶川地震(2008,M7.9)などのように，崩壊や地すべりは，いわゆる断層の上盤効果（前掲の図-1.2.1.4）を反映して断層の上盤斜面での発生が多く，震源断層から概ね 15km 以内に集中している（図-1.2.3.1）。また，内陸型地震の正断層でも，同様に上盤斜面で崩壊や地すべりが発生しやすいが，その発生は震源断層から概ね 2km 以内と逆断層に比較して断層近傍に集中していることが報告されている（図-1.2.3.2a）。

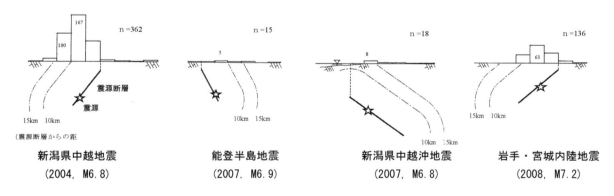

図—1.2.3.1　逆断層における震源断層からの距離に応じた地すべり分布頻度 [1]

さらに，内陸型地震の横ずれ断層では，北丹後地震(1927,M7.3)・伊豆半島沖地震(1974,M6.1)のように震源断層近傍での斜面変動の発生が多いが，1万ケ所以上の山崩れがあった濃尾地震(1891,M8.4)では，断層から離れていても軟質な地盤の地域では崩壊が発生している。

断層の走向方向では，飛越地震(1858,M7.0〜7.1)での鳶崩れや兵庫県南部地震(1995,M7.2)・能登半島地震(2007,M6.9)のように，断層の延長上の斜面でも崩壊が発生している。これは断層破壊が進展する断層の走向方向では，破壊の連続で起きたそれぞれの地震動が重なり合うことで，周期が短く振幅が大きくなるドップラー効果により地

震動が増幅するためと考えられる。

　震源断層からの距離と崩壊や地すべりの規模との関係については，地震動の距離減衰を反映して，**図-1.2.3.2**，**図-1.2.3.3**に示すように震源断層に近いほど大規模で，これから離れるに従い小規模となる傾向がある。

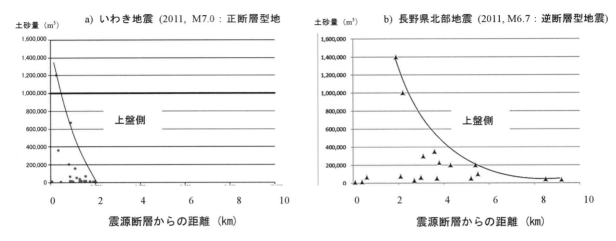

図-1.2.3.2　正断層型地震と逆断層型地震により発生した地すべり・崩壊の規模と震源断層からの距離との関係[2]

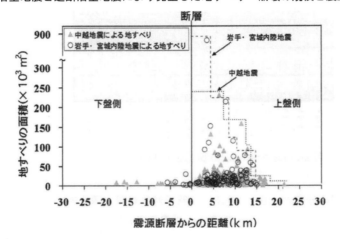

図-1.2.3.3　中越地震と岩手・宮城内陸地震により発生した地すべりの面積と震源断層からの距離との関係[3]

(2)　地震に伴う崩壊や地すべりの発生斜面の実態

　過去の地震に伴う崩壊や地すべりの発生形態は，移動体の性状・地質構造・斜面勾配・斜面基部の状態に応じて，**図-1.2.3.4**のように整理される。発生事例の地形的，地質的特徴，誘因となる地下水や地震動の状況および地震時の土質的特徴は以下のとおりである。

i)　地形的特徴

　基盤上の表土層や強風化層などの表層崩壊は，地震動が増幅する尾根頂部の遷急線付近で基盤との境界から発生しやすく，凸型斜面に多く発生する。これらは表層の肌落ちや浅い崩壊が多いが，表土が厚い場合は地震動の影響をより受けやすい（**図-1.2.3.4-1～2c**）。また，比較的規模の小さい岩盤崩壊や落石は，伊豆半島近海地震(1978,M7.0)での海食崖の崩壊（**図-1.2.3.4-7**）や末端に切土部を持つ道路斜面の崩壊のように，急傾斜で下方がオーバーハングやより急な斜面となっている場合に発生しやすい。特に除荷に伴い地表面に平行な不連続面（シーティング節理）が形成されたゆるんだ岩盤や浮石・転石などが分布する斜面では，岩盤崩壊や落石が発生しやすい（**図-1.2.3.4-5, 8**）。また，通常の降雨に対しては安定している岩盤が，地震では崩落する例も見られる。

　地震時の大規模崩壊や地すべりは，長野県西部地震(1984,M6.8)での御岳伝上崩れ，北海道南西沖地震(1993,M7.8)での奥尻港地すべりなどのように，地震動が増幅される

凸状尾根地形や斜面上方の遷急線背後の緩斜面から発生しやすい（図-1.2.3.4-9a,9b）。

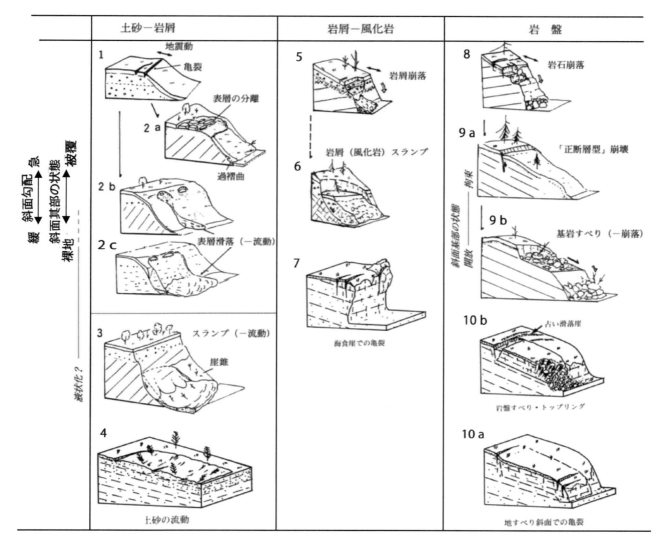

図-1.2.3.4 地震に伴う崩壊や地すべりの発生形態のモデル[4]

　大谷崩れ，七面山崩壊，台湾集集地震(1999,M7.6) での九分二山や草嶺の大崩壊などでは，崩壊頭部で溝や段差等の変動地形が発達している。また，御岳伝上崩れ，新潟県中越地震の東竹沢・寺野の地すべり，能登半島地震の門前深見地すべりのように，斜面下方を河川侵食・海岸侵食・崩壊などで削られて急勾配になっている斜面では，地震動による斜面末端部での応力集中によって崩壊や地すべりが発生することが多い（図-1.2.3.4-10a, 10b）。

ⅱ） 地質的特徴

　地震時の大規模崩壊や地すべりは，岩盤・風化岩からなる流れ盤斜面や走向方向の斜面（横盤斜面）での発生が多い。この事例は，新潟県中越地震での東竹沢・寺野・塩谷神沢川・横渡など，岩手・宮城内陸地震(2008,M7.2)での荒砥沢・祭時（まつるべ）大橋・栗駒山ドゾウ沢など，台湾集集地震での草嶺・九分二山などと数多く，ケスタ地形を呈しているものが多い（図-1.2.3.4-9a, 9b, 10a, 10b）。これらの地質は，いずれも第三紀～第四紀更新世の層理の発達する堆積岩や，先第三系堆積岩，変成岩などである．特に，九分二山地すべりは重力変形を受けた流れ盤の座屈斜面であった[5]。一方，地すべりが発生しにくい受け盤斜面でも，斜面表層に発達した風化層が地震動で粒子間の結合をとかれ，概ね35度以上の勾配の急斜面から崩壊することが多い（図-1.2.3.4-5）。

　第四紀の未固結の火山噴出物分布域では，御岳伝上崩れのように火山噴出物で厚く埋

められた谷地形（埋没谷）上の未固結堆積物が完全崩落し，流動型のすべりを発生することがある（図-1.2.3.4-3,4）。

花崗岩類や流紋岩類分布域では，地震動により風化岩の亀裂に沿った落下や転倒，マサ化した砂状の表層すべりが発生している（図-1.2.3.4-2a,2b,2c）。

崩壊や地すべり発生後の崩落面やすべり面には，新第三紀層分布地域の新潟県中越地震での東竹沢・寺野の地すべりでは，細砂・砂・シルトなどの含水した砂質土が分布していた。また，火山噴出物分布地域の伊豆半島沖地震での見高入谷の崩壊では軟質なスコリア層が，東北地方太平洋沖地震での葉ノ木平・白沢の崩壊などでは軟質の風化軽石層が，それぞれ古土壌を覆って分布し，その境界部付近には粘土鉱物（ハロイサイト）が分布していた[6]。これらの含水した砂質土やハロイサイトは，地震動により間隙が減少したり粒子破砕されることで，間隙水圧が上昇しやすい。

iii) 先行降雨，地下水の影響（間隙水圧，液状化）

地震発生前に，長野県西部地震(累計211mm)，新潟県中越地震(96mm/日)，岩手・宮城内陸地震(融雪期)などのように降雨や融雪があり，すべり面相当層が含水・飽和していると，地震動で揺れることによりせん断面付近の粒子の破砕や間隙の縮小が起こり，過剰間隙水圧が発生（液状化）する。この結果，新潟県中越地震の際，観測中の二ッ屋地すべり地での地下水位の7～8m上昇，釧路沖地震(1993,M7.8)の際，ピリカウタ地すべり地での5～8m上昇[5]などにみられるように，間隙水圧が短時間で上昇して地すべりを発生しやすい。地震時に湧水地点より上方の稜線付近から崩壊する例が多いことは，地震時に地下水の影響が大きいことを示している。

また，移動体が先行降雨で含水・飽和していると，関東地震での根府川や長野県西部地震での御岳伝上崩れなどの土石流のように，流動化して高速で長距離移動し，大きな災害となる危険性が大きい。特に，火山性堆積物は緩い堆積構造と高い粒子破砕性を持つため，飽和状態で破壊すれば，高速の長距離運動になりやすい。また，下流の運動域での地下水が豊富で浅ければ，同様に高速の長距離移動となる。

iv) 崩壊や地すべりの原因となる地震動の特徴

斜面変動が発生した地点近傍の地震動の最大加速度は，北海道南西沖地震での北海道本島部の刀掛けトンネルなどの岩盤崩壊(200gal)，御岳伝上崩れ(300～500gal)，能登半島地震での門前深見地すべり(500～800gal)，岩手・宮城内陸地震での荒砥沢地すべり(1000gal)，新潟県中越地震での東竹沢地すべり(500～600gal)まで幅があるが，概ね200gal以上の加速度で地山が緩み崩壊が発生し，500gal以上で大規模な崩壊や地すべりが多発する傾向にある。伊豆大島近海地震(1978,M7.0)では，崩壊分布は加速度分布と良い対応が見られた。

主要動のS波は初期の振幅が大きいうえに，地表ではほぼ水平な振動となるので，地盤や構造物の安定に大きな影響を与える。落石や崩壊を発生するS波の周期は概ね1秒以下の短周期地震動であるが，S波が緩んだ斜面・崩積土・軟弱地盤などの弾性波速度の小さな地盤に到達すると，伝播速度が遅くなることを受け，軟質層の厚さに比例して長周期の揺れとなり，地すべりや大規模崩壊がより発生しやすくなる。軟質層の厚さとその固有周期との関係は**1/4波長則**（$T=4H/Vs$：ここにTは周期，Hは軟質層の厚さ，Vsは軟質層におけるS波の速度）といわれ，軟質層が厚くS波速度が遅いほど長周期の揺れとなる。このため，風化層や崩積土層が厚く堆積している斜面では，長周期の揺れが発生する。

地震動は，斜面の凸状部や低い弾性波速度の軟質層の部分で増幅する(図-1.2.3.5)。また，落石や崩壊が発生しやすい崖などの急斜面では，地震動は崖の肩で最も増幅し，これから離れると程度は次第に小さくなるものの，崖高さの2倍程度の範囲までは増幅する(図-1.2.3.6)。さらに，この揺れの方向は，崖面の直角方向により増幅しやすいため，落石や崩壊が発生しやすくなる。

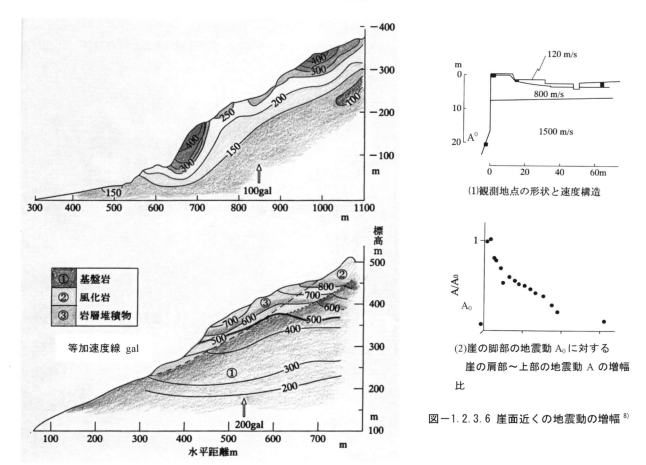

図—1.2.3.6 崖面近くの地震動の増幅 [8]

(1)観測地点の形状と速度構造

(2)崖の脚部の地震動 A_0 に対する崖の肩部〜上部の地震動 A の増幅比

図—1.2.3.5 山腹斜面における地形形状, 地質構造を加味した地震加速度の増幅状況 [8]

v) 地震時の土質状況

新潟県中越地震では，多くの地すべりが15〜20°の流れ盤の緩斜面で発生している。これらの地すべり地のすべり面の土の残留せん断抵抗角は20〜30°と地層の傾斜角に比べて大きい事例が多いことから，常時は安定度が高く，地震時に間隙水圧の上昇により活動したことが予想される。地震時の間隙水圧の上昇は飽和砂質層での液状化だけでなく，すべり面相当部分での地震動による粒子破砕もある。たとえば塩谷神沢川地すべりの破砕帯の試料では，地震時に相当する繰り返しせん断により間隙水圧が徐々に上昇し，50mm/分のせん断速度から徐々に強度低下して，500mm/分前後でせん断強度の大幅な低下がみられる(図-1.2.3.7)。すべり面相当層だけでなく地すべりの側方境界部でも，同様に繰り返しせん断で摩擦力が低下する可能性があり，地震時の沢地形の地すべり発生に影響している可能性がある。

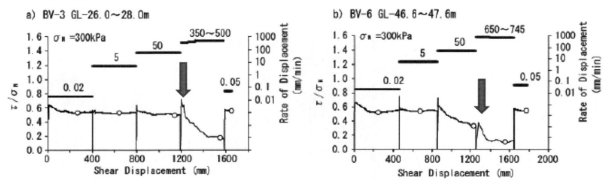

図—1.2.3.7 破砕帯試料のせん断速度増加時におけるせん断強度の低下現象 [9]
せん断速度が50mm/minに上昇すると徐々に強度低下し，500mm/min前後では急激に強度低下する

(3) 地震に伴う崩壊や地すべりの発生機構

地震時に発生した崩壊や地すべりの事例から，これらの発生機構は以下のように類型化できる(図-1.2.3.8)。

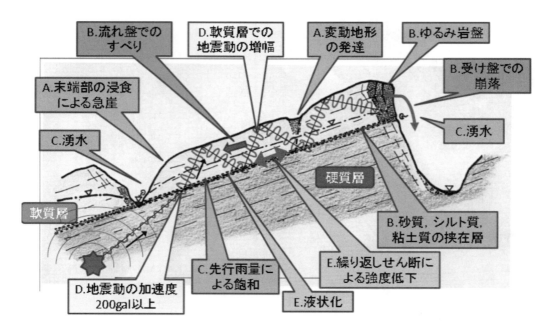

図—1.2.3.8 地震動による崩壊，地すべりの発生機構のイメージ図

　線状凹地や段差地形などの変動地形が発達した斜面で，河川等の侵食で末端部が急崖となり，すべり面となりうる砂質・シルト質・粘土質の挟在層が分布する流れ盤の斜面では，湧水や先行雨量があると地山が飽和し，地震時に大規模な崩壊や地すべりが発生しやすい条件となっている。地震動が震源断層から伝播してきて，対象斜面に200gal以上の地震動の加速度が与えられると，移動体となる緩んだ軟質層ではさらに地震動が増幅するとともに，表面波となって地表と平行な揺れが生じたり，地表とすべり面との間で反射を繰り返すことで，揺れが大きくかつ長時間に及ぶ。すべり面相当層では，液状化や繰り返しせん断により強度が低下し，大規模な崩壊や地すべりが発生する。さらに，移動体や下流の斜面が含水していると，地震時の移動形態は土石流や高速地すべりとなる。地すべりの移動体が河川を閉塞した場合，天然ダムが形成され，湛水や決壊による二次災害も生ずる。**写真-1.2.3.1，図-1.2.3.9，図-1.2.3.10**は，岩手・宮城内陸地震の際，地すべりで幅150mに渡って河道閉塞し湛水深さ約20mの天然ダムが生じたのち，その対策として地すべり地外の対岸を開削して，二次災害を防止した事例である。

写真—1.2.3.1 岩手・宮城内陸地震による天然ダムの監視と開削

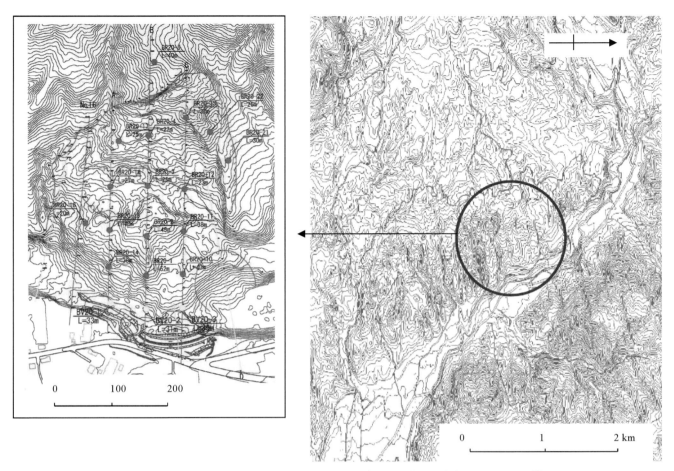

図—1.2.3.9 岩手・宮城内陸地震時に天然ダムを形成した地すべりの平面図[10]

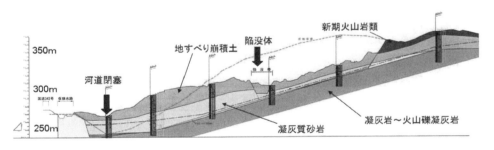

図—1.2.3.10 岩手・宮城内陸地震時に天然ダムを形成した地すべりの断面図[10]

　活断層（起震断層面）から15km程度の範囲で特に上盤側となる斜面，また活断層の延長方向に位置する斜面で，このような特徴を持つ斜面は，地震時の斜面変動が発生することがある。最近の航空レーザ測量図は，斜面の線状凹地や不陸などの変動地形，河川沿いの急崖（遷急線）などが明瞭に判読でき，地震時に地すべり変動が予想される斜面の抽出やその被害予測などで有効である。

　一方，シーティング節理などの緩み岩盤（概ねVp＜2km/s程度）からなる受け盤斜面では，凸状地形や尾根近傍で地震動が増幅し，落石や浅い崩壊が発生する。

　一般に，地震動が短周期・短時間だと加速度型の崩壊や落石が多く発生し，地震動が長周期・長時間だとエネルギー型の大規模崩壊や地すべりが発生しやすいといわれている。大規模崩壊や地すべりの発生が懸念される斜面に対し，保全対象が重要な地区では水抜きや押え盛土などの事前対策の実施，あるいは警戒避難など，地震防災対応を進め，防災・減災を図ることが望まれる。

引用・参考文献

1) ハスバートル・石井靖雄・丸山清輝・寺田秀樹・鈴木聡樹・中村明：最近の逆断層地震により発生した地すべりの分布と規模の特徴，日本地すべり学会誌，vol.48, No.1(199), pp.23~38, 2011.を基に作成．
2) 稲垣秀輝：活断層からの距離とマスムーブメントの規模との関係，応用地質，vol.56, No.1, pp.15~20, 2015
3) 日本地すべり学会：地震地すべり，p.114, 2012.
4) 田近 淳，石丸 聡：1993年釧路沖地震に伴う斜面の変動，兵庫県南部地震等に伴う地すべり・斜面崩壊研究報告書，日本地すべり学会，pp171~190, 1995.および，伊藤陽司：3 北海道東方沖地震，地震による斜面災害，地すべり学会北海道支部，pp35~48, 1997を基に作成．
5) 千木良雅弘：崩壊の場所，近未来社，256p., 2007.
6) 千木良雅弘：深層崩壊，近未来社，231p., 2013.
7) 地すべり学会北海道支部編：地震による斜面災害，285p., 1997.
8) 日本治山治水協会：地震による山地災害とその対策―兵庫県南部地震から得られたもの―治山技術研究会編，a.山口伊佐夫：第Ⅰ章 地震の概要と地震による山地災害，b.川邉 洋：地震による斜面崩壊の分布特性と発生機構，161p., 1998.
9) 木下篤彦・山口真司・山崎孝成・柴崎達也・小島 健・吉松弘行：2004年新潟県中越地震により大滑動した地すべりのすべり面の土質特性に関する研究，日本地すべり学会誌，vol.45, No.6, pp.6~15, 2009.
10) 農林水産省林野庁東北森林管理局：岩手・宮城内陸地震に係る山地災害対策検討会報告書，2008.
11) 阿部真郎，林 一成：近年の大規模地震に伴う地震地すべりの運動形態と地形・地質的発生の場，日本地すべり学会誌，vol.48, no.1, pp.52~61, 2011.
12) 伊藤克己，三膳紀夫，酒井 順：小千谷市横渡地区の岩盤地すべりについて，新潟県中越地震と地すべり―その3 山間地の復興に向けて―，pp12~15, 2006.
13) 井上公夫編：関東大震災と土砂災害，古今書院，225p., 2013.
14) 岡田義光：日本の地震地図 東日本大震災後版，東京書籍，223p., 2012.
15) 笠原 稔ほか編著：北海道の地震と津波，北海道新聞社，245p., 2012.
16) 建設省河川局砂防部監修：地震と土砂災害，61p., 1995.
17) 建設省土木研究所：平成6年度地震時の土砂災害防止技術に関する調査業務報告書，1995.
18) 佐々恭二，福岡 浩ほか：平成16年新潟県中越地震により発生した再活動地すべり地における高速地すべり発生・運動機構，日本地すべり学会誌，vol.44, no.2, pp.1~8, 2007.
19) 地すべり学会北海道支部：北海道の地すべり'99, 1999.
20) 中部地方整備局多治見砂防国道事務所：資料集 御岳崩れ，2004.
21) 長岡正利：1984年御岳崩れの地形特性と発生条件，地形，vol.8, no.2, pp.95~112, 1987.
22) 日本地すべり学会：中山間地における地震斜面災害―2004年新潟県中越地震報告(1)―地形・地質編，172p, 2007
23) 日本地すべり学会：地震地すべり 302p., 2012.
24) 中村浩之，土屋 智，井上公夫，石川芳治：地震砂防，古今書院，190p., 2000.
25) 山田正雄，蔡飛，王功輝：四川大地震と山地災害，理工図書，198p., 2010.
26) 4学協会合同調査委員会：平成20年(2008年)岩手・宮城内陸地震災害調査報告書，(社)土木学会東北支部，(社)地盤工学会東北支部，(社)日本地すべり学会東北支部，(社)東北建設協会，2009.

1.2.4 盛土の地すべり

地上における人間活動は，平坦面に居住し，平坦か緩傾斜面を利用して移動することによって行われる。それらの「面」を創り出すために土木的な造成が行われ，一部は切土になり，また一部は盛土になる。

盛土は，凹んだ部分を埋めて平坦面を創り出す人工的な行為である。盛土に使われる材料は，基本的には盛土材として使用可能な性能を持つものであれば良く，主に経済性の理由により同じ場所の切土工事で発生した土や，近隣の工事で発生した建設残土などが利用される。盛土工事は古くから行われているが，規模が大型化したのは，重機や車両が発達した高度経済期以降に顕著である。

盛土は比較的地山勾配の緩い箇所に施工されることが多く，締め固め不足による不同沈下や，泥岩などの軟岩を盛土材料として用いた際の水浸沈下など特殊な事例を除けば，問題の少ない土構造物と認識されていた。ところが，1978年宮城県沖地震で，仙台市や白石市の宅地造成地内の盛土造成地で地すべり変動が発生し[1]，1995年兵庫県南部地震で発生した斜面変動約 200 箇所のうちの 53％が造成地の人工谷埋め盛土の地すべりであった[2]こともあり，注目を浴びるようになった。その後，2004年新潟県中越地震・2007年中越沖地震でも，造成地の盛土に地すべり現象が発生した。特に，1995 年兵庫県南部地震では，変動したものだけではなく変動しなかった盛土の事例が数多く収集され，本格的な谷埋め盛土地すべり研究の契機となった。

なお，河道を固定化するための河川堤防，平地に築かれた平城や古墳などの御陵も盛り土構造物であるが，ここでは除外する。

(1) 谷埋め盛土

近年，谷埋め盛土造成地では，大地震時に盛土底面をすべり面とする地すべりが発生することがわかってきた。日本には，1960 年代の高度経済成長以降，都市近郊にベッドタウンとして数多くの大規模造成地が造られた。その造成地の中に大地震時に地すべり変動を引き起こす可能性のある谷埋め盛土が数多くある。

谷埋め盛土が地震時に，盛土全体のすべりを発生させる現象は，2006 年に宅地耐震化や大規模盛土造成地の変動予測を組み込んだ宅地造成等規制法改正時に，「滑動崩落」と命名された。

i) 盛土造成区域の判別

文字通り地形的な凹みである谷を埋めて盛土を行い，平坦面を造成したものが「谷埋め盛土」である。住宅団地や工業団地のような平坦面を造成するために行われる。大型機械が無かった時代には，深い谷を浅い谷に地形改変し，表層部をひな壇状にすることによって階段状の平坦面を造っていた。このため，その時代の谷埋め盛土には大きく見れば僅かながら谷地形が残存しており，どの部分が盛土された区域かを地表地形観察で推定することができる。大型機械が使われるようになると，広域を平坦面化できるようになったため，造成後の地表地形を見ただけでは容易に谷埋め盛土の区域を判別することが難しくなった。

このような平坦化された造成地で盛土区域を判別するには，土地造成の知識や，時間の経過とともに切土と盛土との境界部，盛土と構造物との間にどのような変状が現れるのかを意識して調査することが重要である。例えば，大規模造成地の外周では，残存尾根に挟まれた展望のよい箇所が谷埋め盛土であるし，時間が経過した盛土は若干沈下するため，切土との境界部にある構造物に何らかの変状が発生しやすい。盛土区域内部の沈下では，その変形に追随できない剛な構造物との間に隙間が生じやすい。それらを手掛かりに，盛土範囲を推定できる。

ii) 谷埋め盛土地すべりの原因

平成 7 年 1 月 17 日に発生した兵庫県南部地震により，兵庫県神戸市から西宮市の丘陵地に造られた谷埋め盛土に数多くの変動が発生した。特に西宮市仁川百合野町で発生した長さ 100m，幅 100m，深さ 15m，移動土塊量約 10 万 m^3 の盛土地すべりは，13 戸の人家と仁川が崩壊土砂で埋没するとともに，34 人の生命が失われた。崩壊の原因として，すべり

面での粒子破砕によるすべり面のみの液状化,「すべり面液状化」[3] が提唱された。

また,阪神間に発生した谷埋め盛土の変動・非変動盛土の違いがどういう要因によって決定されているのかを分析したところ,釜井ら[4]は,横断形状(幅/深さ比),滑動基準(底面傾斜/厚さ比),形成年代,谷の長軸方向,地下水の豊富さの5つの要因を抽出した。図-1.2.4.1内のカテゴリースコアの大きさは,変動・非変動の結果に対する影響度を示している。これにより,横断形状(幅/深さ比)が突出して大きな影響力を持つことが明らかとなった。

幅/深さ比が小さいほど安全側(非変動),大きいほど危険側(変動)になる意味は次のように考えられる。

盛土を矩形に単純化し,その横断形状を側面と底面とに分けると,すべり面抵抗力≒底面抵抗力(幅に比例)+両側の側面抵抗力(深さに比例)×2となる。幅/深さ比が大きいことは底面抵抗力が影響する比率が高くなることを意味し,その比が小さいことは側面抵抗力が影響する比率が高くなることを意味する。

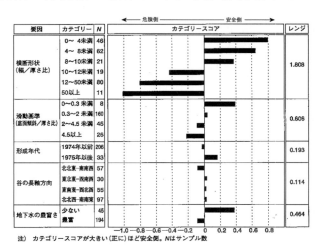

図-1.2.4.1 予測モデル(数量化Ⅱ類)における谷埋め盛土変動要因の分析結果(釜井ほか)[4]

盛土の安全率 F_s=総抵抗力÷総滑動力であるから,幅/深さ比が大きくなるほど変動しやすくなるということは,底面抵抗力の比率が大きくなるほど単位面積当たりの平均すべり面抵抗力が小さくなることになる。これは地震時に谷埋め盛土地すべりが変動するときには,底面抵抗力が著しく小さくなる性質を持つことを意味する。

盛土底面は地下水で飽和していると考えられることから,地震時に底面抵抗力が著しく小さくなる原因として,過剰間隙水圧の上昇,すなわち「すべり面が液状化に近い状態」が起きていることが示唆される。一方,側部は不飽和層で過剰間隙水圧を発生させず,大きな抵抗力の低下がないと考えている。

一般に斜面の安定問題で重要とされる地盤強度は,変動・非変動に対する相関が認められず,要因に含まれていない(地盤強度調査は地震後に実施された)。地すべりは土質工学的な問題なので地盤強度が関係していないことはあり得ないが,それ以上に地震時の盛土底面の強度低下が著しいため,実際に発生した谷埋め盛土の解析では要因として抽出されるだけの相関性が無かったと考えられる。

iii) 地震時谷埋め盛土地すべりの安定計算方法

地震時に盛土底面の強度が大きく低下し,盛土の滑動を止めるための抵抗力が側部抵抗力に依存するという考え方は,遊園地の滑り台をヒントにして「ローラースライダーモデル」[5]と名付けられた。

このモデルを力学的な形にして,実際に大地震で発生した盛土地すべりの変動・非変動実績で土質パラメータをキャリブレーションし最適値を導いたところ,良い再現性が確認された(図-1.2.4.2[6][7])。キャリブレーションに用いた現象を引き起こした地震は,1995年兵庫県南部地震,2004年新潟県中越地震,2007年新潟県中越沖地震である。このモデルを用いて評価された,仙台市緑ヶ丘周辺の2011年東北地方太平洋沖地震を起因とした谷埋め盛り土地すべりの変動予測は,高い正答率を示した[8]。

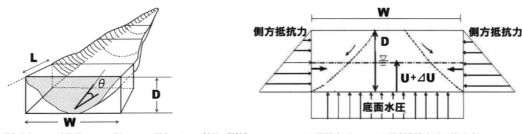

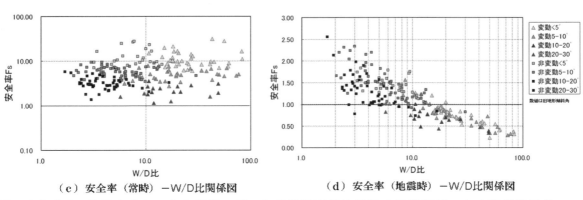

図-1.2.4.2 谷埋め盛土の安定解析モデルと兵庫県南部地震時の阪神間データの解析結果[6]
常時の安全率に規則性はないが，地震時は過剰間隙水圧が作用し底面抵抗力が減少するためW/D比が大きいほど安全率が低下する傾向があり，変動盛土と非変動盛り土を区分できる

この計算方法では，盛土の土質パラメータや地下水位条件を実際に発生した現象から統計的に導いているため，事前の土質調査が無くても評価できることが特徴である。入力パラメータとしては，盛土の幅・深さ・地山傾斜角の3種の外形的情報のみである。これらの情報は，造成前後の地形図から容易に入手可能であり，概略的な危険度予測方法として，また詳細調査の優先順位付けとして利用価値が高い。

ⅳ) 地震時谷埋め盛土地すべりの発生条件

前述の安定計算方法は，大地震を想定し水平震度 Kh=0.25 を一律に用いているが，実際には震度によって変動の程度は異なるはずである。

1995年兵庫県南部地震の事例[9]を詳細に分類したところ，震度5強の変動率4%，震度6弱の変動率30%，震度6強の変動率35%であった。したがって，谷埋め盛土の地震時地すべりは，概ね震度6以上で発生する現象と言える。

なお，谷埋め盛土総数（299箇所）の中では，変動盛土（122箇所）41%，非変動盛土（177箇所）59%であり，全体の4割程度の盛土が変動した。震度6程度の揺れがあった場合，造成盛土の半数近くが変動する現象と認識する必要がある。

ただし，溜池を埋め立てた盛土（107箇所）の変動率は100%だったのでこの集計からは省いた。

ⅴ) 地震時谷埋め盛土地すべりの現地調査

地震時に盛土底面一面に飽和地下水が存在している盛土は過剰間隙水圧が発生し，底面摩擦力を著しく減少させる必要条件を備えていると言える。盛土の暗渠排水工が十分機能し，急速な間隙水圧消散効果を持っていることが確認できれば，その盛土は安全だと言える。しかし，これまでの大地震で起きた事例では，暗渠排水工の機能が確認できた盛土は多くない。このため，暗渠排水工の過剰間隙水圧消散機能が現地で確実に確認できない盛土については，地震時に過剰間隙水圧が発生すると評価するのが，現時点では妥当と考えられる。ただし，地山が火山岩などの高透水層の場合には，盛土内に飽和地下水が帯水しにくいと考えられ，滑動崩落現象が起きていない。

また，造成地内の盛土は2～3m移動すると地割れなどから噴砂・噴水が発生し（**写真-**

1.2.4.1），高水圧が除圧されて停止することが多いが，造成地末端部が崖となる盛土は大規模に崩落し（**写真－1.2.4.2**），大きな被害を生じる可能性がある。

写真－1.2.4.1　変動盛土に残る噴砂跡

写真－1.2.4.2　地震時に大崩落した盛土

vi）切盛り境の不同沈下

滑動崩落のような地すべり的現象ではないが，地震時には切土部と盛土部の境界付近では，著しい不同沈下が起きやすい。沈下量は盛土厚に比例するため，盛土中央部よりも切盛り境付近の盛土端部に変状が出やすい（**図－1.2.4.3**[10]）。

(2) 道路盛土

山間地の道路は，以前は等高線沿いに造られていたが，高速走行のために直線的な線形に改良されてきている。その際に谷を盛土で埋めて平坦化する造成が行われる。その盛土が大地震による強震動を受けると，宅地盛土と同様に「滑動崩落」が起きる。

2009年に東名高速道路牧之原地区191.6kpの盛土法面が，駿河湾を震源とする地震で崩壊した（**写真－1.2.4.3**[11]）。8月11日という盆の帰省ラッシュ直前に発生したため，通行止めとなった。115時間という早期復旧が話題となったが，本質的な問題は，震度6弱程度の震動で災害時の緊急輸送道路となるべき高規格道路の盛土が，いとも簡単に崩壊したことであった。

2004年10月の新潟県中越地震では，関越自動車道の各所で盛土崩壊（**写真-1.2.4.4**[12]）が発生した。2007年3月には能登半島地震で能登半島縦貫有料道路の盛土部で同様の崩壊が多数発生した（**写真-1.2.4.5**）。いずれも，事後の原因調査結果から盛土内の地下水の存在が原因とされている。

図－1.2.4.3　盛土端部に集中する被害[10]

写真－1.2.4.3　駿河湾を震源とする震度6弱の地震で崩壊した東名高速道路の盛土[11]

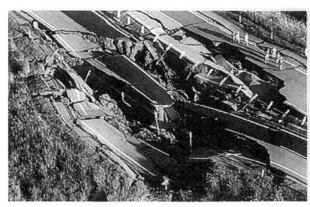
写真-1.2.4.4 関越自動車道の崩壊
(2004年10月25日朝日新聞デジタルより)

写真-1.2.4.5 能登半島縦貫有料道路の崩壊

(3) 対策方法

　盛土構造物が造られるのは，コストが安価であり，少々の損傷であれば容易に復旧が可能という特徴を持っているからである。このため，地震時の盛土地すべりの対策は，事前対策・事後対策に関わらず低コストであることが要求される。

　地震時に盛土内の地下水が，①液状化（過剰間隙水圧上昇）を発生させて著しい抵抗力の減少を引き起こすのか，②地下水で飽和した土が繰り返される強震動により，著しい強度低下を引き起こすのか等の崩壊メカニズムの解明はまだ完全にはでき上がっているとは言えない。谷埋め盛土の滑動崩落箇所で地割れから噴砂があることを考えると，液状化に似た現象が起きている可能性は高く，それには盛土内の飽和地下水が深く関与していることは，地盤技術者の共通の認識となっている。

　もともと地表水や地下水が集まる谷を埋めた盛土であるから，その中に水が浸入することを防ぐことは難しい。できるだけ地表水の浸透を避けることは必要であるが，地山からの湧水などもあり，盛土内の地下水を完全に排除することは現実的には困難である。

　また，実際に崩壊を発生させた盛り土も暗渠排水工等は標準的な設計仕様で組み込まれていたはずである。それにも関わらず滑動崩落現象が発生したのであるから，現在の標準設計仕様が不完全である可能性がある。今後造成さする盛土に対し，現時点でコスト的に可能でかつ合理的な対策をあらかじめ付加して施工しておく必要があるのかもしれない。

　その一例として，地震時にすべり面となる盛土と地山との境界付近に不飽和の部分を造

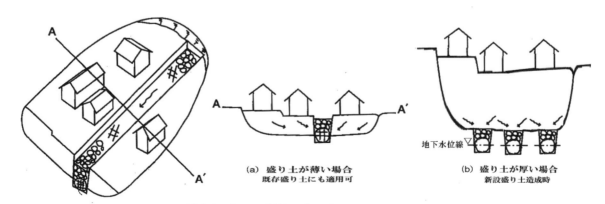

図-1.2.4.4　谷埋め盛り土すべりへの対策案のイメージ図（釜井ほか[12]に加筆）

り出す工法（図-1.2.4.4[12]）が考えられる。現在の盛土は一様な面を埋めているので，自動車のタイヤに例えると，溝なしタイヤのような形状である。盛土の下に水があれば，過剰間隙水圧が底面全体に広がるハイドロプレーニング現象に似た現象が起きて水の上を盛

土が抵抗なくすべって行くことになる。自動車タイヤの場合には多くの溝をつくって，路面水を排除しタイヤと路面の固体同士の接触面積を確保するが，それと同様に，地山に溝を掘り盛土と地山との間に不飽和帯となる面積を多く造り，摩擦力が発揮しやすいようにするなどの対策方法があろう。盛土厚が薄い場合には既存盛土にも地表から適用できるが，盛土厚が大きい場合には，新設時にこの方法を応用することができると考えられる。

　道路下の，沢を埋めた既存盛土の場合，特に緊急輸送道路などでは，地震時に危険性が高いと判断される盛土に対しては，できるかぎり耐震対策を施す必要がある。費用等を度外視すれば多様な工法があり得るが，実際には地下排水孔（パイプ）を法尻より打設する方法や，法尻に蛇篭（ふとん籠）を設けるなどの方法が現実に採用され得る工法[13]と考えられている。

引用・参考文献

1) 田村俊和，阿部隆，宮城豊彦：丘陵地の宅地造成と地震被害，第15回自然災害科学総合シンポジウム論文集，pp.321〜324，1978
2) 釜井俊孝，鈴木清文，磯部一洋：平成7年兵庫県南部地震による都市域の斜面変動，地質調査所月報，第47巻，第2/3号，pp.175〜200，1996
3) 佐々恭二，福岡浩：西宮市仁川地すべりと地震時地すべりの発生予測，兵庫県南部地震等に伴う地すべり・斜面崩壊研究報告書，地すべり学会，pp.145〜170，1995
4) 釜井俊孝，守隨治雄：『斜面防災都市』，理工図書，pp.145〜166，2002
5) 釜井俊孝：地震による大規模宅地盛土地すべりの変動メカニズム，平成15年度〜平成17年度科学研究費補助金（基盤研究(B)）研究成果報告書，pp.34〜36，2005
6) 太田英将，榎田充哉：谷埋め盛土の地震時滑動崩落の安定計算手法，第3回地盤工学会関東支部研究発表会講演集，pp.21〜35，2006
7) 中埜貴元，小荒井衛，星野実，釜井俊孝，太田英将：宅地盛土における地震時滑動崩落に対する安全性評価支援システムの構築，日本地すべり学会誌，第49巻，第4号，pp.164〜173，2012
8) 太田英将：2011年東北地方太平洋沖地震による都市住宅域の斜面災害の予測と対策，第50回日本地すべり学会研究発表会講演集，pp.14〜15，2011
9) 太田英将，廣野一道，林義隆，美馬健二：宅地盛土の地震時被害軽減を目的とした地盤技術者のアウトリーチ活動，日本地すべり学会誌，第48巻，第6号，pp.40〜45，2011
10) 太田英将：兵庫県南部地震で実証された造成地盤の危険性，日本地すべり学会誌，第40巻，第5号，pp.84〜87，2004
11) 中日本高速道路株式会社：緊急報告 東名復旧までの115時間 駿河湾を震源とする地震による東名高速被災応急復旧報告，2009
12) 釜井俊孝，守隨治雄：『斜面防災都市』，理工図書，pp.172〜173，2002
13) 松尾修，寺田秀樹：新潟県中越地震の被害の特徴と今後の課題〜土砂災害と道路土工施設災害を中心として〜，土木研究所資料第2979号，pp.29〜50，2005

1.2.5 津波

(1) 津波の性質

海底下で生じた浅い地震断層により海底面が急激に隆起または沈降すると，その海底面の地形変化は海面の変化となり，海面の大きな波動が周囲に伝わっていく。これが地震による津波である。津波はまた，海底地すべり，山崩れ土砂の海中突入，火山島の噴火などによっても発生する。

大きな津波を引き起こすのは，プレートの沈み込みに伴って発生する海溝型巨大地震で，通常これは低角の逆断層である。このような断層では海面が押し上げられるところと引き下げられるところとが生じる。押し上げの側では押し波（海面の上昇）が先頭となって伝わり，引き下げの側では引き波（海面の低下）が先行する。高角の逆断層ではほぼ押し上げだけである。

津波は海底面の地形変化が生じた海域で発生し，この範囲を波源域という。これは地震断層が生じた範囲，すなわち震源域にほぼ相当する。一般的には地震の規模（断層の規模）が津波の大きさに直接関係するが，断層破壊がゆっくりと進行した場合には地震による揺れのわりに大きな津波を発生させることがある。これを津波地震と呼び，大きな震動が無いために住民の速やかな避難に繋がらず，多くの死者・行方不明者が発生しやすい。死者・行方不明者約 22,000 人と大きな人的被害をもたらした 1896 年明治三陸地震津波が，代表的な津波地震の例である。

津波は波長の非常に大きい波であり，その進行速度は水深の平方根に比例する（$c=\sqrt{gh}$；ここで，c：津波の速度；g：重力加速度；h：水深）。そのため，海岸に近づいて水深が浅くなるにつれ速度は急速に低下する。波源域の形はほぼ楕円形で，海溝型地震では波源域は海溝に沿って細長くなるため，楕円の短軸方向に津波のエネルギーは強く放出され，陸地に向かってより高い津波を伝える。津波は屈折・回折・反射などを行う。屈折は進行速度が遅くなる水深の浅い方へ波が向かうため，等深線に直角の方向に津波は進行し陸地に波が集まる。半島や岬などには特に集中し，島があると回折によって波が回り込み，裏側で波が強くなる。

津波が海岸に近づくと，水深が小さくなることにより速度が低下する。波は速度が低下すると振幅（波高）を増すという性質があり，波の先頭がしだいに減速しているところへ後からの波が追いつき，押し込まれるようになり波の高さが増加する。奥が狭くなっている湾の中に津波が入ってくると，横から押し込まれて波は更に高くなる。湾にも平面形や水深分布などによって決まる固有周期があり，入射する津波の周期と湾の固有周期とが一致すると共振現象により津波が増幅される。湾内が広く奥深くて，海への出口が狭いような閉鎖的内湾においてこの現象が著しくなる。

このように高さを増した津波は海岸線を越え，激しい流れとなって陸地内へ流入する。津波の 1 波による海面の高まりは数分以上続くので，海水は引き続き大量に流入してくる。海面は数分程度で上下するので流入した海水はやがて引き戻される。この結果海水の到達標高はある限界を示す。この最大到達限界標高（津波遡上高）は，津波の規模を表す主要な指標である。到達の水平距離は，流れの抵抗の小さい河川を遡上して周囲の低地に氾濫する場合に大きくなる。海岸線近くの海底勾配が小さいと（遠浅であると），海水の戻りが遅くなり，その結果陸地内に進入した海水が引き戻されることなくより高くまで到達できる。引き波は地表面の傾斜方向に流れるため激しい流れになり，建物などを引き浚っていく。

(2) リアス式海岸における津波被害と地形の関係

海溝型巨大地震が発生する海域に面したリアス式海岸である三陸沿岸は，高頻度で津波に襲われている。1896 年の明治三陸地震，1933 年の昭和三陸地震での津波の被害が大きく，明治で約 22,000 名，昭和で約 3,000 名の死者が報告されている。津波の高さは 2 つの地震とも，岩手県大船渡市綾里で最大となり，明治で 38.2m，昭和で 23.0m であった。

津波の高さは海岸・海底の地形によって増幅され，リアス式海岸のような平面形が V 字

型の湾で顕著である。このような地形の湾では，両岸が湾の奥に進むにつれて狭まるので，津波のときに湾の奥にエネルギーが集中し，非常に高い波となって大きな被害をもたらす。明治と昭和の三陸地震津波では，Ｖ字型の湾の湾奥における津波高は，平滑な海岸に比べて2～5倍大きかった。

　湾はその平面形状や水深分布などによって決まる固有振動周期をもっており，津波の周期がこれに近い場合には，共振現象を起こして波高が大きく増幅される。そのため，同じ湾でも地震によって津波の波高が違っており，同じ地震による津波であっても湾によって被害が出たり出なかったりする。遠地津波の場合は近地津波と比べて津波の周期が長い。湾の固有振動周期 T は $T=4L/\sqrt{gh}$ で求められる。ここで L は湾の長さ，h は平均水深である。そのため，奥行きの長い浅い湾ほど固有振動周期が長くなる。岩手県宮古湾や大船渡湾はそのような地形条件の湾であるが，これらの湾では明治三陸地震や昭和三陸地震のような近地津波の場合には津波の波高は他の湾よりも小さかったが，長周期の津波が到達した1960年チリ地震津波の時には波高が大きくなり，これらの地域での死者が多く出た。

　2011年3月11日のM9.0の東北地方太平洋沖地震による津波被害についても，岩手県と宮城県のリアス式海岸における被害の状況は，湾毎に違っている。気仙沼市と大船渡市の被害程度の分布を図-1.2.5.1，図-1.2.5.2に示す。ここで被害の程度は大きい方からランク1（流出域），ランク2（破壊域），ランク3（浸水域）としている（詳しくは後述の（3）を参照）。図-1.2.5.1を見てみると，気仙沼市では湾入口付近（朝日町）と湾奥部（みなと町）で壊滅的な被害状況が広がっていたが，湾奥部では上流に行くほど浸水深も小さくなり，被害程度も小さくなっていった。一方，気仙沼市南町のような丘の背後では，丘が遮蔽部となり被害の程度がやや軽かった。また，図-1.2.5.1と図-1.2.5.2を見てみると，気仙沼市の大川や大船渡市の盛川の例で示すように，大きな河川沿いでは右岸側と左岸側とで標高の差がないのに被害程度に差が認められた。その理由は不明であるが，被害が深刻だった左岸側は津波が直撃したのに対し，やや被害の程度が小さかった右岸側は，川の水位が上昇してオーバーフローしたことにより浸水したものと考えられる。このように，リアス式海岸の湾奥部に位置する都市では，個々の市街地が湾の地形形状に対してどのような位置にあるのかによって被害の様相が大きく異なり，被害と地形との関係を一般化することは難しい[1]。

（3）　砂浜海岸における津波被害と地形の関係

　2011年東北地方太平洋沖地震では，リアス式海岸のみならず，宮城県の仙台平野，石巻平野でも甚大な津波被害が発生した。仙台平野について，津波被害と地形分類・標高・土地利用との関係をまとめた知見[2]は，他の砂浜海岸でも適用可能と考えられるので，その概要を紹介する。

ⅰ）　津波被害と標高との関係

　小荒井ほか[2]は，日本地理学会災害対応本部津波被災マップ作成チーム[3]や国土交通省都市・地域整備局[6]の写真判読による成果を参考にして独自に空中写真判読を行い，津波浸水域の被害程度を，建物の大半が基礎ごと流失（流出域：ランク1），建物が残存するが甚大な被害（破壊域：ランク2），建物の破壊は無いが浸水（浸水域：ランク3）の3つに区分した。現地調査等により計測された浸水深は現地の建物被害状況と良く対応しており，浸水深4m以上がランク1の流出域，1.5m以上がランク2の破壊域，1.5m未満ならランク3の浸水域　という状況であった。津波による家屋被害率は，浸水深と流速の大小に左右されるので，その結果とも対応が良い。浸水深の大小は標高との関連性が高いため，津波被害の状況も一義的には標高による影響が大きいと考えられる。従って，最近は航空レーザ測量による詳細な標高データ（DEM）が公開されていることから，このデータを使って段彩表現した地図を作成することによって，津波リスクの高い箇所を抽出することができる。

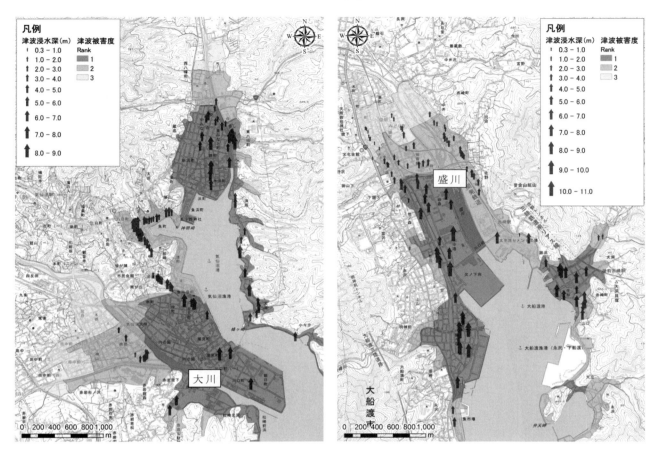

図-1.2.5.1 気仙沼市街地の浸水深と津波被害状況[1]　図-1.2.5.2 大船渡市街地の浸水深と津波被害状[1]

　仙台平野の津波被害分類と地形分類の重ね合わせを図-1.2.5.3に示す。ランク1の流出域は海岸線から約1kmの範囲にあたり，地形は砂州・砂堆に該当する。微高地のため周囲より標高は高いが，海岸線から近い距離は壊滅的な被害を受けている。ランク2の破壊域の範囲は海岸線から2～3kmの範囲で，ほぼ標高1m以下の範囲に対応する。ランク3の浸水域の範囲は海岸線から3～5kmの範囲で，ほぼ標高2m以下の範囲に対応する。谷底平野・氾濫平野では浸水域は海岸線から4kmまで，海岸平野・三角州では浸水域は海岸線から5kmまで達している。名取川沿いや阿武隈川沿いでは標高が高いため，他の地区よりは破壊域や浸水域が内陸に及んでいないが，これは河成作用により形成された地形のため海岸平野・三角州の地域よりも標高が高かったことによる。このように，津波被害の程度は標高の大小で決まることが多く，この標高の大小は地形分類から読み取れる地形発達史によって説明できる。しかし，東北地方太平洋沖地震のような巨大規模の津波に対しては，海岸線から1km以内は標高が高いにもかかわらず激甚な被害を受けている。一方，規模の小さな津波であれば，海岸線から近い距離であっても標高の大小の影響はより強く効いてくる。例えば，この地震による九十九里平野の被害についてみてみると，前面にある砂州・砂堆は浸水されず，その背後の砂州間低地が暗渠等を経由した浸水を受けている。海岸線と直交する方向の断面を切ってみると，標高が急に高くなる地点を境に津波被害の状況が急に軽減されることが多い。代表的な例は，低地の一般面（海岸平野，砂州間低地など）では被害が大きく，より内陸側の低地の微高地（砂州・砂堆など）では被害が小さく，これらの地形境界を境に被害の程度が大きく異なっている。また，人工地形により標高が急に変化している箇所でも，被害状況が極端に軽減されている。代表的な例は，海岸線と平行する運河や用水路，高規格道路による盛土（仙台東部道路の例），水田から住宅地に変わる部分の平坦地盛土などであり，このような箇所を境に内陸側では極端に津波被害が軽減されている。

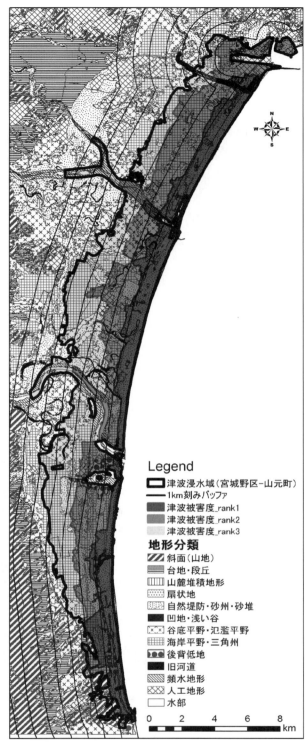

図-1.2.5.3 津波被害と地形分類
（小荒井ほか[2]を改変）

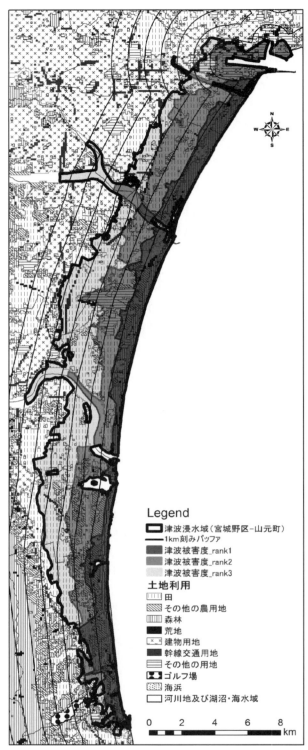

図-1.2.5.4 津波被害と土地利用
（小荒井ほか[2]を改変）

ⅱ）津波被害と土地利用形態との関係

　海岸部に近い箇所の土地利用の違いも，津波被害の状況に寄与しているものと考えられる。仙台平野の津波被害分類と土地利用の重ね合わせを図-1.2.5.4に示す。東北地方太平洋沖地震でランク1の流出域であった海岸線から約1kmの土地利用は，主に森林，建物用地，畑が該当していた。阿武隈川河口より南側では，土地利用は森林よりも畑が卓越しており，そこではランク1の流出域が内陸2km近くまで広がっていた。畑は森林よりも津波に対する抵抗力が小さいため，被害が内陸部まで大きかった可能性が指摘できる。津波が

砂州・砂堆等の微高地を通過する際に，エネルギーを失って急激に浸水深が低下していたが，阿武隈川河口の南では砂州・砂堆の幅が狭く，それが被害を拡大させた可能性も指摘できる。このように，海岸部の微高地の規模や，海岸背後の土地利用による抵抗力（粗度）の違いが，内陸側の津波被害度の大小に影響している可能性がある。

iii） 引き波による被害

引き波による被害は，水がより低い側に流れ戻っていくことから，標高や微地形の影響を受けた被害が出現しやすい。例えば，1944年の東南海地震による三重県尾鷲市の津波被害では，地震発生3日後の米軍偵察機による空中写真が発見され，その判読結果と現在の航空レーザによるDEMの重ね合わせ（図-1.2.5.5）から，壊滅的な被害域が標高3m以下の箇所と一致している。特に市街地南部の浅い谷状の地形で被害が集中しているのは，引き波が浅い谷地形に集中して壊滅的な被害をもたらしたからである[4]。このような現象は2011年東北地方太平洋沖地震でも認められ，宮城県山元町・亘理町では砂州・砂堆を横断する河川や浅い谷沿いに被害や地形変化が大きく（中浜，坂元川河口，新浜，花釜，牛橋河口，吉田浜など），河口部周辺では海岸堤防の破損程度が他の地域よりも激しく，大きく地形がえぐられ津波（引き波）による侵食で新しく湾が形成されていた。

図-1.2.5.5　米軍空中写真と現在のDEMとの重ね合わせ
日本写真測量学会編[5]を修正
白楕円は引き波による被害が顕著だった箇所

(4) 津波被害の軽減に向けた取り組み

　防災の視点から砂浜海岸の地形や土地利用をどうしたら良いかを考察する。海岸線から約 1km の範囲は微高地であっても壊滅的な被害を受けていることから，住宅地を海岸からごく近傍の砂州・砂堆に立地させないことで壊滅的被害域を減らすことはできる。それに加えて，砂州・砂堆をより高く盛土すると共に，森林等の津波に対して抵抗力の高い土地利用にすることで，内陸部の被害軽減を更に図ることが可能と考える。宮城県岩沼市では，クロマツの防潮林があった海岸線一帯について，震災により発生したガレキ（再生資材）を活用して丘を築造し，また，植樹することで，津波の威力を減衰・分散させるとともに，避難場所や生物多様性の拠点として整備し，これを育成・保全していく，「千年希望の丘」構想を進めている。将来的に発生が予想されている東南海・南海地震津波に対しては，海岸線沿いの微高地の地形を活用し，後背地の津波被害を軽減させるような土地利用を配置することが有用であると考える。

引用・参考文献

1) 小荒井衛・岡谷隆基・中埜貴元：津波浸水深と建物被害と地形との関係．日本写真測量学会平成 24 年度秋季学術講演会論文集，111～114，2012
2) 小荒井衛・岡谷隆基・中埜貴元・神谷泉：東日本大震災における津波浸水域の地理的特徴．国土地理院時報，122，pp.97～111，2011
3) 日本地理学会災害対応本部津波被災マップ作成チーム：2011 年 3 月 11 日東北地方太平洋沖地震に伴う津波被災マップ，2011 http://www.ajg.or.jp/disaster/201103_Tohoku-eq.html（accessed 4 June 2014）
4) 宇根寛・中埜貴元・小白井亮一・鈴木康弘：戦時中の米軍撮影空中写真が明らかにした東南海地震津波被害と微地形の関係，日本地理学会平成 21 年度秋季学術講演会予稿集，No.76，p.6，2009
5) 日本写真測量学会編：空間情報による災害の記録．鹿島出版会，317p．2012

1.2.6 広域隆起・沈降

巨大地震が発生すると，断層運動に伴う広域的なテクトニックな地殻変動として，地盤の隆起・沈降が生じる。これらの広域的な地殻変動が，震災後の復興計画や施設維持管理の障壁になることもある。以下，広域的な地殻変動が及ぼした影響について述べる。

（1） 過去の海溝型巨大地震による地盤の隆起・沈降

古代から現在までの主な地震による地盤の変位（隆起と沈降）が認められる場所とその年代，変位量を，「理科年表」（東京天文台編，丸善）などの資料をもとに今村[1]が取りまとめたものを図-1.2.6.1に示す。個別の数値等については疑問の残る部分もあるが，2011年東北地方太平洋沖地震では東北地方の太平洋沿岸部で沈下傾向が顕著であるが，それ以外のプレートの沈み込みに伴う海溝型地震の場合，半島や岬の突端部で隆起傾向を示し，その近傍の内陸部で沈降傾向を示している。

図-1.2.6.1　わが国での地震に伴う主な地盤の変位[1]

1923年の関東地震（M7.9）は相模トラフ沿いの広い範囲を震源域に発生した地震であるが，その時の地盤の上下変動量を図-1.2.6.2に示す。小田原付近から房総半島の先端にかけての地域で，地面が最大約2m隆起し，南東方向に2〜3m移動したことが観測されている。一方，それより内陸の神奈川県北西部の丹沢山地では地面が50cm以上沈降している地域が広域に認められ，最大で1m以上沈降している。神奈川県茅ケ崎市の相模川下流のデルタ地帯が1m以上隆起して港が使えなくなったのに対し，周辺の湿地帯は地震後には

畑地や宅地として使用可能になったといわれている[1]。また，千葉県館山市の見物海岸で1.5mの隆起があったが，1703年の元禄関東地震でも4.5m隆起した事実が，現在の海岸段丘から確認されている。大正の関東地震と元禄地震とでは地震の発生メカニズムは違うとされているが，房総半島での隆起が繰り返し行われている。

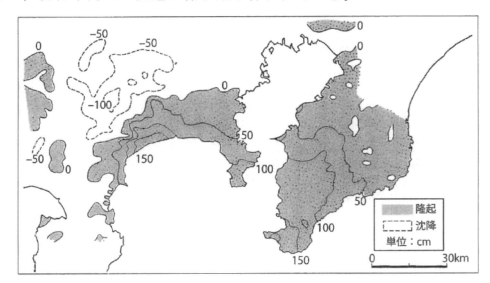

図-1.2.6.2 関東地震による陸域の上下変動[2]

1944年の東南海地震では，通常は沈降傾向を示す駿河湾西岸から遠州灘沿岸にかけての地域で，最大約15cm隆起した。一方，紀伊半島東部の海岸では30〜40cm沈降した。1946年の南海地震では，紀伊半島や四国の室戸岬，足摺岬で地面が隆起し，紀伊半島先端の潮岬付近では東南海地震と合わせての隆起量が約70cmであった。一方，高知市では最大1m程度の地盤沈降が観測され，高知市付近の低地に海水が流入するなどの被害が生じた。さらに，瀬戸内海沿岸の地域では，地震後数年間にわたって地盤が最大約30cm低下する変動があり，海水の流入による被害が生じた。

同様の地殻変動の傾向は，1707年の宝永地震，1854年の安政東南海地震，安政南海地震でも繰り返し発生しており，室戸岬はいずれの地震でも1mから2.5m程度の隆起をしており，高知平野周辺でいずれの地震でも1mから2m程度の沈降をしている（図-1.2.6.3）。室戸岬では南海トラフにおけるフィリピン海プレートの沈み込みによる継続的な沈降が水準測量で観測されているが，海溝型巨大地震の発生により間欠的に沈降量を上回る隆起が発生しており，その結果が何段もの海岸段丘として地形に残されている。室戸市吉良川町付近の斜め空中写真を図-1.2.6.4に示す。M1面は最終間氷期最盛期の段丘面であり，標高は100mから200mに達する。L2面は約3500年前に離水した完新世の段丘面である。このように室戸岬周辺は第四紀後期における隆起量が顕著な地域である。

図-1.2.6.3 過去の南海地震による地盤の隆起と沈降量[3]

図-1.2.6.4 室戸岬付近の斜め空中写真

図-1.2.6.5 津波による湛水域の様子
（宮城県名取市閖上：2011年4月撮影）

(2) 東北地方太平洋沖地震で生じた地殻変動

2011年3月11日に発生した東北地方太平洋沖地震では，広域的な地殻変動が発生した。この地震の被災者救出を困難にした原因の一つとして，地震と同時に発生した地盤の沈降により，大津波の水がなかなか引かなかったことがあげられる。直後に撮影された空中写真や衛星画像を見ても，海岸沿いの平野部に，大量の海水が残されているのを読み取ることができる。現地の写真を図-1.2.6.5に示す。もともとこのような低地は堤防などの高まりによって囲まれているため，中に溜まった水はポンプなどで強制的に排水しないと外に出て行くことはできないことから，水域が津波後も残存したものである。比較的開口部の大きな潟湖の周囲に，水域が広がっていることから，広域的な地盤の沈降が推定される。GPSなどの測定結果によると，宮城県牡鹿半島にある電子基準点「牡鹿」が，東方向に約5m水平移動し，約1m沈降したことがわかる[4]（図-1.2.6.6）。

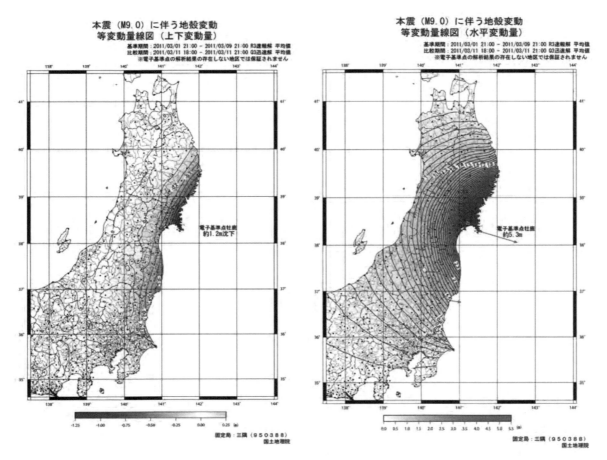
図-1.2.6.6 2011年東北地方太平洋沖地震本震時の地殻変動[4]

沿岸部での地盤の沈降が著しいのは，今回の震源域がより沖合いにあり，断層に運動による隆起域が海底斜面側に相当し，内陸部の沈降域がちょうど東北地方の沿岸部に相当したからである。**図-1.2.6.7**は，断層運動と地殻の上下変動との関係をモデル的に示したものである。海溝に近い隆起域では，海上保安庁の海底基準局による海底地殻変動観測結果から震源近傍で約3mの隆起が観測されている[5]。国土地理院は，電子基準点（GPS連続観測点）で観測された地殻変動データから断層面における詳細な滑り分布モデルを推定し，滑り分布から計算した上下変動を公開している（**図-1.2.6.8**）。この図からは，海溝近傍の海底斜面で5.5mを越える隆起が，より内陸側の海底斜面で2mを越える沈降が計算されている。岩手県から宮城県にかけての三陸沿岸で約1m，仙台平野や福島県沿岸で約50cmの沈降が計算されている。

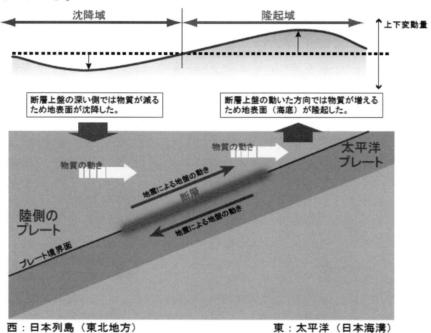

図-1.2.6.7　平成23年（2011年）東北地方太平洋沖地震における断層運動と上下変動の関係[6]

（3）　まとめ

第四紀後期といった長い期間で地形を見た場合には，山地部が隆起し平野部が沈降するという広域的な地殻変動を起こしており，その積分結果が地形として残されていると言ってよい。例えば関東平野の場合，房総半島を含めた周辺部が隆起して，埼玉県東部を中心とした平野中央部が相対的に沈降する関東造盆地運動により地形が形成されており，関東平野中心部の中川低地・荒川低地周辺は段丘の発達が悪く，さきたま古墳群など沖積層に埋没した古墳群が存在している。

室戸岬の例で示したように，測地観測で得られる通常の地殻変動の傾向と，大地震などのイベント時に間欠的に発生する地殻変動とで，全く逆の運動センスを示すことがあり，地形にはその両方が混じった結果が残される。

東北地方太平洋岸は比較的高度の高い段丘地形が数段存在し，水準測量等による測地観測の結果からは長期的な沈降傾向が観測されていたことから，巨大地震が発生した際には南海トラフの巨大地震と同様に沿岸部では隆起が観測されると予想されていた。しかしながら，2011年東北地方太平洋沖地震では沿岸部全体で大きな沈降が観測された。現在沈降を回復させる方向の余効変動が観測されてはいるが，今回の巨大地震による沈降量を回復させるまでには至らず，長期的な視点での検討が必要である。今回の巨大地震による広域的な沿岸部の沈降は，図-1.2.6.8に示すようなモデルで1回の地震時の地殻変動の傾向は一般的には説明が可能である。しかしながら，地震時に観測される地殻変動，測地観測

で得られるより長期的な継続した地殻変動，地形から予想される数万から数十万年オーダーの地殻変動，断層や褶曲などの地質構造から予想される数十万から数百万年オーダーの地殻変動など，様々な時間オーダーで検討されるべき地殻変動について，全体を総合的に説明できるようなテクトニックなモデルの構築には至っていない。広域的な隆起・沈降のモデル化については，まだまだ多くの解決すべき問題点が残されている。

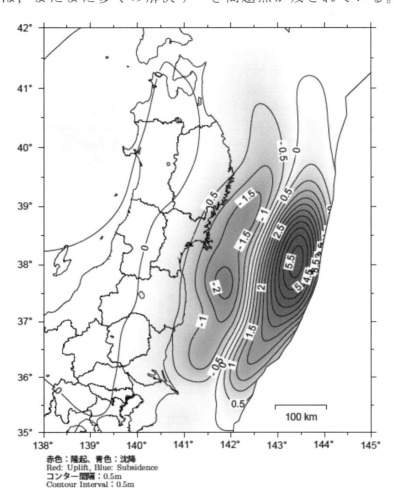

図-1.2.6.8　GNSS連続観測点で観測された地殻変動データから求めた
断層面上の滑り分布モデルから想定される上下変動[6]

引用・参考文献

1) 今村遼平：地盤の変位．「安全な土地」，東京書籍，pp.118〜122. 2013.
2) Matuzawa, T.:Study of earthquakes, Tokyo, Uno-shoten, 1964.
3) 河角広：昭和21年12月21日南海大地震当時及びその後に起こった四国地方地盤変動の実態，四国地方総合開発審議会報告，3〜16, 1956.
4) 国土地理院：GPS連続観測から得られた電子基準点の地殻変動．
   http://www.gsi.go.jp/chibankansi/chikakukansi40005.html．2011a.
5) 海上保安庁：東北地方太平洋沖地震に伴う海底の動き 〜海底地殻変動観測結果〜．
   http://www1.kaiho.mlit.go.jp/jishin/11tohoku/index.html, 2011.
6) 国土地理院：電子基準点（GPS連続観測点）データ解析による滑り分布モデル．
   http://www.gsi.go.jp/cais/chikakuhendo40007.html, 2011b.
7) 総理府地震調査研究推進本部地震調査委員会編：日本の地震活動―被害地震から見た地域別の特徴―．396p.1999.

1.2.7 活断層（地震断層）

(1) 活断層の定義

日本の内陸で発生した深さ 20km 以浅のプレート内地震(内陸型地震)では，地下の震源断層の一部が地表では低断層崖・雁行亀裂・撓曲崖などで示される地表地震断層として現れる(図-1.2.7.1)。地表地震断層は M6.5 の地震から現れ始め，M7 以上の地震では全ての地震で認められている。例えば，濃尾地震(1891)の根尾谷断層，北伊豆地震(1930)の丹那断層，陸羽地震(1896)の千屋断層，兵庫県南部地震(1995)の野島断層などである。野島断層では，地表地震断層は山地と山麓緩斜面（土石流性の堆積面）との地形境界をなす地形的リニアメントにほぼ一致して出現し，表層部の地盤条件に応じて，①大阪層群などの基盤の露出地域では直線状の断層崖，②段丘堆積物や崖錐堆積物が薄く覆う地域では肩の部分に雁行亀裂を伴う幅 1~3m の撓曲崖，③段丘堆積物や崖錐堆積物が厚く分布する地域では雁行開口亀裂帯などの変状を示す。野島断層は南東側隆起の逆断層成分を持つ右横ずれ断層で，過去の地震の繰り返しでリニアメントを横断する河谷が右横ずれを示す形状で屈曲している(図-1.2.7.2)。

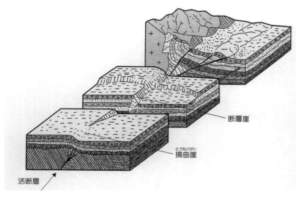

図—1.2.7.1 断層崖の諸例 1),2),3)

図—1.2.7.2 野島断層の鳥瞰
（国土地理院基盤地図情報を基にカシミール 3D で作成）

活断層は，このように最近の地質時代に繰り返し活動し，将来も活動することが推定される断層をいうが，「最近の地質時代」については，1.2.1(1)で述べたように，現在と同様の東西圧縮の地殻構造応力場となった「第四紀の後期，数十万～百程度万年前以降」とされることが多い。また，海溝型地震は海底下で起こるために，多くの場合，地表地震断層を直接的には見られないから，変位基準に形成年代が明らかな断層変位地形がみられ内陸型地震を起こす可能性のある陸域の断層を，活断層といっている。なお，活断層に関する用語は，活断層研究会[2]などによれば以下のとおりである。

①地表地震断層：多くの場合，地震学的に認められる震源断層の延長が地表に達したもの。
②震源断層：地震を起こした地下の震源の断層。
③変位基準：基準地形面（連続性のある段丘面・侵食小起伏面・火山斜面など），基準地形線（直線性のある旧汀線・段丘崖と段丘面との交線・河谷の谷筋・稜線・道路・フェンス・畑の畝など）。
④起震断層：一つの大地震を発生させる断層群。
⑤伏在断層：活断層が河川や海岸の堆積で作られた沖積層などの新しい地層にうずもれて断層変位地形がわからなくなっているもの。沈降運動が卓越する平野では，その縁に近い部分に活断層が伏在する可能性がある。
⑥断層変位地形（活断層による変位地形）：谷と尾根の横ずれ・（逆向き）低断層崖・撓曲崖・凹地・風隙・谷底低地など．地表部が固いと明瞭な断層崖，軟らかいと撓曲崖になる(図-1.2.7.3)。

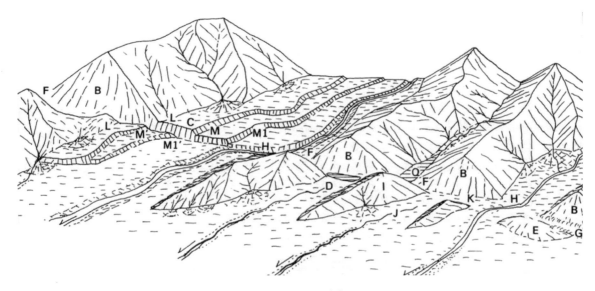

図—1.2.7.3 右ずれ断層による変位地形の諸例[1),2)]
B：三角末端面，C：低断層崖，D：断層池，E：ふくらみ，F：断層鞍部，G：地溝，H：横ずれ谷，I：閉塞丘，J：截頭谷，K：風隙，L-L'：山麓線のくいちがい，M-M'：段丘崖(M, M')のくいちがい，Q：堰止め性の池．

⑦活動度：(平均変位速度 S)=(断層の累積変位量 D)/(累積変位量が蓄積された期間 τ)とし，

- A：10m>S>1m/1000 年：断層変位で生じた地形の屈曲や段差は次の活動時期まで充分に残っている．明瞭な断層変位地形がみられる．
- B：1m>S>0.1m/1000 年：変位速度が山地の侵食速度と同じため，断層変位地形の保全状況は地域の局地的な地形・地質条件により，大きなばらつきがある．山地部では，条件の悪いところでは累積変位が認められないこともある．
- C：0.1m>S>0.01m/1000 年：変位が平均侵食速度よりひとケタ小さいので，山地部では，断層変位した地形は次の活動期までの間に侵食で失われてしまうことが多い．明瞭な断層地形は伴わないが，山地と盆地・平野の境界部のような大まかな地形境界を形成している．

⑧確実度：
- 確実度Ⅰ：断層の位置，変位の向きが明確で，活断層であることが確実．
- 確実度Ⅱ：位置，変位も推定できるが，決定的な資料に欠けるため，活断層であると推定される．
- 確実度Ⅲ：変位の向きが不明瞭，あるいは川や海の侵食崖，断層組織地形（断層削剥地形）の疑いがあるため，活断層の疑いのあるリニアメント．

(2) 行政，研究機関の取り組み

1995 年兵庫県南部地震後，制定された地震対策特別措置法に基づいて，各機関で活断層調査が推進され，以下のように活断層の調査やその成果の社会への広報が進んできている．

i) 文部科学省の地震調査研究推進本部

1999 年 4 月 23 日に「地震に関する観測・測量・調査および研究の推進についての総合的かつ基本的な施策」として，主要断層 110 断層（群，帯）については，概略位置と長期評価を行ったデータベースを用意し，地震知識の普及に努めている[4),5),6),7)]．

ii) 防災科学技術研究所

地震等に関する災害リスク情報を発信・流通・活用していくためのシステム（災害リスク情報プラットフォーム）を通じて，100 あまりの活断層の位置，発生し得る地震の規模や確率に関する評価を活断層基本図(S=1/200,000)で公表している[8)]．これは，断層の概略位置を示すもので，数 100m の誤差がある可能性もあるので，取扱いに注意が必

要である。

iii） 産業技術総合研究所

RIO-DB 活断層データベース(s=1/200,000)，単独で大地震を発生させるような長さ10km 以上の大規模な活断層はおおむね発見済みで，主要断層として活断層データベース https://gbankdev.gsj.jp/activefault/ で公表され，以下の検索ができる[9]。

- 起震断層：活断層は条件により単独で活動したりいくつかの断層が同時に活動する。断層線の位置関係により，まとまって一つの地震を発生させる可能性が高い断層のグループをいう。
- 活動セグメント：活断層を過去の活動時期，平均変位速度，平均活動間隔，変位の向きなどに基づいて区分した断層区間のことで，固有地震を繰り返す活断層の最小単位をいう。

iv） 国土地理院

都市圏活断層図(s＝1:25,000)を，平成 25 年 11 月 1 日現在 163 葉公表している[10]。図-1.2.7.3 に三浦半島の北武断層の例を示す。

主要な活断層については，これらのデータベースを参照することで，活断層の位置，走向・傾斜，長さ，断層型(正断層，逆断層，横ずれ断層)，平均変位速度，最新活動時期，将来の活動確率などを入手でき，有用な資料となっている。

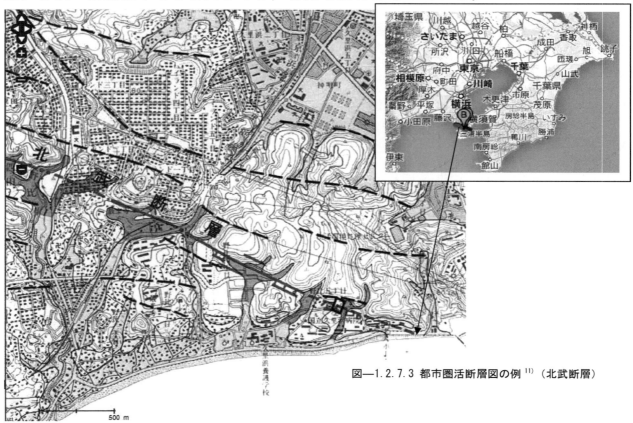

図—1.2.7.3 都市圏活断層図の例[11]（北武断層）

(3) 今後の取り組みの方向

日本列島の活断層分布図そのものが，今後の大地震が発生する可能性のある場所を示した図であるが，これ以外にも活断層はある。(2)項に述べたこれらの機関では，今後，以下の目的で調査検討が進められることになっている[5),11)]。

a) 沿岸海域の活断層：この 10 年間に発生した被害地震の多くは，沿岸海域に分布する活断層部分やひずみ集中帯で発生している。とりわけ，陸域の主要活断層帯の海域延長部に相当する活断層については，陸域部分を含め全体が同時に活動した場合，現在想定されている規模を超える地震が発生する可能性があるため，活断層の活動履歴や位置・形状を明らかにするための調査を早急に実施する。

b) 海域延長部における活断層の正確な位置や形状：これらを明らかにするための海底地形調査（音波探査等による高精度，高解像度の海底地形調査）や（高分解能の）海底音波探査（活動度や形態を把握，必要に応じて反射法地震探査を実施），活動履歴を明らかにするための海底堆積物調査（ボーリング，コアリング等による採取，年代測定など。これらの結果に基づいて活動年代や平均変位速度を明らかにする）を実施する必要がある。

c) 陸域の活断層：主要活断層帯を対象に，地表の活断層の詳細な位置・形状の把握，震源断層の位置・形状の把握や，同時に活動すると考えられる区間ごとの活動履歴の的確な絞り込みも必要である。

d) 短い活断層や地表に現れていない断層（主要活断層帯の端部やその延長上）についても評価を高度化する。主要活断層帯の端部等以外でも大都市等の沖積層が厚く堆積している平野部では，地表に現れていない活断層が伏在する可能性があるため，上記の調査で得られた知見等を踏まえて，地下の震源断層の有無を効率的に調査する手法等を検討する必要がある。

(4) 活断層の調査

これまで全国的に進められている活断層の調査とその手順は，以下のとおりである。

i) 空中写真判読

リニアメントおよび断層変位地形を抽出するために行う。断層変位地形の判読ではパターン認識のように定型的な変位地形を探すのではなく，地形発達史を考えながらおかしな地形を探して，その原因となる断層を見つけ出していくことが必要である。

写真—1.2.7.1 活断層の空中写真判読の例：牛伏寺断層の変位地形 [13]
（写真番号：CB-79-2 C18-15,16）GF1〜GF4：活断層トレース，A：河成段丘面の撓曲，B：凹地，C：過去にBと連続していた低地，u：相対的に高い面，d：相対的に低い面

図—1.2.7.4 牛伏寺断層の写真判読図 [12]
1/2.5万「松本」・「山辺」

特に三角末端面は，山地内の下刻の激しい谷では，断層運動以外の成因で，支谷沿いの尾根の先端部にしばしば形成されることがあるので注意を要する．活断層の空中写真判読の事例を**写真**-1．2．7．1，**図**-1．2．7．4に示す．

空中写真判読での確実度がⅡ，Ⅲについては，現地調査を行って，地質データから活断層であるか判定する．地質学的証拠などから，確実度がⅠであってもC級断層は空中写真判読だけでは確実度Ⅲあるいは活断層と全く認められないことがある．このため，確実度Ⅱ，Ⅲの断層については，現地調査等を行って，地質データから活断層であるかどうかを判定する．地形の判読には航空レーザ測量図が有効で，活断層端部における端点の位置すなわち断層の長さを決める際，レーザ計測図やその陰影図では断層の延長やずれの方向などの正確な解析ができる．次のトレンチ調査の位置の選定には，変位地形の把握によって断層の詳細な位置や形状の把握が最も重要である．

ⅱ）　現地調査

地形・地質学的野外調査として，断層露頭，第四紀層の累積変位を確認する．変位速度がB級ないしA級の活断層は，空中写真判読によって断層変位地形を確認でき，野外調査では断層の活動度（平均変位速度，平均地震発生間隔）や断層変位地形の確認を行う．変位速度の小さな断層や良好な変位基準がないC級，確実度Ⅲの断層の場合は，現地調査だけで断層の活動度を判定することは不可能で，現地で地形面の測量を行って断層変位を受けているかを，また，トレンチを掘削して新しい堆積物に変位があるかを

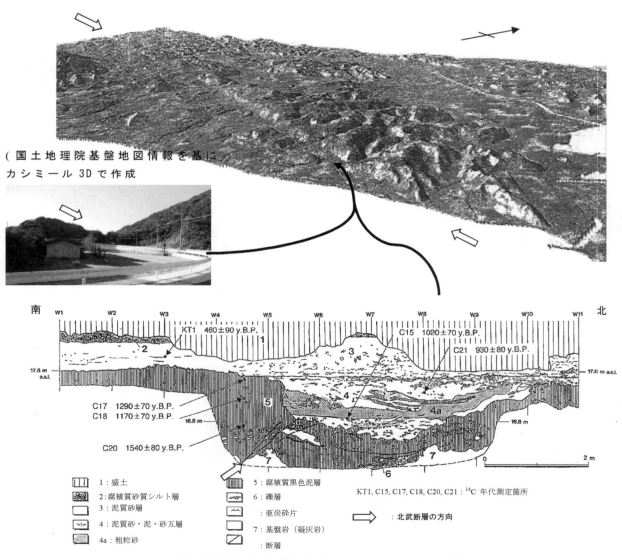

図—1．2．7．5　北武断層の鳥瞰図とトレンチのスケッチ[13]

確認する必要がある。**図-1.2.7.5**にその一例として、三浦半島の北武断層（延長 11km）の鳥瞰図とトレンチ調査スケッチ図を示す。断層は 1540±80y.B.P の ^{14}C 年代値が得られている 5 層を変位させ、1020±70y.B.P の年代を示す 4a 層で覆われていることから、断層の最新活動時期はこの間の 1540±80～1020±70y.B.P と推定された[13]。

iii) 平均変位速度、変位量の分布の調査

反射法地震探査は、新しい堆積物で覆われて地表ではほとんど証拠が見つからない伏在活断層を探したり、断層面の三次元的な形態を調べるのに有効である。重力探査は測定された重力値から重力異常を求め、概略の断層位置を推定できる。音波探査は、海底活断層調査で利用し、直接断層が認定できる。トレンチ調査では、^{14}C、テフラ等による年代測定と合わせて、断層の変位量、活動時期を推定できる。ボーリング調査は、断層と交差する測線上で複数のボーリング：群列ボーリングを行い、地層の対比から地層の食い違いを見出す間接的な手法であるが、深くまで調査できるので長期にわたる断層活動の把握に有効である[11],[14]。

iv) 断層活動史の解明

トレンチ調査は最近の地震断層の活動史（再来性）、すなわち断層活動のイベントを解析するための有効な調査手段である。そのために沖積層が比較的厚く、しかも年代測定の資料が得やすい個所で実施する必要がある。これまでの多くのトレンチ調査で得られた再来期間は、ほとんどが数百～数千年であり、最長のものは 3.1 万年となっている。**図-1.2.7.6**に丹那断層のトレンチ調査から断層活動周期を推定した例を示す。丹那断層の活動間隔はほぼ 700 年と推定された。

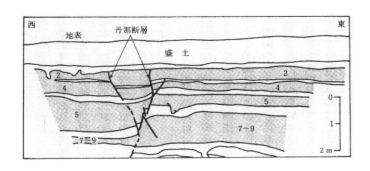
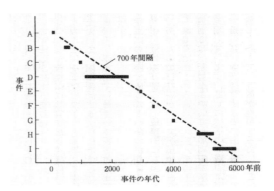

図—1.2.7.6 丹那断層のトレンチ調査から推定された断層活動周期[15]

(5) 評価

長期的な地震予測(長期予測)では、①どの断層帯に沿って、②どの程度のマグニチュード M で、③どのような変位を生じるかについてはある程度予測がつくが、④今後何年以内に発生するかについては、100 年の桁の不確かさがありよくわからない。例えば、5 万年以上動いていなかった断層が地震を発生した例として、C 級の深溝（ふこうず）断層の活動による三河地震(1945)がある[15]。

危険な断層とは、①地震発生の頻度が高い断層(トレンチ調査による発生間隔から)、②最後に起こった地震以降現在までに経過した年数と過去の地震発生間隔との比較で、残存期間が少ない断層(最新の発生年代を知ることで次の地震までの余裕期間がわかる：**図-1.2.7.7**)、③大きな地震を起こす断層(ずれの大きい断層ほど大きな

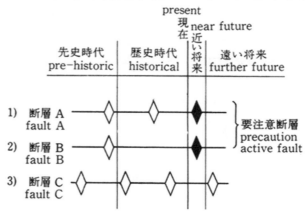

図—1.2.7.7 断層の活動歴から想定される要注意断層[2]

地震を発生する，平均変位速度と一回の地震で破壊する断層面の面積（断層の長さ）から推定するが，セグメンテーションとグルーピングの問題があるので，なかなか難しい)などである。なお，活断層群の全てが活動する場合もあれば，限られた領域のみ活動する場合があるので，断層の活動は活断層群で評価する[5]。

(6) 活断層による地震への対応

山岳部で活断層が通過する個所は，平地と山地の境界部，緩傾斜で幅広い直線的な谷地形や峠となっていることが多く，道路や鉄道などはその地形を利用して計画・建設されていることが多い。活断層を起因とする地震の活動間隔が数千年〜数万年と長いことから，一般的にはこれらの施設が断層活動の直接的な地震被害を受ける確率は低いといえるが，不確定なことも多いため，山陽新幹線の新神戸駅のように仮に地震が発生しても大きな被害にならず復旧が速やかにできる構造で建設すべきである[16]。

活断層が今後何年以内に発生するかについては不確定なので，重要な構造物は活断層の直上に作らない対応をとる方が望ましい。

米国カリフォルニア州では活断層法によって，主要断層から 150m 以内，小規模断層から 60〜90m 以内では開発許可の保留措置が行われている。わが国でも北武断層での対応例として，横須賀市では 2011 年に防災に配慮した土地利用の基準を，「活断層に起因する地震や，活断層の動きに影響のある大規模地震の発生に対応するための活断層上やその周辺における建築物の安全性の確保」のため，対応策として「大規模な開発行為，不特定多数の市民が利用する大規模建築物や公共建築物の建築などについて，活断層上やその周辺での立地を抑制するための基準等を設ける。」と定めて，活断層の存在する地域での大規模開発事業の際，開発事業者に対し計画段階で活断層に関する情報を提供し，活断層上への建築物の建築を避けるよう指導している[17]。北武断層帯を震源として，今後 30 年以内にマグニチュード 6.5 級の地震が発生する恐れが比較的高いほか，地震が発生した場合，被害は強地震動，断層のずれなど活断層周辺では相当の被害が発生することが予想されることから，開発事業者は活断層の両側 25m（幅 50m）に建築物を建築せず，緑地公園としている。

(7) 今後の課題

i) 活動度の低い断層や短い断層は未確認のものが多い。

岩手・宮城内陸地震の震源断層は長さ 40km 程度だったが，事前には活断層地形が断続的に 4km 認められたもののそれぞれの長さが短いため，活断層とされていなかった。中越地震の震央地域にも事前に活断層があるとは認定されていなかった。また，「日本の活断層」に表現されていない伏在断層はかなりあると思われる。すなわち，平野や盆地内では，場所により河川等で運ばれてきた泥や砂などが非常に早く堆積するため，地形だけを見ても活断層の存在がわからないこともある。1992 年以降，科学技術庁を中心に浅層反射法，重力探査などで地下地質の不連続構造を調査した結果，沈降運動の卓越する平野などでは福井地震(1948)のように，その縁に近い部分に活断層が伏在している可能性があるとされた。地震活動後，地形の高まりやたわみとしてあらわれる低角度の震源逆断層は，このような伏在断層である。これらの実態の解明が地震防災を推進する上での重要なテーマとなる。

ii) 活断層調査での課題

活断層の全区間が一度に活動するかのセグメント問題，および断層帯の複数の断層が一緒に活動するかのグルーピング問題についての評価である。これは地震の被害想定と関連するが，評価法はまだ確立されていない。

iii) 海溝型地震や陸域に沈み込んだ海域のプレート内地震の活動

これらが 20km より浅い陸域地殻にある活断層に与える影響，すなわち，巨大海溝型地震の際，陸域の活断層も連動するかは不明である。

引用・参考文献

1) 活断層研究会編：新編日本の活断層―分布図と資料，東京大学出版会，412p., 1991.
2) 活断層研究会編：日本の活断層図（地図と解説），東京大学出版会, 1992.
3) 笠原　稔ほか編著：北海道の地震と津波，北海道新聞社，245p., 2012.
4) 地震調査研究推進本部地震調査委員会編：日本の地震活動―被害地震からみた地域別の特徴―第2版，2009.
5) 地震調査研究推進本部地震調査委員会：今後の地震動ハザード評価に関する検討―2013年における検討結果―, 2013.
6) 地震調査研究推進本部「ホームページ」（http://www.jishin.go.jp/main/index.html　2014/04/25確認）
7) 文部科学省　地震・防災研究科：日本の地震防災　活断層, 2004.
8) 防災科学技術研究所「地震ハザードステーション」（http://www.j-shis.bosai.go.jp/　2014/04/25確認）
9) 産業総合技術研究所「活断層データベース」
　（https://gbank.gsj.jp/activefault/index_gmap.html?search_no=j001&version_no=1&search_mode=2　2014/04/25確認）
10) 国土地理院「ホームページ」：都市圏活断層図について
　（http://www.gsi.go.jp/bousaichiri/active_fault.html　2014/04/25確認）
11) 産業総合技術研究所　活断層・地震研究センター：AFERC News No.1~No.48, 2009~2013.
12) 渡辺満久・鈴木康弘：活断層地形判読―空中写真による活断層の認定―, pp.12~13, 1999を参考に作成.
13) 佐藤比呂志・蟹江康光・東郷正美・渡辺満久・小松原　琢・隈元　崇・八木浩司・馬　勝利・太田陽子・中村俊夫・梅沢俊一：横須賀市野比地区における北武断層のトレンチ調査，活断層研究　16, p16, 1997.
14) 産業技術総合研究所地質調査総合センター：活断層・古地震研究報告第1号~第12号, 2001~2012.
15) 松田時彦：活断層，岩波書店，242p., 1995.
16) 脇坂安彦：活断層の調査法と調査結果の反映，「地質・地盤と地震防災」講習会テキスト，日本応用地質学会，pp.1~14, 1997.
17) 横須賀市都市部：横須賀市土地利用基本条例第7条の規定に基づく土地利用の調整に関する指針，36p., 2010.
18) 池田安隆・島崎邦彦・山崎晴雄：活断層とは何か，東京大学出版会，220p., 1996.
19) 岡田義光：日本の地震地図　東日本大震災後版，東京書籍，223p., 2012.
20) 土木研究所材料地盤研究部グループ（地質）：活断層の位置および規模の定量的認定法に関する研究（4）活断層地形要素判読マニュアル，共同研究報告書第338号, 2006.
21) 太田陽子：変動地形を探るI　日本列島の海成段丘と活断層の調査から 204p., 古今書院, 1999.
22) 小俣雅志ほか：活断層調査における三次元レーザ計測の有効性，平成21年度研究発表会講演論文集，日本応用地質学会，pp.189~190., 2009.
23) 丸山　正，郡谷順英，小俣雅志，二瓶忠宏：トレンチ壁面情報のデジタルアーカイブ化に向けて，AFERC NEWS No.18, 2010.
24) 小出　仁・山崎晴雄・加藤碩一：地震と活断層の本 123p., 国際学会協会, 1979.
25) 島崎邦彦・松田時彦：地震と断層，東京大学出版会，239p., 1994.
26) 鈴木隆介：建設技術者のための地形図読図入門　第4巻　火山・変動地形と応用読図 pp.1073~1154, 古今書院, 2004.
27) 信濃毎日新聞社編：信州の活断層を歩く, 1998.
28) 神奈川県「ホームページ」：横須賀三浦地域の活断層 (http://www.pref.kanagawa.jp/cnt/p8597.html　2014/01/10確認）

『軟弱地盤のナレッジツリー』 文献1)を改変

軟弱地盤の問題点を読み解くには，下図のナレッジツリーが参考になろう

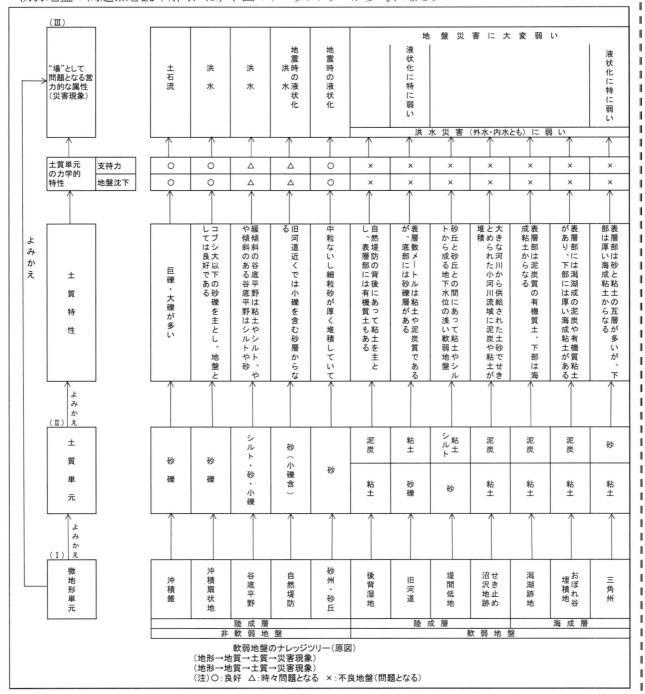

低地の微地形から地盤特性を読み取る
（地形→土質単元→土質特性→災害現象）

（今村遼平）

引用・参考文献

今村遼平：地形工学入門，鹿島出版会，p.71，2012.

1.3 豪雨災害

雨による災害は，地すべり・崩壊・土石流・盛土のすべり破壊等の斜面の土砂移動に伴うものと洪水によるものがある。一般に，土石流をはじめ崩壊や盛土のすべり破壊は降雨強度に強く影響されるのに対して，地すべりは長期間降り続く降雨による影響を受けて発生する。これらの土砂移動現象の多くは，地震動や侵食の影響で緩んだ斜面に繰り返し雨水が浸透して斜面を不安定化させる準備期間があり，その後の降雨で大移動や崩壊に至るものと考えられる。土石流も同様で，渓床の不安定土砂の増加や渓岸斜面の不安定化の準備期間があるものと考えられる。盛土のすべり破壊は地震時に造成宅地で顕著に認められて社会問題になっているが，豪雨時にも道路や鉄道盛土の崩壊が発生しており，谷埋め盛土や腹付け盛土が不安定化した例が多い。

大都市が立地する平野部では，堤内地の都市化で土地利用が高度化して洪水時の想定被害額が増大していることや，都市化の進行で中小河川への降雨時の表面流出が増加し内水氾濫の災害ポテンシャルが高くなっている。

ここでは降雨を誘因とする土砂災害と洪水災害について，事例をあげて説明する。

1.3.1 地すべり

多量の降雨あるいはそれに匹敵する融雪の際に顕在化した地すべりは，比較的明瞭な地すべり地形のあった場所で発生したものが多い。昭和60年の梅雨期に長野市において，平年の2倍以上の大雨で大きく移動して26人の死者と64棟の住宅を全壊させた地附山地すべり，平成24年3月の融雪期に新潟県上越市で斜面脚部から平坦地を250m以上も移動して大きな被害を与えた国川地すべりなど，いずれも地すべり地形の明瞭な再活動型の地すべりである。一方，確認された事例は少ないが，地すべり地形の不明瞭な斜面が降雨時等に大きく移動することがある。以下，地すべり地形や形状を概観した上で，地すべり地形の明瞭な斜面と不明瞭な斜面で発生した地すべりの事例を示す。

(1) 地すべり地形

地すべりは新しく活動的なものほど滑落崖やクラックが明瞭であり，空中写真判読や現地踏査で容易にその存在を把握することができる。地すべり地形は，頂部の滑落崖と呼ばれる急崖とその下部の緩斜面で特徴づけられる。滑落崖の平面形は馬蹄形を示すことが多いが直線状の場合もある。崖の形状は時間の経過とともに二次的な小崩壊などにより不明瞭になる。下部の緩斜面は地すべり移動層の分布域で，小崖・陥没凹地・小丘等が存在し，起伏に富んだ微地形を示す。

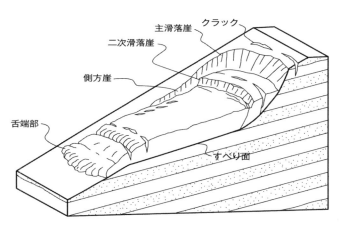

図-1.3.1.1 地すべりの微地形[1]

比較的大きく移動した地すべりは以上に述べた特徴的な地形から容易に識別できる。しかし，移動量がわずかな地すべりや古くて侵食が進んだ地すべりは地形が不明瞭であるため，空中写真判読や地表踏査によって地すべり地形を抽出するには経験を要する。

地すべり断面図ではすべり面が円弧で想定された報告が多く見受けられるが，**図-1.3.1.1**に示すようにすべり面は地質構造の弱面に生じるため，断面では直線すべり面が主体になり，円弧すべりは一部に限られることに注意すべきである。

時として地すべり土塊を貫いたトンネルにクラック等の変状が発生して維持管理上の問題になる場合がある。施工までの各段階において，地すべりの存在を認識していながらその形状や規模を誤ることが多いことによる。地すべりの存在が確認できる場合，地すべり幅，地すべり斜面長，すべり面深度および陥没帯の幅のうち，1つの要素を把握することによって他の要素を推定して，地すべりの形状や規模の概略を把握できれば，地すべり対策に必要な調査・設計・施工を合理的に進めることができる。

このような観点から，既往の地すべりの実態をもとに，形状の各要素間の関係が検討されている。地すべりの形状要素を図-1.3.1.2に示すように定義すると，地すべりにおける形状要素の相互の関係は表-1.3.1.1のようになる。このうち，地すべりの横断形に関する検討図を図-1.3.1.3に示す。地すべりの幅(W)とすべり面深度(D)の比が3.0～10.7の範囲に収まり，地表で地すべりの幅がわかればすべり面深度の概略想定が可能である。また，地すべり頭部に陥没帯が形成された場合は，図-1.3.1.4に示すように陥没帯の幅とすべり面深度がほぼ等しい関係にあるため，陥没帯の幅からもすべり面深度の概略想定ができる。

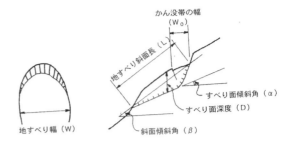

図-1.3.1.2 地すべり形状の名称

表-1.3.1.1 地すべりの形状比[2]

形　状	形　状　比	形状比の平均	形状比の範囲
平面形	表面形状比(L/W)	1.24	0.5～2.9
横断形	横断形状比(W/D)	6.08	3.0～10.7
縦断形	縦断形状比(L/D)	7.39	2.8～19.2

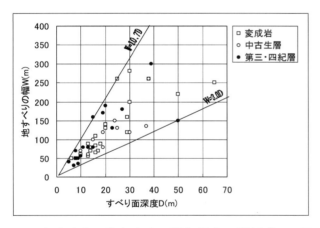

図-1.3.1.3 地すべりの幅と深度の関係[2]

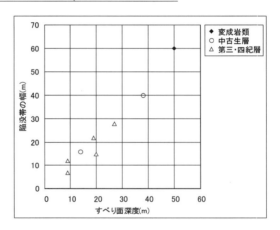

図-1.3.1.4 陥没帯の幅とすべり面深度の関係[2]

（2） 明瞭な地すべり地形の例

四国のほぼ中央を東西に細長く延びる御荷鉾緑色岩類の分布域には，大規模な地すべり地形が数多く分布し，長期にわたって継続的な変動を続ける地すべりが認められる。四国西端の八幡浜市南部には玄武岩質凝灰角礫岩や角閃石岩からなる御荷鉾緑色岩類が比較的幅広く分布する。この部分を横切る鉄道の予讃線八幡浜～双岩間では，昭和20年6月の開通直後に地すべりの兆候が認められたため，終戦後から坑道方式の排水対策が施工されて，地すべりは小康状態にあった[3]。地すべりの位置と周辺の地形は図-1.3.1.5のとおりで，上方斜面や隣接部には更に大きな規模の地すべり地形が存

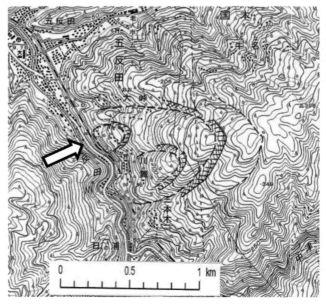

図-1.3.1.5 地すべり位置（矢印）と周辺の地形
（国土地理院 1:25,000地形図「八幡浜」）

在する。

　しかし，昭和55年春から夏にかけての長雨を契機に，地すべりが活発化して宅地や農地・道路・墓地などにクラックが発生し，年間10cm以上の変位となった。また，地すべりの末端は鉄道線路のレベルのため，地すべりが進行すると土留め擁壁が転倒する恐れがあった。このため，応急的な排水ボーリングの実施とともに，各種の地すべり調査が行なわれた。調査の結果，地すべりの規模は，斜面長220m，幅200m，最大すべり面の深度は27.5mであることがわかった[4]。地質は深部まで風化変質作用が及んで部分的に緑灰色の粘土になっており，地すべり移動層と基盤の不動層のボーリングコアには明瞭な違いは認められない。地すべりの変位量と降雨量の関係は図-1.3.1.6に示すように良好で，年間移動量は降雨量によるが1.5cm程度になっている。

　恒久対策としては，降雨と地すべり変動の関係が顕著に認められたことから5基の集水井を設置し，地すべり頭部付近の地下水を徹底的に排水した。この対策による排水量は恒常的に日量40m^3，降雨時には日量280m^{3}を記録し，地下水位観測孔では1～5mの水位低下が認められた。その結果，集水井施工時を境にして降水量と地すべり変位の相関は劇的に変化して，豪雨時でも地すべりは完全に停止するに至った。

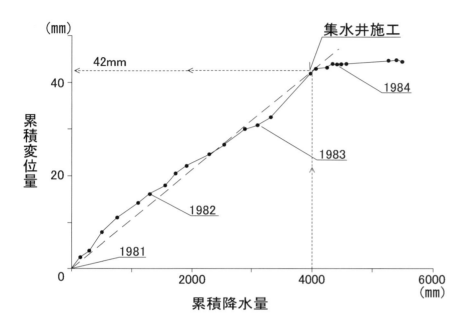

図-1.3.1.6　集水井施工前後の累積降水量と累積変位の関係の変化[5]

(3) 地すべり地形の不明瞭な例

　佐賀県中央部を北流する松浦川左岸で，集中豪雨により地すべりが発生して河道を閉塞し，谷底平野の上流一帯に広がる水田や家屋に浸水被害を与えた事例である（図-1.3.1.7，図-1.3.1.8）。地すべりが発生した斜面は中高木の植生に覆われた自然斜面で，傾斜15°と緩傾斜である。地すべり発生前の空中写真判読では，地すべり地形の抽出は困難である。地質は第三紀の砂岩主体で薄い泥岩を挟み，地層の傾斜は斜面とやや斜交して北西方向に20°で，斜面の地形よりもやや急な流れ盤になっている。

　地すべり斜面は河川の左岸側の水衝部にあたり，12時間の降水量が200mm以上に達する集中豪雨による増水で洗掘されるなどして，不安定化するに至った。地すべり変動は降雨直後に発生し，斜距離で約50mを急速に移動し，幅20m・水深数mの河川を厚さ10m以上の移動層によって閉塞した。このため上流側平野部の数100mの範囲の水田や家屋が浸水した。さらに，河道閉塞部の右岸が水田の低地であったため，この部分から越流して下流一帯の水田にも被害が及んだ。地すべりの規模は斜面長220m・幅80m・すべり面深さ15mで，地すべり頭部には高さ10mの滑落崖が生じた。すべり面は砂岩層に挟まれた薄い泥岩層の上面にあたり，厚さ1～2cmで粘土化し採取された試料では明瞭な条線（擦痕）が認められた。このすべり面を境にして，同じ時代の地層でありながら風化状況に明らかな違いが認められる。移動層は黄褐色をした風化の進んだ軟質の砂岩層であり，不動層は青灰色を呈する新鮮で硬質な砂岩層である。

　地すべり斜面は以下の点から，以前より不安定化が進行してわずかではあるが変動していたようである。すなわち，①末端部が水衝部にあたり長期にわたって河川の侵食を受けていたこと，②滑落崖沿いに樹木の立ち枯れが認められ，この部分では以前からクラック

が発生していたと考えられること，③移動層の砂岩層が基盤の砂岩層に比較して著しく風化作用が進んでいること，の3点をあげることができる。したがって，空中写真判読では不安定斜面の抽出が困難であったが，航空レーザ測量地形図の解析や現地踏査によれば，地すべりの兆候を示す地形変動は把握できたものと考えられる。

このように，本地すべりは既に不安定化していた斜面が，豪雨の影響を受けて急速なすべり変動に移行したものと思われる。なお，応急対策は河道の確保が最優先であり，地すべり移動層の末端を迂回する形で右岸の水田部分に河川が付け替えられた。その後，恒久対策として排水工と排土工によって地すべりの安定性を高めた上で，迂回河川の整備を行っている。

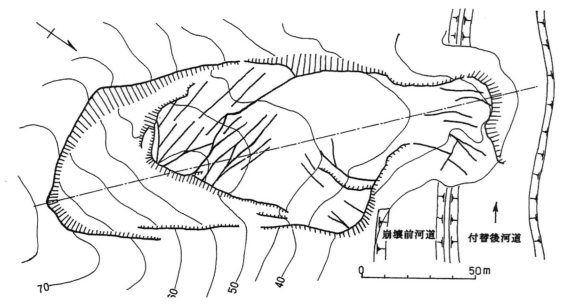

図－1.3.1.7 河川をせき止めた地すべりの平面図（実線は開口クラック）[6]

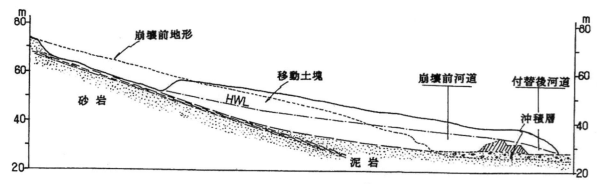

図－1.3.1.8 河川をせき止めた地すべりの断面図[6]

（4） 地すべり地形の見かた

事例に示したように地すべり変位が顕在化する前の地形に着目すると，地すべり地形が明瞭に認められる場合とそうでない場合がある。地すべり地形が明瞭に認められる場合でも図-1.3.1.1に示すような地形がすべて現れているわけではないことに留意する必要がある。地すべり地形が不明瞭なものは，すべり変位に伴う微地形が形成されるほどの変位が無い場合，および過去の地すべり地形が侵食で解体された場合である。

地形図や空中写真判読で比較的容易に地すべり地形を抽出できるものは一般に地すべり地形が明瞭な場合であり，経験を積めば不明瞭な地すべり地形につ

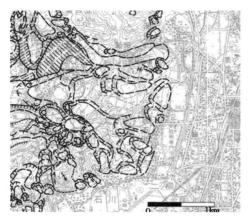

図－1.3.1.9 地すべり地形分布図[7]

いてもある程度の抽出ができる。最近著しい発達を遂げた航空レーザ測量地形図を用いると微地形が表現されるため，従来は不明瞭な地すべり地形とされたものでも抽出できる場合が多くなった。ただし，地すべり地形の判読には多くの経験を要するため，並行して既存資料の地すべり地形分布図（**図-1.3.1.9**）の利用が考えられる。この図は専門家による空中写真判読によって作成されたもので，1:50,000地形図上に地すべり地形が示されたもので全国的に整備されている。

つぎに現地踏査では上記の机上調査で判読した微地形の確認，判読困難な植生繁茂箇所やクラック等の微小変状について調査する。地すべり変動に伴って滑落崖・陥没帯・緩斜面・小崖・小崩壊・構造物等のクラック・根系の引張り・樹木の屈曲等が発生する。これらの位置・長さ・方向・高低差の記載，クラックについては引張り・圧縮・せん断に区分することで地すべりの移動方向や範囲を知ることができる。さらに地質の種類・構造・風化変質・不連続面（断層・層理・片理・節理等）・湧水等の水文環境を観察し，これらの地すべり要因と地すべり地形の関係を把握する。

以上の現地踏査の結果を参考に，再度の空中写真判読等を行うと総合的な調査の精度を上げることができる。地すべり地での踏査事例を**図-1.3.1.10**に示す。地すべりの変動域と不動域の境界にあたる輪郭構造については，根拠とした小崖・クラック・地質・湧水等を平面図上に示すことが望ましい。

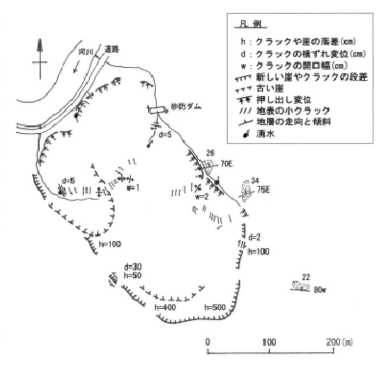

図-1.3.1.10　地すべり現地踏査図の例

引用・参考文献

1) 上野将司：危ない地形・地質の見極め方，日経BP社，p.13，2012．
2) 上野将司：地すべりの形状と規模を規制する地形・地質要因の検討，地すべり，第38巻，第2号，pp.1〜10，2001．
3) 山田剛二・渡正亮・小橋澄治：地すべり・斜面崩壊の実態と対策，pp.307〜310，1971．
4) 塩田雄三・梶間津洋志・上野将司：予讃本線八幡浜双岩間地すべりと対策について，土質工学会四国支部シンポジウム，pp.133〜140，1988．
5) 上野将司：四国の地すべりの特性，地盤工学会40周年記念論文「四国の地すべり」地盤工学会四国支部，pp.65〜83．1999．
6) 片山宗法・上野将司・石田真一・福冨幹男：第三紀層砂岩分布区域における地すべりの一例，地すべり学会第16回研究発表会予稿集，pp.4〜5，1977．
7) 清水文健・八木浩司・檜垣大助・井口隆・大八木規夫：地すべり地形分布図第16集「長野」，独立行政法人防災科学技術研究所，2003．

1.3.2 斜面崩壊
(1) 表層崩壊

表層崩壊は，斜面の表層（層厚 1～2m）が崩れ落ちる現象で小規模であるが，豪雨時には各地で多発して重大な災害につながることがある。斜面の表層土は上方斜面から落下する土砂の堆積や，基盤岩の風化物から構成されるルーズな土砂層であり一般に透水性が良い。この表層土が基盤岩上に比較的薄く分布する構造になるため，降雨時には雨水の大半が地表を流れずに表層土に浸透する。この浸透水が集中するような凹地状の集水斜面では間隙水圧が上昇し，斜面の傾斜，表層土の層厚，表層土の強度等に応じて表層崩壊が発生する。

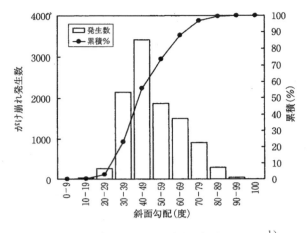

図-1.3.2.1 斜面勾配と表層崩壊の発生[1]

過去に発生した表層崩壊の統計資料[1]によれば，平均的な崩壊の規模は斜面長 17.9m・幅 16.8m・深さ 1.3m・崩壊土量 463m^3 となっている。また斜面勾配との関係については**図-1.3.2.1**のとおりで，表層崩壊の大半が傾斜 30°以上の斜面で発生している。

これらのことから表層崩壊の発生場は，比較的透水性の良い表層土が適度な層厚で分布する傾斜 30 度以上の斜面である。このうち特に表流水や浸透水の集まりやすい地形，すなわち 0 次谷と呼ばれる谷頭や凹地状の微地形を呈する斜面をあげることができる。表層崩壊の危険個所は規模が小さいため，道路防災点検やカルテ点検で見逃されやすいが，湿生植物の分布などを含めて空中写真判読，航空レーザー地形図，現地踏査などで抽出可能である。

表層崩壊の土層深を想定するための試験法を検討する目的で，崩壊発生後の斜面を対象に，土層強度検査棒（土検棒と略す）を用いて崩壊地内部と上部の未崩壊斜面で貫入試験を行った結果を断面図（**図-1.3.2.2**）に示す。崩壊地内部では土検棒の貫入深度は 0.1m 以下であるのに対し，崩壊地上方の未崩壊斜面での貫入深度は約 1m 程度であった。断面図に示すように土検棒の貫入深度が崩壊深に等しいことがわかる。したがって，地形図や空中写真判読によ

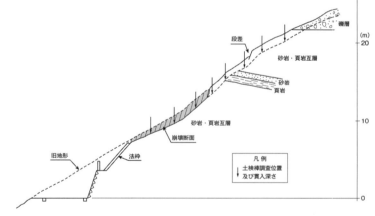

図-1.3.2.2 表層崩壊地と上方斜面での貫入試験結果

って，傾斜 30°以上の 0 次谷や凹地状の集水斜面を抽出したのち，現地で土検棒を用いて土層深を求めると相対的な危険度評価が可能になる。

かなり前の人工降雨による崩壊実験であるが，小規模な表層崩壊が大事故につながってしまったことがある。首都圏周辺の宅地開発等で多発した表層崩壊の機構を解明する一環として，1971 年 11 月に当時の科学技術庁が現在の川崎市多摩区生田緑地内の斜面で人工降雨による崩壊実験を行った。この実験斜面は凹地状の集水地形であり，断面は**図-1.3.2.3**に示す通りである。人工降雨により頂部の二次堆積ローム層を崩壊させた。しかし崩壊土砂は安全な場所とされていた柵を突破して，その外側にいた技術者や報道関係者を襲い 15 人の犠牲者を出してしまった。崩壊土量としては約 100m^3 と小規模であったが，含水して数倍の体積で泥流化したため，落下高さの 2 倍以上の距離に到達し痛ましい事故となった。

表層崩壊は規模が小さいため点検等で見逃されやすいが，大きな災害に結びつくことがあるので注意したい。

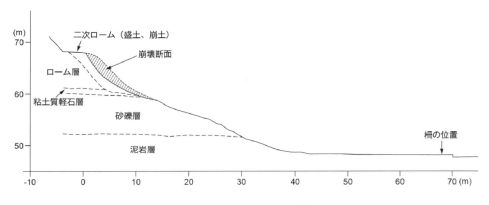

図-1.3.2.3　崩壊実験斜面の断面図[2]（原図を簡略化）

最近は毎年のように局地的な豪雨による土砂災害が発生しており，広島県庄原市では2010年7月16日の梅雨前線豪雨の際に，小規模多発型の表層崩壊と土石流が発生して大きな被害が出た。この地域は標高600m級の山地で，斜面には多数の小渓流が刻まれ，明瞭な遷急線で囲まれる山頂部はなだらかな小起伏面になっている（図-1.3.2.4）。山地の地質は中生代白亜紀の流紋岩類である。黒丸は土石流の発生源となった表層崩壊の発生地点で，その大半は遷急線付近の渓流源頭部（0次谷）に位置する。遷急線付近の0次谷は，集水地形であると同時に土砂状をした風化帯が分布するため，表層崩壊が発生しやすい場所である。表層崩壊で発生した土砂は土石流化して渓流沿いに流下し，家屋や農地に被害を与えた。被災前の空中写真では多くの渓流出口に沖積錐（過去の土石流堆積地形）が認められ，過去にも同様な土砂移動があったことがわかる。この地域で表層崩壊の発生危険個所を抽出するには，集水地形である0次谷やルーズな表土層の分布する遷急線に着目することがポイントである。

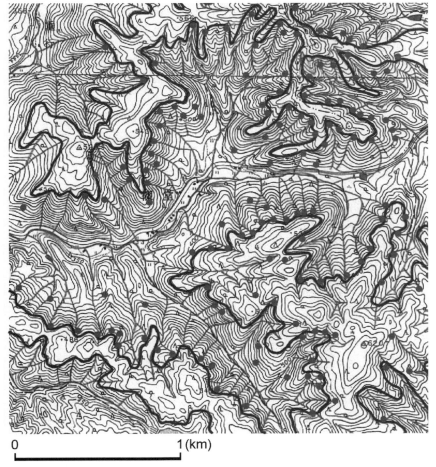

図-1.3.2.4　表層崩壊発生個所の分布[3]
（国土地理院　1：25,000地形図「庄原」「西条」）

2013年10月16日に伊豆大島を直撃した台風26号の豪雨（24時間雨量824mm）では島の西岸にあたる元町地区で表層崩壊が多発し，土石流化して大きな被害をもたらした（写真-1.3.2.1）。このときの表層崩壊は，崩壊深1m以下の浅いものであったが，大量の水を含んで広い幅で流下したことが特徴である。この原因として，地形的に渓流が未発達な斜面であったことがあげられる。地質は未固結の火山砂とレス（風成等の二次堆積物）の薄い互層が斜面に沿って傾斜して堆積しており，難透水性のレス層の上に分布する透水性の良い火山砂が崩壊したものである。渓流が未発達の火山の斜面において，ルーズな堆積物が一様に分布する際には特異なシート状の表層崩壊に注意すべきである。同様な例は，平成24年7月の豪雨による阿蘇山の災害例があり，渓流の未発達の斜面で発生した表層崩壊は薄く幅の広いシート状の根系層主体の崩壊形態であった（写真-1.3.2.2）。

写真-1.3.2.1 伊豆大島の根系層主体の薄い表層崩壊と幅の広い土石流の流下跡

写真-1.3.2.2 阿蘇外輪山での根系層主体の薄く幅の広い表層崩壊

(2) 深層崩壊

深層崩壊と呼ばれる大規模な崩壊（従来は「大規模崩壊」と呼ばれていた）は，中部地方をはじめとして急峻な山岳地帯に多く発生し，地質的には第四紀火山岩や流紋岩などの火山岩と四万十帯や秩父帯での崩壊が目立つ。前者は熱水などの変質作用で脆弱になった岩体であり，後者は付加体の地層で不連続面の発達する岩体である。これらの脆弱な岩体で構成される斜面は，繰り返し発生する地震や降雨によって不安定化し，最終的に地震や降雨の影響で崩壊するものと考えられる。すなわち，緩みの無い新鮮な岩盤で構成される斜面が地震や降雨で突然崩壊するのではなく，斜面は長期にわたる地震や降雨等の繰り返しの影響により不安定化する準備段階を経て，最後の一撃で崩壊に至るものと思われる。

この点について，2011年9月の台風12号の豪雨によって紀伊山地で多発した深層崩壊を調査した京都大学防災研究所の千木良[4]は，災害前の航空レーザー地形図を克明に分析した結果から深層崩壊の前兆的な地形を見出している。具体的な地形は，崩壊発生前の各斜面において確認された線状凹地や小崖などの微地形である。また，次の例に示すように，地すべり変動を示す斜面が深層崩壊の発生につながることがあるため，亀裂，小崩壊，斜面の膨らみ（はらみ），水系未発達斜面など，地すべり地での特徴的な微地形も注意を要する。

深層崩壊事例[5]として，平成5年9月20日に鹿児島県西部で発生した崩壊を図-1.3.2.5に示す。同年6月以降の崩壊発生までの総雨量は2172mmで平年の約2倍とされるが，9月15日以降は崩壊発生までの6日間にほとんど降雨がなかった。地質は花崗閃緑岩で，深度20～40mまでN値10～30程度の砂質粘土状を示す強風化帯になっている。崩壊深は最大40m，移動土砂量は100万m^3と見積もられている。崩壊後の調査で，崩壊したAブロックの背後には高さ1～3mのBブロックを形成する連続性の良いクラックの変位が確認され，末端部では擁壁の倒壊が認められた。これらの状況から，以前からBブロックの地すべり的な活動があり，長雨と豪雨によってその一部のAブロックが急速な運動の崩壊に至ったものと考えられる。

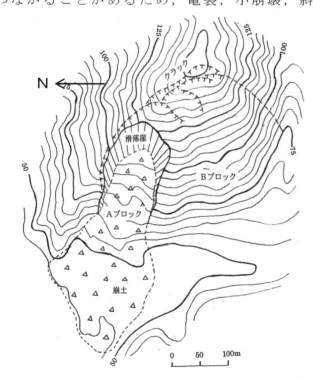
図-1.3.2.5 不安定斜面の側部で発生した崩壊[5]

同様なケースは昭和47年7月5日に発生した高知県大豊町繁藤での崩壊[6]があげられる。前日からの雨量は朝6時には500mmを越え、住宅の裏山で小規模な崩壊が発生した。この流出土砂の排除に従事していた消防団員1名が6時45分頃に発生した2回目の小崩壊(幅20m、高さ10m)にまき込まれて生埋めになった。このため消防団員や住民等の多くの人が集まって降りしきる雨の中で救助作業が開始された。降り始めからの雨量は700mmを越えて数回の小崩壊が発生したので作業を中断し斜面から退避したところ、10時55分頃に大規模な崩壊が発生し、斜面下に並ぶ民家12棟と鉄道駅舎を押しつぶし、更に大雨で停車中の列車を河川に転落させた。この崩壊土量は10万 m^3 で崩壊土砂にまき込まれて60名が死亡したが、その多くは救助活動中の人達であった。

地質は秩父帯の砂岩、粘板岩、チャート、凝灰岩などで、地層の傾斜は45〜60°で斜面に対して受け盤構造である。崩壊前の空中写真判読では滑落崖にあたる位置に緩斜面や小崖が認められるので、トップリングによる斜面のクリープ変状が進行していたものと推定される。

鹿児島と高知の崩壊の事例は、不安定斜面の側面で比較的小さな崩壊が発生しやすいことを示している。この理由として次のように指摘されている。

図-1.3.2.6に示すように、斜面が不安定化して変位すると滑落崖付近は引張亀裂を生じて表流水が流入して地下水が多く貯留される。不安定斜面の両側面はせん断されて地下水の通り道になり、末端では湧水やガリー侵食が認められるようになる。このように不安定斜面の側面は地下水の流下経路になるため、不安定斜面の側面末端は水圧が作用しやすく、二次滑落崖のような斜面変状や小規模な崩壊が発生する。

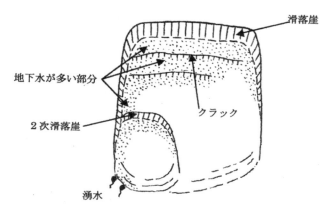

図-1.3.2.6 不安定斜面の地下水分布 [7]

次に、トップリングによって不安定化した斜面が、豪雨時に急速に崩壊した事例を示す。崩壊斜面は図-1.3.2.7の断面図に示すような小丘陵地で、地質は中生代の砂岩・頁岩の互層が約70°の急傾斜で斜面に対して受け盤構造をなす。ある時に標高55mの山頂部で延長40m、最大開口幅50cmのクラックとこれに平行する2本のクラックが確認された。このため地すべり伸縮計を設置して斜面の動きを監視するとともに、ボーリング等の地質調査が行われた。この結果、のり面変状の範囲は斜面長70m、幅60mであり、斜面変状が及んだ深さはボーリング調査や弾性波探査結果から、強風化帯に対応する深度13mと想定された。地質構造から判断して、この時点でトップリングによる変状が進行していたものと推定される。

地すべり伸縮計によるクラックの変位計測では調査開始後1年半以上動きはまったく認められなかった。この間、対策検討が進められたが着工に至らず、その後の梅雨前線による連続雨量381mm(最大時間雨量70mm)の豪雨の影響を受けてのり面を含む斜面全体が急速に崩壊した。崩壊当日の累積雨量と伸縮計変位の関係は図-1.3.2.8に示す通りで、斜面の動きは崩壊の約

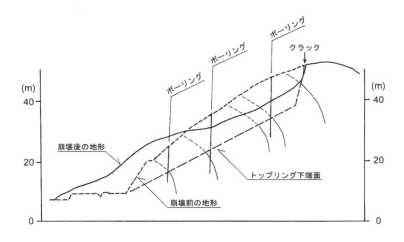

図-1.3.2.7 トップリング斜面の崩壊断面 [8]

2時間前になって発生した。

この計測記録に示されるように，トップリングによる斜面変状が崩壊に至る場合には，一般的なすべり破壊のように比較的長期の変位が現れない。これはトップリングの下底面が平滑で無く，滑りにくいために最終的な変位は崩壊直前に急速に現れるものと考えられ，計測監視する場合でも細心の注意が必要といえる。

(3) のり面崩壊

降雨時にのり面が崩壊する形態として，表層崩壊と同様な小規模な崩壊と規模の大きな崩壊に区分することができる。小規模な表層崩壊やガリー侵食の原因は表流水の排水処理の問題がある場合が大半であるので，面排水路の整備が重要である(**図-3.2.2.6**参照)。

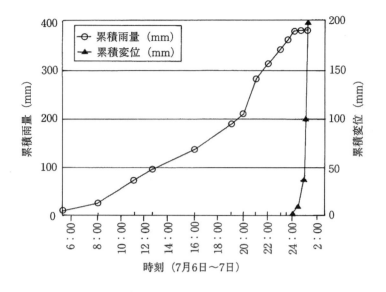

図-1.3.2.8　トップリング斜面崩壊までの変位記録[8]

一方，規模の大きな崩壊は，切土後の緩みの進行で節理や断層等の不連続面が開口し，ここに流入する雨水の水圧が繰り返してのり面崩壊に至る場合である。稀なケースではなく，各種の地質で認められる崩壊形態である。流れ盤のり面でのすべり破壊と受け盤のり面でのトップリング破壊がある。

流れ盤のり面における崩壊事例として，関東ローム層の切土のり面での古くから知られる典型的なのり面崩壊をあげる。

関東ロームが厚く堆積する台地を掘割による形で横断する道路が建設された。この切土のり面において，施工後約2年を経た時期の台風通過の際に，累積雨量210mm，最大時間雨量50mmの降雨にともなってすべり破壊が発生した。のり面は**図-1.3.2.9**に示す断面形状で，高さ15m，上部2段が勾配1:1.5の植生のり面，下部が1:0.5の緑化を考慮したモタレ擁壁になっていた。地質は層厚20m程度の均質なローム層で，ボーリング調査結果からN値は2〜5で，強度的にはほぼ一定である。のり面変状は図に示すとおりで，道路縦断延長約70mの範囲にすべり破壊が生じた。緑化したモタレ擁壁が前面に約2mすべり出し基礎部分の受動破壊によって歩道部分が2m近く隆起した。また2段目法面には落差2mの滑落崖が形成され，この崖面での観察では植物の根が2m以上の深さまで侵入していた。すなわち滑落崖はローム層中の高角度の節理が分離したものであり，多数の植物の根が深部まで侵入していたことから以前より開口していたことがわかった。

すべり破壊の機構は，ローム層中に発達する高角度の節理が掘削による除荷の影響で緩んで開口した後に，降雨のたびに表流水が流入して開口節理には水圧が繰り返し作用した結果，最終的にのり面のすべり破壊に至ったものである。崩壊の素因として，厚いローム層の強度が一定である状況下で，最下段ののり面勾配を1:0.5の急勾配にしたことがあげられ，上部のり面と同じ勾配であれば安定していたと考えられる。

受け盤のり面における崩壊事例としては平成11年9月22日，東海北陸道美濃IC近くの高さ約40mの切土のり面が豪雨直後に崩壊した事例がある。

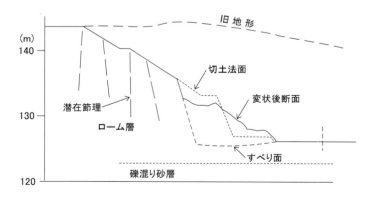

図-1.3.2.9　のり面崩壊の断面図[8]

崩壊前の平均のり面勾配は 50°，のり面上方の自然斜面の傾斜も 40°と急であった。地質は中生代ジュラ紀〜白亜紀のチャート，頁岩，砂岩の互層で，のり面に対して 45〜60°の受け盤構造である。崩壊規模は 11 万 m^3 で，地質構造およびのり勾配から崩壊形態はトップリングによる変位が進行し，豪雨時の亀裂への流入水の水圧で崩壊に至ったものと考えられる。地層が急な傾斜を示す受け盤のり面では，トップリングに対する安定性の確認が必要である（後掲の 3.2 章図-3.2.1.3 参照）。

引用・参考文献

1) 建設省河川局砂防部傾斜地保全課・建設省土木研究所砂防部急傾斜地崩壊研究室：がけ崩れ災害の実態，土木研究所資料，第 3651 号，pp.75〜84，1999.
2) 羽鳥謙三：関東ローム層における崩壊の覚えがき，土と基礎，第 25 巻 12 号，pp.1〜3，1977.
3) 上野将司：危ない地形・地質の見極め方，日経 BP 社，p.198，2012.
4) 千木良雅弘：深層崩壊，近未来社，pp.37-74，2013.
5) 鹿児島県：毘沙門地すべり工事誌，鹿児島県伊集院土木事務所河川港湾課，1995.
6) 二次災害防止研究会：二次災害の予知と対策，No1，全国防災協会，口絵写真，1986.
7) 上野将司：切土のり面の設計・施工のポイント，理工図書，pp.44〜47，2004.
8) 上野将司：切土のり面の設計・施工のポイント，理工図書，pp.1〜14，2004.

---

column

『震度とガル』

　震度はある地点の地震動の強さを示す。もともとは定性的な決め事であるが，これを定量的に表すために，ガル(gal)という加速度の単位が使われる。ガルはガリレオ・ガリレイにちなんでつけられた加速度の単位で，1 ガルは $1cm/s^2$(毎秒毎秒 1cmずつ早くなる)加速度をいう。ある地点の地震による揺れの程度は，加速度が一番よく表すからこの単位が使われている。わが国の気象庁の震度は，測定した加速度を揺れの周期などによって補正して，次のように「計測震度」を出している。

　　　　震度V（強震）・・・・・・80〜250gal
　　　　震度VI（烈震）・・・・・250〜400gal
　　　　震度V（激震）・・・・・400gal 以上

　鉄道やガス会社は，ある一定の加速度を自社の加速度計がキャッチすると，自動的に列車やガスを止めるシステムを独自に作っている。エレベーターなども，自動的に停止する仕組みになったものが多い。

（今村遼平）

1.3.3 土石流
(1) 土石流災害の事例

土石流災害の多くは強雨時に発生する。気象庁のアメダス観測結果から見た全国の統計資料（1976年~2014年）[1]によれば，短時間強雨（50mm/hおよび80mm/h）の年間発生回数は，各年で違いがあるが明瞭な増加傾向が示されている。ここでは，近年の局所的な集中豪雨で発生した土石流災害の事例について述べる。

ⅰ) 事例1：伊豆大島の災害

2013年10月16日午前，大型で強い台風26号は，関東地方や東北南部等を暴風域に巻き込みながら，関東東海上を北上した。東京都大島町（伊豆大島）では，15日午前8時20分の降り始めからの24時間雨量は平年10月の2倍の824mm，16日午前4時までの1時間に122.5mmという観測史上最大の降雨量となった。この台風による豪雨で，三原山の西側中腹に10箇所以上の表層崩壊が起きて，崩壊した火山灰質の崩壊土砂は沢沿いに土石流となって流下した[2]。北側の長沢や大金沢支川には上流に砂防ダムがあって比較的流出が少なかったが，大金沢の南側には大量の細粒土砂と流木が流下して，神達地区（傾斜5～6度）で39名（行方不明者3名含む）が亡くなっている。

この土石流は通常のものと著しく性質を異にしている。この地区の山腹では1338年の噴火で流出した玄武岩溶岩流の上に，その後の噴火による未固結の火山灰やスコリア（岩滓：玄武岩質の降下軽石）が2，3mの厚さで堆積し，その上には森林が繁茂していた。台風による豪雨によって表層部分は限界以上に吸水して崩壊物質が土石流となって流下して，神達地区を中心に大被害をもたらした。その際，表層がとりわけ流動しやすい火山灰質であったことと，その上に密生していた樹木が被害を大きくした。通常の土石流は大量の巨礫を含むが，活火山山腹の場合，表層の火山灰やスコリアなど細粒物質が多いところは水を含むと流動性に富み，泥流として遠くまで到達しやすい。最近では2012年7月の熊本県阿蘇町の表層崩壊とそれに続く土石流災害もこのタイプに近い。1978年の有珠山の噴火に伴う降灰後の土石流災害も，これによく似ており，3名が亡くなった。

伊豆大島の土石流災害の主な原因は，①素因としての未固結の火山灰質の表層と，②誘因の未曾有の雨量である。①の点では特異と思われるが，八重沢等の下流部すなわち神達地区が扇状地性の地形をしている点では，土石流堆積地の一般形であり，住民に記憶はなくとも，過去にも類似した土砂流出が何回も起きている可能性が大きい。

ⅱ) 事例2：阿蘇山東側外輪山内側の災害

2012年7月の梅雨前線による豪雨災害で，熊本県阿蘇市の外輪山内側山麓の一の宮町坂梨地区で表層崩壊が15ヶ所で発生し，崩壊土砂が土石流となって流下して（図-1.3.3.1），そのうち6ヶ所では住民が巻き込まれて17人が死亡・5人が行方不明となった。土石流となって氾濫・堆積した部分をよく見ると，外輪山内側の山麓には小さな扇状地が横方向に連続した緩傾斜のところに，土石流が氾濫・堆積していることが分かる。

ⅲ) 事例3：広島の災害

2014年8月20日未明，広島市北部を中心に未曾有の豪

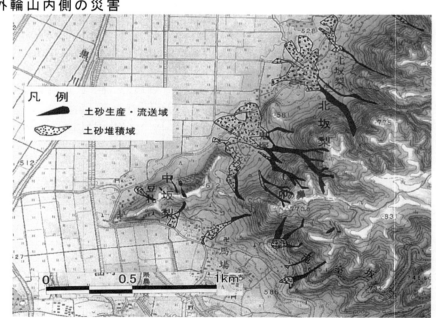

図-1.3.3.1　2012年の阿蘇外輪山内側の崩壊・土石流災害[6]

雨があった。安佐北区内の地区により多少の差はあるものの，累積雨量で287～237 mm，最大時間雨量は115 mm～96.0 mm，安佐南区でも，累積雨量215 mm，最大時間雨量87 mmという豪雨によって多くの沢で土石流が発生し，74名の死亡者が出る惨事となった。

この地域の南半部は水を含むと流動化しやすい花崗岩の風化土であるマサ土が分布し，北半部はジュラ紀の堆積岩類がホルンフェルスとなった硬質な岩盤が分布し，その表層は薄い風化土となっている。土石流で流下した土砂の主体は，渓床や渓岸に貯留されていた未固結堆積物の流出によるものである。

図-1.3.3.2は，災害前後の空中写真の高さの差分を読み取って図化した赤色立体図から，①崩壊発生地点と渓床・渓岸の侵食域，②土石流の氾濫・堆積域，③沖積錐の分布域，④山稜などを読み取ったものである。その結果を見ると，次のことが分かる。

a) 土石流は渓流源頭部の小規模な表層崩壊が発端となって発生している。
b) 土石流となって流下・氾濫・堆積した土砂の多くが，渓床・渓岸から供給され土砂であることが分かる。

要するに，今回土石流をもたらした土砂は，過去に渓床・渓岸に貯留されていた渓床堆積物や渓岸の崖錐などからの供給が主体で，新規にできた斜面崩壊地からの流入は多くはない。一方，土石流被害が出た場所を見ると，明らかに多くの沖積錐が連続分布する地域である。沖積錐は過去の土石流で形成された小型の扇状地であり，この図から言えることは，土石流の常襲地帯であるということである。つまり，後述するように，沖積錐が分布するところでは今後も雨量次第では，そこに土石流の氾濫・堆積が必ずあると考えるべきである。

土石流の防災上は，「豪雨云々」に責任を転嫁することは，無意味である。土石流が過去に形作った実績が示している地形を認識することこそ，被害を防ぐ第一条件なのである。

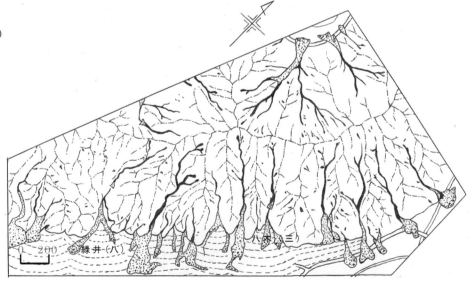

図-1.3.3.2　2014年8月の広島土石流災害（原図）

(2) 土石流とは

土砂が水で運ばれる場合，①細粒物質がコロイド状の泥水として流れるタイプを**浮遊**または**浮流**，②大小の石礫が水の力で上流から下流へと押されて渓・河床をとび跳ねたり転動したりして流れるタイプを**掃流**，そして③コンクリートミキサーで混合したばかりのやや水気の多い生コンクリートか粥のように，水と粘土・土砂・巨礫等が混然一体となって

流れるタイプ（集合運搬）を，土石流という[3]。洪水災害時の流送タイプは浮流と掃流であるのに対し，土石流災害時の土砂の流送はそれとは違って，水と土砂とが分離されないで流下していく（図-1.3.3.3）。このように，土石流というのは，移動する材料の名前ではなく，土砂の流送形態を言うのである。

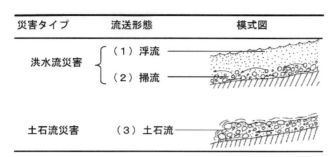

図-1.3.3.3　洪水災害と土石流災害の違い（原図）

(3) 土石流の発生と流送・堆積のメカニズム

土石流は豪雨が原因で発生するが，土石流が災害となるメカニズムは，通常①崩壊の発生（土砂の生産），②生産土砂の流送（この運搬が土石流），③山麓部の緩傾斜面での土石流の氾濫・堆積という過程をとる。このメカニズムには，通常，次ぎのタイプがある（**図-1.3.3.4**）。

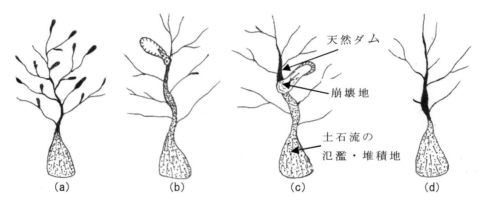

図-1.3.3.4　土石流の発生・流送・堆積のタイプ（原図）

a) 豪雨によって山腹に多数の表層崩壊が発生し，そこで生産された土砂が多量の表流水によって流下して渓流に流入し，土石流となって流下するタイプで，このケースが一番多い（2010年の広島県豪雨災害等のように，花崗岩地域に多く，時間雨量80mmくらいになると必ず起こる：図-1.3.3.4 (a)）。2012年の阿蘇山の災害や，2013年の伊豆大島の災害もこのタイプである。

b) 基本的にはa) と同じだが，多数の表層崩壊ではなく，一つの大きな崩壊が発生し，その大量の崩壊物が渓流沿いの崖錐や河床礫を巻き込みながら流下するタイプ（1997年の鹿児島県出水市針原地区や，2003年7月の熊本県水俣市集地区の土石流災害など）。このタイプも割合多い（図-1.3.3.4 (b)）。

c) 集中豪雨や地震などによって山腹の大きな崩壊や地すべり性の崩壊が起きて，その崩壊土砂が渓流を一時堰きとめて天然ダムを形成し，その後の湛水によって天然ダムが決壊して土石流となって被害を与えるタイプ（2008年8月の台湾の少林村で崩壊を含めて600名余りが亡くなったケース，一方，2004年の新潟県中越地震でも多くの天然ダムが形成されたが，懸命の水抜き対策で災害はまぬがれた）。稀なケースだが，大災害になる危険性が高い（図-1.3.3.4 (c)）。

d) 渓流内に厚く幅広く堆積している不安定土砂や渓岸の崖錐等が，集中豪雨による増水で流動化するタイプ。ごく稀だが，これも斜面の小さな崩壊が引き金になる。

こうした土石流は，常に低い部分を選んで氾濫・堆積するから，それが繰り返されて長

い間に扇状地性の地形（沖積錐）が形成されて行く。逆にいうと，扇状地性の地形のところは過去に土石流が繰り返し堆積したところで，今後も同様の現象が繰り返される可能性が高いことを示している。

1回の土石流による土砂の流送・堆積は，①狭義の"土石流"による流送・堆積と，②土石流本体の堆積後の後続流（これは掃流で，俗に土砂流と呼ばれる）による流送・堆積に分かれ，常にこれらがセットになって一つの土石流災害をもたらしている。一般にはこれら①②を合わせて"広義の土石流"と呼んでいる[3]。

```
                    ＜土砂の流送形態＞              ＜流送・堆積物＞
                    狭義の土石流 ─────── 巨礫と砂礫・粘土（砂礫型土石流）
  広義の土石流 {    （土石流本体）   ─┘└─ 砂礫と粘土（泥流型土石流）
                    後続流（掃流：土砂流）──── 砂礫（粘土分はほとんどない）
```

通常，土石流本体（狭義の土石流）の堆積物は巨礫と砂礫・粘土等が混然一体となった流体であるが（砂礫型土石流），2013年の伊豆大島や2012年の阿蘇外輪山内側，1978年の有珠山，しばしば繰り返される桜島の災害など活火山地域の土石流災害は，流下する土砂が未固結の火山灰等の噴出物を主体として，流動性が大きい泥流型土石流になりやすい。

掃流による堆積物は大まかな層理を示すが，土石流堆積物はほとんど層理を示さず，粘土が泥水として流亡することがなく，礫間には粘土分が密に詰まっていることが多い。

土石流体は比重が大きく，流送中に渓流がカーブしていると，カーブの外側の高いところまでせり上がって流下していく。その際，渓床や周辺に植生があってもほとんど無関係に流動する。後続流（流送形態は掃流）が，堆積した土石流本体の表面を侵食しながら流下し，その下流まで達して砂礫を堆積する。

土石流の発生区間は勾配20度以上の斜面域である。そこで発生した土石流は，渓床勾配10度くらいのところまでは流送されて，山麓の谷の出口の扇状地性地形部分（沖積錐部）など10度以下3度くらいの緩斜面になると，水と土砂が分離して土石流本体は停止する。ただ，火山灰など細粒物質の多いところで発生した土石流（泥流型土石流）は，2度近いところまで到達しやすい。

要するに，地形的に見て，
① 扇状地面の縦断勾配が3度くらいまでの"上に凸の部分"は，土石流本体の堆積範囲，それより下流側の3度以下の"平滑な部分"は土砂流（後続流：土砂流）による堆積域と考えてよい。
② 上に凸の部分が二つ連続する場合は，上流側の凸部までは高頻度に土石流氾濫が起きて堆積するのに対して，下流側の凸部まで到達する頻度は低いが，大規模な場合はそこまで及ぶ（図-1.3.3.7）。

（4） 土石流の氾濫・堆積の特徴

土石流が被害を与える大部分は，氾濫・堆積する領域である。流下途中の渓流沿いに人家があれば被害に遭うが，一般に渓流沿いに居住地は少なく，人的被害の大部分は図-1.3.3.4に示す渓流の出口，つまり，渓床勾配が3度以下になって，扇状地性の地形をなす平地―地形用語で言う沖積

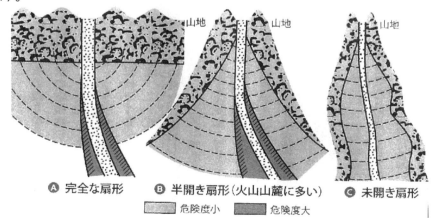

図-1.3.3.5　土石流の氾濫・堆積により形成される扇状地性地形（沖積錐）のタイプ

錐─の地区である。

ただ，沖積錐は図-1.3.3.5A のように典型的な扇状をなすところだけとは限らない。火山山麓（最近の事例でいえば，伊豆大島，阿蘇山の外輪山の内側，富士山大沢，有珠山など）では，山腹傾斜が10度以上のところから氾濫し，堆積地が傾斜しているため，半開きかやや不規則な扇状の山麓部で氾濫・堆積するし（図-1.3.3.5B），渓床勾配が3度近くなったのに渓流両側に岸壁や急斜面の山腹があって広がれないところでは，扇状をしていなくても，少し拡がる場所があれば，そこに氾濫・堆積する（図-1.3.3.5C）。

土石流は，渓床勾配よりも渓流両側の扇面の勾配が，それより緩くなった地点付近（この部分をインターセクション・ポイントという）で，しかも氾濫以前の渓床面と扇状地面との比高が5，6mより小さくなると（つまり，渓床がそれまでの流出土砂で浅くなっていると），必ず氾濫・堆積する。ただ，土石流の氾濫・堆積地点は，扇状地性地形面（沖積錐）の成長につれて，下流側へと移行する傾向にあることを忘れてはならない。

(5) 土石流災害を受けやすい土地の危険度評価

以上述べた土石流の氾濫・堆積の特徴から見て，土石流の被害を受けやすい土地の危険度は次のように評価できる。

① 渓床勾配が10度〜3度で，山麓部における渓流の出口が扇状地性の地形（沖積錐）のところは土石流の被害を受けやすい。図-1.3.3.5C のように地形上，扇状に広がれないところでも，渓床勾配が緩くなりやや幅広のところは土石流の氾濫域となる。

② 渓床勾配と扇面との勾配とが交わるインターセクション・ポイント付近が掃流土砂の氾濫開始点となるが，土石流の氾濫堆積はその付近かやや上流側となる。

③ 土石流堆積以前の渓床面と扇面との比高が5，6mより小さくなると，土石流は渓床から溢れ出て扇面上に氾濫堆積しやすくなる。

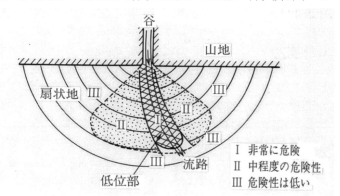

図―1.3.3.6 扇状地性地形面における土石流氾濫・堆積の危険度概念図[7]

これらの特徴から見て，土石流被害を受ける危険度は，次のように考えることができる。

面的には，扇状地性地形面（沖積錐）に刻まれた現在の渓流の両岸（特にそこが低位段丘状流路沿い）の危険度は大きく，離れるにつれ危険度は小さくなる（図-1.3.3.6）。沖積錐の縦断形に注目すると，土石流の堆積地区は上に凸の地形をなす（図-1.3.3.7）。この部分では土石流本体が急激な勢いで氾濫しやすく，致命的な被害をもたらす。これに対し，扇状地形末端付近は3度以下の平坦で滑らかな地形をなし，土石流本体堆積後の掃流（土砂流）による堆積地区で，比較的ゆっくりと堆積するから，致命的な被害にはなりにくい。

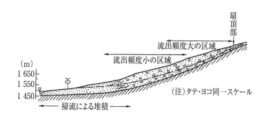

図―1.3.3.7 縦断的に見た扇状地性地形面での土石流の危険性

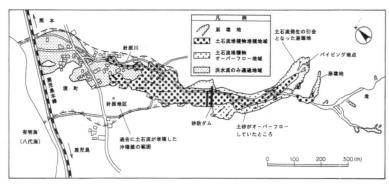

図―1.3.3.8 不完全な扇状地性地形（沖積錐）も過去の土石流の氾濫・堆積を示す（1997年7月の鹿児島県出水市針原地区の例）

注意を要するのは，図-1.3.3.5C や図-1.3.3.8 のように明確な扇状地性の地形を示さない部分で，これらは過去の土石流によってできた地形という認識がなくて見過ごされて被害に遭うケースが多い（針原地区，集地区など）。土石流の氾濫・堆積は 200 年〜数百年に一度といった稀な頻度であるため，被害を受けても 3 世代以上もたつと，危険地意識が伝承されずに忘れ去られる。このため，過去の土石流堆積物の実態を正確に示す上述のような地形を正しく読み取ることが，土石流防災上最も大切である。

(6) 土石流の防災対策上の考え方[5)]

ⅰ) 一般居住地の場合

我が国には，土石流の氾濫・堆積する危険渓流が，18 万 4000 ヶ所余りあり，そのうち人家が 5 戸以上や公共施設のある渓流が 8 万 9000 ヶ所，人家が 1〜4 戸ある渓流が 7 万 3000 ヶ所，人家はないが今後新規の住宅が見込まれる渓流が 2 万 1000 ヶ所ある（国土交通省ホームページ）。したがって，これまで述べたような地形の箇所はまたいつか被害に遭うと考えておくべきである。このような認識があれば，危険地であっても豪雨時に早目に避難すれば 100％近く被害を避けることができる。地形的に見ると土石流災害を受ける場所は，地形的に危険地がはっきりわかるから，斜面崩壊と違って素人でも避けやすい災害のはずである。

それでも被害に遭うのは，次のいずれかであろう。

① これまで述べた土石流氾濫・堆積を示す地形についての認識（知識）がないためか，
② 危険地であることを認識していても，豪雨時に危険が迫っていることを認識できないか，事前に避難をしなかったため，あるいは，身体的に避難行動に移れなかったため。

要するに，地形的に見て土石流危険地に居住する人は，早めの避難を心がけていれば危険性は低い。現在ほとんどの自治体は全国統一規準に従って「土石流危険渓流」を，縮尺 1/25000 地形図で抽出・選定し，その危険度もそれぞれの自治体独自の方式で地域防災計画の中の「土石流ハザードマップ」として，冊子やウェブサイトなどで公表されているから，それらを最大限に利用すべきである。

ⅱ) 道路・鉄道等の場合

土石流堆積地（沖積錐）の特徴と路線の位置から見て，土石流の氾濫・堆積区間では，① 土石流堆の扇頂部を通過する場合は橋梁形式が多く，② 中間部分（路線としてはこの部分を通過するのは最悪）を横過する場合は，扇状地性の地形（沖積錐）上を切土か盛土，③ 末端部を横過する場合は盛土になるケースが多い（図-1.3.3.9①③）。

a) 橋梁区間の問題点

路線が沖積錐の扇頂部を橋梁で通過する場合には，問題は少ない。防災対策は主として，① 流木や巨礫を沖積錐の上流側のダム工等で補足しておいて，流路を閉塞させないだけの流路幅をとり，② 渓床と橋台間のクリアランスを十分取り，橋脚部が側方侵食を受けない幅をとった設計にするといった点であろう（図-1.3.3.9①）。

b) 切土区間での問題点

土石流堆積地（沖積錐）で切土になるのは，その中間部分付近を通す場合に多い（図-1.3.3.9②）。その際，次の問題点がある。

① 沖積錐面への土石流の堆積は土石流本体で危険性が非常に高いから，そこを通るルートは避けるべきである。② この区間をうまく通すためには，できるだけ路面を高くして切土量を減らし，沖積錐の上流側にダム工を配置して，そこで流木や巨礫・大礫などを捕捉し，水と中・細粒土砂が扇面中に設けたボックス・カルバート等の流路を，スムーズに流下することを狙う。③ このためには，路線上流側渓床の大幅な掘削

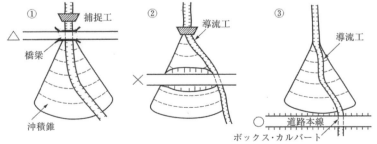

(○：最良，△：問題は少ない，×：問題が多い)

図-1.3.3.9 土石流氾濫・堆積地でのルート選定

が必要となる。④ただ，本線が0次谷と交わり，しかも切土で通過している既存路線での対策は極めて難しい。

c）盛り土区間での問題点

盛土となるのは，路線が沖積錐の先端部（扇端部）付近を通る場合である（図-1.3.3.9③）。この付近では土砂は土石流か掃流形式で堆積する。沖積錐の扇端部付近に路線を通す場合には，①盛土の上流側に土砂が堆積しても問題とならないだけの堆砂空間が必要である。まず，上流からの想定流出土砂量と本線の盛土と渓床の比高とを勘案して，確保すべき空間規模を明らかにし，既設路線では，現在ある堆砂空間で土石流の堆積を止めるだけの空間容量があるかどうかを検討する。②本線の盛土部分をボックス・カルバートなどで通過させるには，渓流を固定し土石流を安全に流下させるだけのボックスの高さと幅並びに渓床勾配（10度以上ないと流れない）が必要である。③そのためにも，流木や巨礫・大礫は扇面上流側にダム工（捕捉工）などを配置して，あらかじめ補足しておくべきである。

d）トンネル坑口付近での土石流渓流の問題点

最近，道路のトンネル坑口付近での土石流被害が多い。トンネルを短くするために谷の最上流付近まで追い込んだルートを選定すると，トンネル坑口と土石流渓流とは近接しやすい。したがってルート選定時に，トンネル坑口付近に本線に影響する土石流危険渓流がないかどうかの確認作業が大切である。土石流危険渓流がある場合，坑口は土石流の流送区間に当ることが多い。その場合の対応の考え方は，前述したb），c）と変わらない。ただ，以下の点には留意する必要がある。①既設の道路では対策工事に困難を伴うが，トンネルの巻立て部分を土石流の氾濫・堆積場と推定される区間の外側まで延伸すると，土石流の影響域から逃れることができる。②トンネル坑口上部に導流堤を設けて，流出土砂を無害な方向に流す。③トンネル坑口上部に小規模なダム工を設置して，流出土砂のポケットを確保する。

引用・参考文献

1) 気象庁ホームページ http://www.jma.go.jp/jma/kishou/info/heavyraintrend.html，（2015年2月確認）
2) 土木学会・地盤工学会・日本応用地質学会・日本地すべり学会：平成25年10月台風26号による伊豆大島豪雨災害調査報告書，pp.16～44, 2014.
3) 池谷浩：土石流,岩波新書,岩波書店,221p. 1999.
4) 今村遼平：安全な土地の選び方,鹿島出版会,pp.70～82, 1985.
5) ―――：事例で学ぶ地質の話,第6章,土石流と地形地質（社）,地盤工学会,pp.152～163, 2005.
6) ―――：安全な土地,東京書籍,pp.124～151, 2013.
7) 地盤工学会：ジオテクノート10　地盤の見方,地盤工学会，pp.49～62,1999.
8) 建設省河川局砂防部砂防課：土石流対策技術指針（案）,建設省河川局砂防部,1989.（2000改訂版）
9) 国土交通省ホームページ（2014年5月確認）

1.3.4　盛土のすべり

盛土は，適切な材料を使い，適切な締め固めをして，経験的な法面勾配で施工すれば安全な土構造物になると考えられてきた。実際それで安定的な盛土構造物として活用されているものが大半である。

盛土が崩壊する際には，盛土内に破壊が生じる場合が多く，地震時の底面からすべる「滑動崩落」とは形態が異なる。盛土内すべりの場合，盛土自体の強度や，間隙水圧，法面勾配などが関連し，土質力学的解析が容易で，すでにその方法論も完成していると言ってよい。

ところが，実際には前述のように盛土構造物は経験的仕様に基づいて造られることが大半であり，土質工学的な検討がなされることは少ない。その結果，現状の盛土構造物の老朽化や安定度の経時変化についてはほとんど把握されておらず，豪雨時に崩れて初めてその盛土の欠陥に気付くという後追い的な対応となっている。

今後社会インフラを維持管理していく観点から，経験的に造られてきた盛土構造物に対しても，土質工学的な管理手法を組み込んでいくことが必要になると考えられる。

(1)　災害事例
ⅰ)　盛土法面の大規模崩壊

2005年9月に台風の接近による豪雨により山陽自動車道岩国インターチェンジと玖珂インターチェンジ間の甘木（ハタキ）地区で，盛土（法面勾配 1：1.8，高さ約 27 m）に大規模な崩壊が発生した（**写真-1.3.4.1**）。

降雨量は 300mm 前後と推定され，この地域としては記録的豪雨であるが，他の地方では同じ盛土の仕様で造られてさらに大きな雨量を経験しても安定を保っている盛土もあるため，原因究明が行われた。

その結果，地下水などの排水工が1カ所に集中しており「（排水口を）複数設置するなどの配慮がなされ，排水がしっかりしていれば崩落は免れた可能性がある[1]」とされた。

写真-1.3.4.1　山陽自動車道の盛土崩壊事例

ⅱ)　盛土法面の表層崩壊

ある建設中の高速道路の盛土法面で，豪雨の直後に多数の表層崩壊が発生した。直接災害に結び付くことはなかったが，供用前に補修が必要となった。

崩壊箇所を観察すると，崩土が法面に沿って長い距離を流れ落ちており，崩壊面にはパイプ流路と思われる直径 1cm 前後の穴が多数観察された。法面内には，別の直径 5cm 程度の大きなパイプ孔も観察されたが，その周辺では崩壊は発生していなかった（**写真-1.3.4.2**）。

崩壊箇所からは，法面の土砂が噴き出した水とともに法面に沿って流れた跡が残っていた。このことから崩壊時には，複数の小さなパイプ流路に大量に地下水が供給され，パイプ流路の排出能力を超えたため，盛土法面表層部に高水圧が作用して崩壊が発生したものと考えられる。

一方，直径 5cm 程度の大きなパイプ流路は，供給される地下水量を排出可能な能力をもっていたため，自然の地下水排除工として機能し，崩壊を発生させない側に貢献した可能性がある。

写真-1.3.4.2　建設中の盛土法面で発生した崩壊とパイプ孔

(a) 大量の地下水が噴き出して崩壊した跡
(b) 直径1cmのパイプ孔
(c) 直径5cmのパイプ孔

iii) 擁壁の倒壊

　豪雨時に宅地の擁壁が倒壊する事例があり，その造成地の開発業者と所有者の間で訴訟に発展した。ブロック積み擁壁は水抜孔が標準的には3 m^2に1ヶ所程度設置されており，その排水効果で設計上は擁壁に有害な水圧が作用しないことになっていた。
　しかし，実際にはブロック積み擁壁工の水抜孔が施工時に胴巻きコンクリートで蓋をされていたり，土砂で埋まっていたり，場合によっては逆勾配となっている場合があるなど，

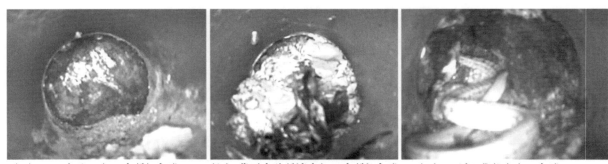

(a) コンクリートで塞がれた孔　　(b) 背面土砂が流出して塞がれた孔　　(c) ヘビの住処となった孔

写真-1.3.4.3　擁壁水抜孔内を撮影した映像の一例

適切に施工管理されていないケースがあった（**写真-1.3.4.3**）。

排水孔が何らかの原因で排水不良となった擁壁工は，豪雨時に背面水圧の影響で，転倒・滑動変状を発生しやすいので，定期的な点検が必要である。排水不良が発見された場合には，適切な排水機能回復対策を行うことが望ましい（**写真-1.3.4.4**に一例を示す）。

写真-1.3.4.4　排水不良によりハラミ出し変状を発生していたブロック積み擁壁工の排水能力を回復させるために鋼製有孔パイプ（L=3.6m）を擁壁背面の盛土まで打ちこんで対策した事例

（2）　調査方法

今後，気候変動により集中豪雨の頻度が増加すると言われている。盛土は壊れても修繕が容易という特徴があるが，広範囲に，同時多発的に被災した場合には，復旧に多大な時間と費用を要し，救援活動などに支障をきたすことも危惧される。事前に災害を予防したり，被害の程度を小さくする措置を講じておく必要性が高くなっている。

これまで盛土構造物は，新規に造る場合と，崩壊等により壊れた場合にのみ技術的検討を行う方法がとられていた。維持管理・更新を中心に据えて盛土構造物を考える場合，「まだ壊れていない」土構造物に対しての新たな取り組み方法が必要となる。

具体的には，盛土は，標準盛土勾配や締固度などの仕様規定で造られてきており，土質力学的評価はあまり行われてきてこなかった。しかし，盛土構造物の経年変化の把握や品質確認を行い，これからの時代は，予防保全・更新計画を行うために，土質力学的な評価を主体としていく必要がある。盛土の安定度評価は，土質力学的に確立された安全率（＝抵抗力÷滑動力）を基本とするのが現時点では妥当であろう。

ⅰ）　盛土の形状

盛土は人工的な土構造物なので，建設時の情報によってかなり正確に形状を知ることができる。しかし，建設年代が古い盛土では，建設時の図面などが残っていない場合が多く，その際には現地調査によって確かめる必要が生じる。

盛土の範囲を知るためには，地表踏査により，切盛り境の僅かな沈下変状を確認したり，排水施設の位置から盛土の高さを推定するなどの調査が可能である。高精度表面波探査やサウンディング，ボーリング調査などによる盛り土形状確認が，技術的には確実である。しかし，「まだ壊れていない土構造物」の調査のためには，コストは低ければ低いほど価値があるので，今後のさらなる技術開発が望まれる。

ⅱ）　盛土の強度

盛土の強度は，安定性評価のための安定計算の最重要項目である。評価のための安定計算は，順計算で行わねばならず，崩壊後対応時に用いる逆算法を用いることはできない。なぜなら逆算法は，安全性評価の最終目的である現状の安定度を最初に仮定する必要があ

る方法論だからである。順計算のためには，直接現地地盤から，粘着力と内部摩擦角の値を得ることが必要となる。

　従来の土質調査法では，ボーリング調査を行い，不攪乱試料を採取し，三軸圧縮試験などの土質試験により強度を計測するという方法が一般的だったが，現状評価のための土質調査では，そこまでコストをかけることは，よほどの重要盛り土でない限りは難しいものと思われる。今後，その目的にあった計測機器の開発が期待されるが，現時点では国立研究開発法人土木研究所が開発した土層強度検査棒[2]が，短時間・低コストで $c \cdot \phi$ の計測可能な方法である（図-1.3.4.1）。

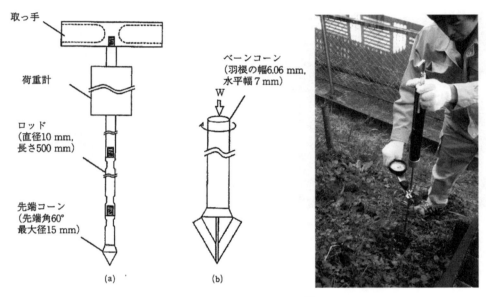

図－1.3.4.1　土層強度検査棒の構造[3]と試験の様子

iii）盛土の透水性

　盛土の崩壊が地下水の影響を強く受けていることは共通認識となっているが，現地で盛土の透水性を調査し，評価する方法は普及していない。盛土構造物の維持管理では，それぞれの盛土で個別に透水性を計測して把握することも重要である。

　その際留意すべきことは，盛土施工後の時間の経過とともに，表層部は風化により細粒化が進み，透水係数が低下してくる場合があることである。盛土本体の透水性が高く，表層部の透水性が相対的に低いとき，短期間に大量の地下水供給があると，表層部が相対的に難透水性地盤として挙動することになる。このとき，盛土内に高水圧が作用し，揚圧力の急増によって瞬時拡大崩壊[4]を引き起こす可能性がある。災害事例に紹介した表層崩壊の形態も，瞬時拡大崩壊と考えられる。

　マリオットサイホンの原理を用いた，原位置透水試験器[5]（表層部と2m深部が計測可能）も開発されている。このような簡易な装置で個別盛り土の表層部と深部の透水性を把握することは，予防対策の計画上有意義と考えられる（写真-1.3.4.4）。

写真－1.3.4.4　原位置透水試験の実施例

iv) 水みち（パイプ流路）の把握

盛土中の浸透水は，土粒子の間隙を流れる間隙流として近似されて解析されることが多いが，実際には，細い高透水性のパイプ流路を流れるパイプ流の方が量的に多い。原位置透水試験等で盛土の透水性を計測した場合，パイプ流と間隙流が平均化された評価と捉えることができる。

地下水排除工の効果的な位置設定や，崩壊箇所の予測を行う場合には，パイプ流（水みち）の位置そのものが重要となる。パイプ流路の調査には，1m深地中温度計測法[6]や地中流水音探査法（**写真-1.3.4.5**[7]）などがある。地中流水音探査は簡易で数多くの計測が短時間に行える点で優れている。また，その研究過程で新設道路法面の水みちの位置とその後の豪雨での崩壊箇所の関連性も実証されており，信頼性が高い調査法と考えられる。

v) 安定度評価

写真-1.3.4.5　地中流水音探査実施例

現地で計測された盛土の形状・強度・透水性をモデル化し，安定計算を行うことによって安定度（安全率）を評価することが基本となる。土層強度検査棒などの簡易な強度計測法を用いれば，多数のデータを短時間に得ることができ，データのばらつきを統計処理し，崩壊確率として評価することもできる。また，経済的・社会的損失と崩壊確率を掛け合わせた期待値を基に，対策の優先順位をつけることもできる。

盛土構造物に対して，どのような維持管理・更新，あるいは事前防災策を講じるかということを考慮の上，適切な安定度評価法を用いることが望まれる。

(3) 対策方法

盛土構造物は，適切な材料を用い，十分な締固めや排水工設置を前提として，標準仕様で設計施工されることが多い。あらかじめ人工的に安全とされる構造物を造っているわけであるから，その盛土に何事も起きていない時点で対策がなされることはなかった。

対策が行われてきたのは，豪雨や湧水により崩壊が発生したあと，すなわち被災後が大半である。崩壊箇所のみの復旧，あるいは同じ諸条件を持つ箇所が対象となって対策が行われるのが普通であった。

湧水により繰り返し崩壊する箇所では，鋼製有孔パイプを法面に打ちこむ工法が用いられることが多い。この工法は，東海道新幹線が開通した直後に盛り土の降雨時崩壊防止工法[8][9]として開発されたものであり，低コストな工法で，長い実績がある。近年は，鉄道の盛土のみならず道路の盛り

写真-1.3.4.6　鋼製有孔パイプによる対策例

土にも利用されてきている（**写真-1.3.4.6**）。盛土表層部が，施工後の風化等により細粒化し盛土本体と比べて相対的に難透水層となっている場合に発生しやすい瞬時拡大崩壊[4]防止にも，鋼製有孔パイプは有効である。

なお，地下水排除工を考える場合には，維持管理・更新を考慮して低強度パイプの破断事例[10]や集水効率[11]などを検討のうえ，適切に保孔管の選定を行うことが望まれる。

また，維持管理が困難な交通量の少ない道路（たとえば林道）では，落葉や土砂で埋まった側溝が溢れて危険なところ（沢埋め盛土など）に集中して流下し，盛土の崩壊を助長することがある。このような道路では**図-1.3.4.2**のように敢えて縦横断側溝を設置せず，路面縦断勾配の凹凸を活用して安全な自然斜面に路面排水を分散して排水する方法も設計段階で検討する[12]ことも合理的な対応である。

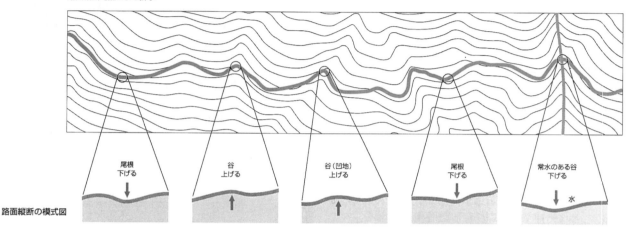

図-1.3.4.2　路面縦断勾配の凸凹を活用して沢埋め盛土部に路面排水が集中しないようにする設計法[12]
縦横断排水工が維持管理できない道路では，安全な斜面に分散して路面排水を流す方が合理的である

引用・参考文献

1) 共同通信社，2005年10月1日配信ニュース記事より引用
2) (独)土木研究所材料地盤研究グループ地質チーム：土層強度検査棒による斜面の土層調査マニュアル（案），土木研究所資料第4176号，pp.26〜36，2010
3) 地盤工学会：地盤調査の方法と解説，pp.467〜468，2013
4) 田中茂：豪雨時の山腹斜面安定解析上の問題点，土と基礎，第36巻，第5号，pp.7〜12，1988
5) 能野一美，古川修三，久保慶徳，向谷光彦，乃村智子：締め固めた地盤の透水係数算定式に関する一考察，第57回地盤工学シンポジウム，pp.175〜180，2012
6) 竹内篤雄：『地下水調査法　1m深地温探査』，古今書院，pp.14〜24，2013
7) 多田泰之：地中流水音探査による崩壊発生場所の予測－一般市民個人からの調査依頼に応えられるユニークな技術－，地質と調査，第1号，pp.39〜41，2010
8) 斎藤迪孝，上沢弘，毛受貞久，安田祐作：有孔パイプによる新幹線盛土斜面の排水効果，鉄道技術研究報告，第631号，pp.310〜319，1968
9) サステイナブル・コンストラクション事典編集委員会：排水補強パイプ工，サステイナブル・コンストラクション事典，pp.47〜49，2012
10) 天野浄行，大窪克己，浜崎智洋：地すべり地の地下水排除工の機能保持について，基礎工，第3号，pp.60〜64，2006
11) (独)土木研究所：地すべり地における地下水排除ボーリング工の排水性能調査　共同研究報告書，共同研究報告書第453号，pp.190〜197，2013
12) 大橋慶三郎：『道づくりのすべて』，全国林道改良普及協会，pp.112〜113，2001

1.3.5 洪水災害
(1) 洪水の概要

洪水とは，大雨などが原因で河川から増水・氾濫した水によって陸地が水没することによって生じる自然災害である。洪水等の水によりもたらされる被害を総称して水害，これを制御することを治水と呼ぶ。

堤防を境界として，人々の居住地域の外（河川側）を堤外地，居住地側を堤内地と呼ぶため，河川の水である外水の氾濫によって水害が生じた場合を外水氾濫と呼び，降水量の排水が追いつかないために堤内にあふれた内水によって水害が生じた場合を内水氾濫と呼んで区別している[1]。日本ではかつては大規模な台風や集中豪雨で堤防が破堤し外水氾濫が頻発したが，近年大規模河川の堤防整備が進んだために外水氾濫はあまり生じなくなった[2]。外水氾濫は，水流の流れが強くて勢いがあるため，人的被害や物的被害が大きくなることが多い。内水氾濫は比較的ゆっくり進む特徴があり，事前に避難することで減災でき人的被害は少ないケースが多いが，物的被害は大きくなる可能性が高い。近年ではゲリラ豪雨などの気象状態の変化もあり，急激な中小河川の増水によって都心部で激甚な洪水災害が発生するなど，新たなタイプの災害も見られる。

(2) 外水氾濫の危険性の高い地形

外水氾濫には，破堤（堤防が完全に突き破られた場合）と越流（堤防を越えるオーバーフロー）とがある。破堤を引き起こす原因には，①越流，②洗掘・崩壊，③漏水などが挙げられる。堤防を乗り越える流れ（越流）は堤防を削り，水位が高いと堤防全体に水が浸透して弱くなるので，越流は破堤を起こす最大の原因になる。越流によって堤内側が洗掘されて"落掘（おっぽり）"と呼ばれる池を生じることがある。洗掘は河川水の強い流れによって堤防の河道側のり面が削られること，崩壊は水の浸透によって堤防が斜面崩壊のように崩れることである。漏水は堤防の内部や下方（旧河道部が多い）を通って，河の水が漏れ出すことである。実際には，これらの原因が重なって破堤は生じている。

破堤が生じやすい場所としては，河の屈曲部，合流点付近，河幅が狭くなっているところ（狭さく部），水門の設置個所，橋・堰の上流，旧河川の締め切り個所などが挙げられる[2]（図-1.3.5.1）。河が曲がっていると外カーブ側の堤防（水衝部）に流れが突き当たって洗掘が生じるとともに，遠心力によって外カーブ側の水位が高くなる。本川と支川の合流個所では本流の水が支流へ逆流して溢れる。流れが渦を巻いて洗掘を起こす可能性がある。逆流水が支流の堤防を破堤させることもある。河幅が急に狭くなっていると，流れが妨げられて上流部で水位が高くなり，越流の危険が生じやすい。橋や堰の上流では，堰上げられて水位が高くなる。農業用の水門などの河川水を取水する施設があるところでは，漏水がよく起こっている。ショートカットなどにより旧河道を締め切って，その上に堤防がつくられているところでは，漏水が起こりやすい。

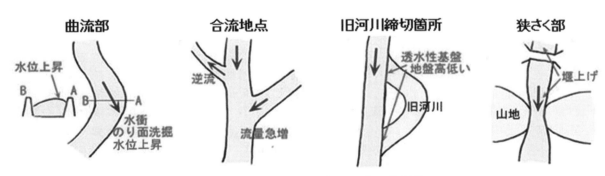

図-1.3.5.1 破堤を生じやすい箇所[3]

越流や破堤によって河川から溢れ出た水は，基本的には平野地形の最大傾斜の方向に流れ，より低い場所に集まる。平野内には，自然堤防と呼ばれるさまざまな形や高さの微高地，小河川堤防・道路のような線状の構造物などがあり，洪水の流動に影響を与えている。

氾濫流入量が少ない場合には一般に水深が小さくなるので，このような地形・地物とその配列の仕方が大きく影響して，浸水域がより限定される。流れの先を閉ざすように自然堤防や道路などが配列していると，流れが堰上げられて，局所的に激しい洪水流が生ずることがある。

(3) 内水氾濫の危険性の高い地形

内水氾濫による水害が特に問題になっているのは，都市やその周辺の新興市街化地域においてである。都市水害と言われている都市域における内水氾濫では，都市の構造がそれを激しくし，2003年の福岡水害における地下街の浸水など，新たな種類の被害がもたらされている。大都市域に大雨が降ると浸水家屋が数万棟以上にも達することもあり，大量に発生するゴミの処理が水害後の難問にもなっている。

樹林地・草地・畑・水田などは，雨水を地表面上へ一時貯留し，地中へ浸透させる働きを持っている。これが市街地化されると，道路・駐車場等の舗装などによって雨水が浸透しにくい土地の面積割合が大きくなり，流域の雨水貯留能力が著しく低下する。整地・路面舗装・側溝などは，雨水流に対する地表面抵抗（粗度）を非常に小さくして流速を大きくさせている。

内水氾濫の危険地は，水がはけきらなくて溜まるという場所で，排水条件の悪い凹地のような地形のところである。かつてはこのような場所は，大雨時に雨水が滞留して遊水地となり，周辺の浸水を防いでいた。しかしそこが市街地化されると，以前に比べより多くの雨水が流れ込み，これまではなかったところで内水氾濫が発生するようになる。

内水氾濫が生じやすい地形には，平野の中のより低い個所である後背低地・旧河道・旧沼沢地，砂州・砂丘によって下流側が塞がれた海岸低地や谷底低地，昔の潟（出口が閉ざされた入り海）を起源とする凹状低地，市街地化の進んだ丘陵・台地内の谷底低地，台地面上の凹地や浅い谷，地盤沈下域，ゼロメートル地帯，干拓地などがある。

(4) 地形図判読による洪水リスクの高い箇所の抽出

2.5万分の1地形図「下妻」の範囲についての検討事例を紹介する（図-1.3.5.2）。地図の中央を鬼怒川が流れ，河川中流の蛇行原にあたる。このような場所での水害リスクを考慮した地形分類を行うポイントは，低地の微高地と低地の一般面をきちんと区分することで，特に自然堤防と旧河道を明確に抽出することが重要である。なお，本地区には低地以外に段丘が分布するが，段丘であれば冠水する可能性はほとんど無く，洪水災害のリスクは無い。

i) 旧河道

鬼怒川の西側に帯状に蛇行した周りよりも低い地形が連続しており，所々に池もあることから，旧河道であることが明瞭である（R）。旧河道は，洪水時に旧河道に沿って勢いよく水が流れてくる危険が高く，また地形が低いためになかなか水が引かないというリスクがある。

ii) 自然堤防

自然堤防は空中写真を立体視して，周りより標高の高い地域を抽出することで判読可能であるが，地形図しかない場所でも土地利用から判読できる。この地域では，低地の一般面の土地利用はほとんど水田であるのに対し，微高地の土地利用は住宅地や畑・桑畑・果樹園などになっており，明確に区分することができる。鬼怒川の現河川や旧河道に沿って分布する微高地（N）は，自然堤防と判断できる。自然堤防は微高地のため洪水災害のリスクは小さいが，もともと大水害によってできた堆積地形なので，本川が破堤するような大規模な水害では，自然堤防でも冠水する可能性があり得る。

iii) 段丘

図の東の縁にも微高地が連続している（T）が，微高地を刻むように谷地形が入り込んでいることから段丘地形と判断できる。同様に，図の西の縁も段丘と判断できる。

iv) 後背低地（後背湿地）

自然堤防の背後は水はけの悪い低湿地で，後背低地または後背湿地と呼ばれる。図の中央部で鬼怒川と旧河道に挟まれた水田の分布範囲（B）などが後背低地に該当する。このような場所は洪水時になかなか水が引かずに長期間冠水するため，水害に対するリ

スクが高い。段丘を刻む谷の低地は，谷の出口が自然堤防等の微高地によって閉塞されてしまった場合，支谷閉塞低地と呼ぶ。支谷閉塞低地も後背低地と同様に洪水リスクが高い地域である。

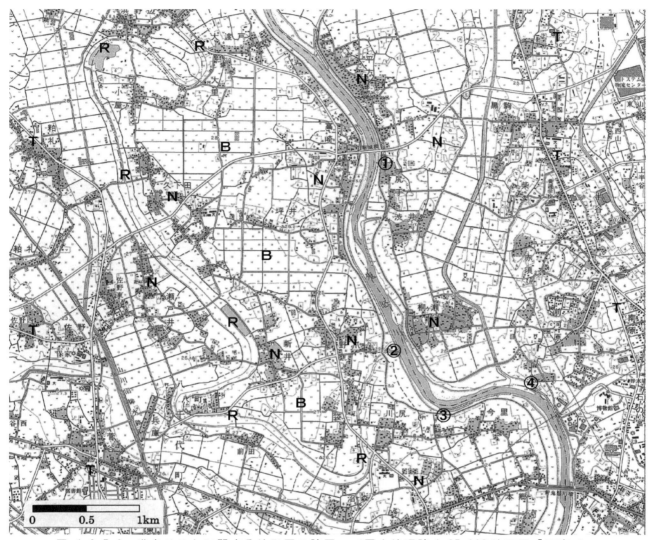

図-1.3.5.2　洪水リスクに関する地形図の読図　（国土地理院 1:25,000 地形図「下妻」）
記号凡例：N 自然堤防，R 旧河道，B 後背低地，T 段丘，①～④破堤のリスクが高い地点

v) 地形と水害リスクの関係

鬼怒川は堤防が整備されているため，確率的には外水氾濫よりも内水氾濫の発生する可能性が高いと判断できる。内水氾濫では地形の低いところに水が集まり，水もなかなか引かない。地形的には，旧河道・後背低地・支谷閉塞低地などが要注意箇所になる。破堤による洪水の発生確率は低いものの，一旦発生すると甚大な被害になるので注意を要する。基本的には攻撃斜面側（水衝部）で破堤のリスクが高くなり，旧河道と堤防が接する箇所は一般的に旧河道の砂礫層部分から漏水しやすいため，堤防強度が弱くなる可能性があるので，特に注意を要する。駒城橋下流側の左岸（①）は攻撃斜面であり旧河道でもあるので，一番注意をしなければならない箇所である。攻撃斜面ではないが，野爪付近の右岸側（②）は旧河道と接している。また，河道の蛇行が大きい攻撃斜面は外力が大きくなるので，今里の西側の右岸側（③），今里の東側の左岸側（④）も要注意箇所になる。

(5) 具体的な洪水災害の事例
i) 外水氾濫の事例（1981年小貝川下流域水害；茨城県龍ヶ崎市）

　近年治水対策が充実したため，破堤による外水氾濫は起こりにくくなっている。しかし，利根川の支流である小貝川では1980年代に2回，破堤による水害が発生した。このうち，典型的な破堤を起こしやすい箇所での水害である1981年の事例を紹介する。

　1981年の台風15号による水害では，龍ヶ崎市高須の高須橋上流部の小貝川左岸における屈曲部で破堤が起こった。この著しい屈曲部は1922年にショートカットされており，旧河道との接合部に当たる。破堤箇所の写真を写真-1.3.5.1と写真-1.3.5.2に示す。小貝川でかつて起こった洪水の大半には利根川からの逆流が関わっており，利根川の幅が1/3ほどに狭くなっている布川の狭さく部は，小貝川合流部での水位を高めている。写真-1.3.5.1と写真-1.3.5.2を見ると，破堤箇所より下流の小貝川の水が濁ると共に水位が上がっており，利根川からの逆流が大きな要因になっていることがわかる。

　龍ヶ崎・高須橋上流における破堤は，旧河川を締め切り，農業用水用の水門が設けられていたところで発生した。小貝川の水位は堤防の上面（天端）から3.5mも下にあり，利

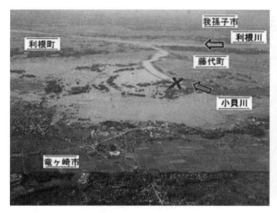
写真-1.3.5.1　破堤による浸水域の遠景[4]

写真-1.3.5.2　破堤箇所の近景[5]

根川からの逆流により流れはほぼ停滞していたので，破堤には漏水が大きくかかわったと推定される。高須橋のすぐ上流であり，橋脚により流れが乱され渦を巻くなど，橋の存在が多少関係していたとも考えられる。このように，この時の破堤箇所は(2)で説明した破堤が生じやすい場所の特徴を，幾つか満たす場所であった。

　小貝川の破堤氾濫域の拡大経過を図-1.3.5.3に示

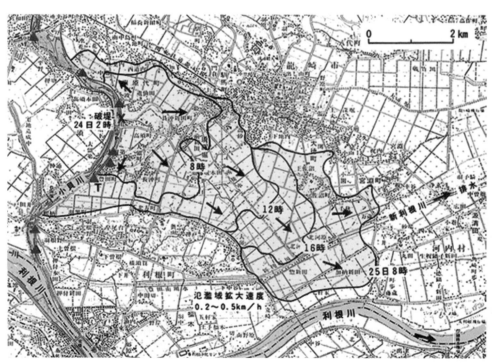
図-1.3.5.3　1981年台風15号による茨城県小貝川の破堤氾濫域の拡大経過[6]
△は過去の破堤箇所

す。龍ヶ崎南部の小貝川低地は東南東に向け傾斜している。JR 佐貫駅付近から江川沿いに東南東方向へほぼ連続する自然堤防列は比高が 1m 程度と低いものの，小貝川氾濫の浸水域を限定している（**写真**-1.3.5.1）。南部では西方から伸びだしている取手台地が浸水域の境界になる。破堤がどこで起こっても，氾濫域は江川自然堤防列と取手台地の間に広がり，新利根川方向に流れることになり，過去の水害でも同様の傾向を示している。

ii） 外水氾濫の事例（2012 年 7 月九州北部災害）

2012 年 7 月 11 日から 7 月 14 日にかけて九州北部を中心に発生した集中豪雨により，14 日に福岡県柳川市を流れる矢部川の右岸（津留橋の上流側）で堤防の決壊があった（**写真**-1.3.5.3）。この箇所は矢部川がゆるく蛇行している箇所にあたるが，決壊箇所は攻撃斜面側ではない。治水地形分類図「柳川」を見ると，ちょうど決壊箇所が旧河道に一致している（**図**-1.3.5.4）。旧河道は，地震時や豪雨の際に堤防の損傷が発生しやすい箇所であるが，この時の災害でも同様の事例が認められた。

写真-1.3.5.3　矢部川決壊箇所の空中写真　　図-1.3.5.4　矢部川決壊箇所の治水地形分類図
　　　　（平成 24 年 7 月 15 日撮影）　　　　　　　　　　（治水地形分類図「柳川」の一部）

iii） 内水氾濫の事例（2000 年 9 月庄内川洪水）

名古屋を流れる最大の河川である庄内川は，市街の北および西側を取り巻くようにして伊勢湾へ注いでいる。この庄内川の洪水から名古屋城下を守る対策の一つとして，右岸側（市街からみて外側）に排水河川の新川が 1780 年代に開削され，庄内川の洪水の一部をこれに分流するように改修されている。

2000 年 9 月の豪雨は計画降雨の 2 倍を超えたが，庄内川ではわずかな溢水が生じただけであった。しかし堤内地では，時間雨量が 100mm 近くに達した 11 日 18 時過ぎにたちまち内水の氾濫が生じて，市街地の 1/3 が浸水した。新川では計画規模を超える高水位が 9 時間継続した 12 日 3 時に，支流である水場川との合流地点の対岸で破堤が生じた。破堤の原因には合流による水衝作用がかかわっていたと推定される（**図**-1.3.5.5）。氾濫口に面する土地は自然堤防と河道によって囲まれた凹状地であり，すでに内水の湛水が生じていたところへ破堤氾濫水が加わって浸水深が大きくなり，被害が拡大した。破堤が生じた新川と水場川との合流点の付近はその下流よりも 2m ほど低い凹地であり，庄内川と五条川とにより下流が閉ざされた状態の袋状低地であるので，内水氾濫や河川氾濫水の湛水が非常に生じやすい地形である。

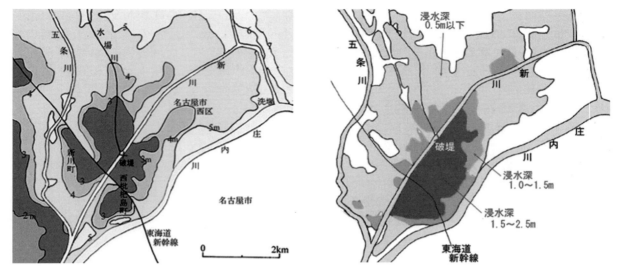

図-1.3.5.5 2000年東海豪雨により浸水した愛知県・新川中流域の地盤高分布（左）と浸水域・浸水深（右）
防災科学技術研究所自然災害情報室HPから

（6） 洪水ハザードマップ

洪水ハザードマップは，河川の氾濫等の水害時に住民が迅速かつ避難できるよう，浸水が予想される区域とその程度・避難場所・避難経路・情報伝達体制等の各種情報をわかりやすく図面に表示し，住民に公表されるものである。

洪水時の被害を最小限に抑えるためには，河川改修などのハードな治水対策だけでなく，避難場所の明示，情報伝達体制の整備，自分の住んでいる地域が洪水に対してどれだけ危険かを住民に周知させるなどの，ソフト的な危機管理体制が必要である。ハザードマップはソフト的な治水対策の一種である。ハザードマップの内容は，洪水情報，避難情報，災害学習情報から構成される。洪水情報は，洪水時に浸水が予想される区域やその程度を示したものである。最近はシミュレーション結果を基に浸水が予想される範囲を明示するものが主流であるが，そのような情報がない場合には，浸水実績図を使用したり，地盤高・地形分類等から浸水が予想される区域を推定することもある。

引用・参考文献

1) 今村遼平：『地形工学入門—地形の見方・考え方—』．鹿島出版会，258p． 2012
2) 今村遼平：『安全な土地』．東京書籍，188p． 2013
3) 防災科学技術研究所HP：http://dilbosai.go.jp/s03kouza_yosoku （2015/9/30確認）
4) 国土交通省利根川下流河川事務所HP：http://www.ktr.mlit.go.jp/tonege/ （2014/3/30確認）
5) 防災科学技術研究所HP：http://dilbosai.go.jp/02kouza_jirei （2015/9/30確認）
6) 防災科学技術研究所HP：http://dilbosai.go.jp/01kouza_kiso （2015/9/30確認）

1.4 火山災害

火山活動によって生じた土砂移動現象が，人間社会に影響を与えたときに，火山災害が発生したという。また，過去の火山噴火によってもたらされた脆弱な地層が，その後の降雨などによって崩壊した場合も，広義の火山災害と呼ぶことがある。

火山噴火は，マグマだまりにあるマグマが，地上に移動する際に発生する。マグマは高温・高圧であるため，地上への移動の際には爆発を伴うことが多く，移動したマグマは火口を経由して地上にもたらされる。このような現象を火山噴火（マグマ性）と呼ぶ。

日本国内には，将来噴火をする可能性の高い活火山が110ある。活火山の定義は，「おおむね過去1万年以内に噴火した火山および現在活発な噴気活動のある火山」である。

気象庁では，このうち47火山については，常時観測を行っている。これは「火山防災のために監視・観測体制の充実等が必要な火山」として噴火の前兆を捉えて，噴火警報等を適確に発表するために観測しているものである。観測機器としては，地震計・傾斜計・空振計・GNSS観測装置・遠望カメラ等であり，関係機関（大学等研究機関や自治体・防災機関等）からのデータ提供も受けている。（図-1.4.0.1）。

これらの活火山が引き起こす火山災害は，他の自然災害に比べて発生頻度が低く，影響範囲も限定的であると考えられるため，土地の有効利用は行いつつも，防災対策としてはハザードマップで対応することが多い。ハザードマップは，過去の噴火現象が将来も繰り返すという前提で作成されるが，火山活動は必ずしも周期的ではなく，インターバルは非常に長い。このため低頻度大規模火山噴火への対応は難しい。

以下に具体的な災害現象ごとに詳しく見ていきたい。

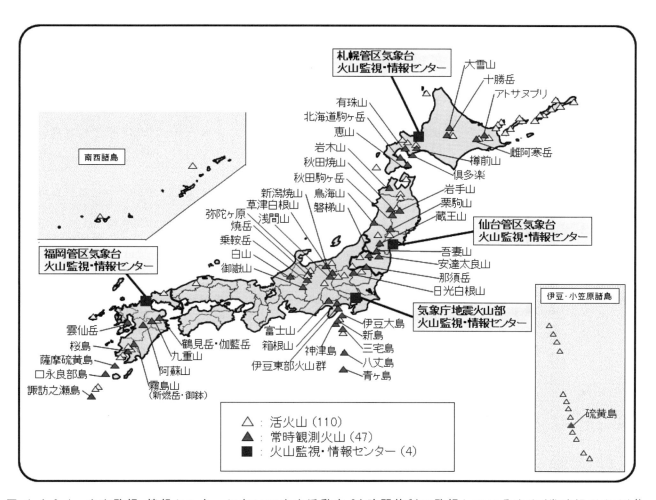

図-1.4.0.1 火山監視・情報センターにおいて火山活動を24時間体制で監視している火山（常時観測火山）[1]

1.4.1 火山噴火と噴火災害

火山噴火は，火山の地下数キロにあるマグマだまりからマグマが地上に移動する現象である。火口から地上にもたらされるものは，既存の火山体や基盤の岩石の破片や火山ガスなどの気体である。その種類ごとに特徴があるので分類して整理する。

火山噴火は，マグマ噴火と水蒸気噴火に大別される。マグマは地下では高温高圧であり，内部に水や二酸化炭素などの揮発性成分を溶かし込んでいる。地上付近まで上昇すると，減圧によって急激に発泡し，爆発的な噴火となることが多い。

地下から上昇してきたマグマが地表へ噴出して発生する噴火をマグマ噴火，マグマによって加熱された地下水やマグマが含有する水が爆発的に地表に噴出して発生する噴火を水蒸気噴火と呼ぶ。水蒸気噴火によってマグマの破片も一緒に噴出する場合は，マグマ水蒸気噴火と呼ぶ。

マグマ噴火も噴出するマグマの粘性で噴火様式が区別される（表-1.4.1.1）。ハワイ式の噴火は，玄武岩質マグマの中でも粘性が低く流動的なマグマが線状の割れ目から噴出する噴火であるが，日本では少ない。富士山や伊豆大島などの一部の火山で見られるだけでほとんど見られない。ストロンボリ式かブルカノ式かプリニー式の噴火が多い。

表-1.4.1.1 噴火の種類・様式とその特徴 [2]

噴火様式		マグマ	活動の特徴	噴出物	地形	事 例（一部加筆）
マグマ噴火	アイスランド式	玄武岩質マグマ	広域割れ目から大量の溶岩流下	溶岩流，初期に火山砕屑物が少量噴出。	溶岩台地。砕屑丘。	1783年ラキ，1961年アスキャ（アイスランド）
	ハワイ式	玄武岩質マグマ	山頂及びリフトゾーンの割れ目から溶岩流下	溶岩流・溶岩泉の活動を伴うが爆発的ではない。	楯状火山。キラウエア型カルデラ。	1942年マウナロア，1983年キラウエア（ハワイ）
	ストロンボリ式	玄武岩～苦鉄安山岩質マグマ	中心噴火。小爆発をおこし半溶融状態の噴石を噴出	紡錘状火山弾・スコリア・火山灰のほか，ときに溶岩流を流下	成層火山。砕屑丘。	ストロンボリ（イタリア）1986年伊豆大島
	ブルカノ式	安山岩質マグマ	中心噴火。激しい爆発。ときに火砕流を伴う。爆発の間隔は一般に長い。	噴石・パン皮火山弾・軽石・火山灰，最後に塊状溶岩を噴出することもある。	成層火山。砕屑丘。マグマの粘性が高いと溶岩ドーム。	1888～90年ブルカノ（イタリア）2004年浅間山 1986年桜島 2011年霧島山
	プリニー式	安山岩～流紋岩質マグマ	中心噴火。長い休止期の後に極めて激しい爆発的噴火。	大量の軽石・火山灰，ときに火砕流を伴う。	成層火山。砕屑丘。大規模なときはカルデラ。	79年ベスビオ（イタリア）1991年ピナツボ（フィリピン）1977年有珠山
マグマ水蒸気噴火			マグマと地下水や湖水・海水の接触による激しい爆発。ときにベースサージを伴う。	火山体を構成していた岩片を主体として，一部にマグマ起源の岩片を含む。	大きな火口。タフリング。マール。	1983年三宅島 2000年三宅島
水蒸気噴火			加熱された地下水が爆発的に地表に噴出。	既存の山体の破片。	タフリング。マール。	1988年磐梯山 2000年有珠山 2014年御嶽山

（マグマ噴火の列において：静穏↓爆発的，流動↑粘性高）

ストロンボリ式噴火を繰り返す山体は，円錐形をなすことが多い。これは中心の火口で噴火を繰り返し，噴出物が積み重なるためである。溶岩流と火砕物が交互に積み重なっているため，成層火山とよばれることもある。ブルカノ式噴火は，やや粘性が高い安山岩質マグマの噴火によって起きる。このため，噴火時には激しい爆発を伴って火山灰や火山弾を噴出させたり，火砕流を伴ったりする。さらに粘性が高い場合には，火口の真上に積みあがる場合があり，溶岩ドームを形成することもある。また，軽石などを成層圏まで噴き上げるような爆発的な噴火をプリニー式噴火とよぶ。火山噴火によって，様々なサイズの粒子が火口から噴出されるが，そのうちサイズが2mm以下のものを火山灰と呼ぶ。噴火によって火口の上空に吹き上げられた火山灰は，風に乗って遠方に到達する。影響範囲は，風下側に限られる。日本の場合，偏西風の影響で火口東側への堆積が広くなることが多い。

マグマが火口からあふれ出し地上を流れた場合，溶岩流と呼ぶ。粘性が低いマグマの溶岩流は水のように谷筋を低い方に流れるが，粘性が高いマグマは，地上に到達しても気泡の中に高圧の火山ガス成分を含むことがある。このような溶岩が崩壊した場合，自爆の連鎖を引き起こして火砕流に発達することが多い。なお，火口上空に上昇した噴煙柱が崩壊して火砕流となる場合もある。マグマ中の揮発性成分を火山ガスと呼ぶ。大部分は水蒸気であるが，二酸化炭素(CO_2)・二酸化硫黄(SO_2)・硫化水素(H_2S)・フッ化水素(HF)など有毒な成分を含む場合もある。

火山はこのような様々な噴火を繰り返し，やがて大きな火山体を形成する。しかし，これらの中には，脆弱な基盤上に成長したために当初より不安定なものや，最初は安定であっても火山ガスや熱水にさらされ，火山の内部が徐々に脆弱化するものがある。そのため，火山噴火や地震を引金として，山体の大部分が馬蹄形に崩れ落ちることがある。これを山体崩壊と呼び，その堆積物を岩屑なだれと呼ぶ。また，粘性の高いマグマが地上に到達する前に地下で上昇を中断した場合には，潜在ドームと呼ぶ。このような岩体の真上や周辺の地盤は大きく傾いたり，断層を生じたりすることがある。これは地殻変動と呼ばれる。火山噴火によって降下した火山灰は，あらゆる地形を同じ厚さで覆う。特に斜面に堆積した場合不安定であり，降雨などによって土石流や泥流となって被害をもたらすことがある。これらの火山災害要因と災害の種類をまとめると**表-1.4.1.2**のようになる。

表-1.4.1.2 火山災害要因[2]

火山災害要因	災害の種類
降下火砕物(火山灰，火山礫)	降下，付着，破壊，埋没
火砕流(火砕サージ*，ベースサージを含む)	破壊，火災，埋没
溶岩流	破壊，火災，埋没
火山ガス，噴煙	ガス中毒，大気・水域汚染
岩屑なだれ，山体崩壊	破壊，流失，埋没，津波
地殻変動	断層，隆起，沈降，施設破壊
火山弾	落下衝撃による破壊，火災，埋没
空振	窓ガラス等の破壊
融雪型火山泥流	破壊，流失，埋没
泥流，土石流	破壊，流失，埋没
その他の事象	
洪水	流失
地すべり，斜面崩壊	流失，埋没
地震動	山体崩壊，山くずれ，施設破壊
地熱変動	地下水温変化
地下水・温泉変動	地下水温変化，水量変化

*サージ：爆風により火口を中心に高速にごく薄く広がる噴出物

1.4.2 降下火砕物
(1) 定義と分類

火山噴火による降下火砕物は，粒径とその形状や色調で分類され。これらは高温のマグマが急冷してできたガラスや結晶の破片・岩片からなり，火山砕屑物(テフラ)と総称される。

火山噴火によって火口から噴出された火山砕屑物の分類を**表-1.4.2.1**に掲げる。なお，2mm以下をすべて火山灰と呼ぶが，非火山性の堆積物にならって，2mmから1/16mmを火山砂，1/16mmから1/256mmを火山シルト，1/256mm以下を火山粘土と呼ぶこともある。火山学では64mm以上をすべて火山岩塊，2〜64mmを火山礫(ラピリ)と一括する。

表-1.4.2.1 火山砕屑物と火砕岩の分類 3)

火山砕屑物(pyroclastic material) まだ固化していない噴出物

粒子の直径	粒子が特定の外形や内部構造をもたないもの	粒子が特定の外形や内部(構造)をもつもの	粒子が多孔質のもの
>64 mm	火山岩塊 (volcanic)block	火山弾 volcanic bomb 溶岩餅 driblet	軽石 pumice
64〜2 mm	火山礫 lapilli	スパター spatter	スコリア(岩滓) scoria
<2 mm	火山灰 (volcanic)ash	ペレーの毛 Pele's hair ペレーの涙 Pele's tear	

火砕岩(pyroclastic rock) 火山砕屑物が固化した岩石

粒子の直径			
>64 mm	火山角礫岩 pyroclastic breccia [細粒基地をもつもの 凝灰角礫岩 tuff breccia]	凝灰集塊岩 agglomerate	軽石凝灰岩 pumice tuff
64〜2 mm	ラピリストーン lapillistone [細粒基地をもつもの 火山礫凝灰岩 lapilli tuff]	アグルチネート (岩滓集塊岩) agglutinate	スコリア凝灰岩 scoria tuff [いずれも細粒基地をもつ]
<2 mm	凝灰岩 tuff		

多孔質の粒子のうち，淡色のものを軽石，黒色や赤色のものをスコリア（岩滓）と呼ぶ。サイズとは無関係な定義であるが，2mm以下では識別できないことが多い。気泡が少ない場合はラピリと呼ぶ。

(2) 火山岩塊

火山岩塊は，火口から弾道を描いて放出されるもので，爆発力の限界と岩石強度の関係から，その影響範囲は火口を中心に半径2〜4km程度に限られる。

火山岩塊のうち，特徴的な形や内部構造をしたものを火山弾と呼ぶ。マグマが未固結あるいは半固結状態で空中を飛行してできる火山弾は，紡錘型やリボン状を呈する（**写真-1.4.2.1**）。角礫として落下し，着地後に内部が発泡したものをパン皮状火山弾と呼ぶ（**写真-1.4.2.2**）。一方，マグマの飛沫がそのまま固まった不定形の場合は，スパターと呼ばれる。焼結して一体化したものはアグルチネートと呼ぶ。スパターは，高温酸化によって赤色を呈したり，落下堆積後に再度癒着して溶結火砕岩となったり，さらに溶岩流のように重力方向に移動することもある。

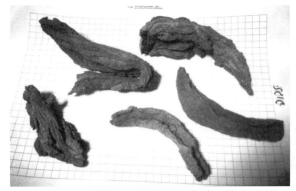
写真-1.4.2.1 リボン状火山弾

写真-1.4.2.2 パン皮状火山弾

　直径が1m以上の大きな火山岩塊は、空気抵抗の影響をあまり受けず、火口から弾道を描いて飛散し、短時間で落下するため、建物の屋根を打ち破るほどの破壊力がある。三宅島2000年の噴火では、大量の火山岩塊が雄山カルデラ内の火口から飛来し、火口の周辺に堆積した。カルデラ崖に露出する地層との比較から、既存の山体の一部を破壊したものと考えられた(**写真-1.4.2.3**)。

　なお、防災用語では、火山弾であるか否か、つまり形状を問わずに「噴石」という言葉が用いられる。気象庁では風の影響を受ける直径1cm程度のものを「小さな噴石」と呼んで、放物線を描く「大きな噴石」と区別している。

写真-1.4.2.3 雄山林道終点駐車場の状況(2000年7月21日撮影)

(3) 火山灰

　通常、火口から上空に噴き上げられた火山灰は、その時の風向と風速によって、どの付近まで到達するのかが決まる(**写真-1.4.2.4**)。一般的に、落下速度は粒子径に比例するので、粗粒なものほど火口近傍に落下し、細粒なものほど遠方に到達する。

写真-1.4.2.4 桜島南岳B火口の小規模噴火(2000年1月8日撮影)

ただし，時には数十kmから数百km以上運ばれて広域に降下・堆積し，農作物への被害・交通麻痺・家屋倒壊・航空機のエンジントラブルなど，広く社会生活に深刻な影響を及ぼす場合がある。富士山ハザードマップ検討委員会がまとめた1707年の宝永噴火による降灰分布では，全体で約 $0.7km^3$ のマグマが噴出し，降下スコリアとして風下に堆積した（**図-1.4.2.1**）。富士山東麓では300cm，横浜で16cm，江戸でも数cmの降灰があったことが知られる。火口から東に12km地点での宝永スコリアの堆積状況を**写真-1.4.2.5**に示す。

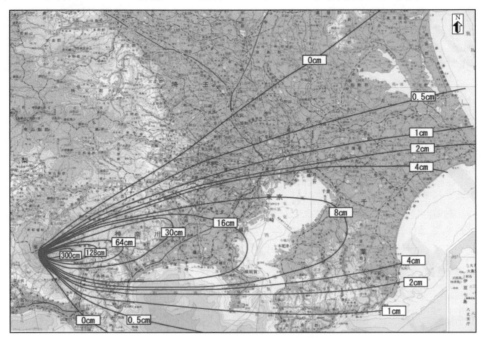

図-1.4.2.1 宝永噴火による降灰分布図[4]

写真-1.4.2.5 1707年宝永スコリア層（須走，2014年9月21日撮影）
矢印部分が宝永スコリア層 最下部に白色の軽石がある

火山灰による被害については「火山防災マップ作成指針」により，**表-1.4.2.2～3** のようにまとめられている。

表-1.4.2.2 建物への降下火砕物の影響 [2]

建物に降下した降下火砕物の厚さ (cm)	被害状況	火山名	噴火年
7.5～12.5	屋根の崩壊	スフリエール（西インド諸島）	1902
9.5	屋根の崩壊	タンボラ（インドネシア）	1815
15～20	クラーク空軍基地の航空機格納庫が崩れる	ピナツボ（フィリピン）	1991
15～25	屋根が崩壊	スフリエール（西インド諸島）	1812
20	住宅と農場の建物が潰れ，数戸は完全に破壊	サンタマリア（グアテマラ）	1902
30（50mmの火山弾を含む）	エポカパで20%の建物の屋根が崩れる	フエゴ（グアテマラ）	1971
46	家の倒壊	スフリエール（西インド諸島）	1902
80	浄水場の梁に亀裂	有珠山	1977
110	教会のタイル・屋根等が崩れる	タール（フィリピン）	1754
110（熱い火山礫を含む）	162戸のうち82戸の住宅が破壊（＋52戸が焼失）	浅間山	1783

表-1.4.2.3 降灰による項目別の被害想定の内容 [2]

項目	想定される被害
人的被害	有珠山等の事例から，2cm以上の降灰がある範囲では，何らかの健康被害が出る可能性がある。
建物	木造家屋の場合，火山灰が乾燥時は45cmから倒壊が発生する可能性がある。降雨時は水を含んで火山灰の密度が約1.5倍になるため，降灰厚30cmで倒壊する家屋が発生する可能性がある。
道路	湿潤時は1cm以下の降灰で，乾燥時においても2cm程度で道路通行に支障をきたす。
鉄道	降灰で車輪やレールの導電不良による障害や踏切障害等による輸送の混乱が生じる可能性がある。
航空	降灰がある範囲では，火山灰が航空機エンジンに影響を及ぼし，エンジンが停止や損傷等のトラブルが発生する可能性がある。
港湾	船舶はディーゼルエンジンで稼働しているものが多く，火山灰の影響が想定される。
電力	降雨時に1cm以上の降灰がある範囲では，送電機器の碍子に火山灰が付着し，降雨時に濡れて漏洩電流が流れ，停電が発生する可能性がある。
水道	浄水場の沈殿池の能力を上回る火山灰が流入した場合，給水能力が減少し給水ができなくなる可能性がある。
農作物	畑作物は2cm以上の降灰で，1年間収穫が出来なくなる可能性がある。稲作は0.5mmの降灰がある範囲で，1年間収穫が出来なくなる可能性がある。
森林	1cm以上の降灰で，降灰付着による幹の折損，湾曲，変色，枯死等が起こる10cm以上の降灰で，壊滅的な被害が発生する可能性がある。
下水道	火山灰が大量に側溝に流れ込むと，下水道がを引き起こす可能性がある。
畜産	2cm以上の降灰で，牧草が枯れて1年間牧場が使用できない可能性がある。火山灰に付着する火山ガスの成分によっては，火山灰が付着した牧草を食べる草食動物への影響も報告されている。
降灰後の土石流	土石流危険渓流調査結果による危険区域に降灰があった場合，降灰範囲で土石流が発生する可能性がある。

以下に，火山灰による被害事例を示す 三宅島 2000 年 7 月 15 日の噴火では，細粒火山灰が島の東側に降下堆積し，4cm 程度の層厚にもかかわらず付着性が高く，ビニールハウスがつぶれる被害が起きている（**写真-1.4.2.6**）。

写真-1.4.2.6　降下火山灰によるビニールハウスの崩壊（2000/7/20 撮影）

1986 年伊豆大島噴火では，11 月 21 日の割れ目火口での噴火が大規模で，赤いスコリアが 1500m にまで到達した。その際，噴煙の到達高度は 16,000m であった。この火山灰の影響は，100km 以上の遠方に及んだ（**図-1.4.2.2**）。この火山灰雲に，4 機のジェット旅客機が遭遇（**表-1.4.2.4**）し，そのうち 3 機が大きな被害を受けた[5]。幸い墜落には至らなかったが，エンジンを交換する必要が生じたという。

図-1.4.2.2　伊豆大島 1986 年 11 月 21 日の火山灰運搬状況[5]

表-1.4.2.4 伊豆大島 1986 年 11 月 21 日噴火による航空機の火山灰被害[5]

	1986 年 11 月 21 日伊豆大島噴火による火山灰と航空機遭遇事例			
	B747	DC8	DC10	B747
位置	成田空港の南 60nm	伊豆大島の東 40nm	伊豆大島の東 60nm	?
高度（ft）	20000〜30000 上昇中	30000〜26000 降下中	20000〜23000 降下中	17000〜10000 上昇中
放電	風防上	なし	風防上	?
匂い	木の焦げるような匂い	異様な匂い	なし	?
被害など	なし	風防上に火山灰粒子が付着	風防が火山灰で侵食された ピトー管内部に火山灰堆積	風防上に細かい擦り傷

　このような噴火が繰り返されると，風下側には降下火山灰がくりかえし堆積して，美しい縞模様をなすことがある（**写真-1.4.2.7**）。それぞれの地層が薄い場合には，植物による擾乱や風化作用により，塊状・壁状の風成層となる。これが関東平野の台地部などで広く見られる，いわゆる関東ローム層である。

　関東ローム層は，土質工学的に特殊な性質をもつので，後で述べるシラスなどとともに，特殊土と呼ばれることがある。

写真-1.4.2.7　伊豆大島の古期大島層群降下スコリア堆積物（1999 年撮影）

1.4.3 火砕流・火砕サージ

火砕流は，気体（火山ガス）と岩石の破片が混然一体となって広がる固気混相流である。火砕流の速度は時速100kmを越えることがあり，火砕流が発生してからの避難は困難である。火砕流はその規模と発生メカニズムによって以下のように分類される。

(1) 大規模火砕流

九州の阿蘇カルデラは東西18km南北25kmにおよぶ巨大なカルデラであるが，これは9万年前のAso-4大規模火砕流(総噴出量600km^3)の噴出によって形成された。火砕流は山口県の秋吉台まで流走した。このような大規模火砕流は，日本列島全体で見れば1万年に1回程度の頻度で発生している(**図-1.4.3.1**)。

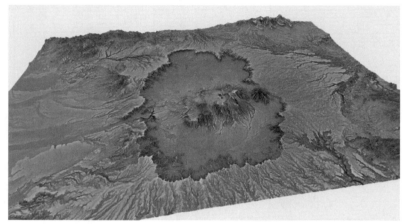

図-1.4.3.1 阿蘇カルデラとそれをとりまく火砕流台地鳥瞰図
国土地理院の基盤地図情報 10mメッシュ標高より作成

(2) 小規模火砕流と火砕サージ

一方，1990〜95年雲仙岳噴火で発生したような，小規模の溶岩ドーム崩壊型火砕流と呼ばれるものもある。

1991年6月3日，雲仙岳のドームが大きく崩壊し火砕流が発生した。火砕流は水無川の滝を落下したところで爆発し，火砕サージを発生させた。火砕流の本体は，水無川に沿う低い地点に谷埋め状に堆積したが，火砕サージは北上木場地区の高台に到達し，付近にいた43名の人が亡くなった。火砕サージはガスの割合が高く砂を主体とする流れで，火砕流よりも流動性に富んでいる。1991年9月15日には溶岩ドームの北東側が大きく崩壊し，新たな火砕流が発生した。火砕流に伴う火砕サージは上木場地区の既往の堆積物を侵食し建物を破壊し，南方向に直進して水無川を横断して大野木場地区に達した(**図-1.4.3.1**)。火砕流本体は水無川に沿うように低い地点に堆積した。北上木場地区には2回の火砕サージが到達している(**写真-1.4.3.2**)。43名もの命を奪った6月3日の火砕サージ堆積物は厚さ5cm程度に過ぎない。

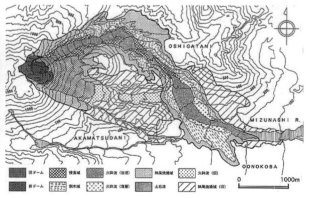

写真-1.4.3.2 雲仙岳1991年噴火による
火砕サージ堆積物[6](1992年12月撮影)

図-1.4.3.1 雲仙岳噴火災害実績図[6]
1991年9月22日版

(3) 低温火砕流

2000年の三宅島噴火では、雄山カルデラが再形成され、マグマ水蒸気噴火が頻発した。8月29日の噴火では、噴煙が8000m上空に達するとともに、南西側と北東側に弱い火砕流が発生した。これは、噴煙の上昇中に大半が崩壊してカルデラ内に一旦落下し、その後カルデラの外に溢れ出したものが火砕流となって、横方向に流下したものである(**写真-1.4.3.3**)。連続写真の解析から速度は分速1km程度とゆっくりしたものであったことが明らかにされている[7]。この噴煙からの堆積物を**写真-1.4.3.4**に示す。谷部で厚く、尾根でやや薄くなる傾向があり、横殴り噴煙からの堆積物の特徴をもっていた。また、高温を示す炭化木は含まれていなかった。これらのことから、**写真-1.4.3.3**の火砕流は、低温であったために十分な浮力が得られずに、噴煙柱が崩壊して発生したものと思われる。

御嶽山の2014年噴火は水蒸気噴火であったが、同様に火口上空で噴煙柱が崩壊し、低温火砕流となり、南方向に約2kmの距離に達した。この火砕流に火口から至近距離にいた登山者が巻き込まれ、噴石の直撃もあって50名以上が犠牲となった。

写真-1.4.3.3　三宅島2000噴火で発生した噴煙柱崩壊型の低温火砕流
2000年8月29日三宅高校グラウンドより撮影

写真-1.4.3.4　三宅島2000年噴火の8月29日低温火砕流堆積物
2005年雄山林道で撮影

1.4.4 溶岩流

マグマが直接地表を流れた場合，それを溶岩流とよぶ。玄武岩質マグマは粘性が低く揮発性成分が抜けやすいために溶岩流となりやすい。一方，粘性が高いデイサイト・流紋岩マグマは揮発性成分を失いにくいため，爆発的な噴火を起こしやすい。しかし，いったん揮発性成分を失ったマグマは，厚い溶岩流や溶岩ドームをつくる。

溶岩流は，流れやすいものから順に，パホイホイ溶岩・アア溶岩・塊状溶岩と呼ばれる。溶岩流の厚さを長さで割った比（アスペクト比）で，溶岩流と溶岩ドームが区別される。アスペクト比が 1/8 以下であれば溶岩流，1/8 を超えると溶岩ドームと呼ぶ。

溶岩流の特徴を一覧表に示す（**表-1.4.4.1**）。

表-1.4.4.1 代表的な 3 種類の溶岩 [3]

	パホイホイ溶岩 ←→	アア溶岩 ←→	塊状（ブロック）溶岩
溶岩の組成	玄武岩質	玄武岩質，安山岩質	安山岩質，デイサイト質，流紋岩質
平均の厚さ	0.3m～数m	1～十数m	10～数十mまたはそれ以上
流下速度	0～30km/h 以上	0～数 km/h 以下	極めて遅い
表面の特徴	新鮮なときは平滑でガラス質．丸味を帯びた偏平な袋状，板状，なわ状，ろうそくの滴状等	粗く，小さいとげが密集して凹凸に富む．ガラス質だが多孔質で砕けやすい，クリンカの集合からなる	平滑で平面に近い破断面からなる多面体の集合
断面の構造	上表面から下底面まで連続，上部に気泡濃集，一部ブリスター(blister)，溶岩チューブ(lava tube)，溶岩トンネル(lava tunnel)を生成，気泡は球形に近い	上表面と下底面はクリンカの集合からなる．中央部は連続的で，厚い場合には柱状節理を示す．気泡はだ円形や変形したものが多い	上表面と下底面は多面体の岩塊の集合体からなる．中央部は連続的で，厚い場合には柱状節理を示す．気泡は変形して不規則な形を呈す
温度	高い	中間	低い
粘性	低い	中間	高い
溶岩流の長さ／溶岩流の厚さ	>50～1,000 以上	>50	8～50 厚い溶岩流(coulée) 8 以下は溶岩ドーム

(1) パホイホイ溶岩

溶岩流のなかでも高温で粘性が低く揮発成分をあまり含まない場合，水あめのように薄く広がるタイプの溶岩流となる。このような溶岩をパホイホイ溶岩という。パホイホイ溶岩流では，内部に溶岩トンネルが形成されたり，溶岩膨張を起こすことが多い。ハワイのキラウエア溶岩の写真を示す（**写真-1.4.4.1**）。いったん表面が固化した後，持ち上げられで内部から溶岩が流れ出すとことを繰り返している様子がわかる。パホイホイ溶岩ではときに縄模様が発達することがある。これを縄状溶岩と呼ぶ。（**写真-1.4.4.2**）

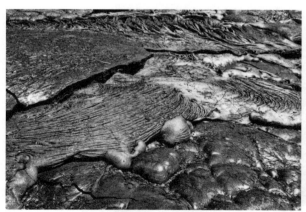
写真-1.4.4.1 パホイホイ溶岩

写真-1.4.4.2 縄状溶岩

(2) アア溶岩

流下中の溶岩は上部と下部が冷却により固化し，内部はまだ柔らかい状態となる。その際，流動に伴う変形で表面が固化したものが礫となる。これをアアクリンカーと呼び，クリンカーで覆われる溶岩をアア溶岩という。ブルドーザーが土砂を撒き出すような動きをしながら上部クリンカーは流動方向に崩れ落ち，溶岩流はそれを覆うように前進する(**写真-1.4.4.3**)。溶岩流が流れたあと，崩れたクリンカーは下部クリンカーとなって，溶岩の断面で観察できる(**写真-1.4.4.4**)。溶岩流で覆われた，地表面は顕著な赤色酸化を呈することが多い。

写真-1.4.4.3　アア溶岩流と溶岩堤防　　写真-1.4.4.4　アア溶岩下部とその下の赤色酸化した土壌

(3) 塊状溶岩

浅間山の鬼押し出し溶岩流など，表面が m 大の溶岩塊で覆われている厚さ 10m オーダーの溶岩流がある。このような溶岩を塊状溶岩と呼ぶ。ブロックがあるのは表面付近だけで，内部には連続的塊状部が存在する。溶岩流の両側には溶岩堤防や溶岩しわ地形が発達することが多い。塊状溶岩は玄武岩質溶岩流には少なく，安山岩質・デイサイト質のものに見られる(**写真-1.4.4.5**)。

写真-1.4.4.5　浅間山天明噴火鬼押出し溶岩流

最近の日本の代表的な溶岩流災害は，1914 年桜島大正噴火，1983 年三宅島噴火，1986 年伊豆大島の噴火である。

1.4.5 火山ガス

火山ガスは，地下のマグマに溶けている揮発性成分が減圧によって分離し放出されたものである。圧力の低下割合が大きいと噴火に至るが，小さければ噴火を伴わない火山ガス放出がおきる。日本には110の活火山があるが，そのうち少なくとも54火山から常時火山ガスが放出されている。火山ガスの成分と濃度によっては，人体にとって有害である。

(1) 火山ガスの種類

火山ガスの主成分は水蒸気(H_2O)で，90%以上を占める。H_2O以外の化学組成はその温度によって異なり，温度の高い火山ガスには HF，HCl，SO_2，H_2，CO などが多く含まれ，温度の低い火山ガスでは H_2S，CO_2，N_2 などが主成分となる。表-1.4.5.1に火山ガスの種類ごとの濃度と人体への危険性を整理し，その概要を述べる[7]。

表-1.4.5.1 火山ガスの種類と濃度による人体への影響[7]

ガス成分/濃度	1 ppm	10 ppm	100 ppm	1,000 ppm		
フッ化水素[a] (HF)	3 許容濃度	50 2時間	250 1時間	600 30分		
塩化水素 (HCl)	1 臭い検知	5 許容濃度	10 粘膜刺激	1,000以上 数分間致命的		
二酸化硫黄 (SO_2)	0.3～1 臭い検知	5(2) 許容濃度 上気道刺激	20 目刺激 咳	30～40 呼吸困難	50～100 1時間耐える	400～500 生命危険
硫化水素 (H_2S)	0.06 臭い検知	1～5 不快臭	10 許容濃度	200～ 眼鼻 灼熱性 疼痛	400～ 30～60分 生命危険	700～ 中枢麻痺 即死
二酸化炭素[b] (CO_2)				5,000 許容濃度	5% 呼吸間隔 10～15分 短縮	10% 昏睡 40% 死亡
一酸化炭素 (CO)		50 許容濃度	600～700 1時間 頭痛・耳鳴 嘔吐	1,500 1時間 生命危険	血中一酸化炭素ヘモグロビン濃度(%) 10～20 頭痛	30～40 頭痛 めまい 嘔吐 50～60 失神 昏睡 呼吸障害 意識障害 70～ 死亡

[a] モルモットに対する吸入致死濃度.
[b] CO_2 濃度9%で5分間，10%で1分間で死亡した例がある．10～15%では数呼吸で昏睡状態になるともいわれている．
許容濃度は日本産業衛生学会の基準による．SO_2 の2 ppmは米国産業衛生専門家会議による基準．

二酸化硫黄(SO_2)

二酸化硫黄は亜硫酸ガスとも呼ばれる無色の刺激臭のある気体で，比重は2.26，空気よりも重い。呼吸器や眼・喉頭などの粘膜を刺激し，高濃度の状態では呼吸が困難になることがある。また，ぜん息や心臓病などの疾患があるハイリスクな人は，健康な人が感じない低い濃度でも，発作を誘発したり症状を増悪させることがあるため注意が必要である。一般人の許容濃度は2ppmである。

硫化水素(H_2S)

硫化水素は無色で，火山地帯や温泉などで卵の腐ったような臭いとして感じられる気体であり，比重は1.19で空気よりやや重い。0.06 ppm 程度の非常に低い濃度から臭気を感じるが，短時間で慣れにより臭気を感じなくなる。高濃度になると人体に影響を及ぼす。主な基準として，特定化学物質等障害予防規則や酸素欠乏症等防止規則で 10 ppm である。

塩化水素(HCl)

　塩化水素は無色・刺激臭のある気体で，比重は 1.27 で空気よりやや重い。低濃度でも目・皮膚・粘膜を刺激する。許容濃度として，日本産業衛生学会の天井値は 5 ppm である。

二酸化炭素(CO_2)

　二酸化炭素は，無色・無味・無臭の気体である。3％以上で軽度の麻酔作用があり，7～10％では酸素濃度が正常範囲でも数分で意識を失う。長期間の曝露限界は 1.5％程度と考えられる。バックグラウンド(通常の大気)の濃度が約 375 ppm 程度であり，ビルなどの室内環境の基準は 1,000 ppm，米国産業衛生専門家会議(ACGIH)が定めた許容値は 5,000 ppm，短時間曝露限界値は 30,000 ppm である。

(2)　火山ガス事故

　1997 年 7 月，青森県・八甲田山でレンジャー訓練をしていた陸上自衛隊員 20 人が呼吸困難で倒れ，うち 3 人が CO_2 ガスで死亡した。また，1 か月後には，福島県・安達太良山を登山中の 50 歳代の女性 4 人が沼の平近くの窪地で硫化水素ガス中毒でなくなった。

　阿蘇山では，喘息の持病を持つ観光客 2 名が相次いで二酸化硫黄ガスで発作を起こし，その後亡くなった。これらの火山ガスの事故を契機に日本の各地の火山で火山ガス対策がとられるようになった。

(3)　三宅島 2000 年噴火と火山ガス被害

　三宅島 2000 年噴火は 6 月に始まり，8 月 18 日の最大規模のマグマ水蒸気爆発に続いて 8 月 29 日に火砕流が発生したことから，全島民は島外への避難を余儀なくされた。その後，三宅島の中央に開いた雄山カルデラから，有害な二酸化硫黄などを含む火山ガスを大量に放出するようになった(図-1.4.5.1)。最も多い時期は，一日辺り 7 万トンを超える量であった。

　このため，三宅島島内の植生が大きな被害を受け，立ち枯れが続出した。航空機から撮影した，立ち枯れの状況を写真-1.4.5.1に[9]，現地での倒木状況を写真-1.4.5.2 に示す。

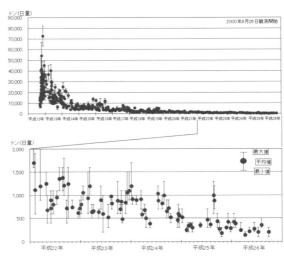

図-1.4.5.1　三宅島の火山ガス放出量の推移[8]

写真-1.4.5.1　三宅島での火山ガス被害[9]
(2003 年 6 月アジア航測撮影)

写真-1.4.5.2　　　火山ガスにより立ち枯れ状況
(2005 年 5 月 3 日撮影)

1.4.6 岩屑なだれ（山体崩壊）

火山は不安定な基盤上に大きく高く成長したり，成長後に内部が熱水変質するなどして不安定になった場合，火山噴火や地震などを引金にして，大きく崩れることがある。山体崩壊で崩落した大量の土砂が火山斜面を高速で流下する現象で，小規模の堆積物を岩屑なだれ堆積物と呼ぶ。岩塊の内部に山体の構造を残しているほど大きなサイズの場合，流れ山と呼ぶこともある。崩壊後の山体には馬蹄形のカルデラが残される。

雲仙岳の麓にある眉山は，雲仙岳とは独立した溶岩ドームである。1792年5月の地震で突然崩壊した。さらに岩屑なだれは有明海にも流入し津波を引き起こした。これらの災害で1万5千人が犠牲となった。崩壊地から有明海にかけて流山が見られる(**写真-1.4.6.1**)。

1888年の福島磐梯山の噴火では，大規模な水蒸気爆発にともなって山体崩壊が発生し，大規模な岩屑なだれが高速で流下し，北麓にあった5村11集落を埋没させ，桧原湖・小野川湖・秋元湖のせき止め湖を生じた(**写真-1.4.6.2**)。

写真-1.4.6.1　雲仙岳と眉山　　　　写真-1.4.6.2　磐梯山の北側斜面の馬蹄形カルデラ
（1995年11月18日アジア航測撮影）　　　　（アジア航測撮影）

岩屑なだれ堆積物は，内部に巨大な岩塊やクラックなどが発達する。栗駒山南東部の大露頭では，異なる岩屑なだれが3回以上到達しているのが確認できる(**写真-1.4.6.3**)。

写真-1.4.6.3　栗駒山の南東斜面の岩屑なだれ堆積物（駒の湯付近　2013年撮影）

1.4.7 地殻変動

火山活動に伴い，地表面に断層変位が生じたり，局地的な隆起や沈降を生ずることがある。これを「火山性地殻変動」と呼ぶ。一般的に，地殻変動はもっと長期的な広域的なものに使う用語であるが，火山活動に伴って生じた変形に対しても使用する。特に，潜在円頂丘の形成の際には，真上だけでなく周辺の広い範囲まで様々な地殻変動が観察される。このような地殻変動の影響範囲に，人間社会のインフラが含まれる場合，建物が傾き破壊されたり道路がずれるなどの火山災害を生ずることがある。このような火山性地殻変動は，マグマの粘性や噴火様式と密接な関係がある。ここでは，デイサイト質マグマの例として有珠山，玄武岩質マグマの例として伊豆大島を取り上げる。

(1) 1944年昭和新山噴火

昭和新山は，有珠山の北東山麓で，水蒸気爆発を伴いながら1944-45年にかけて成長した側火山である。昭和新山の成長過程は，三松正夫によって克明なスケッチが多数残されている。その後，それぞれのスケッチの稜線を重ね合わせ，ミマツダイヤグラムが作成された[10]（図-1.4.7.1）。このダイヤグラムをみると，まず潜在円頂丘である屋根山ができ，その後中央部を突き破るようにマグマ本体からなる円頂丘が成長したことがわかる。この昭和新山が成長を続ける間，昭和新山の東側を通っていた国鉄胆振線は地殻変動によって線路が変形し，何度も修復や移転を繰り返している。

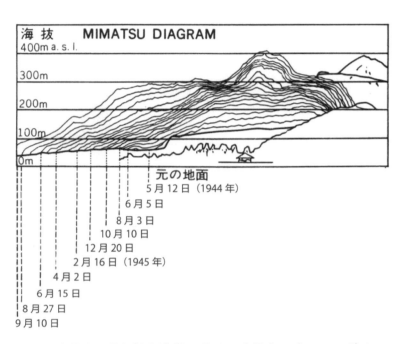

図-1.4.7.1 昭和新山溶岩円頂丘の成長を示すミマツダイアグラム（2.5kmから観測）[10]

(2) 2000年有珠山噴火

2000年噴火は，前兆となる群発地震のあと，3月29日に西山西山麓でマグマ水蒸気噴火が発生した。その後，多数の小火口から水蒸気噴火噴火を繰り返すとともに，断層群が形成された（図-1.4.7.2）。最終的に最大で70m隆起したので，地下にマグマがはいり潜在円頂丘が形成されたものと考えられた（写真-1.4.7.1）。

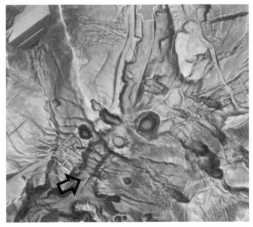

図-1.4.7.2 有珠山赤色立体地図[11]
2005年5月測定

写真-1.4.7.1 地殻変動で階段状を呈する国道[11]
左の図の矢印付近

(3) 1986年伊豆大島噴火

1986年の噴火は，11月15日に始まった。当初，三原山中央火口でのストロンボリ式噴火であったが，11月21日から割れ目噴火を開始した。割れ目噴火開始直前に三原山の北側山腹に生じた地割れの写真を，**写真-1.4.7.2** に示す。これは，割れ目をもたらしたマグマの上昇による地表部の開口性割れ目の一部と考えられる。なお割れ目の伸びの方向は，σHmax で，フィリピン海プレートの押しの方向に一致し，延長線上には三原山の中央縦穴火口が位置する。

伊豆大島の南東側にも群発地震が発生し，GPSで大きな変位が認められた。翌朝になって，段差を伴う地割れを発見した（**写真-1.4.7.3**）。これらのことから，地割れの地下に岩脈がはいったものと考えられた。このように，玄武岩質火山の噴火に伴う地殻変動は，岩脈形成と密接な関係があるということがわかる。マグマの粘性が低いために，影響範囲は狭い。

図-1.4.7.2　1986年割れ目噴火直前の地割れ　基盤の1777年溶岩を切る

図-1.4.7.3　伊豆大島南東部の落差を伴う地割れ　噴火末期の岩脈貫入にともなう（1986/11/22 金子撮影）

1.4.8　空振

空振は，爆発的噴火で発生した空気の急激な圧力変化が大気中を伝わる現象である。この現象で窓ガラスが破壊されるなどの被害が出ることがある。

特に，ブルカノ式噴火で発生する衝撃波による窓ガラスの破損は，浅間山や桜島で発生している。1950年の浅間山の火山活動では火口から18km離れた家屋の窓ガラスが空振により破損したことがある。また，桜島の爆発により，対岸の鹿児島県庁等の建物の窓ガラスが破損した例もある。新燃岳2011年の噴火では，霧島市で被害を生じた（**写真-1.4.8.1**）。

写真-1.4.8.1　新燃岳の爆発的噴火の空振で割れた霧島温泉の建物の窓ガラス [12]

1.4.9 2次災害(泥流)

火山噴火の際に，泥流や土石流が発生する場合がある。ここでは，火砕流発生後の土石流および降灰後の土石流について事例を示す。火山噴火によってもたらされた火砕流や火山灰などの堆積物は，斜面を覆うため不安定であることが多い。このような地点では降雨によって，土石流や泥流が発生しやすくなる。これらは2次的に発生するので2次泥流と呼ばれる。これらの土石流や泥流は，高速で斜面や谷を流下し，下流域で氾濫するなど大きな被害をもたらす。

(1) 火砕流とその後の土石流

雲仙岳1991年の噴火では6月3日と8日に規模の大きな火砕流が発生し，6月30日の雨で土石流が発生した。水無川の本流は火砕流で埋め立てられていたために川は大きくそれて，断層沿いの低地を流れた(**写真-1.4.9.1**)。

その後，溶岩ドームが成長と崩壊を繰り返し，繰り返された火砕流は，ドームの周囲に円錐形の斜面とそれを取り囲むように火砕流堆積域を形成した。そして，それらを刻む谷には雨のたびに2次泥流や土石流が流れ，扇状地をつくりながら堆積した(**図-1.4.9.1**)。

写真-1.4.9.1 雲仙岳噴火と土石流[6]

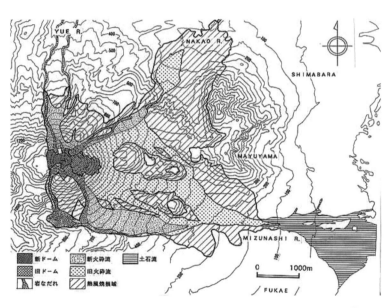
図-1.4.9.1 1995年5月段階の雲仙岳噴火災害実績図[6]

(2) 降下火山灰とその後の土石流

2000年の三宅島噴火では，7月の噴火で島北東側1/4の範囲に細粒火山灰が厚く堆積した。この火山灰はモルタル化し，地表の浸透能を著しく低下させた。7月26日のごくわずかの雨によって，降灰のあったすべての沢で土石流が発生した(**図-1.4.9.2**)。この図を見ると，降下火山灰の堆積域にある沢に限って土石流が発生したことがよくわかる。

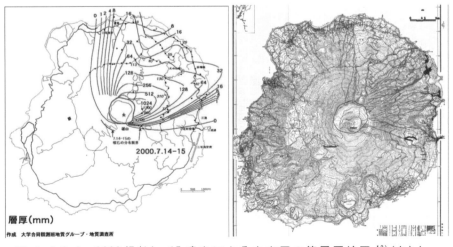
図-1.4.9.2 2000/7/14～15噴火による火山灰の等層厚線図[13](左)と2000/7/26土石流発生範囲図(右)の比較

三宅島の 2000 年の噴火で島内に降下堆積した細粒火山灰には，石膏が多く含まれていた。その影響で，水と反応してモルタルのような皮膜となって地表を覆い，浸透能を低下させた。このことがわずかな降水で土石流が発生する原因になった（**写真-1.4.9.2**，**写真-1.4.9.3**）。

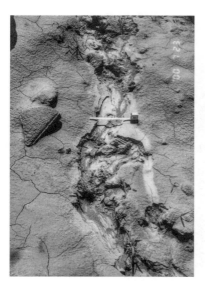

写真-1.4.9.2　地表を覆う細粒火山灰とその上に形成されたガリー（土石流発生前 2000/7/23 撮影）

写真-1.4.9.3　2000 年三宅島噴火で発生した土石流 2000/7/26 の降雨によって発生したもの（7/30 撮影）

(3)　融雪泥流

　積雪期に火口付近に厚く雪が積もる地域では，火山噴火によって融雪型火山泥流が発生することがある。急速に雪面や氷の上を覆う火砕流等の熱で雪が融かされ，大量の融雪水が発生して周辺の土砂や岩石を巻き込みながら高速で流下する。流下速度は時速 60km を超えることもあり，谷筋や沢沿いをはるか遠方まで一気に流下し，広範囲の建物・道路・農耕地が破壊・埋没する等，大規模な災害を引き起こしやすい。

　1985 年にコロンビアのネバド・デル・ルイス火山で発生した融雪泥流は，50km 離れたアルメロの町を襲い，21,000 人の命を奪った（**図-1.4.9.3**）。災害のあったアルメロのあった地点は，火口付近と同じ最も危険な地域に指定されている。

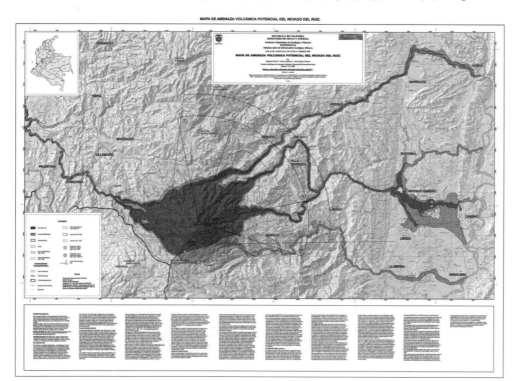

図-1.4.9.3　コロンビア国ネバド・デル・ルイス火山のハザードマップ[14]（2007 年版）

1.4.10 その他の火山災害

その他の火山災害事象として「洪水」「地すべり，斜面崩壊」「地震動」「津波」「地熱変動」「地下水・温泉変動」などがある。それぞれについて以下に概略を述べる。

(1) 洪水

洪水は，火山噴火で発生した火砕流や火山泥流等が河川へ流入し，流れをせき止めた後に決壊して発生する場合や，火砕流等が直接湖水へ流入して発生する場合，火山体の中に含まれる大量の水が山体崩壊によって大量に放出されて発生する場合がある。

日本では，1783年浅間山天明噴火により発生した鎌原火砕流が吾妻川に流れ込み，それによって大洪水が発生し，利根川沿いに大きな被害をもたらしたことが知られている。

(2) 地すべり，斜面崩壊

岩屑なだれほど大規模でなく，不安定な土砂が地震や豪雨を引き金としてすべり落ち，斜面崩壊を発生させることがある。有珠山では1977〜79年にマグマの上昇による地殻変動で外輪山壁がせり出し，斜面崩壊が多発した。

1982年に発生した長野県西部地震では御嶽山の一部が崩壊し，川沿いに10kmも土砂が流下した。

(3) 津波

岩屑なだれや火砕流が湖や海へ流入したり湖底や海底で噴火等が発生すると，津波が引き起こされることがある。日本で最も甚大な被害をもたらしたのは，1792年の雲仙岳の火山活動によるもので，約3.4億m^3の岩屑なだれが有明海に流入し，津波を発生させて死者約15,000人を出した。それ以前には，1640年北海道駒ヶ岳噴火，1741年北海道渡島大島噴火の岩屑なだれの海への流入に伴う津波発生が知られている。海外では，1883年インドネシアのクラカトア火山のカルデラ形成時の津波で死者約36,000人を出している。

(4) 地震動

1914年桜島大正噴火では，噴火の前兆としての地震が頻発したが，最も活発な火山活動の最中にM7.1の地震が発生した。この時の死傷者のほとんどは，噴火ではなく地震によるものであった。

(5) 地熱変動

噴火の際の地下のマグマの動きに伴い，地表付近の地温が上昇することがある。特に噴気地帯や噴気孔が新たに生じることがある。こうした地熱活動が植生の破壊等，環境への影響を及ぼすことはあるが，大きな被害が発生することは少ない。

(6) 地下水・温泉変動

噴火に伴う地下水脈の変化で，地下水や温泉に異常が発生することがある。地下水の変動は水温や水質・地下水位の変化に現れ，噴火前後に特徴的に発生することがある。温泉の変動は水温や水量の変化に現われる。1910年有珠山の火山活動で四十三山が形成された際に，その周辺に温泉が湧き出し，洞爺湖温泉ができた。

引用・参考文献

1) 気象庁ホームページ：http://www.jma.go.jp/jma/kishou/intro/gyomu/index92.html
2) 内閣府：火山防災マップ作成指針，2013
3) 荒牧重雄：火山噴出物．岩波講座地球科学 7 火山，岩波書店，pp.121～156，1979
4) 富士山ハザードマップ検討委員会：富士山ハザードマップ検討委員会中間報告，http://www.bousai.go.jp/kazan/fujisan/，2002
5) Onodera Saburo:Prevention of volcanic ash encounters in the proximity area between active volcanoes and heavy traffic routes, Proceedings of the 2nd International Conference on Volcanic Ash and Aviation Safety, Session5, pp.21～25, 2004
6) 千葉達朗・遠藤邦彦・磯望・宮原智哉：雲仙岳噴火の火砕流－災害実績図の作成－，月刊地球号外雲仙普賢岳の噴火，15，pp.94～100，1996
7) 平林順一：火山ガスと防災，質量分析，vol.51，No.1，p.123，2003
8) 気象庁：三宅島の火山ガス放出量の推移，
http://www.data.jma.go.jp/svd/vois/data/tokyo/320_Miyakejima/320_So2emission.htm
9) アジア航測株式会社：三宅島空撮，http://www.ajiko.co.jp/article/detail/ID4TC3FATCH/,2003
10) 三松正夫：昭和新山生成日記(自費出版)，p.208，1962
11) 千葉達朗；活火山・活断層 赤色立体地図でみる日本の凸凹，技術評論社，p.144，2006
12) James Mori・山田真澄：2011年新燃岳噴火調査，京都大学防災研究所地震防災研究部門ホームページ，http://www.eqh.dpri.kyoto-u.ac.jp/src/etc/kirisima/，2011
13) 中田節也・長井雅史・安田 敦・嶋野岳人・下司信夫・大野希一・秋政貴子・金子隆之・藤井敏嗣：三宅島2000年噴火の経緯山頂陥没口と噴出物の特徴，地学雑誌，vol.110，No.2，p.171，2001
14) スミソニアン博物館：グローバルボルカニズム，ネバドデルルイス火山ハザードマップ，http://www.volcano si.edu/volcanoes/region15/colombia/ruiz/3708rui12.jpg，2014

---

column

『軟岩（1次軟岩と2次軟岩）』

「軟岩」というのは，土のように未固結で構成粒子がわずかな力を加えることによってバラバラになることもなく，そうかと言って岩のように堅くもない，半固結状態にある岩石のことを呼ぶ俗語である。

このような軟岩には①地層が固化過程にある1次的なもの（堆積軟岩）と，②硬岩が風化・変質や断層・破砕などの作用をうけて劣化して2次的に軟化したもの（風化軟岩）とがある。新第三紀層（とくにグリーンタフなど）や下部更新統などが，堆積軟岩に当たり，すべての岩石の風化部には，多かれ少なかれ風化軟岩がある。とくに花崗岩質岩石地域には深層風化した厚い風化軟岩があることが多い。そのほか，低溶結の火砕流堆積物（溶結凝灰岩）や一部の自破砕溶岩（溶岩が流下する過程で，冷えて固まった部分が溶岩の流下する力によって小さく破砕されて角礫状になったもの）なども一種の軟岩であって，火山軟岩とよぶべきものである。この方は1次軟岩の部類にはいる。

（今村遼平）

1.5 雪氷・融雪災害

わが国は山地が多いことと冬期の特有の気象条件と相まって，積雪寒冷地域は西日本まで含めた広い地域に及んでおり，各地で雪崩・融雪・凍上による被害が認められる。雪崩や融雪災害は多雪地域での発生が多いのは当然ではあるのに対して，凍上災害は積雪の少ない寒冷地域での発生が顕著で，これらの災害は西日本まで及ぶことに注意したい。

1.5.1 雪崩
(1) 雪崩の概要

日本は冬季のシベリアからの寒気の吹き出しによる季節風，日本海を北上する温暖な対馬海流による熱と大量の水蒸気により日本海側の山地に多量の降雪，積雪をもたらす（図-1.5.1.1）。特に，東北から北陸の山地では多量の積雪に見舞われ，世界でも有数の多雪国となっている[1]。このように，毎年大量の積雪がみられる日本海側の山地では春先にはなるといたる所で全層雪崩が頻繁に発生する。

雪崩は，積雪が地表面から滑落する全層雪崩と積雪層内にすべり面を持つ表層雪崩とに大きく区分されている（図-1.5.1.2）。全層雪崩は気温の上昇する春先の融雪期に集中して発生するのに対し，表層雪崩は12～2月頃の厳冬期に短期間での大量の降雪や吹雪に伴って発生することが多い[3]。表-1.5.1.1に過去に発生した雪崩災害の例を示す（参考文献[1]に加筆）。

表-1.5.1.1 過去に発生した雪崩災害[1]

発生年月日	雪崩の種別	被害の場所	発生場所	死者数	被害の概要
明治16.3.12 (1883)	全層	道路	新潟県中頸城郡川谷村（現在、上越市）	27人	雪路を人力で木材を運搬中被災し、遭難者は100人を越し、死者27人、負傷者数十人
大正7.1.9 (1918)	表層	集落	新潟県南魚沼郡三俣村（現在、湯沢町）	158人	人家34戸が倒壊、28戸全壊、158人が死亡、重軽傷22人
大正7.1.20 (1918)	表層	作業員宿舎	山形県東田川郡大泉村（現在、鶴岡市）	154人	大鳥鉱山の建設作業員宿舎等5棟全壊、6棟半壊、死者154人、重軽傷者20人
大正11.2.3 (1922)	全層	鉄道	旧国鉄北陸線の親不知と青海駅間（現在、糸魚川市）	92人	運行中の客車3両が埋没被壊、死者92人、重軽傷者40人
昭和2.2.8 (1927)	表層	集落	新潟県西頸城郡能生町西平（現在、糸魚川市）	11人	人家3戸が倒壊、15人が埋没し、内11人が死亡、4人負傷
昭和13.12.27 (1938)	表層	作業員宿舎	北アルプス黒部渓谷の志合谷の発電所建設工事現場（現在、黒部市）	83人	電源開発建設作業員宿舎1棟が吹き飛ばされ、死者36人、行方不明者47人、生存者47人、重傷9人
昭和36.2.16 (1961)	混合	集落	長野県下水内郡栄村青倉	11人	民家5戸が直撃を受け、21人が生き埋め、11人が死亡、3人負傷
昭和38.1.24 (1963)	表層	集落	福井県勝山市横倉	16人	民家5棟が押し潰され、16人死亡、その他公民館・神社が押し潰される
昭和56.1.7 (1981)	表層	集落	新潟県北魚沼郡守門村大倉字内山（現在、魚沼市）	8人	民家4棟が全半壊し、8人死亡、3人負傷
昭和56.1.18 (1981)	全層	集落	新潟県北魚沼郡湯之谷村ト折立（現在、魚沼市）	6人	特別養護老人ホームが直撃され、17人下敷き、6人死亡、7人が重軽傷
昭和59.2.9 (1984)	表層	集落	新潟県中魚沼郡中里村清津峡温泉（現在、十日町市）	5人	温泉旅館を含む2棟が全壊し、死者5人、負傷者1人
昭和61.1.26 (1986)	表層	集落	新潟県西頸城郡能生町椿山（現在、糸魚川市）	13人	民家11棟が押し潰され、13人死亡、9人重軽傷
平成25.11.23 (2013)	表層	山岳	富山県立山町立山連峰真砂岳西面	7人	真砂岳西面で山スキーの最中に表層雪崩が発生し7人が死亡

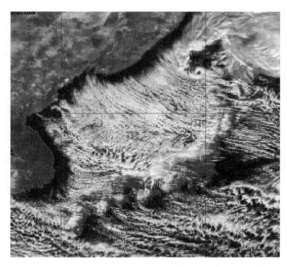
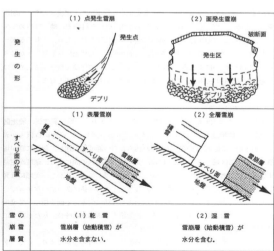

図-1.5.1.1 冬型季節風の衛星画像　　　　図-1.5.1.2 雪崩の分類[2]
気象庁2005年12月13日衛星画像

(2) 全層雪崩の発生と地表の侵食

日本海側の山地では太平洋側の丸みをおびた稜線に比べて、鋭い稜線や平滑ないし凹型斜面で多くが低潅木で覆われている。これらの斜面では、融雪期には「底なだれ」や「地こすり」などと呼ばれる全層雪崩が頻繁に発生し斜面を侵食している[4]。積雪斜面は稜線や遷急線付近では積雪が徐々に斜面下方に滑動するグライドによってクラックや雪しわ、雪こぶが生じる（**写真-1.5.1.1**)[2]。さらにグライドが進行するとやがて全層雪崩が発生するようになる。雪崩による積雪は斜面を滑走し斜面上の表土や岩盤を削剥し、植生を巻き込みながら滑落して地表を侵食する。斜面下方に堆積したデブリ（雪塊）には茶〜黒褐色を帯びていることから雪崩が斜面を侵食している様子がわかる。

全層雪崩は毎年のように同じ場所で反復して発生する[5]。新潟県魚沼市の調査では4割〜8割の斜面で全層雪崩の反復性が認められた（**図-1.5.1.3**)[6][7]。全層雪崩による地表の侵食量は、1冬季では非常に小さいが、毎年同じ斜面で繰り返し発生するため、長期間で見た場合には相当量に達し、直線的で凹形の雪崩地形を形成し、日本の山地地形形成の一翼を成している。

写真-1.5.1.1　雪崩発生期のグライド・全層雪崩
A：遷急線　B：クラック　C：グライド　D：雪崩　E：デブリ（魚沼市、2002年3月撮影）

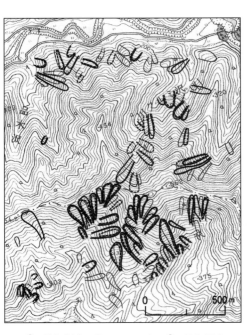

図-1.5.1.3　雪崩の反復性（関口、2008）
新潟県魚沼市における3冬季の雪崩発生斜面の重ね合わせ

昭和56年　昭和58年　昭和59年

(3) 雪崩発生斜面の地形

雪崩発生斜面は、無雪期の空中写真において針先で傷つけたような細い直線状の模様が筋状地形として判読できる[6][7]。**写真-1.5.1.2**は、新潟県魚沼市の東方、標高約800m付近の山地斜面でみられる典型的な筋状地形の例で、稜線から谷底まで達する細い直線状の地形として明瞭に判読できる。

写真-1.5.1.3は、福島県只見町における雪崩地形の地上写真である。これらの斜面では稜線直下から谷底に達する直線状の細い溝が多数形成さ

写真-1.5.1.3　筋状地形（只見地区）1985年11月撮影

写真-1.5.1.2　筋状地形（魚沼地区）1976年国土地理院撮影

れている。また，**写真-1.5.1.4**に，同地域の典型的な筋状地形の溝状部分の現地写真を示す。筋状地形は縦断形が直線状〜浅い凹形，横断形は尾根付近では凹型で浅いが，斜面中部や下部に向かって次第に深さを増し，断面形が半円形〜U字形となる幅4-6m，深さ2-4mの溝状の地形が形成されている。溝の表面は概して滑らかな岩盤が露出し，全層雪崩によると思われる擦痕がしばしばみられる。また，筋状地形の両側斜面は低灌木で覆われる場合が多い（**写真-1.5.1.4**）。

雪崩地形には筋状地形のほかにアバランチシュートある[5]。アバランチシュートは，筋状地形と同様に尾根直下から谷底に達する直線状の地形で，幅が50〜100mで横断形が浅い凹型で岩盤が露出し，尾根直下から谷底まで縦断形が直線〜やや凹型の斜面で，全層雪崩による直線的で面的な侵食により形成される。**写真-1.5.1.5**は，新潟県糸魚川市の権現岳のアバランチシュートを示す。斜面は幅の広く一面，基盤が露出した複数の雪崩の走路に分かれ，下方のデブリには黒褐色の土砂が混じっており，雪崩によって斜面が侵食されていることがわかる。

写真-1.5.1.4 筋状地形（福島県只見町）
左（a）は筋状地形最上部で稜線直下，中央（b）は筋状地形上部，右（c）は筋状地形下部（1991年11月撮影）

写真-1.5.1.5 アバランチシュート
（新潟県柵口権現岳，1988年5月撮影）

(4) 雪崩地形の分布

図-1.5.1.4aは，筋状地形とアバランチシュートを含む雪崩地形の全国的な分布を示す。雪崩地形は，北海道から山陰地方にかけて広く分布し，脊梁山脈の西〜北西側にあたる日本海側の山地に偏って分布している。一方，太平洋側では日高山脈や北上山地の早池峰山や四国山地西部の石鎚山など一部でみられる。標高ごとの雪崩地形の出現率をみると，北海道から北陸（中越）にかけて出現率が高くなり，標高に比例して出現率が増加する傾向がみられる（**図-1.5.1.4b**）。

図-1.5.1.5に新潟県における筋状地形及びアバランチシュートなどの詳細な雪崩地形と積雪深の分布を示す。雪崩地形は脊梁山脈に位置する朝日山地，飯豊山地，越後山脈や飛騨山脈等の山地地域では密集し，魚沼丘陵や東頸城丘陵など低標高の丘陵地では分散した分布を示す。雪崩地形の出現する標高は概して200m程度付近から，積雪深は100cm〜150cm以上で出現する傾向がみられる。

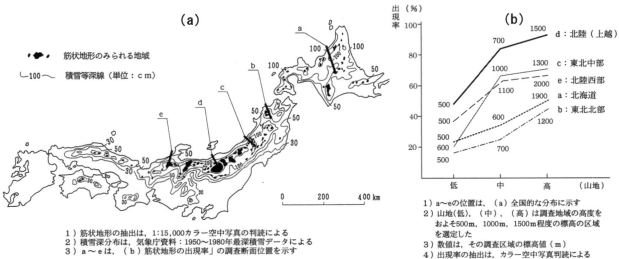

図-1.5.1.4 雪崩地形（筋状地形）の全国的な分布(a)と筋状地形の出現率(b)[7]

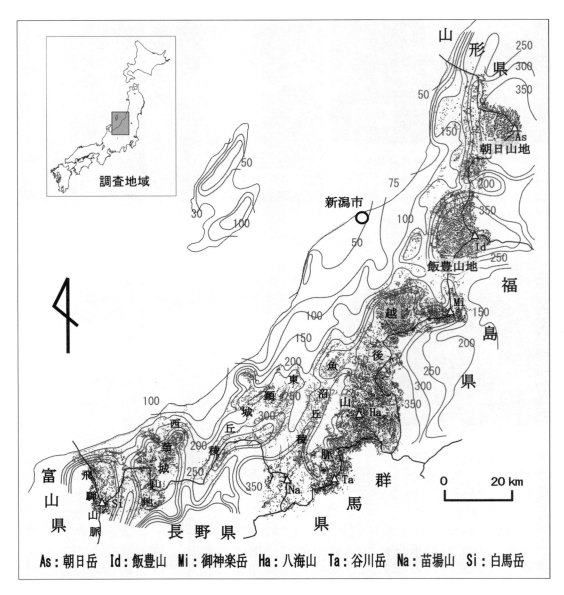

図-1.5.1.5 新潟県における雪崩地形の分布[6]
積雪深は気象庁（1996），新潟県積雪深データ：1969～2003年，農林水産技術会議事務局（1961）：昭和10年～30年積雪調査より作成。単位はcm。

(5) 雪崩発生斜面，雪崩地形の特徴

降雪量と積雪深，雪崩発生斜面および雪崩地形には次のような特徴がみられる(**表-1.5.1.2**)。

① **積雪深**：雪崩の発生は積雪深が最も重要な要因である。雪崩地形の出現する積雪深は，全国的には年最大積雪深の平均値が100cm以上，新潟県におけ調査では150cm以上の地域にみられる(**図-1.5.1.5**)。積雪深の増加は雪崩地形の分布密度の増加につながる[6]。

② **標高**：降雪量と積雪深は標高の増加に比例して大きくなる(**図-1.5.1.4b**)。これは，気温が標高の増加とともに低下し，雪が融けにくくなるためと考えられる。新潟県では標高200m程度から雪崩地形が出現する(**図-1.5.1.4，図-1.5.1.8**)[6]。

③ **発生位置**：雪崩は主に稜線直下で発生し，雪崩地形もほとんど稜線直下で出現する[7]。

④ **平面形**：雪崩地形で特徴的な筋状地形の平面形は稜線直下で，やや幅の広い楕円形～紡錘形～しゃもじの形で，斜面中部から下部にかけて幅の狭い雨樋状の形をしている(**写真-1.5.1.4**)。

⑤ **比高・斜面長**：雪崩の発生にはある程度の落差が必要である。雪崩地形がみられる斜面は高さや斜面長が概して数十m以上である。急峻な山地では比高・斜面長とも数百mに達し，比高・斜面長が大きい斜面ほど侵食力が増して明瞭な雪崩地形が形成されている(**図-1.5.1.6，図-1.5.1.8**)[6]。

⑥ **縦断形**：直線ないしやや浅い凹型の斜面で，凹凸が少なく雪崩による侵食で非常に滑らかとなる。

⑦ **横断形**：斜面上部は斜面幅が数m～十数mの浅い凹型，中部から下部にかけての部分はほぼ一定の数mの幅で，深さも数mで半円形～U字型が多い(**写真-1.5.1.4**)[6]。

⑧ **傾斜**：雪崩の発生や雪崩地形の主要因の1つである。雪崩地形の傾斜は概ね35～55°で，雪崩が発生する斜面とほぼ同傾斜である(**図-1.5.1.7，図-1.5.1.9**)[6][7]。

⑨ **地質**：中・古生層や新生代の火山岩に広範囲にみられ，新第三紀層や第四紀層ではやや少ない(**図-1.5.1.6**)。特に，中・古生層では堅固で高標高の山地を形成し雪崩地形が密集して発達する[6]。

⑩ **植生**：雪崩発生の主要因の1つで高木などの障害物があると雪崩は発生しにくい。一方，雪崩地形は基盤が露出している場合が多く，その周囲はほとんどが低潅木や草地で覆われる[6][7]。

⑪ **方位**：雪崩地形が密集している区域では方位に関係なく出現するが，南北方向の山稜では東側斜面に偏ってみられる。これは，冬季には北西～西側の季節風が卓越するため，西側で緩傾斜，東側で急傾斜の非対称山稜を形成し，東側斜面で雪庇が発達して雪崩が発生しやすくなる[7]。

⑫ **地形**：雪崩は急傾斜の斜面で発生し，雪崩地形のみられる急傾斜の斜面は，1)山地斜面，2)地すべり滑落崖，3)段丘崖，4)火口・カルデラ壁，5)氷河のカール・圏谷の地形である。これらの中で，山地斜面や地すべり滑落崖では雪崩地形が最も密集して形成されている[6]。

表-1.5.1.2 雪崩発生斜面・雪崩地形の特徴と形成要因

要因	重要度	雪崩発生斜面と雪崩地形の特徴・要因の重要度
積雪深	◎	最も重要な要因。1m～1.5m以上の積雪深で雪崩地形が出現、積雪深に比例して雪崩地形が増加。
標高	○	標高の増加に比例し積雪深が増加する。そのため、標高に比例して雪崩地形が増加、密集する。
発生位置	△	雪崩は主に稜線直下から発生し、雪崩地形も稜線直下で多く出現する。
平面形	△	稜線直下で楕円、紡錘、しゃもじ形、斜面中部から下部にかけて雨樋状に細く幅が狭い。
比高・斜面長	◎	斜面の比高（高さ）や斜面長が大きいほど雪崩による侵食力が大きく地形が明瞭となる。
縦断形	△	直線ないしやや浅い凹型の斜面形。雪崩による侵食で斜面形は非常に滑らか。
横断形	△	斜面上部は浅い凹型、中部から下部は幅や深さが数mの半円形～U字形。
傾斜	◎	雪崩発生の主要因、傾斜35～55°の斜面で雪崩は発生し、雪崩発生斜面もほぼ同傾斜。
地質	○	中・古生層、第三紀火山岩で広範囲にみられ、第三紀層、第四紀層ではやや少ない。
植生	◎	高木林ではほとんど雪崩は発生せず、露岩地、低潅木や草地で雪崩地形は多く出現。
方位	△	雪崩地形が密集する区域では方位に無関係に出現。南北方向の山稜では東側斜面に偏って分布。
急傾斜の地形	◎	雪崩地形の斜面で、山地斜面、地すべり、段丘、火口・カルデラ、氷河・圏谷などの急傾斜地。

注) ◎：要因大　○：要因中　△：要因小

このような特徴から，雪崩地形の形成は積雪深，比高・斜面長，傾斜，植生，急傾斜の地形の存在が重要な要因であり，標高や地質は密集度を高める側面を果たすと考えられる。

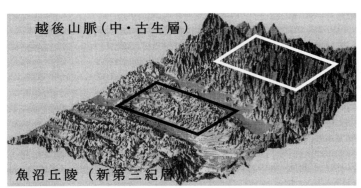

図－1.5.1.6 新潟県越後山脈と魚沼丘陵の地形[6]

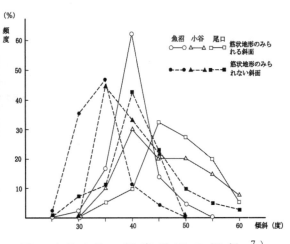

図－1.5.1.7 雪崩地形の傾斜[7]

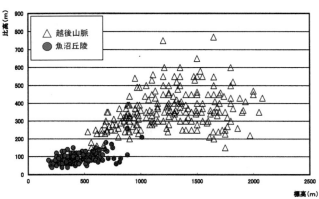

図－1.5.1.8 雪崩地形の標高と比高[6]

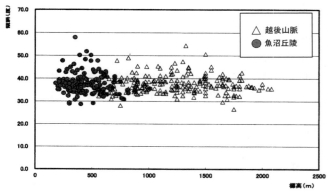

図－1.5.1.9 雪崩地形の標高と傾斜[6]

(6) 雪崩発生の予測と雪崩防災
i) 2004年新潟県中越地震周辺の雪崩地形

雪崩地形は空中写真判読によって明瞭に識別できることから，雪崩地形を指標として雪崩発生予測斜面を抽出し雪崩防災への応用が期待される。2004年には新潟県中越地震が発生し，震源地に近い魚沼丘陵では数千箇所を数える地すべり，斜面崩壊が発生した。魚沼丘陵は新潟県でも有数の豪雪地帯で多数の雪崩地形が形成されており[6]，また，雪崩地形のみられる斜面だけでなく崩壊地や地すべり滑落崖にも雪崩発生が予想されることから，崩壊地・地すべり滑落崖を含む雪崩発生の予測図を作成した（**図-1.5.1.10a**）。

ii) 平成19年豪雪雪崩予測図の有効性の検証

中越地域では，地震後の2004年11月から19年ぶりの豪雪にみまわれ，翌年の融雪期には多数の雪崩が発生したため（**図-1.5.1.10b**），融雪期に撮影した空中写真から雪崩発生斜面を抽出し，平成19年豪雪の以前に作成した雪崩予測図と比較して雪崩地形の有効性を検証した。その結果，雪崩発生予測斜面（646斜面）に対して雪崩発生斜面（382斜面）は，明瞭な雪崩地形では約94%，明瞭な崩壊地で約68%が的中し，特に，雪崩地形では9割を超える高い的中率となり，雪崩予測手法の有効性が確認された[6)8]（**図-1.5.1.11**）。

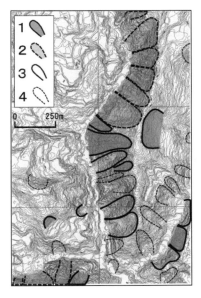
（a）雪崩予測斜面の抽出　（b）雪崩発生斜面の空中写真

図-1.5.1.10　雪崩予測斜面の抽出
（空中写真は2003年3月24日防災科学技術研究所撮影）[6]

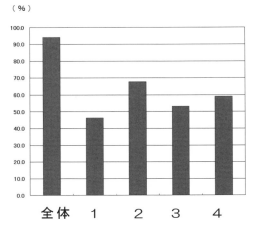

1：明瞭な雪崩地形
2：やや明瞭な雪崩地形
3：明瞭な崩壊
4：やや明瞭な崩壊地等

図-1.5.1.11　雪崩予測斜面ごとの雪崩発生の的中率[6]

(7) 雪崩地形と雪崩防災

　全層雪崩の発生によって筋状地形やアバランチシュートなどの侵食地形である雪崩地形が形成される。一方，もう1つの表層雪崩では，雪崩地形や山岳地帯，スキー場の急傾斜地で発生する。しかし，全層雪崩と異なり，樹木の破壊や少量の土砂を巻き込む程度で直接地表はほとんど侵食されない。

　雪崩による堆積地形については，一般に雪崩斜面が河川や谷に接しているためにデブリは短期間に融雪・流下してしまい，また，雪崩によって生じる砂礫などの土砂は侵食量が少量のために堆積地形はほとんど形成されない。ただし，崩壊地や地すべりの崩壊斜面における全層雪崩ではある程度の土砂が生産される。一方，谷や渓流の出口における新期の扇状地や沖積錐などの堆積地形の形成は，雪崩によるよりも台風や梅雨期の土石流による影響が大きいと考えられる。

　日本海側の豪雪地帯では，居住地は一般に雪崩の到達しない場所に建てられており，大規模の表層雪崩を除いて危険性は少ない。しかし，山間地の道路は，雪崩地形のみられる斜面を横切って建設されている場合が多く，雪崩による被害を防ぐために，道路わきの斜面に多数の雪崩予防柵や防護擁壁，スノーシェッドが設置され，非常に急傾斜で危険な箇所ではトンネルで通過している場合が多い。

引用・参考文献

1) 砂防学会（1993）：雪崩対策，砂防学講座第8巻．山海堂，328p.
2) 前野紀一・遠藤八十一・秋田谷英次・小林俊一・竹内政夫（2000）：基礎雪氷学講座Ⅲ，雪崩と吹雪．古今書院，248p.
3) 雪崩対策研究会（1992）：改訂　雪崩とその対策．経済調査会，222p.
4) 小野寺弘道（1974）：北海道知床半島におけるなだれ堆積地の特徴．雪氷，36，pp.69〜72.
5) 下川和夫（1980）：只見川上流域の雪崩地形．地理学評論，53，pp/171〜188.
6) 関口辰夫（2008）：空中写真を活用した筋状地形の地形学的研究．新潟大学学位論文，97p.
7) 関口辰夫（1994）：全層雪崩発生斜面における筋状地形の特徴．雪氷，56，pp.145〜157.
8) 関口辰夫・秋山一弥・西村浩一・佐藤篤司・佐藤　浩（2006）：新潟県中越地震後に発生した雪崩の特徴と雪崩発生予測．2006年度日本雪氷学会全国大会講演予稿集，49p.

1.5.2 融雪災害

 北海道から新潟県にかけての日本海側の地域は世界的に有数の多雪地帯であり，年間降水量の20-45%を降雪水量が占める。この積雪が融雪期間の短い日数で急激に融けて流出するため，河川の洪水災害や土砂災害が発生する。ここでは融雪による土砂災害について述べる。

(1) 融雪土砂災害の概要

 融雪による土砂災害の形態としては，地すべり・土石流・落石・崩壊があげられる。大きな被害につながった例として，地すべりと土石流について各2事例の概要を示す。
 地すべり
　① 新潟県糸魚川市青海町玉ノ木地すべり[1]，1985年2月（昭和60年）発生，死者10名。
　② 山形県鶴岡市七五三掛（しめかけ）地すべり[2]，2009年2月（平成21年）発生，人的被害なし，約6m移動して住宅・公民館など被災。
 土石流
　① 新潟県妙高高原町の白田切川の土石流[3] 1978年5月（昭和53年）死者13名，信越線橋梁が被災して信越線は112日間不通。
　② 新潟長野県境の蒲原沢の土石流[4]，1996年12月（平成8年）発生，災害復旧工事中の14名死亡。

 全国的な事例としては地すべりの報告が多い。融雪期の地すべりの発生比率については，北海道では60%程度との報告[5]があり，新潟県では59年間（1949年~2007年）の地すべり発生数435件について分析し，有雪期の発生率51%，その多くが3月~4月の融雪期に集中しているとのまとめ[6]がなされている。

 また，気象庁の気象統計情報[7]によれば，平成24年の積雪量は，日本海側において大雪となった上に低温の状態が続いたため，北海道をはじめとして，多くの地点で平年を大幅に上回った。

 この年の北海道では，融雪期に図-1.5.2.1に示す多くの土砂災害が発生した[8]。これらの災害は広域に分布するが，4月~5月の約2週間という比較的短期間に集中して発生しているのが特徴である。

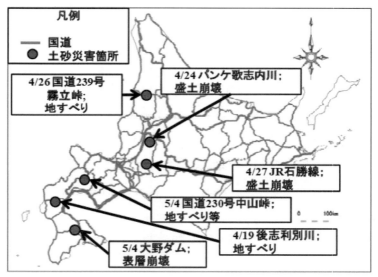

図1.5.2.1　平成24年豪雪後に北海道で多発した土砂災害[8]

(2) 融雪土砂災害事例

 北海道と新潟県で発生した最近の融雪災害について概要を示す。

ⅰ) 新潟県上越市の国川（こくがわ）地すべり

 地すべりは，2012年（平成24年）3月7日に発生し，発生直後の移動速度は10~15m/hと早い速度であったが，3月9日から10日にかけて減速し，以後は日平均1m/h未満の速度で次第に遅くなって3月23日に停止した。この間，地すべりは平野の水田部を約250mも移動した。地すべりの規模は，幅150m・長さ500m・深さ20m・推定土量75万m^3であり，家屋11棟を全半壊し，県道や用水路を埋塞させてしまう被害を与えた[9]。

 地質は新第三紀層の塊状泥岩を主体とし，移動層は風化泥岩（粘土質）で多量の水を含み泥濘化していた。

写真-1.5.2.1 地すべり全体（アジア航測提供）

写真-1.5.2.2 地すべり頭部滑落崖

国川地すべり周辺の地形図を図-1.5.2.2に示す。図には防災科学技術研究所が作成した地すべり地形分布図1:25,000「安塚」図幅から，地すべり地形の一部を転記した。

平野に面する丘陵性の山地斜面には地すべり地形が広く分布し，その一部で国川地すべりの活動があったことを読み取ることができる。

近傍の気象観測所であるアメダス「関山」の積雪深と気温について，データを図-1.5.2.3にまとめた。地すべり発生の数日前から気温の上昇に伴う融雪のため，急速な積雪深の低下が認められる。

図-1.5.2.2 既往の地すべり地形（破線）の一部で発生した国川地すべり（国土地理院 1/25,000 地形図「新井」）

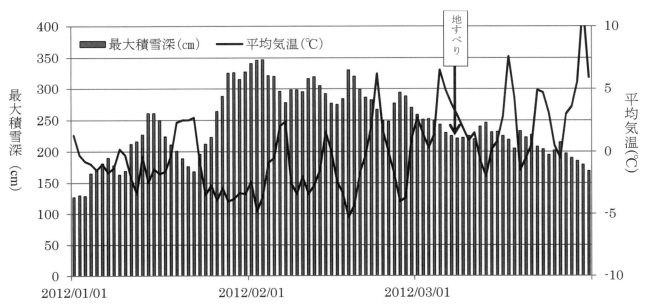

図-1.5.2.3 日最大積雪深と日平均気温の変化

ii) 北海道苫前郡の霧立峠地すべり

　地すべりは，2012年（平成24年）4月26日未明発生した。その規模は，幅200m・長さ175m・深さ25m・推定土量60万m³であり，国道を延長214mにわたって崩壊させて復旧までの2か月間にわたり通行止めの被害を与えた[10]。

写真－1.5.2.3　地すべり全景
（提供：国土交通省北海道開発局）

写真－1.5.2.4　国道の損壊

　地質は新第三紀層の砂岩・泥岩・礫岩であり，地すべり方向には緩い傾斜の流れ盤をなしている。この地すべりは，巨大な地すべり（長さ1.3km・幅0.8km）の東側末端付近に位置することが指摘されている[11]。

　当時の気象条件として，近傍の気象観測所アメダス「古丹別」の積雪深と気温変化を図－1.5.2.5に整理した。ここでも地すべり発生の数日前から気温上昇に伴う融雪のため，急速な積雪深の低下が認められる。

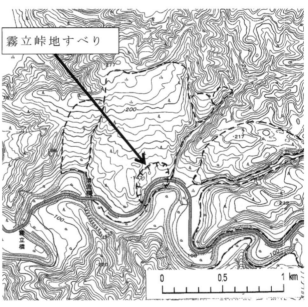

図－1.5.2.4　既往の地すべり地形（破線）の一部で発生した霧立峠地すべり（国土地理院 1/25,000 地形図「白頭山」）

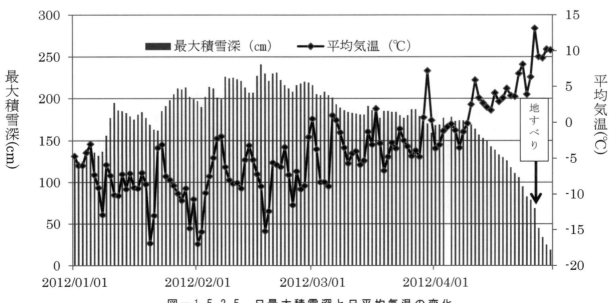
図－1.5.2.5　日最大積雪深と日平均気温の変化

(3) まとめ

融雪時の地すべり災害2事例は，いずれも大規模な地すべり地形の側面にあたる部分が滑動した再発型の地すべりである。地すべり発生までの気象データを注意深く読み取ると，地すべりの発生は積雪深が急速に低下して融雪水が大量に供給されると思われる時期にあたる。この点に着目して融雪時の地すべり発生について，積雪深の低下速度との関係を検討した報告[8]がある。

図-1.5.2.6は，融雪地すべり災害の発生した3箇所の積雪深変化の記録である。後志利別川は4月19日，霧立峠は4月26日，中山峠は5月4日に災害が発生した。この図から，地すべり発生直前には積雪深低下速度が大きくなり，9cm/day以上の速度になると地すべりが発生していることがわかる。

同様な検討を前掲の国川地すべりについて行うと，地すべり発生前の3月4日の積雪深249cm，地すべり発生当日の積雪深225cmであるから，この3

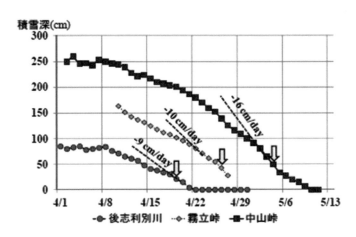

図-1.5.2.6 積雪深の変化と地すべり発生日の関係[8]

日間の積雪深低下速度は 8cm/day になる。なお，事例であげた霧立峠地すべりは，図-1.5.2.6に掲載されている。

これらの点から融雪による積雪深低下速度が8cm/day程度が地すべり変動を活発化させる目安と考えられる。ただし，積雪状態により積雪深の低下量と融雪量（換算雨量）は同じ地点でも異なるので，この値の扱いには注意が必要である。

引用・参考文献

1) 藤田至則・高浜信行：新潟県西頸城郡青海町玉ノ木地すべりの要因，地質学論集，No28, pp.135～146, 1986.
2) 七五三掛地すべり調査団・日本地すべり学会東北支部：山形県七五三掛地すべり地内で発生した地すべり災害，日本地すべり学会誌，Vol.46, No1, pp.60~61, 2009.
3) 妙高土石流災害調査班：昭和53年5月18日妙高高原に発生した土石流災害，土木技術資料，Vol.20, No9, pp.39~43, 1978.
4) 地盤工学会蒲原沢土石流調査団：1996年12月6日蒲原沢土石流調査報告，土と基礎，Vol.45, No10, pp.69~72, 1997.
5) 野地正保：北海道における融雪と地すべり，融雪期の地すべり，日本雪工学会雪と地すべり委員会，pp.13~18, 2004.
6) ㈳日本地すべり学会新潟支部・㈳新潟県地質調査業協会・㈳斜面対策技術協会新潟支部：新潟県の地すべり災害と対策の歴史，pp.62~72, 2008.
7) 気象庁：2012年（平成24年）の日本の天候，報道発表資料，平成25年1月4日，2013.
8) 倉橋稔幸：2012年春季の融雪による土砂災害，日本応用地質学会・北海道応用地質研究会，Epoch, pp.7～10, 2013.
9) 木村誇・畠田和弘・林真也・丸山清輝・秋山一弥：2012年積雪期に発生した国川地すべりの運動特性，日本地すべり学会誌，Vol.51, No4, pp.12~22, 2014.
10) 高村由紀夫・水野英二・古城学：国道239号霧立峠災害発生から早期通行止めの解除に向けて，寒地土木研究所，平成24年度技術研究発表会，2013.
11) 日本地すべり学会北海道支部・北海道地すべり学会：平成26年度現地見学会資料，2014.

1.5.3 凍上
(1) 地盤の凍上

凍上が発生する凍土中にはアイスレンズと呼ばれる析出氷が成長し，地盤が膨張して地表面を持ち上げる（**写真-1.5.3.1**）。杭などの深さ方向に長いものは，凍結深度以下の部分の付着抵抗力不足の時や，地表面の構造物（のり枠等）により凍上力が付加されると，凍上時に持ち上がったものが融解時に元に戻れず浮き上がったままのことがある。特にのり勾配が急になると，浮き上がったままのことが多い。斜面やのり面上で凍上と融解時の沈下が発生すると，斜面下方へ徐々に凍結深の土層が移動していくソリフラクションという現象が生じることがある。さらにのり面構造物（のり枠等）が浮上った状態であると融雪水や降雨などにより表層地盤の不安定化につながる。

凍上には，温度条件・水分条件・土質条件の三つの条件が重要な要素であるが，岩盤などではその亀裂状況やスメクタイトなどの含有構成鉱物も重要であり，凍結部外からの供給水も見逃せない。土壌中の水は 0℃以下になると凍結を始める。しかし，粘土鉱物を多く含む細粒土中では 0℃より低温の部分のすべての水がすぐに凍結するわけではなく，不凍水として残ることがある。この不凍水は未凍土側の水分を凍結面に供給する。その結果，もともと地盤に含まれていた水だけではなく，未凍土側の水分も吸い上げて過剰な氷を析出させ，この氷の成長によりさらに地表面を上昇させることがある。

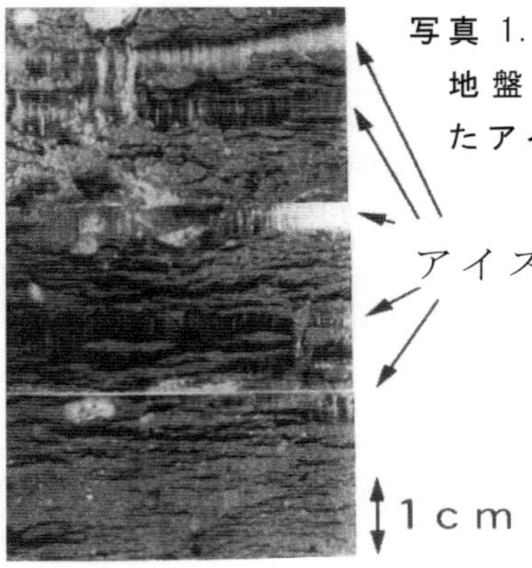

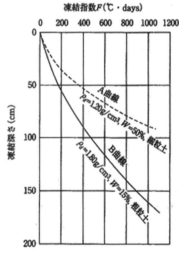

写真 1.5.3.1 凍結地盤中に発生したアイスレンズ[1]

これらの条件から（供給水の無い場合）ある地点での凍結深度を事前に推定する次式が提案されている（**図-1.5.3.1**）。

$$Z = C\sqrt{F}$$

　　Z：最大凍結深(cm)
　　F：凍結指数(℃days)
　　C：土質や含水比条件で決まる係数（**表-1.5.3.1**参照）

凍結指数（積算寒度）F は，日平均気温がマイナスになる期間の日平均気温の積算値をいう。積算寒度は一日の気温がプラスになる場合は積算しないなど，多少異なる算出法もある。

表－1.5.3.1　凍結指数に対する C 値 [2]

材料名	乾燥密度 ρ_d (g/cm³)	含水比 W (%)	凍結指数 F (℃/days)	100	200	300	400	500	600	700	800	900	1000	1100
A曲線	1.20	50	凍結深さ Z (cm)	25	37	45	53	61	67	74	79	84	89	93
			$C = Z/\sqrt{F}$	2.5	2.6	2.6	2.7	2.7	2.7	2.8	2.8	2.8	2.8	2.8
B曲線	1.80	15	凍結深さ Z (cm)	37	58	76	91	105	117	130	141	150	161	171
			$C = Z/\sqrt{F}$	3.7	4.1	4.4	4.6	4.7	4.8	4.9	5.0	5.0	5.1	5.2

図－1.5.3.1　凍結指数と凍結深さの関係 [2]

なお，A 曲線は凍上を起こしやすい細粒材料，B 曲線は凍上を起こしにくい粗粒材料からなる地盤モデルに対応する。

地盤凍結が起こるような場所では，凍結部が不透水層となり，未凍結時には良排水部でも，不良排水となる場合があるので注意が必要である。凍結指数は，例えば日平均気温が (-2.0℃) が 10 日，(-10℃) が 20 日のとき (2×10+10×20=220℃days) となる。

この算出した凍結深度は実質的には大きめに評価されることがあるので，60～80%の値を用いることもある。

凍上量は凍結深度の条件が複雑に絡み合うので推定は難しい。すなわち，

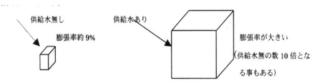

(a) 供給水が無い場合の凍上量　　(b) 供給水がある場合の凍上量

図－1.5.3.2　凍上時の供給水による体積膨張を表現した模式図

凍結地盤内の空隙状況や凍結部外からの供給水の量により大きく左右される。一般的には供給水などがない場合の水分は 9％体積が膨張する。しかし斜面やのり面などで不透水層（粘土層等）が斜面に流れ盤状に存在する等の条件下で，地盤内から凍結部への供給水がある場合などは，凍上量が大きくなる。

(2) のり面の被害例

凍上現象は路床・路盤，盛土のり面，切土のり面などに被害を及ぼすことがある。凍上のり面の崩壊発生機構を図-1.5.3.3に示す。被害は凍結・融解後の融雪水や豪雨が誘因になることが多い。

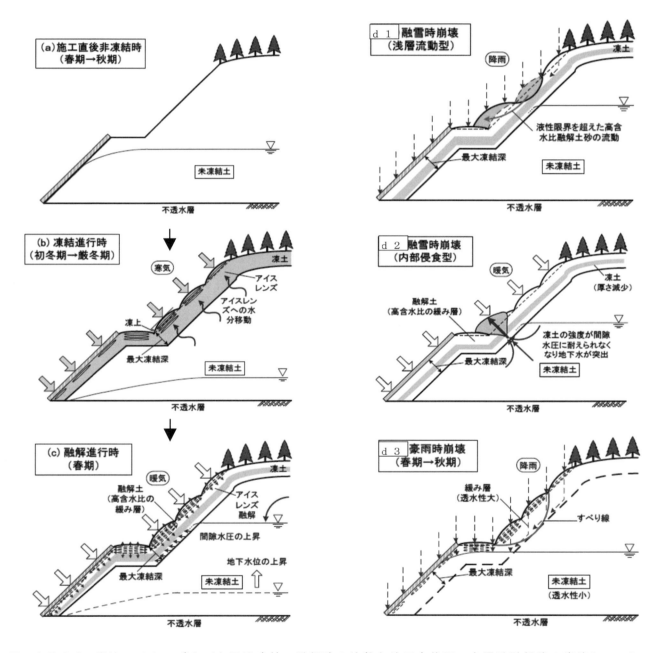

図-1.5.3.3 崩壊のメカニズム（左図は凍結・融解時の地盤と地下水状況，右図は融解後の崩壊ケース）

凍上被害は主として北海道に発生するものと受けとられがちであるが，本州の各地でも発生している。切土のり面では凍上で発生した亀裂内への流入水がさらに亀裂を拡大させ，のり面を不安定化させる。この現象により変状した簡易吹付のり枠（交点に鉄筋挿入工施工）の例を写真1.5.3.2に示す。また，のり面背面地盤が未固結の場合の対策工変状例を

写真-1.5.3.3に示す。のり面を構成する地質は小礫混りのスコリア堆積層である。このスコリア堆積物に不透水層の軽石起源と思われる白色粘土層が数枚（確認は 4 枚）介在し，のり面に対して流れ盤となっている。そのため，この白色粘土層の上面に沿って供給水をもたらし凍上量を増加させ，のり枠変状が顕著になっている。

写真-1.5.3.2 切土のり面変状状況。
交点部分に鉄筋挿入工が施工された簡易吹付のり枠の変状（福井県）

写真-1.5.3.3 吹付簡易のり枠の変状状況。
小段の U 字側溝と簡易吹付のり枠との間に出来た空隙。凍上での浮上りにより発生（群馬県赤城山麓）

(3) 計測・試験

凍上被害の試験や計測は，現地で行う場合と現地採取試料をもとに室内試験を行う場合がある。現地計測は，単年度での計測よりは複数年の測定結果で評価をすることが望ましい。凍結深度は既に測定地域での凍結指数が示されている場合にはその凍結指数を用いて推定することがある。計測・試験については全体の試験結果を総合的に考慮し判断することが重要である。

ⅰ) 現地計測・試験

凍結深度計測方法は通常メチレンブルーが充填された装置（図1.5.3.4の装置）を現地に埋設して冬期間に現地にて測定する。メチレンブルーは凍結すると色が変化（白濁）するのでメチレンブルーの充填された内管を引揚げて観測する。この測定方法以外にも簡易的に最高最低温度計を 5〜10 cm間隔に配置した装置にて測定する例がある。

凍上量の測定方法については，安定した不凍結地盤に鉄筋を固定し，表面の凍上部分に受圧板を設置した装置によって受圧板の変位を測定した例がある。この場合，不凍結地盤への鉄筋の固定は，グラウンドアンカーの定着部と同様に布パッカー等を用いて確実に行うことが重要である。また凍結部分では凍結時に装置（鉄筋等）が凍着しないように塩ビ管等により保護する必要がある。受圧板も斜面からズリ落ちないように鉄筋挿入等により表層地盤に固定しておく必要がある。凍上量測定装置の一例を図-1.5.3.5に，測定例を写真1.5.3.5に示す。

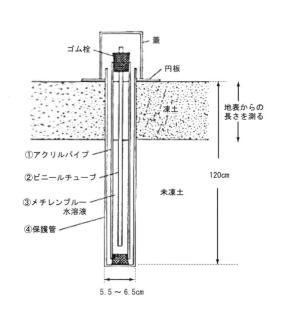

図-1.5.3.4 凍結深の測定装置

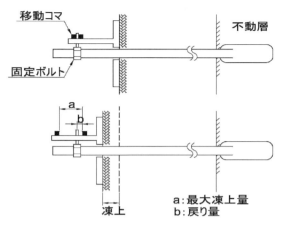

図-1.5.3.5 凍上量測定装置の一例

写真-1.5.3.5 凍上量測定用計測器の設置状況
固定ボルトのナットを基準に変位を読み取る

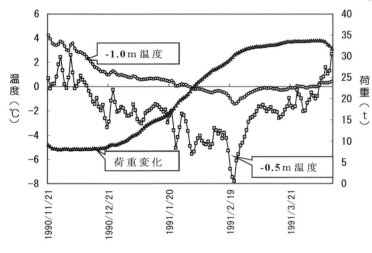

図-1.5.3.6 地中温度と荷重の変化

凍上力測定は凍上力に抵抗するような反力装置（H鋼等を使用）を用いて実施する例があるが、のり面や斜面でそういった構造物を設置することは難しい。このため、グラウンドアンカーの利用が考えられている。その場合、自由長の長さや表層地盤の強度によっては凍上力が吸収されて正確な値は得られない場合があるので、ダミーアンカー等を計画するなどの工夫が望まれる。

グラウンドアンカー頭部の荷重変化計測例を**図-1.5.3.6**に示す。地中温度変化とのり面対策工のグラウンドアンカー頭部に設置された荷重計の荷重推移を記録したものである。地中温度がマイナスになっても暫くの期間は荷重計に変化が認められないが、ある時点からは荷重増加が確認される。　検討に際しては、亀裂発達状況や断層の有無、浸透水の集積し易さ、供給水状況、湧水等も重要な項目である。

ii) 室内試験・計測

室内試験は現地採取試料を試験室に運搬して、モールド等の内部に充填して行う。充填はJISA1210による締固め法で行うが、現場条件とは異なる間隙率や含水量等の諸条件を念

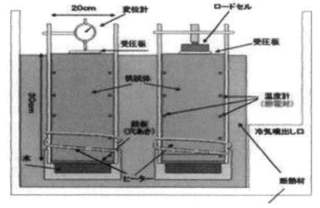

図-1.5.3.7 室内試験装置の例
温度測定は2.0cm間隔。荷重計測と変位計は別々のモールドで計測．水受けにはヒーター設置

写真-1.5.3.6 供試体の凍結状況

頭に置いて試験結果を判定することが肝要である。室内試験法は各種の指針[3]等に掲載されているので，それらを参照願いたい。ここでは冷凍庫を用いて測定した例を**図－1.5.3.7**に，測定・観測状況を**写真－1.5.3.6**に示す。

(4) 対策工

道路路床ではすでに置換厚さという概念で凍結・凍上を防止し，融解の影響を受けないような計算式と施工方法が確立されている。しかし，のり面や斜面に対する凍上対策工は供給水の有無や構成地盤の含有成分（スメクタイト等）の諸条件があり，これ等に対する研究が十分とは言えない。また路床の様にほぼ平坦な地盤であれば礫や粗砂等による置換層で対処出来るが，傾斜が急なのり面や斜面では置換層を設置することは難しい。

のり面や斜面の断熱効果により凍上被害を軽減するとされるのが植生工である。しかしその効果は未知数である。道路土工－切土・斜面安定工指針では**図－1.5.3.8**に示すような比較的緩やかな（1:1.2～1:1.5）のり面で特殊ふとん篭（篭マット）での対策工例を示している。特殊ふとん篭同士は鉄線で連結し，アンカーバー（凍結深度を考慮した長さ）によってずれ止めされ，凍上・融解時に凍結部分の上下変位に追随する構造として機能が損なわれないように配慮されている。

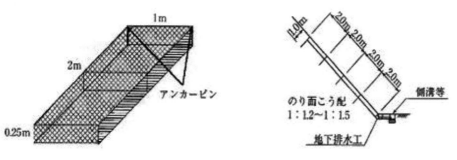

図 1.5.3.8　特殊ふとん篭工の構造例図 [4]

のり枠の場合の被災状況は，のり枠交点部分に施工された鉄筋挿入工が凍上時の抜け上りに対して，融解時に下がらず抜け上ったままの状態となって変状することが知られている。これは打設鉄筋挿入工が地山との摩擦による原因が主体とされる。したがって，のり枠交点部分にある鉄筋頭部を固定しない構造タイプも考案されている。この場合，勾配の緩い場合にはふとん篭が上下動に対応するのと同様な対応が可能であるが，勾配の急な場合には変動への対応ができず，変状が進行する。このようなことから鉄筋挿入工頭部で，のり枠交点部にプラスチック製品のバネ構造を有し，凍上時の変動を吸収して融解時の戻りをバネ応力で戻すような機能のものが考案されている。

さらにプラスチック製では稼働範囲が少なく限られ，劣化の問題もあることから引きバネ（鋼材スプリング）を装着した構造のものも考案されている。引きバネ装着構造の一例を**図－1.5.3.9**に示す。抑止力を必要とする大規格寸法のり枠（300×300 mm以上の断面形状等）の場合やグラウンドアンカーとの組合せが考えられる。この場合には凍上量に見合ったバネ構造が必要である。

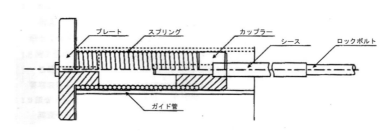

図 1.5.3.9　凍上対策用のバネ装着型ロックボルトの構造

引用・参考文献

1) 西川純一：寒冷地におけるのり面安定工法，土木技術 第49巻，第2号，pp.51～56，1994
2) 公益社団法人日本道路協会：道路土工要綱，pp.208～211，2009
3) 公益社団法人地盤工学会：地盤材料試験の方法と解説，pp.226～258，2009
4) 公益社団法人日本道路協会：道路土工　切土・斜面安定工指針，p.187，2009

1.6 その他の災害

本章ではここまでに地震災害，豪雨災害，火山災害，雪氷・融雪災害を取り上げてきたが，それらは主に自然現象を誘因として比較的短時間に発生する災害である。これらの事例とは異なり，人為的な要因が深く関わる災害や，長い時間をかけて徐々に災害が進行する事例も多い。本節ではこのような事例の中でも，特に地形・地質との関連が深いと考えられる災害について，1.6.1に広域地盤沈下，1.6.2に不同沈下，1.6.3に陥没災害，1.6.4に隆起災害，1.6.5に海岸侵食，1.6.6に高潮災害を取り上げる。

1.6.1 広域地盤沈下
(1) 地盤沈下とは

地盤沈下とは，地層の圧密または圧縮によって地表面が面的に低下する現象を指す。地表面が面的に低下する現象には，**表-1.6.1.1**に示すように，各種の地盤沈下や地盤沈降があるが，原因(メカニズム)によって，変位速度や変位面積も異なる。

表-1.6.1.1 地表面が面的に沈下する現象の例

現象区分	略意	主な地変現象の原因(メカニズム)例	主な地形	主な地質
地盤沈下	ごく表層の環境変化で地表面が下がること	地下水採取もしくは天然ガス(かん水)採取等の過剰揚水による地下水位低下に伴う広域地盤沈下	沖積低地，埋立地	粘性土層 高有機質土層
		荷重による粘性土や高有機質土地盤の圧密沈下	同上	同上
		荷重による粗粒土地盤の即時沈下	同上	粗粒土層
		液状化に伴う飽和砂質土地盤の沈下	同上	飽和砂質土層
		不飽和粗粒土地盤の浸水沈下	盛土地	不飽和粗粒土層
		斜面滑り破壊に伴う上部の沈下	台地，丘陵地	
地盤沈降	地殻変動の一環で地表面が下がること	地震に伴う沈降		
		プレートの沈み込みに伴う沈降		

地層の圧密によって起こる地盤沈下にも，長期にわたる地下水や天然ガス採取目的での過剰揚水による地下水位低下を原因として広域に発生するものと，建設事業に伴う短期的な地下水位低下工法や荷重(盛土等の構造物荷重)を原因とする局所的なものとがあり，前者を特に"公害としての広域地盤沈下"と呼んで区別することがある。

本項では，地盤沈下のうち，広域地盤沈下について，地盤沈下対策に必要な地形と地質の見方のポイントを解説する。

(2) 広域地盤沈下の現況

日本における"公害としての広域地盤沈下"は，1950年代から1960年代頃に各地で深刻な被害を生じていたが，用水2法(工業用水法と建築物用地下水の採取の規制に関する法律)や各自治体制定の条例等の地下水採取規制が功を奏して，多くの地域で地下水位(水圧)は回復傾向に転じ，地盤沈下は沈静化傾向を示すようになった。

日本の主要な広域地盤沈下地域での累積沈下量の経年変化図を**図-1.6.1.1**に示す。

図-1.6.1.1と**表-1.6.1.2**から，日本の代表的広域地盤沈下地域では，年平均20mm以上の沈下が数10年にわたって発生している。⑦の東京都江東区では**図-1.6.1.2**にも示すように，累積沈下量が4mを超えていることが分かる。また，その原因となった地下水位低下量は元の水位が不明だが，50m程度に達していたものと推察される。

地変現象の原因は，素因と誘因の組合せで考えることが重要[3]である。

広域地盤沈下現象は主に次の素因と誘因が重なって起こる現象である。
1) 素因として、圧密層(粘性土層・高有機質土層)と帯水層(粗粒土層)が厚く広く分布
2) 誘因として、過剰揚水によって地下水位(水圧)が長期にわたって低下

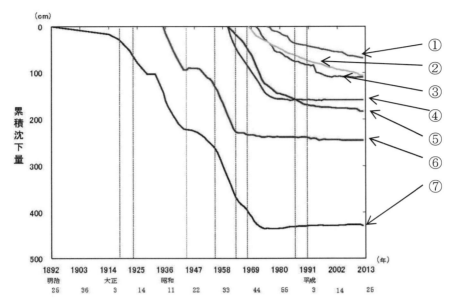

図－1.6.1.1 主な広域地盤沈下地域での累積沈下量経年変化図 [1]

表－1.6.1.2 主な広域地盤沈下地域の沈下量と沈下速度の概要

地域	総沈下量	年平均沈下量
① 南魚沼(新潟県六日町余川)	0.63m/31年	20mm/年
② 九十九里平野(千葉県茂原市南古田)	1.00m/39年	26mm/年
③ 筑後佐賀平野(佐賀県白石町遠江)	1.10m/29年	38mm/年
④ 濃尾平野(三重県長島町白鶏)	1.60m/18年	89mm/年
⑤ 関東平野北部(埼玉県越谷市弥栄町)	1.73m/42年	41mm/年
⑥ 大阪平野(大阪市西淀川区百島)	2.37m/33年	72mm/年
⑦ 関東平野(東京都江東区亀戸7丁目)	4.17m/59年	71mm/年

注：丸数字は図－1.6.1.1に対応

　圧密層と帯水層が揃って、かつ厚く広く分布する地形条件は、第四紀に形成された平野部(低平地)が該当し、地下水位(水圧)が長期にわたって低下し続けるのは、水収支が悪化しやすいことを意味している。ここで重要なことは圧密層が例えば更新統の粘土層で圧縮性が低くても厚く堆積していれば相応の地盤沈下量になるし、逆に圧縮性の高い高有機質土であれば層厚が薄くても相応の地盤沈下量になる点である。日本では、第四紀に形成された平野部に圧密層と帯水層がともに分布する。日本の第四紀沖積平野と広域地盤沈下地域の分布を図－1.6.1.3に示す。
　地形を便宜的に、地下水流動系の観点から"涵養域"と"地下水利用地域(流動域と流出域)"に2大区分してみると、水収支が悪化しやすいのは、次の条件の地域である。
・相対的に"地下水利用地域(流動域と流出域)"に比べて"涵養域"の面積が狭い。
・気象地域特性で決まる"可能涵養量"が日本国内の中で相対的に小さい。
・"涵養域"の保水性能が低く、"涵養域"における地下浸透能も小さい。
・河川の"渇水比流量"が小さい。

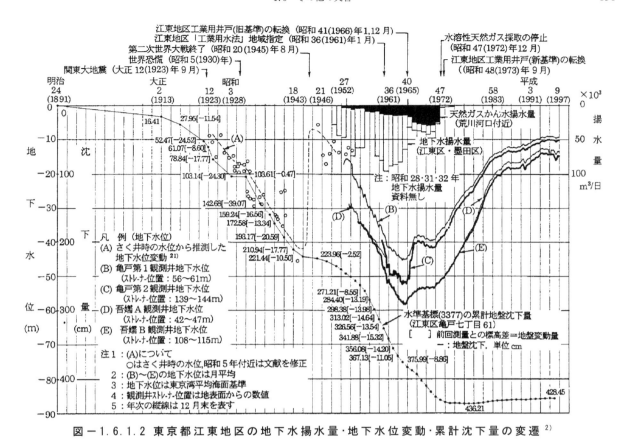

図-1.6.1.2 東京都江東地区の地下水揚水量・地下水位変動・累計沈下量の変遷[2]

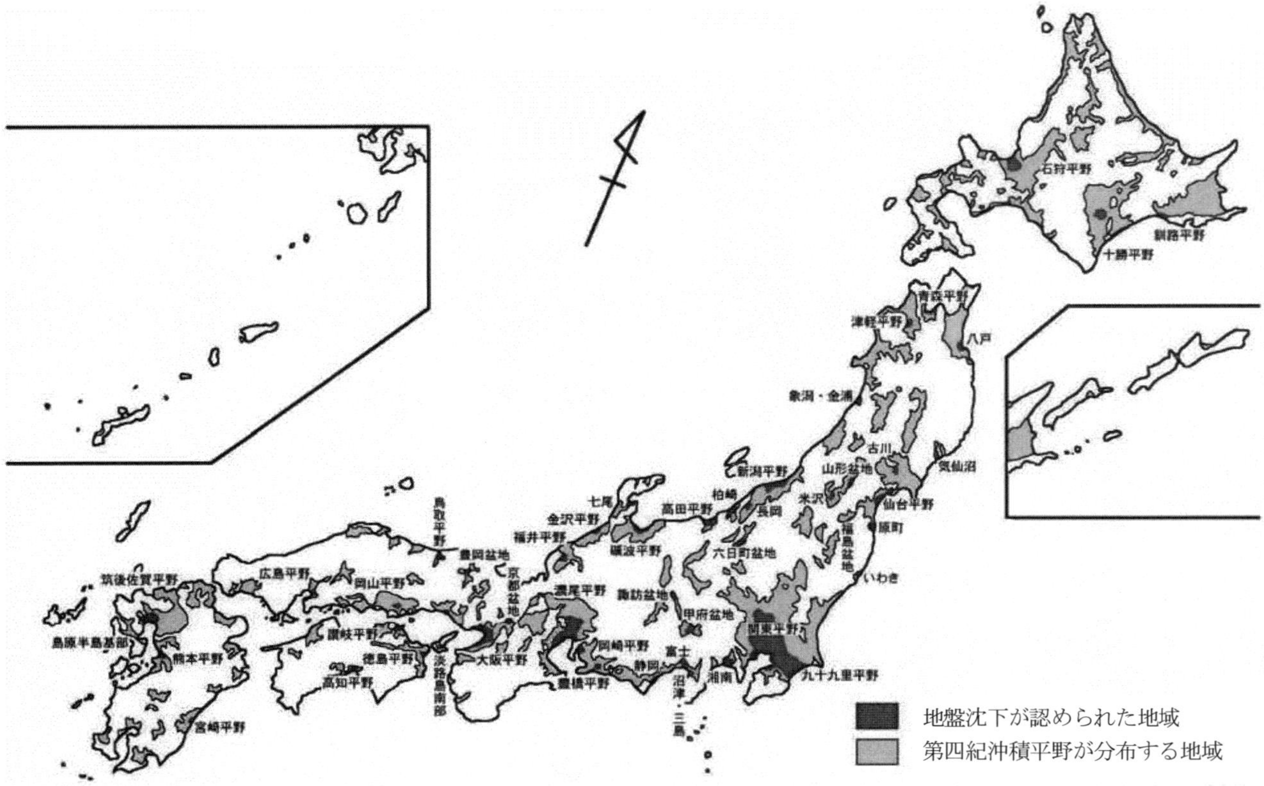

図-1.6.1.3 日本の第四紀沖積平野と広域地盤沈下地域の分布[1]

ここで, "渇水比流量"は, 河川の任意地点での低水流量を, その地点を流末とする分

水界で囲まれた閉じた系としての流域範囲（集水範囲）面積で割った値を$m^3/s \cdot 100km^2$の単位で表示したもので，我が国では，地下水から河川への流出量は渇水比流量に概ね等しい。「年降水量－年蒸発散量」を，その地域の"可能涵養量"と呼ぶ。実際には「降水量－蒸発散量」は「表面流出量＋地下浸透量」となり，"可能涵養量"における表面流出量と地下浸透量の割合を，それぞれ"表面流出率（＝表面流出量／可能涵養量）"，"地下浸透能＝地下浸透量／可能涵養量"と呼んでいる。ここで「表面流出率＋地下浸透能＝1.0」となる。

また，地盤沈下の程度は年沈下量で評価することが多いが，被害は累積値で決まることに要注意である。すなわち，例え年5mmの沈下であっても20年間の継続累積で10cmに達すれば，様々な障害が出てくる可能性がある。

(3) 広域地盤沈下による沿岸ゼロメートル地帯の形成

沿岸平野部で広域地盤沈下が発生すると，満潮位よりも地表面の低いゼロメートル地帯が形成され，高潮や津波あるいは内水災害など，浸水被害の脅威に晒される。広域地盤沈下によって形成された日本におけるゼロメートル地帯を表－1.6.1.3に総括した。

日本全国では 1,177km2 ものゼロメートル地帯があり，その9割は人口密集地域である濃尾平野，築後・佐賀平野，新潟平野，関東平野，大阪平野に集中している。

表－1.6.1.3　全国のゼロメートル地帯の概況（文献1）より要約）

No.	ゼロメートル地帯が存在する地域（都道府県名）	面積（km²）		全国比（％）	
1	濃尾平野（愛知・岐阜・三重）	395		34	
2	筑後・佐賀平野（佐賀・福岡）	253		21	
3	新潟平野（新潟）	183	1,059	16	90
4	関東平野（東京・千葉・神奈川）	134		11	
5	大阪平野（大阪・兵庫）	94		8.0	
6	岡崎平野（愛知）	57		4.8	
7	豊橋平野（愛知）	27		2.3	
8	高知平野（高知）	10		0.85	
9	広島平野（広島）	9		0.76	
10	九十九里平野（千葉）	8		0.68	
11	島原半島基部（長崎）	6		0.51	
12	気仙沼（宮城）	1		0.08	
	計	1,177km²		100%	

注：No.1およびNo.3～12は平成24年版全国地盤沈下の概要（環境省），
No.2は平成19年版全国地盤沈下の概要（環境省）の情報より要約。

(4) 地下水利用に伴う沿岸域での塩水化障害

過剰揚水に伴う地下水位低下で生じる代表的障害に，地盤沈下と併せて地下水の塩水化がある。日本で過去に地下水の塩水化被害履歴のある地域を表－1.6.1.4に示す。

表－1.6.1.4 日本において過去に地下水の塩水化被害履歴のある地域（文献1）より要約）

被害履歴条件	地域数	地下水の塩水化被害履歴のある地域
塩水化被害地域の内，対策済	4地域	石巻（宮城），気仙沼（宮城），九十九平野（千葉），富士（岳南／静岡）
一部対策が施されているものを含め，現在なお被害が認められるもの	9地域	関東平野南部（神奈川），高田平野（新潟），豊橋平野（愛知），濃尾平野（三重），播磨平野（兵庫），広島平野（広島），徳島平野（徳島），高知平野（高知），筑後・佐賀平野（佐賀）
極めて局部的に被害が認められるもの	4地域	仙台平野（宮城）富山・砺波平野（富山），金沢平野（石川），大阪平野（大阪）

沿岸域の地下水位低下で塩水化が起こるイメージを**図－1.6.1.4**に示す。塩淡境界面深度での淡水と塩水との荷重バランスである。

海岸周辺の地下水は，一般的に海側は塩水(海水)，陸側は淡水であるが，**図－1.6.1.4**に示すように，陸側の地下水内には見掛け上の塩淡境界(実際は，ある幅をもって遷移かつ流動しているものと見られる)が存在する。

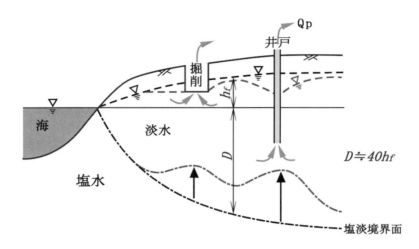

図－1.6.1.4　地下水位低下と塩水の上昇概念図 [4]

淡水の比重は約1.0(厳密には4℃で最大で0.99997，15℃では0.9991)を示し，海水は世界的には1.01～1.05と，地域と状況でかなりの幅があるようだが，日本近海では概ね1.02～1.03程度と言われている。塩水は淡水に比べ比重が大きい(重たい)ことから，淡水と塩水が接すると，塩水が淡水の下に回り込み，海側から陸側へ，あたかも塩水のクサビを打ち込んだような形状を示すことから"塩水クサビ"と呼ばれることがある。

同一深度での水圧は，塩水域でも淡水域でも同じでなければならないから，陸域の塩淡境界面付近の深度での淡水の水圧と，その同一深度での海域での海水圧を同じ(すなわち，水圧バランスがとれている)と仮定して，塩水の比重を1.025とすれば，次式が成立する。

$$D \times 1.025 \fallingdotseq (D + hf) \times 1.0 \quad \Rightarrow \quad hf \fallingdotseq D/40$$

この関係を Ghyben-Herzberg の関係と呼ぶ。この式から，地下水位低下量の約40倍塩淡境界面が上昇することが分かる。

(5) 広域地盤沈下のメカニズムと法の課題

地盤沈下は，**表－1.6.1.5**に示すように様々な多面的要因で発生する。基本原理は素因としての圧密しやすい粘土層の分布と誘因としての地下水位(水圧)の低下であるが，水循環もしくは地下水流動系の観点で考えれば，地下水位の低下は流域での水収支不足に他ならない。用水2法に代表される地下水採取規制に関する法と関連条例は，水循環や水収支については必ずしも考慮しておらず，対症療法的対策であり，一定の効果は上げているが，根本治療からは程遠いのが実情である。2014年3月に水循環基本法が成立した。水循環基本計画も2015年7月に閣議決定して，水循環に関する法基盤ができたことから，今後は流域単位での水循環を考慮した実効性の高い地盤沈下対策の実施が期待される。

また，沿岸域において，地盤沈下と平均海水面上昇，地盤隆起と平均海水面低下とは，相対的関係であり，どちらを基準に現象を捉えるかの違いで，前者は地盤を基準とすれば海面上昇，平均海水面を基準とすれば地盤沈下，後者は地盤を基準とすれば海面低下，平均海水面を基準とすれば地盤隆起となる。

従って，沿岸域の地盤沈下地帯では，海面上昇問題と重なると相乗効果で浸水リスクが高まることに注意が必要である。

表-1.6.1.5 地盤沈下の多様性

視点	区分	細区分
原因（誘因）	自然誘因	自然水収支の悪化
	人為的誘因	地下水採取，建設工事，土地利用変化
平面スケール	局所（限定的）地盤沈下	圧密沈下（粘性土）
		弾性沈下（粗粒土）
		水浸沈下（粗粒土）
		液状化（砂質土）
		振動（砂質土）
		せん断破壊
		側方流動（粘性土）
	広域地盤沈下	圧密沈下（粘性土）
		液状化（砂質土）
体積変化	体積変化なし	せん断破壊動
		側方流動（粘性土）
	体積変化あり	粘性土（圧密沈下）
		粗粒土（弾性沈下）
地盤の土質	粘性土地盤	自重，載荷重，地下水位（圧）低下
	砂質・礫質地盤	載荷重，水浸，振動
その他	断層運動 地盤内空洞形成	陥没

表-1.6.1.6 過剰揚水に起因した広域地盤沈下と地球温暖化に伴う海面上昇の対比 [5]

現象	視点（基準面）の切換え	現象のオーダー
地盤沈下 ⇕ 相対的概念 海面上昇	地盤面を基準に見ると	相対的海面上昇［見掛けの海面上昇］
		［我が国の実績］ 20～100mm/年 0.6～4.4m/max（20～60年）
	平均海面を基準に見ると	相対的地盤沈下［見掛けの地盤沈下］
		［IPCC 第4次］予測 2～6mm/年 0.2～0.6m/100年

引用・参考文献

1) 環境省編：平成25年度全国地盤沈下の概況，2014.12.
2) 遠藤毅・川島眞一・川合将文：東京下町低地における"ゼロメートル地帯"展開と沈静化の歴史，応用地質，Vol.42, No.2, pp.72～87, 2001,
3) 地盤工学会編：入門シリーズNo.34『地下水を知る』，地盤工学会発行，2008.5. pp.99～106
4) 河野伊一郎：地下水工学，鹿島出版会，1989.3., p.168 を加筆修正
5) 日本応用地質学会編：原典からみる応用地質学 その論理と実用，古今書院発行，2011.12., pp.178～182

1.6.2 不同沈下
(1) 不同沈下の被害

土木構造物や建築物で，しばしば地盤の不同沈下による傾きや段差等が発生し，供用上の問題となる。基礎構造が傾いた場合には，上部構造に歪みが生じ，構造物の破壊につながることがあり注意が必要である。特に道路や鉄道等の線状の構造物では深刻な問題になることが多い。不同沈下による被害例は多種多様にわたり，以下のようなものが挙げられる。

① 建築物の傾きによる柱や壁部材のひび割れや隙間の発生
② 基礎地盤の不同沈下による建築物の傾き

　ピサの斜塔は基礎地盤の強さが両側で異なったために，建設中から不同沈下が発生して傾いたとされている。そのため，建設途中から上層で重心を変化させたり，最近では基礎に重しを載せてバランスを取るような対策が行われている（**写真-1.6.2.1**）。

③ 基礎グイの長さ不足による建築物の傾き（**写真-1.6.2.2**）（3.4.1 参照）
④ 不同沈下による道路の通行障害（**写真-1.6.2.3**）
⑤ 高架橋の沈下によるひび割れや不陸による安全性の低下

　大阪駅高架橋は昭和11年に竣工したが，支持杭と摩擦杭の混在箇所での不同沈下は建設直後から発生し，昭和32年までに1.8mの落差が生じた。バラスト厚さの調整などでしのいでいたが，最終的にはアンダーピニングによる対策工事が行われた[3]。

⑥ 不同沈下による上下水道等の配管の抜けや変形

写真-1.6.2.1 建築物の不同沈下事例 [1]

写真-1.6.2.2 基礎グイの長さ不足で傾いた建物

(2) 不同沈下の原因

不同沈下は主に地盤の圧密や圧縮による沈下（**図-1.6.2.1**）と，それ以外の地盤の側方移動や地すべり等による沈下（**図-1.6.2.2**）に大別される。図-1.6.2.1の場合は，建設前の調査や検討が不十分な場合に不同沈下が発生し易く，①②上部荷重の偏りや異種の基礎構造，③④地盤の不均一性や沈下層厚の差異，⑤⑥近接工事の影響が原因となる。

また，**図-1.6.2.2**の場合は，軟弱地盤以外での不同沈下の発生が特徴としてあげられ，⑦⑧擁壁や斜面の不安定化，⑨シールドトンネル等の掘削影響

写真-1.6.2.3 不同沈下による道路の通行障害

響が原因となる。

①建物等の上部鉛直荷重が地盤に対し偏っている場合　②異種基礎構造による場合　③不均質な埋立地盤の場合

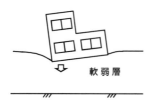  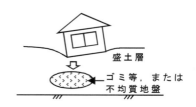

④傾斜地盤により沈下層厚に差異がある場合　⑤近接地における盛土等の影響　⑥周辺地下水の低下に伴う圧密促進が生じた場合

  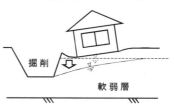

図－1.6.2.1　圧縮沈下による不同沈下要因

⑦側方移動による沈下　⑧地すべりや斜面崩壊　⑨シールドトンネル掘削による沈下

 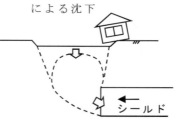

図－1.6.2.2　圧縮沈下以外の不同沈下要因

(3) 不同沈下の事例

　圧密沈下を起こすような軟弱地盤の分布地域では，図-1.6.2.1に示したような種々の原因で発生する不同沈下が問題になる場合が多い。ここでは，さいたま市の小河川沿いに発生した住宅の不同沈下の被害について説明する。

　さいたま市には標高15m程の大宮台地が広がり，台地は中小河川によって開析され，樹枝状の谷地（低地）が形成されている。台地と低地の区分図[3]を図-1.6.2.3に示す。低地の標高は10m未満で水はけが悪く，豪雨時にはたびたび内水氾濫する土地である。このため，鴻沼川（大宮駅付近から南へ流下する河川）では平成10年度から河川改修が着手された。河川改修に伴う2～2.5mの河床掘削によって河川沿いの排水が円滑になると，今度は周辺地下水の低下で河川沿いに建物の不同沈下が発生した。河川周辺の宅地が最大15cm沈下し，住宅やマンション約800棟で建物や塀が傾いたり，壁にひびが入るなどの被害が生じた[4]。

　こうした低地には軟質の粘土層・腐植土層・ルーズな砂質土層からなる軟弱地盤が分布しており，河床掘削に伴う周辺の地下水低下により圧密が促進され，河川沿いに不同沈下が生じたものである。この事例は図-1.6.2.1の⑥にあたるもので，同様な被害は国内のいくつかの地域で発生しており，市街化の進んだ中小河川の改修では注意が必要である。

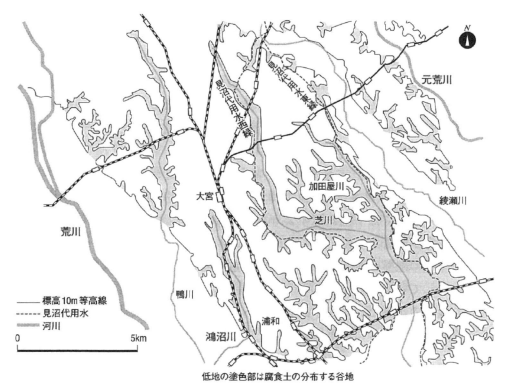

図-1.6.2.3 さいたま市の標高 10m 等高線で区分される低地(谷地)と台地の地形[3]
中小河川が樹枝状に入り込む低地では不同沈下や浸水被害のリスクが高い

(4) 設計上の留意点

不同沈下による被害を受けないためには,地盤沈下が発生しやすい地盤の有無を見抜くことが重要となる。そのためには,国土地理院発行の縮尺 1:25,000 地形図や航空写真を用いて地形判読を行い,軟弱地盤の分布範囲を確認し,状況に応じて必要な地質調査を行うことが求められる。軟弱地盤が分布する微地形として図-1.6.2.4 に示す箇所があげられ,これらは比較的容易に地形図の読図や空中写真判読によって把握することができる。

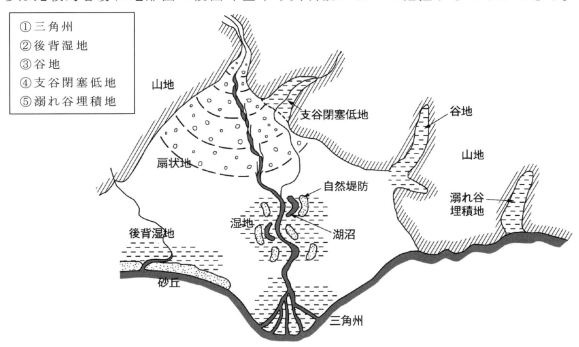

図-1.6.2.4 軟弱地盤の分布する微地形の模式図（[4]の図に加筆）

調査の結果軟弱地盤の分布を確認した場合には，極力そこを避けて建屋等の建設計画をすることとし，やむを得ない場合には土質試験結果を基に沈下量の予測を行い，必要な対策工の設計を行う。対策工には以下のようなものがあげられる。

①杭基礎等を用いた良質地盤への支持
②地盤改良工
③水位低下工（液状化対策）

また，底面の広い建屋や異型基礎を採用する場合には，将来的な残留沈下を考慮し，段差や不同沈下の生じない構造とするか，生じても問題のない構造となるよう配慮する。

(5) 不同沈下対策

構造物に変状が発生した場合には，まずその原因を把握する必要がある。不同沈下の原因については(2)に述べたとおりであるが，建設当時の資料やその後の点検記録等を確認し，適切な調査や試験により評価を行う。特に沈下の原因が他事業によることもあるため，場合によっては広範囲に調査を行う必要がある。

対策工は，不同沈下が生じる前に事前に行う場合と生じた後に行う場合とがあり，いずれも今後の沈下予測を精度よく行った上で，不同沈下の原因に応じた工法の選定が重要である。構造物の不同沈下に対する主な工法には以下のようなものが挙げられる（**図-3.4.2.2**の小規模建築物の沈下・傾斜修復工法のフロー図参照）。

①ジャッキアップ工法
②アンダーピニング工法（杭基礎への改良）
③地盤改良工法（置き換え工法，固化工法，注入工法等）

引用・参考文献
1) 応用地質株式会社：それでもピサの斜塔は倒れない，幻冬舎，pp.46~51, 2007.
2) 池田俊雄：地盤と構造物　地質・土質と鉄道土木　失敗と成功の軌跡，pp.9~22, 1999.
3) 上野将司：さいたま市における標高10m等高線の意義，日本応用地質学会研究発表会講演論文集,41~42, 2008.
4) 上野将司：危ない地形・地質の見極め方，日経BP社, pp.208~209, 2012.

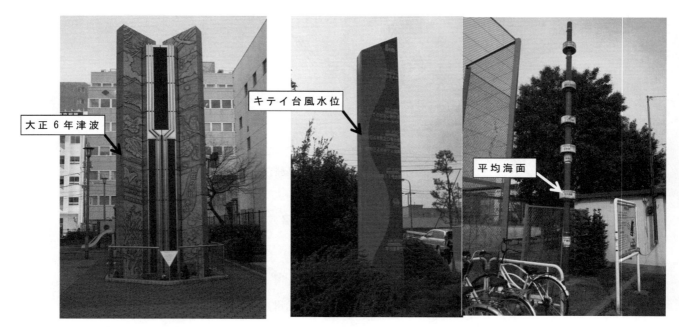

地盤沈下で標高0m以下の地域となった東京下町での地盤高を周知するためのモニュメント
左：総武線亀戸駅前，中：地下鉄南砂町駅前，右：南砂町駅の北側，南砂三公園

1.6.3 陥没災害
(1) 陥没災害の発生例

陥没は火山活動や地すべりの活動などに伴って発生することがあるが，ここでは平常時に地下空洞が原因となって発生する事例を扱う。地下空洞を形成時期や原因によって整理すると，おおむね以下のように分けられる。

① 特有の地質に生じる自然空洞：石灰岩地帯の鍾乳洞・火山地帯の溶岩洞
② 既設の人工的空洞：石炭・亜炭鉱山の廃坑・金属鉱山の廃坑・石材の地下採掘場跡・地下壕・老朽化したトンネルなど
③ 地下水流の変化に伴い形成された空洞：河川などの水位変化，谷埋め盛土内の水みちによる空洞，埋設管破損部周辺の水流によって生じる空洞など
④ 建設中の空洞：トンネルなど

このうち①の自然空洞はトンネル掘削などの障害になるが，陥没災害の発生頻度は低く，あまり知られていない。④に起因する陥没災害はしばしば話題になるが，計画・設計を含めた施工技術の視点から検討すべき課題のウエイトが大きいと思われる。そこでここでは残る②・③の事例を扱う。

②の人工的な空洞による陥没災害としては，大谷石地下採掘跡の陥没（**写真**-1.6.3.1-**A**）[1]，亜炭空洞の陥没（**B**）[2]などが知られている。事例数の多い亜炭鉱山は，品位の高い石炭に比較して地表近くに分布する炭層が採掘対象となり，地層の強度も低いため，陥没災害の発生頻度が高い。

③の地下水流の変化に伴い形成された空洞が陥没する事例は，発生状況が多様である。河川などの水位変化による例としては，河川近くの砂利採取と増水によって地下水の流れが変化して発生した北海道幕別町の陥没（**C**）[3]，湖水位の変化に伴い湖岸道路の路面下の崖錐堆積物に空洞が生じた例などがある。2001年に兵庫県明石市で発生した人口砂浜の陥没事故では，模型実験により，波浪による水圧変動が護岸工破損部から裏込めを吸い出す現象が確認されている。また最近都市部に多い下水道管渠の腐食による陥没（**D**）は，降雨の多い時期に発生する傾向があることから，破損部から溢れ出た水が管渠周辺に空洞を形成すると考えられている[4]。

写真－1.6.3.1 さまざまな原因による陥没災害の例
A：大谷石地下採掘跡の陥没（栃木県宇都宮市）[1]，B：地震による亜炭空洞の陥没[2]，C：伏流水による陥没（北海道幕別町）[3]，D：下水道管渠腐食による陥没[4]，E：開削された残柱方式の亜炭廃坑の状態[1]。

(2) 既設の人工的空洞の陥没
i) 陥没の形態とメカニズム

産炭地域の経験によれば，50m より深い採掘では 1～3 年で地盤の変形は収束し，それ以後地表に影響を及ぼすような動きほとんどないとされている。これより浅い深度での採掘例が多い亜炭の廃坑を例にとると，採掘では亜炭層内に一定間隔に柱を残して掘削する残柱式，坑道から枝状に採掘室（柱房）を掘削する柱房式，「狸掘り」とも言われる坑道式などの方法が用いられている（**写真-1.6.3.1-E**）[1]。

地表面に生じる変形の形態は，クラックや滑落面が存在せずに地表面が低下する地表沈下と，クラックや滑落面に区切られた範囲が落ち込む陥没に分けられる。このような形態的相違は，土被りの大きさ，地盤材料のせん断強度や変形特性，および地下空洞の規模に起因する変形量の大きさに依存する（**図-1.6.3.1**）。したがって陥没の危険性が高い地下空洞として，以下のような条件が整理されている[6]。

① 土被り厚が小さい
② 空洞上部の地山の強度が低い
③ 空洞上部の粘土層厚が薄い（地盤の変形挙動が脆性的である）
④ 空洞幅が広い（炭層の採掘率あるいは空洞率が高い）

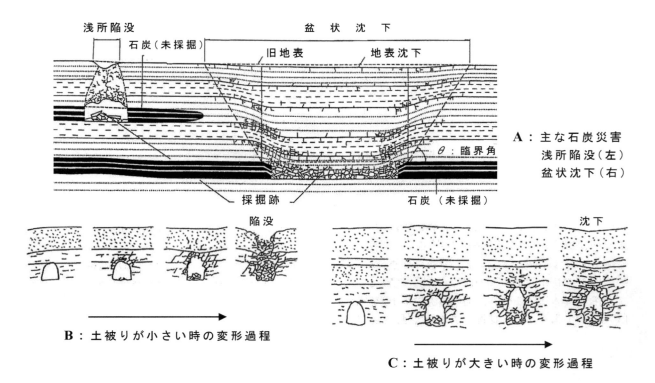

図-1.6.3.1 石炭鉱山跡における浅所陥没と盆状沈下とその変形過程[1],[5]

空洞周辺地盤に破壊が発生・進展する過程は，岩盤の鉱物・化学的性質，地質構造，および水理条件等を背景として，雨水の浸透や地下水の変動・地震動等が，地山の経時劣化を進行させると考えられる。

ii) 調査の考え方

人工的な空洞の調査は，自治体などが行う危険度マップの作成や，開発や建設に先立つ事前調査，陥没が起きた後の対策調査を目的としている。いずれの場合も空洞の位置や規模を把握することが最重要課題であり，さらに上記①～④の条件から陥没の危険度を評価して，対策へ結びつけてゆく。

図-1.6.3.2 に，日本充填技術協会[7]などに解説されている空洞調査の流れを整理した。

一般的な地質調査とは異なるポイントを，以下に列記する。
① 多くの空洞は太平洋戦争前後に掘削されたため，その記録が残されていることがある。亜炭なら所管の経済産業局が管理していた炭鉱の鉱区図，防空壕なら自治体の調査記録が残されていることがあり，聞き取り調査も有効である。
② 鉱石や石材は地下資源であり，その地下資源を胚胎する地質や地質構造を把握することが，空洞を把握することにつながる。亜炭などでは産炭層序，金属鉱山では鉱脈が連続する方向などを把握することが重要である。
③ 物理探査には様々な手法が用いられるが，探査手法の精度・可能探査深度・探査から得られる物理情報と地下資源や空洞が示す物性との関連を考慮して選択する。
④ 空洞分布・空洞まわりの地盤の緩み・空洞内の崩落土砂などは，最終的にボーリングによって確認される。空洞内の状況は，ボーリング孔を利用した空洞カメラや空洞レーザーレーダーを用いて把握されることもある。

予備調査

資料調査
- 特定資料（空洞の記録）
  炭鉱の鉱区図・自治体による防空壕の調査記録など
- 一般資料
  地形図・都市計画図・地質図と解説書・地盤図（都市圏）
  空中写真・日本地質鉱産誌（炭鉱地帯）

聞取り調査
- 地下壕の例
  壕の坑口・掘進方向・大きさ・掘進距離
- 亜炭空洞の例
  炭鉱名・立坑や斜坑の位置・掘進方向・大きさ・掘進距離
  活発な出鉱のあった坑口と時期・坑内の採掘状況・従業員数

踏査範囲の設定（指定区域外まで空洞が拡がる場合は対象範囲を拡げて実施）

地形地質踏査（広域地表踏査）
- 坑口の位置・標高・崩壊状況の把握，坑内の状況・掘進方向の推定
- 採掘の対象となった地層の層序・厚さ・拡がり・断層などの地質構造

予察ボーリング
- 採掘の対象となった地盤の層序
- 空洞上部岩盤の風化・劣化状況・強度など

本調査

物理探査
電気（電磁）探査・微重力探査・浅層反射法・レーダー探査など
 ※ それぞれの探査手法の精度・適用限界への理解が重要
 ※ 対象とする地山の物性・空洞の規模と深度により選択
 ※ 複数の手法を併用し，クロスチェックにより精度向上
 ※ 空洞分布の確定，空洞まわりの地盤の緩み，崩落土砂の分布と性質の把握には，ボーリング調査が不可欠
- 比抵抗法（電気探査）の場合
 ・土粒子間の空隙等による比抵抗の違いから地質構造を推定
 ・地下壕のような水のない空洞を高比抵抗域として検出
- 微重力探査の場合
 ・岩石の密度による重力異常から水平的構造を推定
 ・地下空洞による重力差を検出し，空洞の面的な分布を想定
 ・充填工法実施後の比較測定により，充填効果を評価

ボーリング調査
- ボーリング調査から期待される情報
 ・地層の正確な層序　　・掘進中の地盤状態変化
 ・掘進中の逸水状態　　・地下水位
 ・N値の変化　（空洞まわりの地層の緩み具合を判定）
 ・採取試料観察（崩落土砂の厚さと性質など）
 ・空洞内の状況
- 空洞カメラによる観測（水のない地下壕など）
  レーザーレーダーによる距離・方位・深度情報

調査結果の解析と総括
- 鍵層を用いた地層の対比と断面図の作成　→　総合的な層序と地質構造の推定
- 陥没危険度の判定　←　以下の４項目から評価（特に①・②が重要とされる）
  ① 土被り　② 上盤側の地層の強度と厚さ　③ 採掘幅・採掘率　④ 空洞中の地下水の有無
- 残存空洞量の推定　→　空洞充填計画の策定

図－1.6.3.2　充填施工による対策を想定した地下空洞調査の流れ

(3) 地下水流の変化に伴い形成された空洞の陥没
ⅰ) 陥没のメカニズム

人工的な空洞とは異なり，陥没の原因となった空洞は非意図的に形成されたものである。その多くは地下水流によって土粒子が流されて地盤中に水みちが形成され，さらに水みち

周辺の地盤にゆるみが進行して天端崩落などで空洞が拡大し，陥没に至ったと考えられる。例えば宅地やゴルフ場の造成後の陥没災害では，盛土下の古い沢筋に水みちが形成され，水流による侵食と地盤のゆるみで空洞が拡大する過程が想定される（**図-1.6.3.3**）[8]。

このタイプの陥没災害の事例では，地下水流の変化の原因とともに，水みちや空洞が生じやすい地盤条件を抽出することができる（**表-1.6.3.1**）。自然地盤では，崖錐堆積物や地すべりの側面・底部，氾濫原に伏在する旧河道などに水みちが形成されやすい。人口地盤（盛土）と谷地形をなす自然地盤の境界，さらに護岸工や下水管渠のような構造物の周囲にも水みちが形成されやすい。

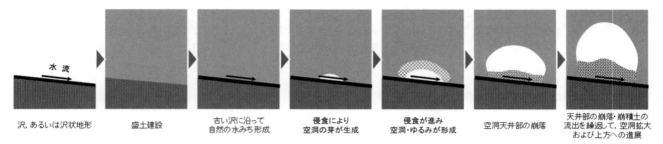

図-1.6.3.3　古い沢上に造成した盛土内に生じた水みちによる侵食の拡大過程の推定（桑野ほか[8]を編集）

表-1.6.3.1　地下水流の変化に伴い形成された空洞と陥没発生原因の整理

陥没発生箇所	地下水流の変化の原因	水みちや空洞を生じた地盤条件
盛土造成地	盛土下の伏流水	盛土前の谷筋
河川の氾濫原	砂利採取と河川の増水	礫層からなる旧河道
湖岸道路	湖水位の変化	崖錐堆積物
人工砂浜	潮位変化や波浪による水圧変動	護岸工破損部と裏込め
埋設管のある道路	下水管渠破損部から溢れた水	下水管渠の埋戻し土

ⅱ）調査の考え方

人工的な空洞の調査では，空洞の位置や規模を把握することが最重要課題であるが，地下水流の変化に伴い形成された空洞の調査では，水流の変化が生じた原因を解明することと，水みちや空洞を生じた地盤の水理条件を把握することが対策を考える基本となる。調査方法を定式化することが難しいため，ここでは一例として，北海道幕別町の陥没災害に際して行われた調査[3]の概要を**図-1.6.3.4**に示す。

陥没を生じた箇所は十勝川と札内川の合流点の南東約1.5kmに位置する。十勝川や札内川による氾濫原であり，氾濫原上を蛇行する支線のメン川からは200mほど離れている。

陥没孔は11m×13mの楕円形であり，陥没発生直後には地表から約3m下に水面があり，水深も約3mであった（**写真-1.6.3.1-C**）。陥没孔側面の水面付近には礫層が観察され，ここに東〜北東へ向かう水流が認められた。

調査地は畑地となっていてほぼ平坦であるが，地形的には十勝川や札内川によって形成された氾濫原上であることから，かつて調査地付近をこれらの大河川が流れていた可能性もある。そのため，旧河道の分布を把握するための調査が実施された。

ボーリング調査と電気探査により氾濫原堆積物の層序が把握され，陥没孔の側面と同様の締まりのない礫層からなる旧河道埋積層が，氾濫原下に伏在することが推定された。さらに地下水と地表温度の差を利用して地温探査が実施され，陥没孔から大規模な砂利採取跡へ向かう地下水の流れが推定された。これらのことから，陥没時に行われていた大規模な砂利採取と融雪期の水流の急増によって，旧河道に強い地下水流が生じ，陥没孔付近の砂礫が流出して空洞が生じたと考えられている。

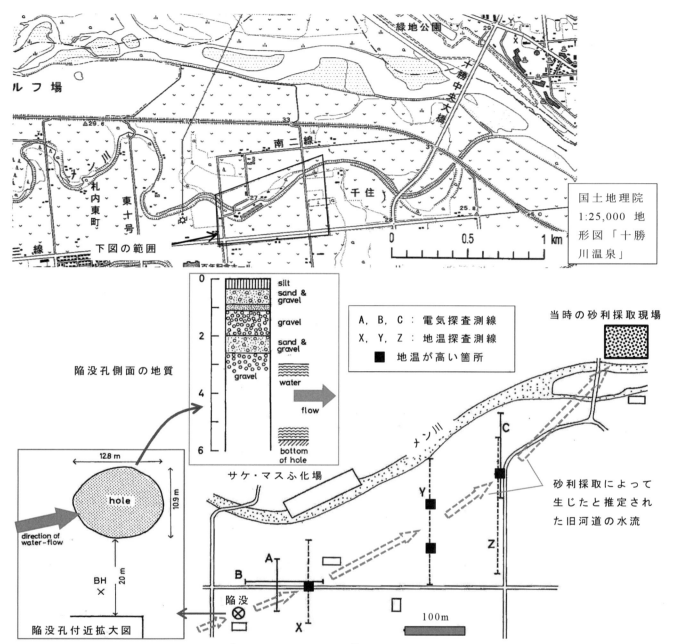

図-1.6.3.4 陥没孔付近の地下水調査例 （小柳ら[3]の第2図, 第4図, 第10図を編集・加筆）

引用・参考文献

1) 川本朓万：地盤陥没災害と地下空洞調査について，物理探査，Vol.58, no.6, 2005.
2) Aydan, O., Tano., H., The damage to abandoned quarries and mines by the M9.0 East Japan Mega Earthquake on Mard 11, 2011, 第41回岩盤力学に関するシンポジウム講演集，23, 2012.
3) 小柳敏郎・陶山秀昭・田村昇市：幕別町千住で起きた陥没孔付近の地下水調査，帯広畜産大学学術研究報告．自然科学，Vol.10, No.1, pp.305～318, 1976.
4) 桑野玲子・堀井俊孝・山内慶太・小橋 秀俊：老朽下水管損傷部からの土砂流出に伴う地盤内空洞・ゆるみ形成過程に関する検討，地盤工学ジャーナル，Vol. 5, No. 2, pp.349～361, 2010.
5) 川本朓万・アイダンオメル：岩盤工学特論 －その歴史と実際，地質との融合－，深田研ライブラリー，特別号，121~126p., 2005.
6) 岩田 淳：宅地造成開発に伴う亜炭採掘跡の陥没危険度評価，充填，No.10, pp.1~9, 1998.
7) 一般社団法人日本充填技術協会ホームページ：http://www.juten-tc.com/
8) 桑野玲子・佐藤真理・瀬良良子：地盤陥没未然防止のための地盤内空洞・ゆるみの探知に向けた基礎的検討，地盤工学ジャーナル，Vol. 5, No. 2, pp.219～229, 2010.

1.6.4 隆起災害
(1) 隆起災害の種類と発生例

隆起災害は地震・断層活動や火山活動に伴って広範囲に生じることがある。一方，平常時に発生する隆起災害は，地盤が何らかの原因により体積膨張することで発生すると考えられる。地盤が膨張・隆起する原因については未解明の点も多いが，大山[1]は代表的な3タイプの事例を紹介し，それぞれの特徴とメカニズムを比較している。

ⅰ) 除荷・応力解放による膨張

大規模な掘削などにより，上載荷重が取り除かれた場合に岩盤が膨張して変状を生じるケースであり，ダム基礎岩盤掘削に伴う事例が紹介されている。トンネル掘削に際して，応力解放によって周辺の岩盤に変形が進行し，地山がトンネル内空へ押し出す現象(squeezing)も，同様のメカニズムと考えられる。一般にトンネル掘削直後から岩盤の変形が生じるが，トンネル完成後の岩盤劣化に伴って覆工へ塑性圧が作用し，徐々に変形が進行することもある（写真-1.6.4.1-A）[2]。

ⅱ) 粘土の膨張

粘土を多く含む地盤の乾湿による膨張現象であり，特にスメクタイトなどの膨潤性粘土鉱物を含む岩盤は，水の供給により吸水膨張あるいは膨潤(swelling)しやすい。散水によって地盤が膨張し，路面などに変状を生じたコロラド州の例[3]が紹介されている（写真-1.6.4.1-B）。国内では，トンネルの変状にも膨潤性粘土鉱物に起因するとみられる事例があり，切土がなされたスメクタイトを含む破砕帯上に設置したコンクリート基礎が，設置後数年間で隆起した事例もある。

ⅲ) 鉱物の濃集（塩類風化）による膨張

地盤に含まれる黄鉄鉱の酸化によって生じる硫酸が炭酸塩鉱物などを溶解し，溶解した化学成分から乾燥環境で石膏などが結晶化する化学的風化に伴う現象である。石膏などの塩類の結晶圧により地盤が膨張・劣化する代表的な塩類風化の例であり，住宅基礎の盤膨れ現象（写真-1.6.4.1-C）が紹介されているが，素掘りトンネルの抗壁劣化や磨崖仏の劣化原因としても知られる。

以上3タイプの事例について，(2)以降にメカニズムと調査の留意点を述べる。

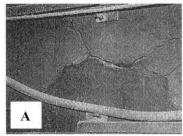

写真-1.6.4.1 さまざまな原因による隆起災害の例
A：地山の劣化に伴う塑性圧の作用によるトンネルの舗装隆起（上）と覆工のひび割れ（下）[2]
B：膨潤性粘土鉱物を含む地盤の吸水膨張により波打つ路面（上）と住宅・道路の被害（下）[3]
C：黄鉄鉱の酸化に伴う酸性化と石膏の晶出による住宅基礎の盤膨れ（上）とブロックの破壊（下）[4]

(2) 除荷・応力解放による隆起災害

ここでは，事例数の多いトンネル掘削に伴う「膨張性地山」について述べる。

トンネル掘削に伴う「膨張性地山」の原因を，かつては粘土鉱物の吸水膨張と評価するケースが多かった。しかし該当区間に十分な水の供給がない事例や，岩盤に膨潤性粘土鉱物をほとんど含まない事例など，粘土鉱物の膨張だけでは説明できないケースも多い[5),6)]。川本[7)]は，地山がトンネル内空へ押し出す現象を「トンネル掘削に伴う二次応力が周辺岩盤の強度を超えて岩盤を破壊させ，さらに掘削が進むにつれて破壊領域がトンネル壁面から地山内部へと進行し，破壊した岩盤マスがトンネル内空へ押し出す現象」と定義し，地山の体積増加を伴う力学的現象と捉えている。このような場合には岩盤の変形性を考慮して，変形を抑止または許容する対策がとられる。一方，トンネル完成後に水の供給により膨潤性粘土鉱物を含む岩盤に劣化が進行している場合もあり，劣化原因として吸水膨張が重視されている[8)]。そのような場合には排水対策が効果的である。

トンネルの変状発生形態は，地質構造・地山の応力分布・トンネル断面形状・支保・補助工法などに依存する。図-1.6.4.1は地質構造による破壊形態の分類[7)]であるが，「完全せん断破壊」は均質な泥岩や凝灰岩などの岩盤，「座屈破壊」は細かい互層をなす堆積岩や片岩に水平圧縮応力が作用する場合，「せん断とすべりの複合破壊」は，厚い層をなす堆積岩や割れ目の間隔が広い岩盤にみられる。隆起災害と呼ぶべき盤膨れ現象は断面が扁平なトンネルに発生しやすい。また，トンネル底部に丸みをつけてコンクリートなどで強化する工法（インバート施工）がなされていないトンネルでは，盤膨れが発生しやすい。

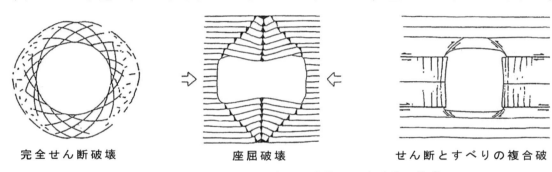

完全せん断破壊　　　座屈破壊　　　せん断とすべりの複合破

図-1.6.4.1 トンネル周辺地山の地質による破壊形態[7)]

トンネル地山の膨張性の指標としては，表-1.6.4.1に示すようなボーリングや坑内で採取される岩石の試験値から，力学的な膨張の指標として坑道の破壊基準を表す地山強度比，塑性変形に影響を与える単位体積重量や砂分含有率，吸水膨張に関連する粘土鉱物の種類や陽イオン交換容量が重視されている。

表-1.6.4.1 地山の膨張性を示す指標の例　（新ほか[9)]にもとづいて整理）

評価項目		膨張性がみられる目安となる指標値	備考
地山強度比 $(Gn) = qu/\gamma_t H$ qu：一軸圧縮強さ，H：土被り		< 2.0	円形断面坑道の破壊基準，水路・鉄道・道路トンネルの施工実績
単位体積重量(γ_t)		≦ 20kN/m³	青函・鍋立山トンネル施工実績
		$0.0435\gamma_t + 0.0765Gn \leq 1$	各地の施工実績：Gnとの組合わせ評価
自然含水比		≧ 20%	青函・鍋立山トンネル施工実績
粒度分析値	砂分含有率(S:%)	$0.0435\gamma_t + 0.0765Gn + 0.00928S \leq 1$	各地の施工実績：Gn, γ_tとの組合わせ評価
	2μm以下粒子含有率	≧ 20%	日本鉄道建設公団(1977) 施工実績「膨圧発生の可能性あり」
岩石中の主要粘土鉱物		モンモリロナイト（スメクタイト）	
陽イオン交換容量（CEC）		≧ 20meq/100g	

(3) 粘土の膨張による隆起災害

膨潤(swelling)は粘土鉱物が持つ特異な鉱物学的性質である。

粘土鉱物は層状の結晶構造を持ち，一般に層状構造の表面が負に帯電している。そのため粒子の外側を取り巻くように陽イオンが広がりをもって分布する層が形成され，その電

気的な働きにより，水中の粘土は分散（塩濃度が高い溶液では凝集）する。膨潤性粘土鉱物として知られるスメクタイトでは，結晶層の間にも水溶液中のイオンと容易に交換する陽イオンがあり，これが水分子に結びつくことで層間が押し拡げられる。空気中では層間水の量が湿度とともに増加し，さらに塩濃度の低い淡水中では多量の水分子が進入して制限のない膨潤を引き起こす。この性質により，スメクタイトを多く含む岩盤では，水の供給によって隆起を生じる（**図-1.6.4.2**）。

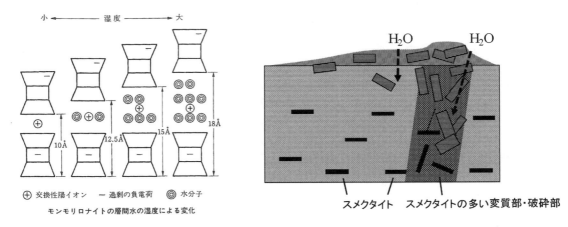

図-1.6.4.2　スメクタイトの結晶層間への水分子の吸着による膨潤の概念（左図は白水[10]による）

粘土の膨張による変状発生形態については，数10%以上のスメクタイトを含む堆積岩が散水・強雨により膨張したコロラド州の隆起災害[3]が参考になる。**図-1.6.4.3**はトレンチ調査などにもとづく隆起形態の模式図であるが，岩盤中のスメクタイト含有量と地質構造（層理面・岩盤中の割れ目）に規制されて，さまざまな形態を生じる。

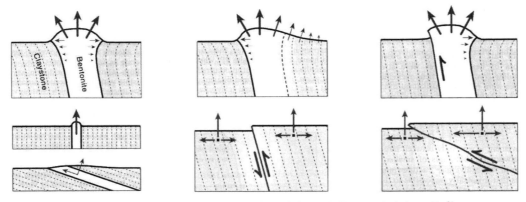

図-1.6.4.3　スメクタイトを含む岩盤の膨潤による隆起形態[3]

ベントナイト(Bentonite)は粘土岩(Claystone)に比較してスメクタイトの含有量が多く，隆起量も大きい。膨張応力は隆起方向とともに水平方向にも作用し，層理面や岩盤中の割れ目にせん断変形を生じる。

スメクタイトは70〜80℃以下で安定な鉱物であり，低温の続成作用・熱水変質作用・風化作用等により生じる。特に火山ガラスに富んだ凝灰岩には多量に生成し，ベントナイト鉱床をつくることもある。粘土質の堆積物中では，イライト・緑泥石などの粘土鉱物の風化・変質によって生じることが多い。日本国内では新第三紀以降の火山砕屑岩・泥質堆積岩が分布する地域にスメクタイト含有量の高い岩石が多い。

岩石中に含まれるスメクタイトの存在は，主に粉末X線回折分析により確認される。スメクタイトの含有量は，岩石の陽イオン交換容量(CEC)を測定することで概略把握することができる。また岩石の膨張率や膨張圧は，吸水膨張試験により測定される。

（4）鉱物の濃集（塩類風化）による隆起災害

地表近くの酸化環境での化学的風化作用では，海成の泥質堆積岩に多く含まれる黄鉄鉱

が重要な役割を果たしている。黄鉄鉱は還元的な環境で安定な鉱物であり，泥質な堆積物が海底に堆積した直後から，酸化還元バクテリアの関与によって生成すると考えられている。その後の隆起・侵食や人工的な開削により，黄鉄鉱が地表から供給される酸素に触れると，酸化されて硫酸を生じる[11]。

海成の泥質堆積岩に含まれる黄鉄鉱は，フランボイダル黄鉄鉱とよばれる独特な形態を示し，微細であるために反応しやすい（**写真-1.6.4.2-A**)。微細な黄鉄鉱は熱水変質した岩石中にも多く含まれることがある。黄鉄鉱から溶出した硫酸は，岩石に含まれる酸に弱い鉱物を溶解して岩盤の劣化を招くとともに，酸性水の発生，重金属汚染，コンクリートの中性化・劣化など，さまざまな問題を引き起こす原因となる。一方，黄鉄鉱中のFeイオンは，酸化して褐鉄鉱などの鉄水酸化物（鉄さび）を生じ，岩石は褐色化する。

盤膨れ被害のあった住宅基礎の調査[12]では，新鮮な泥岩に含まれる黄鉄鉱が，泥岩の岩片からなる住宅基礎の造成盛土の中では大幅に減少していた。泥岩に含まれる方解石も盛土にはほとんど含まれていないため，溶出した硫酸により方解石が溶解したと考えられる。また盛土は新鮮な泥岩の色調を失い，鉄水酸化物により褐色化している。乾燥した住宅床下には表層近くに多量の石膏（**写真-1.6.4.2-B**）が析出しているが，湿潤な屋外の盛土には，石膏はほとんど認められていない。

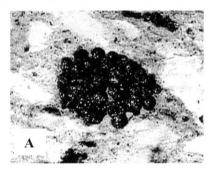

写真-1.6.4.2　塩類風化による隆起災害の原因物質の顕微鏡写真
A：海成泥岩に含まれるフランボイダル黄鉄鉱（筆者撮影）。粒状集合体の直径は約 0.05mm。
B：隆起した床下の表層に生じた石膏の結晶[12]。石膏の針状結晶の長さは約 1mm。

住宅基礎で起きた化学反応は**図-1.6.4.4**に示すようなものであり，盤膨れ被害のメカニズムは**図-1.6.4.5-A**のように考えられている。
①造成による地盤の撹乱により，酸素・雨水が地下に浸透しやすい環境となる。
②泥岩岩片に含まれる黄鉄鉱の酸化により鉄水酸化物と硫酸が生じる。
③硫酸により泥岩に含まれていた方解石が溶解し，Caイオンが溶出する。
④湿潤な屋外から乾燥した床下へ向かう硫酸とCaイオンに富む溶液の流れが生じる。
⑤乾燥した床下で硫酸とCaイオンから石膏が晶出し，その結晶圧により盤膨れが発生する（石膏は水溶性であり，屋外で乾燥時に晶出した石膏は雨水に溶解する）。

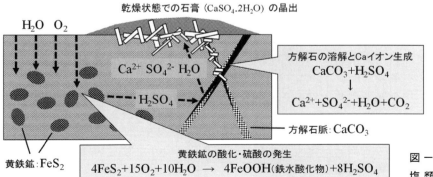

図-1.6.4.4　塩類風化による主な化学反応

住宅基礎と同様の塩類風化は，局部的に乾燥した巻き立てのないトンネルにもしばしば認められ，坑壁の劣化や崩壊の原因になる（**図-1.6.4.5-B**)。

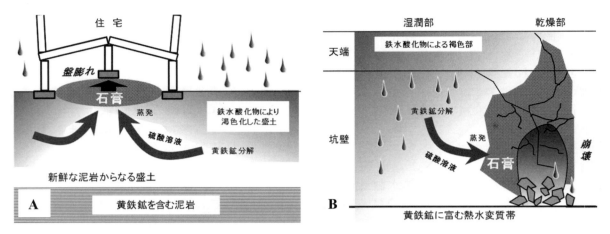

図-1.6.4.5 塩類風化による住宅基礎の盤膨れと抗壁劣化のメカニズム
　　A： 住宅基礎の盤膨れ（大山ほか[12]を改変・簡略化）。
　　B： 巻き立てのないトンネルに認められた坑壁劣化・崩壊（筆者原図）。

　粘土の膨張は水の供給により進行するが，塩類風化は逆に乾燥過程で進行する。塩類は石膏などの硫酸塩ばかりではなく，海岸での風化・侵食作用では，海水からもたらされるハライト（塩）が，波食棚やオーバーハングした急崖の形成に関与している。
　化学的風化に関連する災害の調査では，新鮮な岩石に含まれる黄鉄鉱のような反応性鉱物の種類や量を調べる鉱物・化学分析による調査，岩盤表面での石膏などの析出状況の観察，岩石の顕微鏡などによる観察が有効である。反応には水溶液が関与していることから，間隙水の化学性質を知ることも重要である。また土や岩石の物理的な状態（密度・含水比・間隙率など）も指標となる。これらの調査にもとづいて化学的反応過程や劣化過程を整理することにより，有効な対策が導かれる。

引用・参考文献

1) 大山隆弘：風化や環境変化による地盤の膨張について，日本地質学会第120年学術大会講演要旨，R20-P-5, 2013.
2) 水野敏実・石村利明・加茂富士男・廣瀬末男：ライフサイクルを考慮したトンネルの設計，土木学会地下空間シンポジウム論文・報告集，No.4, pp.159〜166, 1999.
3) Noe, D. C., Higgins, J. D. and Olsen, H. D., Steeply dipping heaving bedrock, Colorado: Part 1－Heave features and physical geological framework, Part 2－Mineralogical and engineering properties, Part 3－Environmental controls and heaving process, Environmental and Engineering Geoscience, Vol.13, No.4, pp.289〜344, 2007.
4) 陽田秀道：新第三紀層泥岩の生化学的風化現象と被害，土木学会論文集，No.617/Ⅲ-46, pp.213〜224, 1999.
5) 仲野良紀・清水秀良・西村真一：断層粘土化泥岩地山中の膨張性トンネルのメカニズム　－新第三紀層泥岩の力学的性質とその実務への応用（Ⅳ）－，農業土木学会論文集，No.161, 58〜67, 1992.
6) アイダン オメール・赤木知之・伊東　孝・川本朓万：スクィーズィング地山におけるトンネルの変形挙動とその予測方法について，土木学会論文集，No.448/Ⅲ-29, pp.72〜82, 1992.
7) 川本朓万・アイダン オメール・赤木知之：日本におけるスクィーズィングトンネルの実態，土木学会第24回岩盤力学シンポジウム論文報告集，pp.191〜195, 1992.
8) 土木学会岩盤力学委員会 トンネル変状メカニズム研究小委員会編，トンネルの変状メカニズム，269p, 2003.
9) 新　孝一・澤田昌孝・猪原芳樹・志田原巧・荒井　融：地上からの調査に基づく坑道建設性評価（その2）－膨張性地山の予測評価法の提案－，電力中央研究所報告，N10014, 22p, 2011.
10) 白水晴雄：粘土のはなし，技報堂出版，p184, 1990.
11) 千木良雅弘：災害地質学入門，近未来社，206p, 1998.
12) 大山隆弘・千木良雅弘・大村直也・渡部良朋：泥岩の化学的風化による住宅基礎の盤膨れ，応用地質，Vol. 39, No. 3, pp.261〜272, 1998.

1.6.5 海岸侵食
(1) 海岸侵食事例

海岸浸食は，砂浜海岸と岩石海岸の侵食に区分される。砂浜海岸の侵食については，図-1.6.5.1に示す新潟海岸の汀線の著しい後退が知られる。これは信濃川河口の新潟港整備に伴う導流堤の建設が明治・大正時代に進んだこと，上流での放水路（大河津分水）が1922年（大正11年）に完成した影響により，沿岸漂砂が減少したことが原因である。汀線は明治時代以降に年平均2～5mの後退が認められるようになり，昭和20年代には新潟測候所が水没するなど，約100年間で最大360mも後退してしまった。このために離岸堤や突堤などの侵食防止工の建設，砂の投入による養浜により汀線の後退防止が図られている[1]。

また，延長約50kmの広大な砂浜海岸を形成する千葉県の九十九里浜は，その両側の海食崖が土砂の供給源になって発達してきた。しかし，近年になって海食崖の侵食防止対策が進められた結果，土砂供給が著しく減少して砂浜は侵食の場に変わった。このため，侵食防止対策としてコンクリート護岸や突堤が建設されたが，沿岸漂砂の場所的な不均衡を生じて護岸前面の砂浜が消失したり，浜崖が形成されたりしている[2]。千葉県では突堤や護岸建設に加えて砂の投入による養浜対策を進めているが，海岸侵食を完全に防止するに至ってはいない。

以上のように砂浜海岸では，河川からの土砂流出の減少や沿岸漂砂の阻害等で海岸への土砂供給の減少が，汀線の後退原因になっている。

一方，岩石海岸での侵食としては，九十九里浜の東北東に続く高さ60mにおよぶ海食崖の屏風ヶ浦海岸の顕著な侵食があげられる。この海食崖は第四紀の半固結の砂層を主体とする堆積物で構成されているため侵食されやすく，1960年代の崖基部汀線の後退速度は70cm/yrとされている[3]。侵食は古い時代から継続して

図-1.6.5.1 新潟海岸の汀線の後退（1:25,000地形図「新潟北部」明治44年測図仮製版）

写真-1.6.5.1 消波ブロックによる海食の防止

おり，海食崖上の台地が侵食されるため江戸時代後半から侵食防止対策が試みられたが，効果はなかった。抜本的な対策としては，1960年代後半から崖の基部に消波ブロックや護岸が建設され，1990年までに海食崖全体に対策が終わると侵食は停止した（**写真-1.6.5.1**）。しかし，海食崖の安定化は前述のように九十九里浜への土砂供給を断ち，砂浜の侵食を生じさせることになった。

もう1つの例としては，福島県内のJR常磐線の末続・広野間での海食崖の侵食に対する鉄道への影響に関する調査・対策があげられる[4]。地形図（**図-1.6.5.2**）では鉄道が海岸線に最接近する短いトンネル（台山トンネル）を含む区間にあたる。ここでは昭和47年8月の台風の影響で急速に侵食がすすみ，高さ約30mの海食崖と線路の距離が20mほどになったとされる。地質は中新世の砂岩や凝灰岩からなる三沢層と鮮新世の軟質なシルト岩からなる広野層が分布する。地質構造は走向NW-SE，傾斜20～50°NEで南北方向の海食崖に対して流れ盤になる。地質が軟質であることに加えて，構造的にも流れ盤で崩壊しやすい状況にあり，海食崖の後退速度を昭和22年以降の空中写真から求めた結果，トンネル一帯で1～2m/yr，トンネル南側300m区間では4m/yrと極めて大きい値が得られている。この対策として消波工が計画され，昭和50年までに崖下への設置が完了した[5]。この対策施工の約40年後になる平成26年2月に現地状況を確認したところ，東北地方太平洋沖地震の津波の影響と思われる消波工ブロックの移動や崖の崩壊が認められたものの，大きな侵食は無く，海食崖の侵食が防止されていることがわかった（**写真-1.6.5.2**）。

以上のような軟岩が分布する岩石海岸での海食崖の後退は，崖の基部が波浪で侵食されて急崖が形成され，斜面が不安定化して崩壊するといった過程で説明できる。一方，硬岩の分布する岩石海岸では，急崖の形成に加えて崖の基部に波食によるノッチが形成されやすく，崖がオーバーハングになって不安定化し，岩盤崩壊が発生するといった過程で海食崖が後退する。

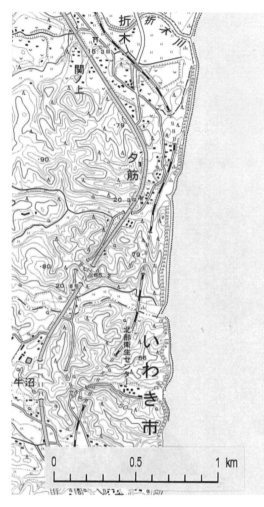

図-1.6.5.2 鉄道線路に迫った海食崖
（1:25,000 地形図「下浅見川」）

写真-1.6.5.2 消波工による海食崖の浸食防止状況
（平成26年2月撮影）

(2) 岩石海岸の侵食速度

海食崖の浸食速度は，その後退量と侵食に要した時間から求められる。W. M. デービス[6]によれば，海食崖の後退過程は**図-1.6.5.3**のように説明されている。海食崖が侵食されて海岸線が後退した海底には侵食面である波食棚が形成される。貝塚ほか[7]によれば海食の及ぶ水深は10m程度までが主体なので，現在の海水準下で形成されたこれらの侵食面は水深10m以浅の海底や海岸に分布するものと考えられる。ところで，最終氷期の海水面は現在より100m以上も低い位置にあり，その後の海進によって約6000年前に現在の海水準より数メートル高い位置にまで到達し，その後現在の位置まで低下したと考えられている。つまり，現在見られる海食崖や波食棚は，約6000年前から現在までの海食によって形成された新しい地形である。

したがって，海食崖の発達する地域において，波食棚の沖合方向への幅を調べて，これが6000年で形成されたとすれば，海食崖の年間平均後退量を求めることができる。そこで，いくつかの地点について，水深10m以下の浅い海底を波食棚と見なして，その海底幅を海上保安庁発行の「5万分の1沿岸の海の基本図」(**図-1.6.5.4**)から読みとり，平均侵食速度を求めた。

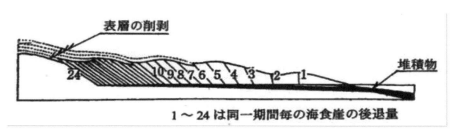

図－1.6.5.3 浸食による海食崖の後退の模式図[6]

海食崖に続く浅海底の幅は，比較的硬質な岩盤の分布域では，北海道積丹半島東岸で400m，北海道雄冬海岸で200m，静岡県大崩海岸で500m，紀伊半島潮岬付近で600m，徳島鳴門海岸で300mであるのに対し，第四紀の半固結の砂層を主体とする千葉県屏風ヶ浦では3000mと著しく大きい。つまり，岩盤の強度の違いにより，軟質な岩盤の地域では，硬質な岩盤の地域に比

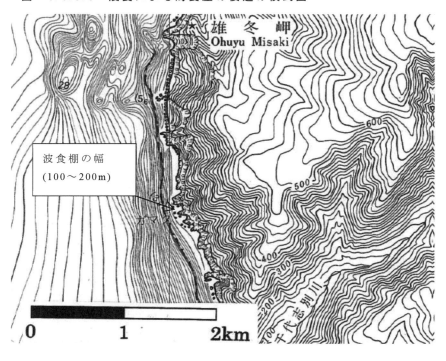

図－1.6.5.4 波食棚（推進10m以浅の海底）の幅[8]

べて約10倍大きい侵食作用が認められる。この浅海底が過去6000年前から現在までの海食によって形成されたものとして，海食崖の後退速度を求めると，硬質な岩盤の分布域では平均3〜10cm/yr，軟質な地層の屏風ヶ浦では60cm/yrとなる。これらの値は**表-1.6.5.1**[9]に示す岩石海岸の平均侵食速度と調和的である[10),11]。

表－1.6.5.1 岩石海岸の平均侵食速度[9]

地質および岩区分	平均浸食速度 (cm/yr)
更新統（半固結層）	16〜80
第三系（軟岩）	4〜28
中古生層および火成岩（硬岩）	2〜20

(3) 海食崖の形態と安定性

海食崖の後退は毎年平均的に進むのではなく，崖の基部の侵食でノッチ（水面付近の侵食でできる海岸線方向に連続性のある窪み）が形成されてオーバーハングになることや，鉛直に近い急崖が形成されて不安定化し，崩壊が発生することによって間欠的に進む。すなわち，侵食運搬作用の継続する間は，岩盤の強度や割れ目の発達程度に応じて岩盤崩壊が繰り返して発生するものと考えられる。しかし，崖高が大きくなり崩壊土砂が崖の基部に多く供給され堆積すると侵食運搬作用が相対的に衰えて，海食崖は比較的安定な勾配（傾斜50〜60度）に向かっていく。最終的には斜面全体がほぼ一様な傾斜に近くなり，小規模な表層風化帯の崩壊や落石程度の発生に落ち着き，斜面全体に植生が進入繁茂して安定性

が高まっていく。このような海食崖の地形変化過程を説明したものが図（**図-1.6.5.5**）である。

図のA，Bタイプの岩盤斜面は，傾斜60度以上の急崖を形成し，岩盤崩壊が発生しやすい危険な斜面であり，北海道の日本海沿岸や静岡県大崩海岸，福井県越前海岸ほか各地にみられる。これらの海岸沿いの交通路では岩盤崩壊により道路構造物や通行中の車両に大きな被害が発生している。一方，Cタイプの斜面は上記の各海岸にも分布するが，福井県敦賀海岸，徳島県鳴門海岸，高知県室戸海岸などに発達し，その斜面傾斜は45～55度で全体が植生に覆われ，比較的安定性の高い斜面である。このような斜面では大規模な岩盤崩壊は発生しないものの，崖下に位置する鉄道や道路の交通に落石や小崩壊による被害を与えることがある。

千葉県屏風ヶ浦海岸では前述のように高さ60mに及ぶ海食崖が発達しており，海食崖の後退速度は侵食対策前において60～70cm/yrで激しい海食作用が進行しており，崖の断面形状はAタイプを示していた。侵食防止対策として崖の基部に消波ブロックや護岸が建設された直後の1990年4月時点では，崖の形状はAタイプで変わっていない[2]が，2000年4月時点では海食作用が停止し，崖の基部には崩壊土砂が堆積して植生が付きはじめていた。すなわち，海食崖はBタイプの断面形状に変化しはじめ，安定化傾向にあることがわかった[10]。

以上のように人工改変によっても，海食崖の基部における侵食作用が停止すると，崖の断面形状は図のA→B→Cの順に安定性の高い断面に変化するものと考えられる。

区分	海食崖の断面形状	事例写真	説明
A	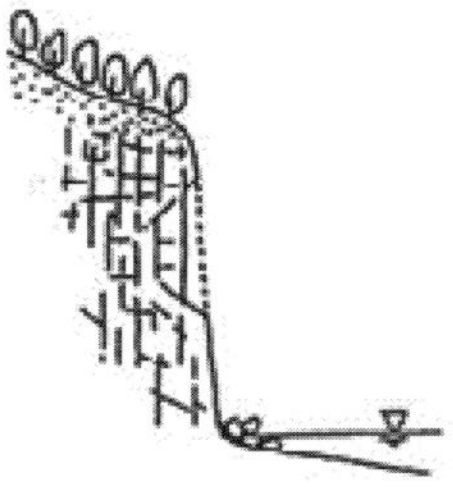		活発な侵食を受けている海食崖で傾斜は60°以上。崖面は広く岩盤が露出して植生は貧弱，明瞭な崩壊跡と崖下に崩落した岩塊が認められることがある。
B	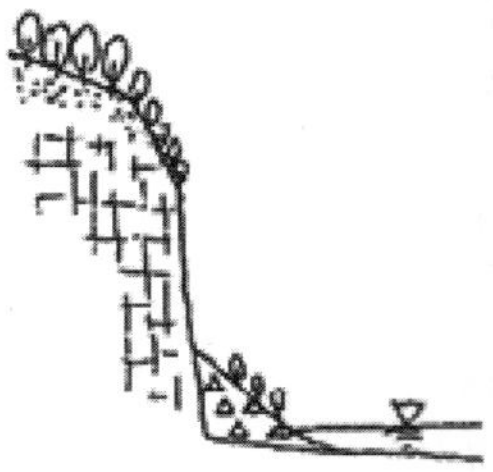		侵食が休止～停止した海食崖で，傾斜は60°以上。崖は安定化する方向で崩壊し，崖下には崩積土が堆積。比較的緩い傾斜の崖面や崩積土に植生が侵入。断面AからCに移行する過程で，崖下の崩積土が侵食除去されると断面Aに復帰する。
C	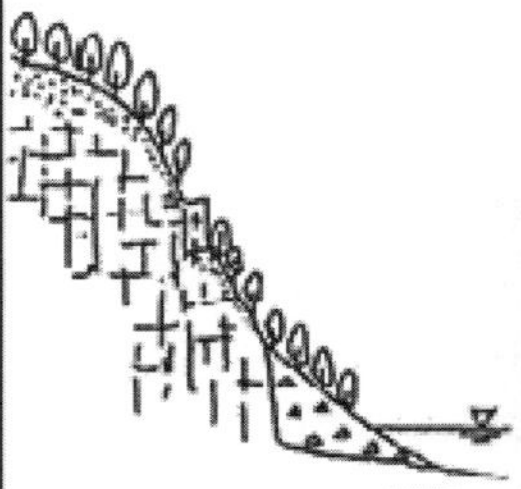		侵食が停止してほぼ安定化した海食崖で，傾斜は45～55°。崖は崩壊を繰返して安定勾配になり，崖下の崩積土が成長し，斜面全体が植生で被覆される。部分的に分布する露岩部から小規模な崩壊や落石が認められる。

図-1.6.5.5　海食崖の形状と安定性 [10]

引用・参考文献

1) 山口恵一郎・佐藤侊・澤田清・清水靖夫・中島義一（編集）：日本図誌大系　中部Ⅱ，pp.105〜112, 1974.
2) 宇多高明：海岸における地形学的視点の重要性，日本地形学連合編「地形学から工学への提言」，古今書院，pp.109〜138, 1996.
3) 砂村継夫：土木工事による海岸地形の変化，小池一之・太田陽子編，「変化する日本の海岸」，古今書院，pp.151〜153, 1996.
4) 岩崎敏夫・豊島修・堀川清司・大島洋志：海岸侵食，土木学会誌，Annual.75, pp.73〜84, 1975.
5) 大島洋志：増補　私の地質工学随想，国鉄・隧道とともに，pp.273〜275, 2012.
6) W.M.Davis：地形の説明的記載（水山高幸・森田優訳），大明堂(1969), pp.405〜407, 1910.
7) 貝塚爽平・太田陽子・小畦尚・小池一之・野上道男・町田洋・米倉伸之編：写真と図でみる地形学，東京大学出版会，pp.58〜59, 1985.
8) 海上保安庁水路部：5万分の1沿岸の海の基本図　雄冬岬，1980.
9) 貝塚爽平：発達史地形学，東京大学出版会，pp.150〜152, 1998.
10) 上野将司：岩盤崩壊の発生場と発生周期について，京都大学防災研究所研究集会「十津川災害111周年記念集会」，pp.87〜93, 2000.
11) 上野将司・山岸宏光：わが国の岩盤崩壊の諸例とその地形地質学的検討－とくに発生場と発生周期について－，地すべり，Vol.39, No1, pp.40〜47, 2002.

北海道根室市の天然記念物「車石」海中に流れ出した玄武岩溶岩で，放射状の冷却節理が発達する。枕状溶岩が正式名称であるが，ここでは俗称の「車石」が相応しいようである。

1.6.6 高潮災害
(1) 高潮災害の事例

平成25年(2013)11月8日に発生したハイエン台風(平成25年台風30号)のフィリピンにおける高潮災害は，多くの人命を奪った台風として記憶に新しい。日本でも古くから高潮災害には苦しめられており，津波と同じ「海嘯」という言葉で恐れられてきた。

たとえば，**写真-1.6.6.1**に示した碑は，「波除碑」と呼ばれる碑で，寛政3年(1791)の高潮による被害を低減するために江戸幕府が設置した，土地利用の規制線をあらわす碑である。

関東大震災や戦災による火災で損傷し，現在碑文の文面を判読することは不能だが，十方庵遊歴雑記初編参拾九深川須崎辨天の景望[1]によると，「此處寛政三年波あれの時，家流れ，人死するもの少からず，此後高なみの變はかりがたく，流死の難なしといふべからず，是によりて西は入船町を限り，東は吉祥寺前に至る迄，凡長さ弐百八拾五間餘の處，家屋取拂ひあき地になしをかるゝもの也　寛政六年甲寅十二月」と記載され，この碑より海側に建物を建築することを規制していたという。

近代に入ってからも，高潮による被害は日本各地で発生している。

たとえば，**図-1.6.6.1**に示した明治32年(1889年)の台風による静岡県田子の浦で発生した高潮では，「波の高さは四丈余り(7.2m程度)に達せりと‥」と明治32年に発行された風俗画報[2]の特集号で記述され，高潮の被害は，死者55人，負傷者162人，行方不明2人，家屋の全壊44棟，流失243棟，床上浸水210戸という大きな被害[3]が記録されている。

大正期に入ると，自然海岸では高潮に対して災害を防護する機運が高まり，近代的な海岸を保全する施設の建設を求める陳情が行われている。たとえば，**写真-1.6.6.2**に示した大正6年(1917)「大正6年の大津波」と呼ばれる東京湾で発生した高潮災害が一例である。

この高潮災害では，旧江戸川河口部にある葛西や浦安で，台風の降雨により上流から流入してきた旧江戸川河川水と東京湾の高潮の影響が重なり，死者不明1,301人，負傷者2,215人，住家被害66,492棟，浸水194,698棟と広い地域で浸水が発生し，家屋等の流出被害が生じ，干潟で行われていた塩田事業が壊滅している。このため被害が大きかった江戸川区周辺や浦安周辺の住民から，堤防建設を行うようにとの陳情が起こっている。[4]

西日本で1945年以前に発生した代表的な高潮災害としては，**写真-1.6.6.3**に示した「関西地方大水害」とも呼ばれる昭和9年の室戸台風による高潮災害が挙げられる。この「関西地方大水害」では，死者2,702人，不明334人，負傷14,994人，住家被害92,740棟，浸水401,157棟，船舶の被害27,594隻（理科年表）と大正6年に発生した東京湾の高潮被害を大きく上回る被害が発生している。

この「関西地方大水害」の被害をさらに上回った高潮が，昭和34年(1959)伊勢湾台風による高潮である。伊勢湾台風は，現在の日本の災害対策の根幹にかかわる自然災害で4,697名の死者を出した。後述する災害対策基本法等の成立や各地域にある高潮対策施設(海岸保全施設)の防潮高さを決める根拠[5]に影響を与えた。

以上のような全国の高潮災害について，大正期以降に発生した代表的な事例をまとめたものが**図-1.6.6.2**および**表-1.6.6.1**である。これら高潮災害の履歴がある地域は，近年の地盤沈下地域や地震時の液状化危険度が高い地域と重なっている。地球温暖化による海面上昇と極端現象の発生が増加している近年の状況，あるいは首都圏直下型地震や南海地震の発生と高潮との複合，海岸浸食の増大，さらに人口密集地である沿岸部で一度破堤すると避難活動が困難であり人的な被害が大きくなると予想されること等を加味するならば，沿岸部の脆弱性は過去よりはるかに大きくなっている。

このように海岸低地地域の防災対策において，低地海岸地域に大きな影響を与える高潮災害への備えは欠くことができない重要な対策であり，様々な災害と複合することを考慮した多角的な視点での配慮と対策が必要である。

図-1.6.6.1 明治 32 年台風による「田子の浦」の高潮被害
明治 32 年風俗画報 199 号挿絵 [2]

写真-1.6.6.1 東京都江東区牡丹にある
江戸期の高潮土地規制碑

写真-1.6.6.2 大正 6 年の高潮における東京築地の
被災状況絵葉書

写真-1.6.6.3 昭和 9 年室戸台風の高潮における
大阪港区の被災状況絵葉書

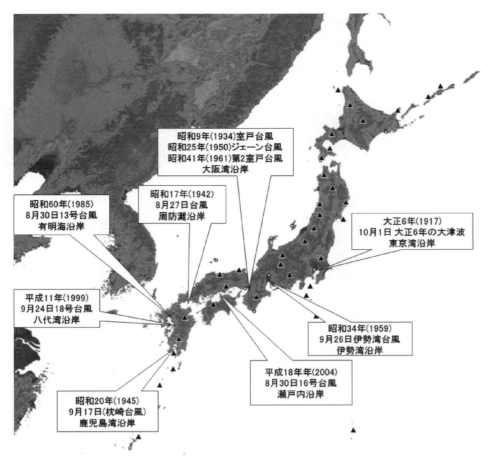

図-1.6.6.2 大正期以降における主な高潮災害
（USGS30秒メッシュ標高を用い作成）

表-1.6.6.1 大正期以降における主な高潮災害

	発生年月日	災害名 高潮被災地域	被害の概要	被害概要 参考文献
1917	大正6年10月1日	大正6年の大津波 東京湾沿岸	死者不明1,301 負傷2,215 住家66,492 浸水194,698	東京市史稿港湾篇第1所収
1934	昭和9年9月20日	室戸台風 （関西地方大水害） 大阪湾沿岸	死者2,702 不明334 負傷14,994 住家92,740 浸水401,157 船舶27,594	平成25年理科年表
1942	昭和17年8月27日	周防灘台風 周防灘沿岸	死者891 不明267 負傷1,438 住家102,374 浸水132,204 船舶3,936	平成25年理科年表
1945	昭和20年9月17日	枕崎台風 鹿児島湾沿岸	死者2,473 不明1,283 負傷2,452 住家89,839 浸水273,888	平成25年理科年表
1950	昭和25年9月2日	ジェーン台風 大阪湾沿岸	死者336 不明172 負傷10,930 住家56,131 浸水166,605 船舶2,752	平成25年理科年表
1959	昭和34年9月26日	伊勢湾台風 伊勢湾沿岸等	死者4,697 不明401 負傷38,921 住家833,965 浸水363,611 船舶7,576	平成25年理科年表
1961	昭和41年9月15日	第2室戸台風 大阪湾沿岸	死者194 不明8 負傷4,972 住家499,444 浸水384,120 船舶2,540	平成25年理科年表
1985	昭和60年8月30日	13号台風 有明湾沿岸	死者31 不明232 負傷7,805 住家7,805 浸水2,858 船舶1,144	平成25年理科年表
1999	平成11年9月24日	18号台風 八代湾沿岸	死者不明36 負傷1,077 住家47,150 浸水23,218 船舶552	平成25年理科年表
2004	平成16年8月30日	16号台風 瀬戸内沿岸	死者不明18 負傷285 住家8,627 浸水46,581 船舶995	平成25年理科年表

(2) 高潮発生の原理と地形の影響

ここで高潮発生の原理と地形の影響について，簡単に記しておきたい。

高潮は，図-1.6.6.3に示すように，台風を含む低気圧の通過による海面の吸い上げや台風等の強風で海岸に吹きよせられ高くなった時に発生しやすい。特に大潮で満潮の時に高潮が発生すると，沿岸部への影響は大きくなる。また，地震津波と同じく図-1.6.6.4に示すような奥まった湾やⅤ字地形の湾，あるいは急に水深が深くなる沿岸部や河口部などのような地形を呈する地域では，海面上昇が他の地域に比べ大きくなる。

たとえば台風や低気圧が通過する時には，気圧が1hPa低くなると海面は約1cm上昇し，この現象の発生が満潮時と重なると海面は急激に高くなる。また，台風や低気圧では中心に向かって風が吹き込むため，海岸線や湾口の方向等の配置がこの吹き込み方向と一致した場合には，風による吹きよせ効果が加わり，海面はさらにせり上がる。河川が流入する河口部では，高潮と増水した河川の影響が複合して，海面高さの上昇速度と上昇量が増大される場合もある。海面高さが防潮堤の高さを超すと周辺に大きな長期浸水被害を引き起こし，地盤沈下地帯ではその影響は深刻である。

このように沿岸部における高潮の影響は大きく，沿岸部で都市計画や調査を行う場合には，計画地や調査地が予定されている湾全体の形状や河口部の位置等の地形，低地部の標高分布のみならず，過去における災害履歴などの調査も必ず行っておくことが望ましい。

また，高潮対策のため海岸保全施設（防潮堤等）を設置する場合，水門等の締め切りによる内水氾濫や高潮が防潮堤をオーバーフローして堤内に氾濫したあと，その水が排出されないで被害を大きくしてしまうこともある。このため海岸保全施設等の計画や設計を行う場合には，堤内地の排水対策ほか内水氾濫が発生しないような検討と配慮が必要である。

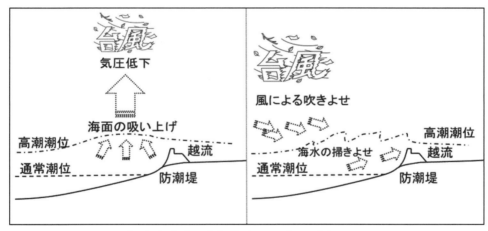

図-1.6.6.3　高潮発生のメカニズム

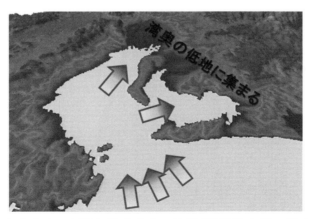

図-1.6.6.4　高潮を受けやすい地形（伊勢湾台風の場合）
（国土基盤10mメッシュ標高を用い作成）

(3) 法令と高潮災害対策

伊勢湾台風以降，高潮災害対策にかかわる多くの法令が成立している．

現在の高潮対策は，これらの法令を根拠に行われているが，基本となる法令は災害対策基本法，海岸法，水防法である．

このうち災害対策基本法は，大きな高潮災害となった伊勢湾台風を契機に作られた住民の生命・財産を守るための基本となる法令で，防災基本計画や地域防災計画等の作成，水害等から避難するための計画作成，災害教訓の伝承や防災教育・訓練の推進を義務付けている．

海岸法は，自治体が海岸における防護や利用，環境などを整備するために作成する海岸保全基本計画の根拠となる法令である．水防法は，水害対策の基本となる水防計画を作成する根拠となる法令で，この水防計画では，ハザードマップ（浸水想定区域図）の作成とマップの公表義務，水害発生時の対応等が明記されている．

このように「自助」や「公助」，「共助」活動の支援のため，法令により作成・公表が義務付けられているハザードマップの作成法については，平成15年に公表された「津波・高潮ハザードマップマニュアル（案）」[6]において作成する時の留意点や作成方法がまとめられている．

たとえば同マニュアルでは，ハザードマップ作成上の留意点として「高潮・津波ハザードマップの作成範囲について，避難の指示に関する権限・責任に対応し，当該市町村を基本単位とする．また，地形上および避難検討上の観点から必要に応じて，隣接市町村との整合，連携を図り，ハザードマップを作成するものとする．」と記述され，さらに解説文の中で行政単位にとらわれることなく，水害の範囲に影響を与える地形と住民の避難行動に視点を置いたマップを作成する必要があるという指摘が記述されている．ハザードマップの活用法についても「浸水予測結果は不確実性を有することに留意が必要である．」とマップの特性についての指摘が行われ，作成者やマップの提供者はリスク・コミュニケーションによりマップ特性をマップ使用者に理解させる必要があることについても記述されている．

東日本大震災以降，防災対策については多重防御の視点で行うことが重要であると防災基本計画等で防災対策の方向性が定められてきている．つまり，ハード対策だけでなく避難等のソフト対策との連携による災害リスクの低減である．高潮対策についても同様の視点で行うことが重要であり，地形や地質，過去の履歴，社会や経済，人口動態，対策の進捗，被害が発生した場合の長期的な影響，最悪のシナリオ等，多角的な情報を総合的に評価し対策を実施することが望まれている．

引用・参考文献

1) 釈敬順：十方庵遊歴雑記参拾九深川須崎辨天の景望，江戸叢書刊行会編，1916．
   国立国会図書館デジタルコレクション　書誌ID：000000568769
2) 東洋堂：風俗画報　第199号「明治32年各地災害図絵」，1893．
3) 富士東部土地改良区：はばたく浮島ヶ原，1993．
4) 江戸川区：江戸川区史第三巻「東京風水害救済会報告書」p.101，1975．
5) 東京都港湾局：東京港海岸保全施設整備計画，2012．
6) 津波・高潮ハザードマップ研究会事務局：津波・高潮ハザードマップマニュアル（案），2003．

第2章　環境

　本章は，環境保全のための地形・地質の見方と考え方についてまとめ，今後の課題等についても言及していく。まず，地盤環境の中でも重要な要素となっている地下水について，地下水利用に伴う地下水障害の地形・地質特性を述べる。地下水障害としては，広域の水利用による地盤沈下・ゼロメートル地帯・塩水化と，河川改修工事などに伴う局所的な地盤沈下などがあり，地形・地質の条件を詳しく調べると，その障害が発生しやすい箇所を予測することができる。また，近年は広域な地下水揚水規制が整備され，広域地下水の回復に伴う都市地下構造物の浮き上がりや低地での宅地の液状化リスクの増大なども懸念されている。これらも重要な地盤環境問題である。

　次に，土壌汚染を含む地下水汚染の発生しやすい地盤や汚染物質の移動に地形・地質要素が大きく影響することを述べる。廃棄物処理場については，適正に管理しやすい地形や地質条件があることも示す。また，最近注目されている海面処分場や災害廃棄物の処理場選定にも地形や地質を知ることが重要であることをまとめる。現在問題となっている放射性物質の地層処分については，その適正を十分考慮する必要があり，処分場に適した地形・地質の見方について多くの検討が加えられている。

　地球環境についても，現在全世界的な検討が行われており，地盤関係について地球温暖化や酸性雨などの影響を受けやすい地形・地質の説明を加える。生態系については，地盤と生物がどのように関連して生態系を作り出しているかを求める応用地生態の概念が重要となる。貴重な動植物や地域を代表する生物を守るためには，どのような地形・地質を保持し守っていくかという考え方を示したい。

　最後に，水環境全般の環境保全を地形や地質をどのように読み解いていくとうまくいくかについて，流域の水循環を理解し，涵養域をどのように保全すると地盤環境の多面的な機能が発揮できるかを論じる。特に，2015年に公布された水循環基本法の適正な運用が期待されている。このように，地盤環境問題を扱う場合に，地形や地質をどのように理解し，検討するかはたいへん重要な事項であり，地盤技術者がこれらの理解を深め，良好な地盤環境を保全できることを期待している。

東京湾岸に広がる埋立地
東京のゴミを埋立て処分して造成された土地は，大規模な公園などに利用されて好ましい景観に変貌するが，埋立て可能な海面には限界がある。

2.1 地下水障害

地下水障害とは，一般的には「過剰揚水等によって地下水位を人為的に大きく低下させてしまい，その影響で起こる，広域地盤沈下，地下水の塩水化，周辺井戸の揚水可能量低下や涸渇，等の現象」を指すが，最近では以下に示すようなトレードオフ的な地下水障害や相対的地下水障害，地表分水界の反対側開発行為での地下水障害，等が問題になることがある。

① トレードオフ的地下水障害：上記の地下水障害対策として導入された地下水採取規制の効果「地下水位回復（上昇）」による地下水障害の改善「地盤沈下の沈静化，塩水化の抑制・回復，井戸能力の回復」のトレードオフ的現象である「地下水位低下時代に建設された地下施設内への漏水や揚圧力による施設の浮き上がり等不安定化」という地下水障害が新たな都市問題として注目されている。

② 相対的地下水障害：地下水の流れを遮る形で地下に構造物を建設すると，ダムアップ・ダムダウン効果によって構造物の上流側は地下水位が上昇し，下流側は地下水位が低下する。この地下水位変動によって，上流側では地下水位上昇に伴う地下水障害が，下流側では地下水位低下に伴う地下水障害が発生する。

③ 地表分水界の反対側開発行為での地下水障害：地表水と地下水とでは地形・地質の地域特性によって分水界が異なっている場合があり，流域界の判断の誤りから開発の影響が尾根を越えた反対側に及ぶ場合がある。

これらの現象について，2.1.1に地下水位回復（上昇）に伴う新たな都市地下水問題として，また，2.1.2に地下開発に伴う地下水障害として解説する。

2.1.1 地下水位回復（上昇）に伴う新たな都市地下水問題

日本各地の第四紀沖積平野に発達した都市域では，戦後復興期に急激に増加した水需要から，用水を地下水に求め，地下水の過剰揚水による大幅な地下水位低下が生じてしまった。この地下水位低下は公害としての広域地盤沈下の原因となり，沿岸域では広大な面積の沿岸ゼロメートル地帯が形成されて高潮の脅威に晒されることになったが，それ以外にも社会資本施設や建築物等の被害や，表-2.1.1.1に示すように，地域特性に応じて様々な自然環境・社会環境にも影響を及ぼすこととなった。

表-2.1.1.1 地域特性に応じた地下水位低下に伴う環境影響の例（文献[1]に加筆・修正）

地域特性		地下水位変動区分	地下水位の低下に伴う発生現象	
			不圧帯水層	被圧帯水層
自然環境	地盤	粘土層（圧密層）分布	地盤沈下（誘因）	
		表層に緩い砂層	——	——
		帯水層（還元性地盤）	酸欠空気発生等化学影響（誘因）	
		不飽和地盤	——	——
	土壌	湿潤土壌	湿性生態系減退（素因）ヒートアイランド（素因）	
		乾燥土壌	——	——
	湧水		湧水枯渇（結果）	
	地域	沿岸	塩水化（地下水質）（素因）	
		斜面	——	——
社会環境	井戸利用地域		井戸枯渇等井戸障害（結果）	
	地下空間（トンネル・地下街・等）		——	——
	既設構造物		沈下・変状（素因）	
	地下工事		——	——

注：素因，誘因は現象発生メカニズムとしての原因と結果の法則（素因×誘因⇒結果）における地下水の役割

地下水位は低下による影響だけではなく上昇によっても，表-2.1.1.2に示すように，各種自然環境や社会環境に地域特性に応じて影響を及ぼす側面がある。例えば，都市域では戦後復興期が経済成長期と相まって，各種社会資本や建築物の整備が急激に進む時期でもあった。この時期に地下鉄や地下街・地下室が多数施工されたが，深い地下水位条件とい

うのは施工にとって好条件で，地下水（出水や高水圧）に悩まされることなく施工を進めることができた。その結果，この時期に建設された施設は結果として，漏水対策が不十分のままであったり揚圧力に弱い構造となってしまっていた。東京における地下水位低下時期と地下鉄施工時期との関係を図-2.1.1.1に示す。

表-2.1.1.2 地域特性に応じた地下水位上昇（回復）に伴う環境影響の例（文献[1]に加筆・修正）

地域特性		地下水位変動区分	地下水位上昇（回復）	
			不圧帯水層	被圧帯水層
自然環境	地盤	粘土層（圧密層）分布	——	——
		表層に緩い砂層	液状化危険度増大（素因）	不圧層の水位上昇の誘因
		帯水層（還元性地盤）	——	——
		不飽和地盤	水浸沈下（誘因）	
	土壌	湿潤土壌	——	——
		乾燥土壌	乾性生態系減退（素因）	——
	湧水		——	——
	地域	沿岸	海水の淡水化（海中生態系影響）（素因）	
		斜面	斜面崩壊危険度増大（素因）	
社会環境		井戸利用地域	——	——
		地下空間（トンネル・地下街・等）	漏水量増加（排水処理必要）（素因・誘因）	
		既設構造物	浮力発生浮上り・支持力低下（素因・誘因）	
		地下工事	地下水対策必要（素因）	

注：素因，誘因は現象発生メカニズムとしての原因と結果の法則（素因×誘因⇒結果）における地下水の役割

前述の通り，公害としての広域地盤沈下は大きく社会問題化したことから，1960年代以降，用水2法（工業用水法と建築物用地下水の採取の規制に関する法律）や各自治体制定の条例等の地下水採取規制が順次導入された結果，多くの地域で規制効果が表れて地下水位（水圧）は回復（上昇）傾向に転じ，広域地盤沈下は沈静化傾向を示すようになった。

地下水採取規制は，広域地盤沈下対策としては極めて大きな成果を上げたものの，その反面，これら都市域では，地下水位が大きく低下していた時期に構築された地下施設の施設内への漏水や揚水圧による構造物の不安定化が，逆に社会問題として取り上げられるようになった。

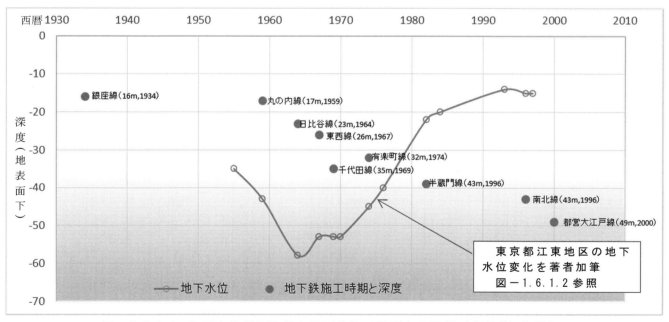

図-2.1.1.1 地下水位低下時期と地下鉄施工時期との関係（文献[2]に加筆）

ここで地下水位が大きく低下して地盤沈下が起きやすい地形・地質・地下水条件とは概略以下の通りである。

- 圧密し易い粘土層と地下水量豊富で揚水に伴い地下水位が低下する帯水層が併存する。
- 完新統と更新統の両方とも対象となる。

一方，揚水規制の効果で地下水位が大きく回復（上昇）して，新たな地下水障害を起こす可能性のある条件は以下の通りである。

- 帯水層のもともと（例えば昭和初期頃）の地下水位が，地下開発深度よりも高かった。
- 水循環を踏まえた場合の涵養量自体は低下していない。すなわち，涵養域における涵養量が昭和初期のレベルを維持している。上流域での揚水量が増加していない。

(1) 地下施設への漏水問題

地下水位以深でのトンネルや地下街・地下室工事は，遮水壁構築や地下水位低下工法を併用するなど施工時に地下水対策で難渋する反面，供用後の施設内への漏水対策も十分に施されている。一方，地下水位以浅でのトンネルや地下街・地下室工事では，施工時の地下水対策が不要なことから，供用後の施設内への漏水対策が必ずしも万全に施されているとは限らない側面がある。

図-2.1.1.1に東京都江東地区での長期地下水位変動図と地下鉄施工時期と施工深度との関係を概念図として示した。これより昭和30～40年代に施工された地下鉄各線は地下水にあまり労せず施工ができた反面，漏水対策が不十分の結果となり，昭和50年代以降に施工された地下鉄各線は地下水対策を併用した施工を行い，施設内への漏水対策も万全に行われている。

供用後の漏水量は例えば，東北新幹線上野トンネルでは270 m^3/日，総武快速線東京・総武トンネルでは4,500 m^3/日，武蔵野線国分寺トンネルでは2,000 m^3/日程度あり，これらのトンネル内湧水は放置できないので，各線とも集水して下水に放流していたが，この下水放流料は年間で数千万円から数億円を要し，鉄道管理者に多大な負担となっていた。その後，これら各線では次善策として，上野トンネルの湧水は上野の不忍池の浄化に，東京・総武トンネルの湧水は立合川の水質改善に，国分寺トンネルの湧水は姿見の池復活と野川の水源に，それぞれ環境用水としての用途を見出した[3]。

ここで重要なことは，稼働中鉄道施設での恒久的漏水対策が技術的・経済的に難しいことによる環境用水利用はあくまでも次善策・応急対策であり，本来の対策は施設内への漏水防止である。

(2) 揚圧力による地下施設の不安定化

地下水位回復（上昇）に伴うビル浮上のイメージを図-2.1.1.2に示す。

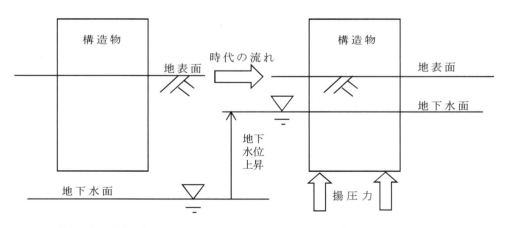

(a) ビル建設時　　　　　(b) 地下水位回復後

図－2.1.1.2　地下水位回復（上昇）に伴うビル浮上のイメージ図

前述の地下施設への漏水と背景は共通であるが，地下室のある建築構造物等で建築時は地下水位（水圧）以浅であったため，特に揚圧力（浮力）の検討・対策が不要であったものが，

その後の地下水位（水圧）の回復（上昇）に伴い，大きな揚圧力が構造物に働くようになり，揚圧力が構造物荷重を上回ると，構造物が浮き上がったり，施設の更新・解体時に浮上・転倒したり不安定化の原因となる。

施設供用中の問題は，基本的に構造物の地下施設が帯水層中にある場合であるが，解体時には掘削問題と同様に，構造物底盤よりも下位の被圧帯水層の揚圧力にも注意が必要である。

(3) 液状化リスク増加の問題

地盤自体の液状化抵抗力と地震力が同じであっても，地下水位条件によって地震時の液状化のし易さは大きく異なってくる。すなわち，地盤自体の液状化抵抗力と地震力が同じ場合，地下水位が浅いと液状化し易く，地下水位が深いと相対的に液状化はし難くなる。

一般に地震時の液状化現象の対象となる地層は，地表面下 20m 程度までの飽和砂地盤であり，広域地盤沈下の原因となる地下水採取層は地表面下 30m 以深の被圧帯水層であることが多く，その間の地層はいろいろあるから，過剰揚水に伴う地下水位低下と，地下水採取規制の効果による地下水位回復（上昇）が，一義的に液状化対象層の地下水位の変動に対応しているとは限らない。しかし，流域の水収支を長期的に勘案すれば，地域特性にもよるが，深部の地下水採取層の地下水位回復（上昇）が，表層の液状化対象層の地下水位に影響して表層の地下水位が相対的に浅くなり，その結果，液状化リスクが高まることが指摘されている。

同様の例として，温暖化に伴う海面上昇により沿岸地域の表層地下水位が上昇し，その結果，沿岸地域の液状化リスクが高まることも指摘されている。このように，液状化リスクは地下水位条件の変動により変化する概念であることに注意が必要である。

2.1.2 地下開発に伴う地下水障害
(1) 地下施設構築に伴う流動阻害

特に平野部の帯水層中に地下水流向を遮る方向に地下施設を構築すると，**図-2.1.1.3** の概念図に示すように，地下水のダムアップ・ダムダウン効果で施設の上流側の地下水位は上昇し，施設の下流側の地下水位は低下する。それに伴い，上流側では**表-2.1.1.2** に例示したような地下水位上昇に伴う各種影響（地下水障害）が，下流側では**表-2.1.1.1** に例示したような地下水位低下に伴う各種影響（地下水障害）が生じることがあるので注意が必要である。地下水位の上下はどちらが良い悪いと一義的には評価できず，地域ごとの事情に応じた判断が求められる。

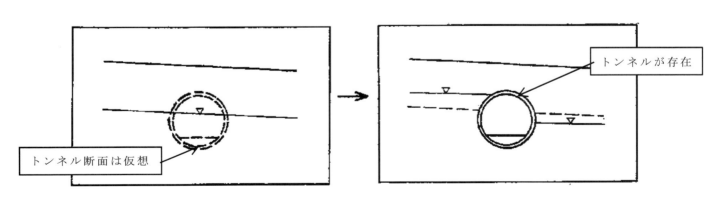

(a) 事前の状況 　　(b) 工事中および供用後の状況
上流側は地下水位上昇，下流側は地下水位低下
図-2.1.1.3　地下構造物設置に伴う流動阻害現象の概念図

(2) 地表水と地下水の分水界を無視した開発に伴う地下水障害

地下水流動系の単位として，涵養から流出までを閉じた系でモデル化し，水収支計算ができる地下水の容れ物と流動の場を流域として考える。この流域は河川(表流水)の流域の考え方に準じるが，図-2.1.1.4に示すように，地下の地質構造によっては地表水と地下水とで分水界が異なっている場合があるので注意が必要である。

図-2.1.1.4における図(a)と図(b)とでは地形はほぼ同一形状であるが，平面的に見ると地下水分水界の位置が異なっている。降水は地表面流出と地下浸透とに分かれるが，C-D間の降水の内，地下に浸透した地下水は図(a)と図(b)とも地表面流出と逆方向の流域に流下する。

このような地域では，C-D間で土地改変や土地利用変化，地下施設構築等を行うと，山を越えた反対側で地下水障害等の環境影響が生じる場合があるので注意が必要である。

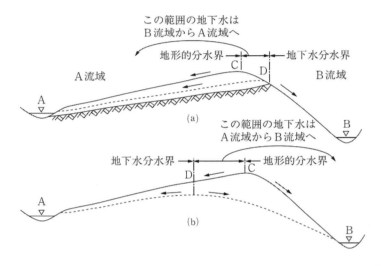

図-2.1.1.4 地表水と地下水の分水界の対比 [4]

引用・参考文献

1) 地盤工学会編：入門シリーズNo.34『地下水を知る』，地盤工学会発行，pp.82～98,2008.
2) 国土交通省：新たな都市づくり空間『大深度地下』大深度地下の公共的使用に関する特別措置法について，パンフレット，p.3,2005.
3) 地盤工学会編：入門シリーズNo.34『地下水を知る』，地盤工学会発行，pp.163～170,2008.
4) 山本荘毅責任編集：地下水学用語辞典，古今書院，p.96,1986.

2.2 土壌・地下水汚染

近年,異なる環境媒体(大気圏・水圏・地圏)を通過する汚染として,クロスメディア環境汚染が着目されている。人への影響を考えた場合,大気汚染では呼吸が,表流水や地下水汚染では飲料水や食料が,土壌汚染では食料が対象となる。地下水汚染と土壌汚染は区別されることもあるが,人への暴露の観点からは同一の対象物であり,ここでは,地下の不飽和帯および飽和帯の地盤内のすべてを指して「土壌・地下水汚染」として取り扱う。

土壌・地下水汚染には,図-2.2.0.1 に見られるように,重金属等による汚染,揮発性有機化合物(VOC)による汚染,硝酸性・亜硝酸性窒素や農薬等による汚染がある。土壌・地下水汚染は,利用に際して人への暴露を軽減することが可能(代替水の利用など)であり,費用をかければ大気汚染に比べて浄化が可能(浄化水の利用など)である。これに対して,大気汚染は積極的な浄化は実質上不可能であり,吸入時に暴露を防ぐことはできない。こうした性質から,大気汚染では,汚染の未然防止が重要であるが,土壌・地下水汚染は,汚染範囲等を特定できれば汚染後の対応も大気汚染に比べて十分可能である。こうした土壌・地下水汚染の範囲等の特定には,地形・地質調査が重要となる。

こうしたことから,ここでは,日本の国土の特性を背景として,土壌・地下水汚染の地形・地質からの読み方・見方について述べる。

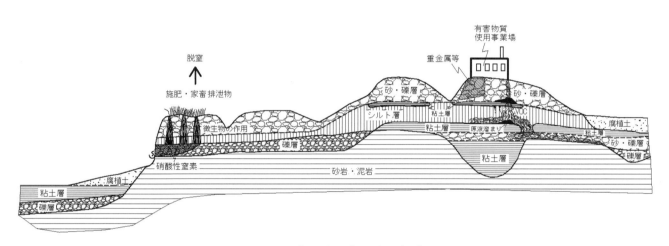

図 2.2.0.1 土壌・地下水汚染の概念断面図

2.2.1 国土の特性と土壌・地下水汚染

日本は火山国であるため,火山ガスや温泉水・熱水等が多く見られ,火山性の鉱物も多く産出する。砒素・鉛といった有害な物質も,火山ガス・温泉水・熱水・鉱物等に多く含まれている。

有害な重金属等である砒素は,岩石中に比較的多く含まれる物質であるが,化学環境により存在形態が異なる。黄鉄鉱(FeS_2)は,熱水変質を受けた岩や海成起源の堆積岩に含有される鉱物であるが,この鉱物は多くの砒素を含んでいる※。黄鉄鉱は酸化的な地下水によって容易に分解し,同時に砒素は酸化物となり陰イオンとして溶出するが,水酸化鉄に接すると砒素は水酸化鉄に吸着される。しかし,この砒素の吸着のされ方は,水の pH によって大きく異なり,アルカリ性の地下水(または温泉水)に,砒素を吸着した水酸化鉄が接すると砒素は地下水の方に移動し,砒素を多く含む地下水ができあがる。また,砒素は火山作用に伴って排出されることが多い。砒素が火山作用に伴う原因は科学的にはまだ十分に解明されていない[3]。

海水中には,窒素や珪素などと同程度に,第二種特定有害物質である'ふっ素'や'ほう素'

※ 黄鉄鉱は本来 FeS_2 であるが,Branchard ら[1]は,結晶構造内で局所的に S と As との置換が起きていることを指摘している。また,微粒子状の黄鉄鉱は,表面の一部が鉄酸化物に変化し,そこに As が濃縮する場合もある[2]。

も多く含まれ※，塩水の海岸近傍の地下への侵入（塩水楔）や古海水の存在により，これらの物質が高濃度になることも考えられる。

我が国では，こうした国土の特性から土壌・地下水汚染の原因判断が難しい場合がある。特に，重金属等による汚染は，自然的原因も考える必要がある。また，表層土壌に入った有害物質は，表層の蒸発散や土壌生物の作用，降雨とその浸透，地下水の挙動などに影響され，表層土壌に留まるとは限らない。例えば，水銀は融点・沸点共に重金属等の中では最も低く※※，通常環境下でも気化しやすく，蒸気水銀は毒性が強い。一方，液体水銀は経口摂取した後の蓄積は比較的少ないが，有機水銀は生物などによる摂取である程度蓄積する場合がある 5),6)。また，毒性の強い第二水銀は，酸化的環境の酸性水中でイオン化しやすいといった性質がある 7)。このように，様々な外的要因によって土壌中の特定有害物質は形態が変わり，それにより移動することも考えられる。その一方で，地下水の水質等の影響で，有害物質の土壌含有量が高くても溶出量が低い場合もある。このように表層土壌の汚染状態だけを捉えることは不十分な場合があり，広域的な汚染機構を把握することが重要となる。

2.2.2 自然的原因

我が国の国土の特徴を考慮すると，その原因者の特定といった観点などから，土壌・地下水汚染が自然的原因であるか否かといった検討が重要となってくる。ここでは，土壌・地下水汚染の原因検討として，少し古いが考え方の参考になるので石川他 8)の事例を紹介する。

対象の地点は，大阪平野の西北部－伊丹台地に位置する廃棄物の焼却処理施設跡地である。ここには，旧処理施設から排出された焼却灰等で覆土された覆土層（Bh）と，その下位に沖積粘土層（Ac），沖積砂層（As）及び洪積粘土層（Dc）が分布する。この調査地では，新たな処理施設の建設に伴い，覆土層下位地盤の汚染の状況，除去土の場外搬出処分方法等の検討が必要となり，当時の土壌汚染対策法に示された含有量と溶出量に係る試験が実施された。

その結果，Ac層，As層において，鉛や砒素の溶出量が基準（鉛・砒素とも 0.01mg/L 以下）を超える 0.014～0.037mg/L となり，含有量が 4～300mg/kg 程度で一部の試料が基準（鉛・砒素共 150mg/kg 以下）を超過した。また，覆土層より Ac層，As層や Dc層の溶出量，含有量の方が概して高い傾向が示された。さらに，海成層である Ac層の砒素等の濃度は，陸成層である As層，Dc層のそれよりも概して高い傾向にあった。周辺の自然環境条件について文献等をもとに，鉛や砒素・ふっ素の検出状況を整理・検討すると，次の結果が得られた。

① 調査地点近傍の海成粘土層（芦屋地区）の砒素含有量は 6～26mg/kg 程度で基準（砒素・ふっ素共 150mg/kg 以下）は超えていないものの，山麓から湧出する自然状態の地下水等（砒素の濃度：0.016～0.362mg/L，ふっ素の濃度：0.19～7.60mg/L）からは基準（ふっ素 0.01mg/L 以下）を超過する砒素やふっ素が検出されている。

② 周辺地域の自然条件は，調査地域から河川上流に約 25km 離れた地域の箇所に休鉱中の砒素を含有する銀鉱山など小鉱山跡があり，その下流の河川底質からは基準を超える高濃度の砒素（7.4～2000mg/kg）や鉛（200～14000mg/kg）が検出されている。また，猪名川上流の坑道の銅藍を含む岩脈や石英脈からは，3200～5500mg/kg の酸化鉛(PbO)が検出されている。

③ 山地を形成する丹波層群(泥岩，砂岩)には，一般に砒素等が含まれており（砒素濃度 10～17mg/kg），そこからのの湧出地下水にも高濃度の砒素（最大 0.0243mg/L）

※ 海水には，塩化ナトリウム（NaCl）が圧倒的に多く含まれるが，窒素(平均濃度13mg/kg)，けい素（同 2.0 mg/kg），ほう素（同 4.5mg/kg），ふっ素（同 1.4mg/kg）などは比較的多く含有する。なお，ほう素・ふっ素以外に第二種特定有害物質で多いのは，砒素（同 0.0011mg/kg）である 4)。

※※ 水銀は融点-38.9℃，沸点 356.7℃と低いが，他の重金属等では，鉛の融点 327.5℃，沸点 1750℃，砒素の融点 817℃，沸点 613℃，カドミウムの融点 321.1℃，沸点 764.3℃，セレンの融点 220.2℃，沸点 684.9℃などと高い。

が検出される。

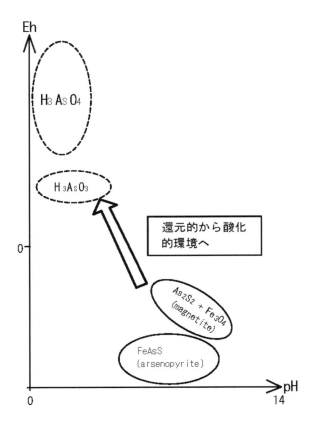

図 2.2.2.1　砒素と鉄（As-Fe-O-H-S系）のEh-pHダイアグラム（Vink[10]を簡略化）

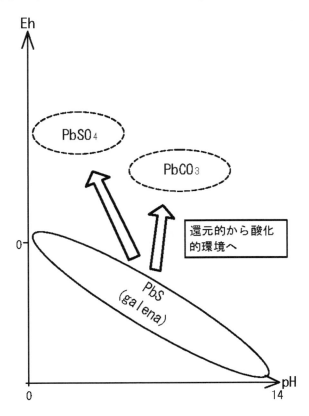

図 2.2.2.2　鉛（Pb-S-C-O-H系）のEh-pHダイアグラム（Brookins[7]を簡略化）

こうしたことから，当該地の汚染は自然的原因が考えられるが，これらの砒素や鉛がどこから来たのかを捉えることが重要である。砒素を考えた場合，堆積物中の硫化物，特に黄鉄鉱（FeS_2）が原因として挙げられる。黄鉄鉱は水と溶存酸素により分解して，硫酸を生成し，黄鉄鉱中に不純物（硫砒鉄鉱など）として含まれる砒素などが，亜砒酸（H_3AsO_3）や砒酸（H_3AsO_4）を生成する[9]。すなわち，**図 2.2.2.1** に示すように，図中の右下の還元的環境で硫砒鉄鉱（FeAsS: arsenopyrite）や磁鉄鉱（$As_2S_2+Fe_3O_4$: magnetite）などとして存在していた砒素が酸化的環境になり，Eh が高くなると図中の上の亜砒酸（H_3AsO_3）や砒酸（H_3AsO_4）などを生成し，溶出しやすい状態になる。

同様に鉛も，**図 2.2.2.2** に示すように還元的環境では方鉛鉱（PbS）として存在するが，酸化的環境となって Eh が高くなると，硫酸鉛（$PbSO_4$）や炭酸鉛（$PbCO_3$）などのより溶出しやすい状態に変化する。Ac 層は海成粘土であり，その中の黄鉄鉱や白鉄鉱などの硫化鉱物中の不純物などとして砒素が含まれていることが考えられ，ふっ素も海成の影響が考えられる。鉛も調査地点の上流の鉱山の影響が大きいと考えられる。

以上のことから，調査地点の自然地盤（Ac 層・As 層）の砒素や鉛の含有量は，周辺の人為汚染が無い土地の地盤と同様であり，海成粘土や周辺の鉱山からの砒素や鉛を含む鉱物が，酸化環境に変化することにより溶出しやすくなっていると考えられる。また，上部の人工地盤（覆土）と比較して自然地盤の方が含有量が高いので，自然地盤の溶出量の基準超過は，人工地盤が汚染源ではないと考えられた。

さらに，地球化学図[11]では，調査地点周辺の河床堆積物の含有量をバックグラウンド濃度とすると，鉛 40〜100ppm，砒素 0.51〜21.3ppm である。調査地点の砒素はこのバックグラウンド濃度にほぼ等しいが，鉛は大きい。このことだけを見ると，鉛は人為的汚染と考えることもできるが，市川や猪名川上流の底質から高濃度の鉛が検出されるという，より広い範囲の情報を考慮すれば，高濃度の鉛を検出する地盤は自然的原因と考えられる。

このように，人為的か自然的原因かを判断する場合には，より広い範囲の地質学の情報を読み解いて，汚染原因をできるだけ正確に把握する必要がある。

2.2.3 地下水年代による流動把握

地下水の流れは，地表に比べて極めて遅い。地盤状況によっては，ある地点に到達するのに数十年以上もかかる場合があり，汚染の影響を把握することが時間的に難しいことがある。こうしたことから，数値解析が用いられることも多いが，後述するように遅延係数などの解析のパラメータの設定でいかようにでも結果を合わせることも可能で，必ずしも適切な結果を得られるとは限らない。

この時間スケールの問題を現場で解決する手法の一つに，地下水年代を測定して地下水流動を把握する手法がある。地下水年代の測定には，地下水中に含まれる放射性同位体を用いる。地下水年代として地下水の滞留時間を推定することは，広域の地下水流動や水理構造を解釈する上できわめて重要である。

地下水年代測定法（地下水の滞留時間の測定法）には，①ダルシー則を基にした推定法，②大気起源の減衰と地下生成核種量からの推定法（代表物質：^{14}C や ^4He），③非平衡からの推定法（代表物質：^{234}U），④イベントからの推定法（代表物質：CFCs, SF_6 や ^{18}O：**写真-2.2.3.1**）の，大きく 4 種類の方法がある[12),13)]。

地下水の滞留時間や起源に関する情報は，本来は地下水の水質情報のなかに残されているはずであるが，現状の水・岩石相互作用が基本の解析だけでは，地下水の水質形成の合理的な解釈ができない。そのため，現状では，周辺岩盤との相互作用が少ない不活性ガスや，岩盤等への吸着性が低く，古くから用いられてきたハロゲン元素の放射性同位体等を指標（環境トレーサー）として，地下水の滞留時間や水の安定同位体を指標に起源を推定することが，最も現実的な方法とされている。

なお，採取した地下水の年代を推定する手法に，ピストン流モデルと完全混合モデルがある。一般的にはピストン流モデルが用いられる。それぞれ，次のような手法である。

① ピストン流モデル：降水が地下に涵養されて地下水系に移行してから，そのまま混合

しないで流動し流出するモデル。一時期の採水データで年代を推定する。
② 完全混合モデル（帯水層完全混合流モデル）：降水が地下に涵養された後，地下水系内で完全に混合し，その混合した地下水が流出するというモデル。降水量が多く断層の多い日本では，実際の地下水系は完全混合モデルの方に近いと言われているが，複数時期の採水が必要となるなど課題も多く，ピストン流モデルが一般的である。

こうした方法により地下水年代を推定し，その滞留時間や起源を考察することで，地下水挙動を広域に把握し，地下水汚染の実態を調べることが必要となる。

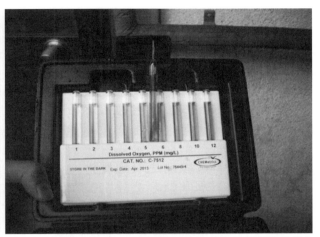

写真 2.2.3.1 イベントからの推定法による地下水採取（左）。年代の結果の解釈のために DO（溶存酸素量）も計測しておくとよい（右）。

2.2.4 土壌・地下水汚染と地形・地質モデル

ある領域の地形・地質モデルを設定し，土壌・地下水汚染を数値解析することは汚染の状況を捉えるときには重要である。しかし，そこで設定する地形・地質モデルが適切かどうかにより，数値解析の結果は大きく異なる場合がある。

例えば，地下水汚染で問題となる硝酸性窒素の遅延係数を考えてみよう。硝酸性窒素が地下水に到達するにはある程度の時間を要するため，地表面からの窒素負荷量が変化しても，その影響がただちに地下水の水質変化となって現れるわけではない。硝酸性窒素が土層内の任意の位置 z(m)に到達するのに要する正味の水量 I(m)は，土層の体積含水率 θ (m^3/m^3)および陰イオン吸着による遅延係数 R（陰イオン吸着がない場合 $R=1$）の分布から，式 2.2.4.1 により求められる。

$$I = \int_0^z R\theta dz \cdots \cdots \text{式 2.2.4.1}$$

加藤[14]によれば，硝酸性窒素の吸着は Langmuir の式に従うものとし，最大吸着量 Q_{max} は吸着態硫酸イオン（SO_4^{2-}）含有に比例すると仮定し，経験的な定数 K（吸着係数）は，土層類型によらず一定（$K=0.025 m^3/mol_c$）と仮定して，遅延係数 R を式 2.2.4.2 により求めている。

$$R \approx 1 + \left(\frac{\rho}{\theta}\right)\frac{Q_{max} \cdot K}{1 + K \cdot C} \cdots \cdots \text{式 2.2.4.2}$$

ここで，ρ：土層の密度(kg/m^3)，θ：土層の体積含水率(m^3/m^3)，C：硝酸性窒素の液相中濃度（mol_c/m^3）

今市扇状地（軽石層やローム層主体）の例では，遅延係数はおおよそ 1.2 から 1.8 の範囲にあることが示されている。こうした遅延係数などの違いで，地下水到達時間が異なってくる。このことにより，ある地点での硝酸性窒素の濃度は，遅延係数が 1.8 に対して 1.6

の場合に数倍以上の濃度の違いが生じる。すなわち，地層中の物質の吸着の仕方で，結果がいかようにも変わることを示している。

このように遅延係数は地質モデル等により異なるので，物質収支を検討する場合，重要なパラメータであり，適切な地形・地質モデルの作成が必要となる。数値解析では，こうした解析のパラメータの適切な設定とともに，モデルの適切な構築が重要となる。

2.2.5 土壌・地下水汚染を捉える際の地形・地質の見方

土壌・地下水汚染を捉える場合には，次の観点が重要である。

① 汚染が問題となっている箇所だけでなく，汚染箇所周辺の流域全体の地形・地質に着目し，俯瞰的に判断する必要がある。表流水の流域と地下水の流域が異なる場合もあるので，その点にも留意する。
② 自然的原因であるか否かを検討する上でも，上記の①の観点が重要である。また，有機溶剤や油分による汚染でも，移動メカニズムが地層の状況に大きく依存するため，上記①のような観点の地形・地質把握がきわめて重要である。
③ 上記①のためには，より広範囲で詳細な河川水と底質試料の流域内の地質，鉱床や変質帯の分布，鉱業活動等と流況，植生などを含めた解析をする必要がある。さらに，対象箇所周辺の地史（地質構造の形成過程）を把握することが重要となる。
④ 広域の地下水挙動を把握するために，地下水年代も考える必要がある。

このようにして汚染の機構を解明することができれば，その後の対策として，汚染域全体の浄化はもちろん場合によっては，汚染源だけを除去し，一定レベル以下になった土壌・地下水に対して，その後は自然的な作用（生化学的な作用など）で除去することもできる。環境基準ほど厳しくない数値で，汚染対策を停止することも念頭においてもよい。

引用・参考文献

1) M.Branchard, M.Alfredsson, J.Brodholt, K,Wright, C. Richard, A.Catlow: Arsenic incorporation into FeS_2 pyrite and its influence on dissolution: A DFT study, Geochimica et Cosmochimeca Acta, 71, pp.624〜630, 2007.
2) 竹内優太・牧野賢作・高橋輝明・佐藤努・米田哲郎：トンネル掘削岩石に認められる砒素の存在状態，資源素材学会北海道支部平成18年度春季講演会講演要旨集，pp.7〜8，2006.
3) 鹿園直建：廃棄物とのつきあい方，コロナ社，145p，2001.
4) 角皆静男：海水の組成と化学平衡，海洋科学，第1巻，第3号，pp.238〜243，1969.
5) 鹿園直建：地球惑星システム科学入門，東京大学出版，232p，2009.
6) 小泉直子：食品から摂取する水銀と，その人体への影響とは？，食品安全（内閣府食品安全委員会季刊誌），2005年 Vol.4，2005.
7) D.G.Brookins: Eh-pH Diagrams for Geochemistry, Springer-Verlag, 176p, 1988.
8) 石川浩次・大野博之：土壌汚染問題と地質技術者の役割・課題，応用地質，Vol.50, No.6, p.362〜373, 2010.
9) 奥村康平・桜井國幸・中村直器・森本幸男：自然起源の重金属等による環境への影響と対策，地学雑誌，第116巻，第6号，pp.892〜905，2007.
10) B.W. Vink : Stability relations of antimony and arsenic compounds in the light of revised and extended Eh-pH diagrams, Chemical Geology, Vol.130, pp.21〜30, 1996.
11) 産業技術総合研究所地質調査総合センター：日本の地球化学図（https://gbank.gsj.jp/geochemmap/）（2014/09/04 確認）
12) 馬原保典：地下水年代測定法，土と基礎，第39巻，第5号，pp.78〜80，1991.
13) 馬原保典・太田朋子：溶存希ガスと長半減期核種を地球化学的トレーサーとした地下水の滞留時間の推定と地下水起源の検討，地学雑誌，第121巻，第1号，pp.96〜117，2012.
14) 加藤英孝：硝酸性窒素の地下水到達時間の面的予測，第26回土・水研究会資料，pp.29〜33，2009.

2.3 廃棄物処理

近年，地盤災害において，ある確率で発生する外力に対して安全を確保しようとする施設では，確率分布に基づく閾値を用いて施設の強度や高さなどの抵抗力を決定することが認識されてきている．この考え方では，施設の強度や高さなどの設定根拠を上回る外力により施設が危険な状態になることも想定しており，受容すべきリスクとして設計していることになる．

日下部[1]は，「地盤リスク低減の基本は，適切な土地利用にある」と述べているが，最終処分場などの廃棄物処理施設も，適切な土地利用のもとで整備していく必要がある．災害時にも比較的安全で，平常時は利用頻度の少ない場所などに整備するといった，まちづくり等と一体となった整備が必要である．

最終処分場などの廃棄物処理施設は，これまで，迷惑施設としてその整備が難しい場合が多かった．しかし，人間生活では必ず廃棄物は発生し，何らかの形でそれを処理しなければならない．したがって，廃棄物処理施設でも受容すべきリスクに対する合意形成を行い，適切な施設整備を実施していく必要がある．ここでは，地形・地質の観点から，廃棄物処理施設の整備について述べる．

2.3.1 廃棄物処理

廃棄物処理施設は，廃棄物そのものや廃棄物からの有害物質等の流出などによる地盤環境リスクの他に，各種の自然災害による施設の破損等の地盤災害リスクも持っている．また，施設の閉鎖・廃止後は，別の用途に土地利用がなされるが，そのときにも地盤環境や地盤災害のリスクは続く．

廃棄物処理施設には，大きく分けると中間処理施設と最終処分場がある．中間処理施設は廃棄物を埋め立てるものではなく，プラントの建設とそれに伴う土地造成が主体であり，その対応の仕方は，次章の構造物や土地造成地の維持管理の項を参考とされたい．

最終処分場は，「一般廃棄物の最終処分場及び産業廃棄物の最終処分場に係る技術上の基準を定める省令（以下，基準省令）」にもあるように，地すべりや沈下する地盤の対策が必要である．また，「廃棄物処理施設生活環境影響調査指針（以下，アセス指針）」では，地下水流動阻害の防止が必要となる．さらに，処分場の擁壁等（堰堤も含む）は，断層を避け，支持力や安全性が十分期待できる地質の場所を選定することが望ましい．

一方，近年，最終処分場のような危険物を貯蔵する施設では，活断層調査が行われるようになってきている．

そもそも，最終処分場に求められる機能は，①貯留機能，②しゃ断機能，③処理機能であり，その機能維持のためにも図-2.3.1.1に示されるように各種の災害に強い施設である必要がある．

① 貯留機能：長期間の貯留に対して安定した機能
② しゃ断機能：廃棄物層を通過する汚染された浸出水を処分場から漏洩させない機能
③ 処理機能：大量に発生する浸出水，可燃性ガス，悪臭などを処理する機能

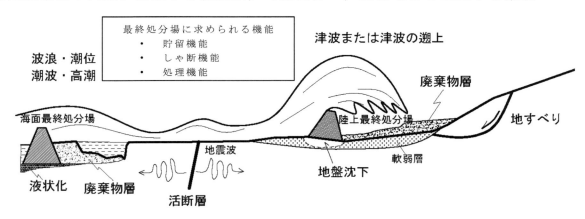

図-2.3.1.1 災害に強い安全・安心な最終処分場

こうした機能維持のための災害に強い施設にするには，最終処分場の地形・地質を適確に見極める必要がある。

2.3.2 最終処分場と地盤の安定性

貯留機能を維持するためには，最終処分場の貯留構造物（構造基準でいう擁壁等）が，地震時などの災害時にも安定である必要がある。「廃棄物最終処分場整備の計画・設計・管理要領 2010 改訂版」でも，貯留構造物の設計では，「完成直後・空虚時」「埋立中・洪水時」「埋立終了・洪水時」「埋立終了・地震時」の 4 ケースを最低考慮するよう求めている。

このためには，貯留構造物周辺の地盤定数が問題となり，ボーリング調査や物理探査などでこうした地盤定数を推定することがなされる。

一方で，地すべりや地盤沈下なども施設設置時には問題となる。地すべり地の場合は，地すべり地形分布などの既往の調査結果に加え，対象箇所が地すべりの影響を受けるかどうかを調査する必要がある。しかし，地すべりの可能性がある場合でも，必ずしも強固な地すべり対策工が必要というわけではない。

最終処分場建設予定地内に地すべりがある場合，その地すべりの抑止は大規模である必要はなく，廃棄物の埋立そのものが抑え盛土になることも想定した計画が考えられる。実際に，ある最終処分場では，図-2.3.2.1 のように地すべり土塊を廃棄物層で押える形がとられている場合もあるので，そうした点も含めた対応が求められる。

海面最終処分場が，沿岸部の軟弱な地盤上に設置される場合がある。軟弱な地盤で，貯留機能を維持するためにも地盤改良などが必要となり，海上でのボーリング調査（地盤定数の計測と把握も含む）のほか，音波探査などによる海底面下の地質構造を把握することが重要である。

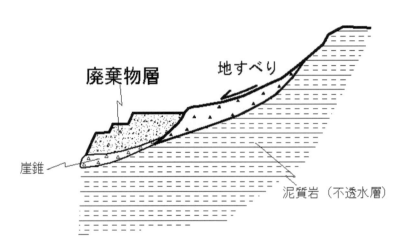

図-2.3.2.1 地すべり土塊の押え盛土となっている廃棄物層

2.3.3 最終処分場と地下水問題

最終処分場の地下水問題としては，しゃ断機能にかかわる問題と施設建設に伴う地下水阻害の問題がある。

しゃ断機能については，少なくとも基準省令で示される構造基準（基準省令第 1 条）を遵守する必要がある。このためには，基準省令のいう不透水性地層の分布状況や透水性を捉えることなどが必要である。把握方法としては，地表地質踏査に加えボーリング調査や比抵抗電気探査などの物理探査を用い，透水性に関係した地質構造を把握していく。例えば，図-2.3.3.1 に示すような 3 次元的な比抵抗分布を把握することで，含水量の多い箇所を特定するなどにより，水みちとなりうるような地質構造の検討を行う。

また，地下水の溶存イオン分布を計測することも地下水の流動状況を捉えるのに有効である。基本的に，地下水では，降水により供給された水は Na, Cl イオンが少なく，海水が混ざるほど両者が多くなる。Na, HCO_3 イオンは，岩石との長期接触をした地下水に多く見られる。すなわち，深部に滞留したか，深い部分を長い間動いた水がそれにあたると考えられる。石灰岩地域では，Ca, HCO_3 イオンが多くなる。また，HCO_3 イオンが多いものは，降水起源と考えられる。

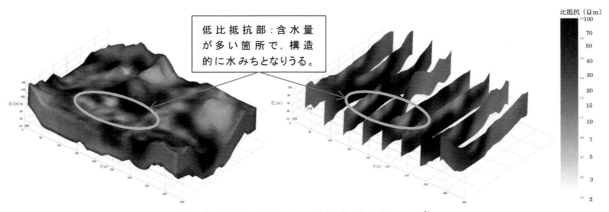

図-2.3.3.1　3次元の比抵抗分布図の例[3]

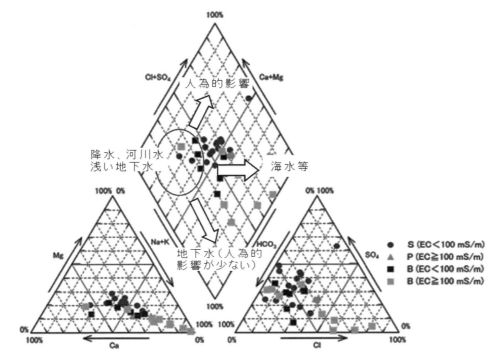

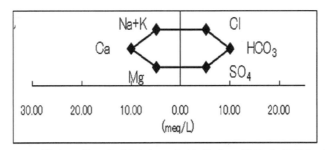

図-2.3.3.2　トリリニアダイアグラム(上)とヘキサダイアグラム(下)による溶存イオンの表現法

　一方，SO_4 イオンは海水中の生物起源か，降水中では人間起源（化石資源中の硫黄酸化物）によるものと考えられ，NH_4，NO_3 イオンなどは主に人間活動（農業など）によるものである。中間型は，天水や海水等の混じり合ったものと考えられ，河川水や伏流水，滞留時間の短い地下水などが考えられる。

　以上のような性質を利用して，トリリニアダイアグラムとヘキサダイアグラムを用いて，地下水の挙動を推察していく（**図-2.3.3.2**）。これにより，例えば，処分場から貯留構造物下流への地下水の回り込みなどの水みちがわかることがある。

施設の建設にあたっては、最終処分場に限らず、施設建設に伴い地下水位の低下あるいは上昇が生じ、地下水阻害を周辺地域に及ぼす恐れがある。地下水阻害の調査としては、地形・地質調査の一環でもある資料収集調査が重要である。雨水流出の多い地域や用水の水源、取水位置が直下流にある地域は避けるべきであり、地下水についても水脈、水位および利水状況などを調査し、悪影響がある場合は避ける。そのための検討には、土地利用の状況や地表水・地下水の利用状況などのデータを収集整理し、不足する情報は実際に改めて調査するのが良い。

土地利用については、国土調査の内、図-2.3.3.3 に示す土地分類調査によって得られた土地分類基本図や土地分類基本調査（垂直調査）図などをはじめ、都道府県水調査や水基本調査のデータベース、地下水マップなども収集整理することで、地下水による阻害の可能性を事前に検討し、それに基づいて、実際の阻害の可能性を現地調査により判断する。

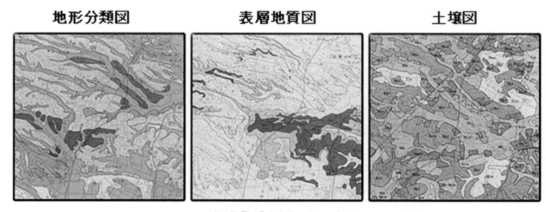

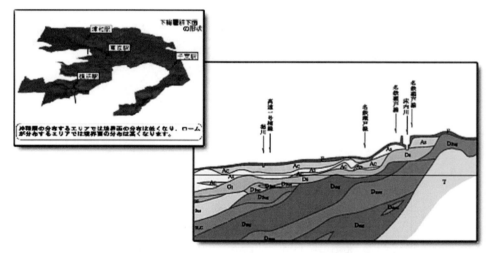

図－2.3.3.3　土地分類基本図（上）と土地分類基本調査（垂直調査）図（下）の例 [4]

2.3.4　最終処分場と活断層

前述したように、近年では最終処分場の選定でも、活断層の有無が立地を左右する場合がある。施設の立地に際しては、全国で公表されている活断層の分布地区は避ける努力が必要であろう。公表されている活断層からどれくらい離したらよいかの系統立った研究は今のところないため、「ダム建設における第四紀断層の調査と対応に関する指針（案）」[6] が参考になる。「廃棄物最終処分場整備の計画・設計・管理要領 2010 改訂版」でも、「最終処分場の貯留構造物の計画・設計においては、建設省『河川砂防技術基準（案）』、農林水産省構造改善局『土地改良事業計画設計基準－設計・ダム－』・・（中略）・・など種類・構造形式が類似した構造物の指針や基準に準拠して行うものとする。」（要領 p.200）とさ

れているように，ダムの基準などに準拠されてきた。したがって，ダム建設の第四紀断層調査の指針を最終処分場に利用することも，十分に考えられる。

第四紀断層調査の指針では，ダム敷近傍として300m以内のものについては詳細な調査を行い，要注意の第四紀断層であれば，ダム位置の変更を含む適切な措置をとることとなっている。これを参考にすると，施設が活断層から300m以上離れていることが1つの目安となる。ダムを対象とした活断層調査は，半径50km以内の既往文献調査と半径10km以内の地形・地質調査に伴う活断層の判定・評価，そしてダム敷近傍の活断層詳細調査を行うことになっており[6]，参考となる調査方法といえる（図-2.3.4.1参照）。

次に，処分場敷地内に活断層はないとなると，既往の活断層や調査を行って確認した問題となる活断層を震源とする地震の発生に伴う，貯留構造物を含む地盤の安定や施設の耐震の検討を行なえばよい。地震の外力の検討は，実際の地盤モデルや地震モデルを用いた地震応答解析などの詳細検討はあるが，地盤の状況が詳細に把握できない段階では，簡便法として，対象とする活断層の地震規模を松田式[8]などで決定したうえで，司・翠川（1999）[9]による距離減衰を利用し，敷地基盤での地震波の最大速度を計算する。そして，地表近くの地盤構造による増幅率を勘案し，地表での計測震度を求める。求まった計測震度から野田式[10]を利用して，地表での設計水平震度（Kh）が算出できる（図-2.3.4.2参照）。

このようにして求めた設計水平震度を，静的な地震外力として建屋の耐震設計や地盤や貯留構造物の円弧すべり等による安定解析に利用し，目的の安全率に見合った建屋や土構造物の構築や基礎地盤の改良を行う。未知の活断層への備えについては，最近のいろいろな構造物を対象として実施されているように，敷地直下でマグニチュード6.9程度の地震が生じると仮想した，同様の計算を行っておくことも必要であろう。

廃棄物処理施設に係る活断層への対応については，現状ではあまり行われていないが，最近頻発する地震活動を考えると，喫緊の課題といえる。

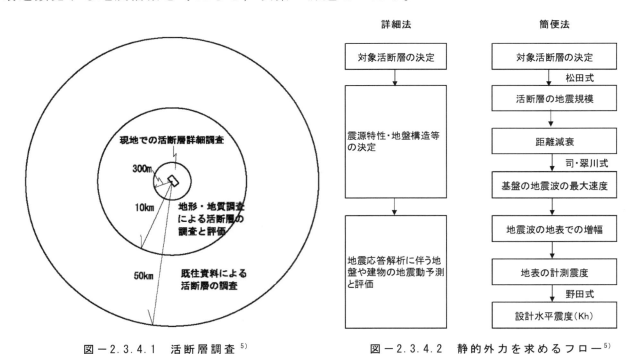

図-2.3.4.1　活断層調査[5]　　　　図-2.3.4.2　静的外力を求めるフロー[5]

2.3.5　最終処分場の地形・地質の見方

「廃棄物最終処分場整備の計画・設計・管理要領 2010改訂版」に示されるように，最終処分場は，可能な限り不透水性地盤上に建設すると同時に，軟弱地盤や地盤沈下のおそれのある場所や断層を避け，支持力および安全性が十分期待できる地質の場所を選定することが，工事費や工期・維持管理等の面からも望ましい。やむを得ず軟弱地盤などの場所に立地せざるを得ない場合には，埋立地および各施設が不同沈下によって機能障害が起きないよう十分

な対策が必要となる。また，雨水流出の多い地域や用水の水源，取水位置が直下流にある地域は避けるべきで，地下水についても水脈や水位・利水状況などを調査し，悪影響がある場合は避けることが望ましい。

このためには，最終処分場の建設にあたっても，ダム建設などと同様に，既往の文献調査，現地での地形・地質調査を実施し，適地の選定あるいは選定地域の適切な対策を計画・設計していく必要がある。

引用・参考文献
1) 日下部治：地盤リスク低減に向けて，地盤工学会誌，Vol.61, No.7, pp.1〜3, 2013.
2) 独立行政法人防災科学研究所：地すべり地形分布図第14集「静岡」，防災科学研究所研究資料，第221号，2002.
3) 椿雅俊・笠谷政仁・有田剛・後藤正司・竹内睦雄・平塚賢二郎：省力型3次元電気探査による埋立地盤の調査・探査方法の適用性について，第23回廃棄物資源循環学会研究発表会講演論文集，pp.503〜504, 2012.
4) 国土交通省国土政策局国土情報課ホームページ：
 http://nrb-www.mlit.go.jp/kokjo/inspect/landclassification/,（2014/09/04確認）
5) 大野博之・大久保拓郎・稲垣秀輝：地盤災害に係る廃棄物処理施設の事例，地盤工学会誌，Vol.61, No.7, pp.28〜31, 2013.
6) 建設省河川局開発課：ダム建設における第四紀断層の調査と対応に関する指針（案），11p, 1984.
7) 国土開発技術研究センター：第四紀断層の調査法（案），72p. 1986.
8) 松田時彦：活断層から発生する地震の規模と周期について，地震第2輯第28巻，1985.
9) 司宏俊・翠川三郎：断層タイプ及び地盤条件を考慮した最大加速度・最大速度の距離減衰式，日本建築学会構造系論文集，No.523, pp.63〜70, 1999.
10) 野田節男・上部達生・千葉忠樹：動式岸壁の震度と地盤加速度，港湾技術研究所報告，Vol.4, No.4, pp.67〜111, 1975.

京都府宮津湾に延びる砂州は日本三景の1つである。この砂州にある井戸は砂州の両側が海であるにも係わらず，淡水が湧き出ることで有名である。

column

『災害がれき・廃棄物とその対応』

東日本大震災では，災害に伴うがれきや廃棄物が大量に発生した。災害がれきや廃棄物は，地震や津波のみならず，洪水・台風・斜面災害などさまざまな災害で発生する。しかも，それらは私たちが日常的に行っている通常の処理フローでは処理しきれない膨大な量が発生するのが大きな特徴である(写真-1)。

したがって，その処理を待つ間の災害がれき・廃棄物の仮置場が必要となる。仮置場は，適切な所に適切な構造で設置され，日常の維持管理が適切に行われている最終処分場などに設置することも可能である。管理型の最終処分場は，図-1のようにしゃ断・貯留機能を兼ね備え，災害がれき・廃棄物の飛散や有害物質の漏洩などを防止してくれる。

こうした最終処分場がない場合等，最終処分場以外の仮置場も設置されることが多い。一次仮置場は，復旧に向けて雑多で分別のされていないがれき・廃棄物が被災地の空き地や公園などに集められる。その後に，二次仮置場として分別や場合によってはその場で破砕などの処理ができるものが設置される。一次仮置場は，数か月と短期であるが，二次仮置場は数年に及ぶことがあり，その設置にあたっては，①災害（洪水，高潮，斜面災害等）の起きやすい場は避ける，②周辺環境に影響が出やすい土地は避けるといったこと等が重要である。

このように，災害がれき・廃棄物の仮置きにあたっても，地形・地質的な観点を踏まえて適切な所に仮置場を設けることが，仮置場の閉鎖後の土地返還時において，土壌汚染などの問題を防ぐ手立てとなる[2]。

写真-1　東日本大震災の一次仮置場（左：2011年7月撮影）と二次仮置場（右：2012年5月撮影）の例

図-1　しゃ断・貯留機能を備えた最終処分場の概念図[1]と実際の仮置き例

（大野博之）

引用・参考文献

1) 大野博之・八村智明：災害時の瓦礫等・廃棄物の仮置き場と最終処分場，環境技術会誌，第146号，pp.48〜52, 2012.
2) 日本応用地質学会(2011)：災害廃棄物の仮置き場に関する留意点－設置から，維持管理，閉鎖まで，http://www.jseg.or.jp/02-committee/pdf/20110617_haikibutsu_kariokiba_v2.pdf, (2014/09/04 確認)

2.4 地層処分

　我が国の放射性廃棄物の地層処分については，未だ候補地すら選定されていない。しかし，原子力施設の今後の推移にかかわらず，我が国各地の原子力施設には，既に大量の使用済み核燃料が存在し，それらへの対処は喫緊の課題である[1]。使用済み核燃料を放置することはできず，今後は，相当の労力と費用のもと，放射性廃棄物問題の解決に取り組む必要がある。地形・地質は，そのための基本的な科学・技術的知見を示すものであり，現時点の知見の限界を認識しつつ対応していくことが求められている。ここでは，これらの地層処分に関する地形・地質の読み方についてまとめた。

2.4.1 地層処分と地形・地質調査

　放射性廃棄物の地層処分に求められる機能は，基本的には一般・産業廃棄物の最終処分場と同じく，①貯留機能，②しゃ断機能，③処理機能である。貯留機能としゃ断機能は最終処分場と同じであるが，処理機能としては最終処分場と異なり，放射性物質の崩壊による無害化が挙げられる。

　放射性廃棄物処分での安全評価で対象とする時間スケールは，一般・産業廃棄物処分が数十～数百年であるのに対して，10万年以上である。処理機能による無害化の期間でもあるこの10万年という時間スケールは，これまでの建造物では経験のない長い時間スケールを取り扱うことになる。このため，これまでの地質学の知識を考慮し，長期的な地質環境の変化や地球規模の気候変動等を考慮した評価が必要となる[2]。

　具体的には，評価のためのシナリオとして，「発生の可能性が高く，通常考えられるシナリオ」を設定することになる。隆起・侵食や海水準変動などに起因する長期的な地形・地質の変化，気候変動などの地球環境の長期変動による影響を，変動シナリオとして評価する。また，稀頻度事象シナリオや人為事象シナリオ等も考慮する。

　図-2.4.1.1に変動に関する起因事象から，その結果起きる最終の終端事象をまとめた[3]。起因事象としては，気候変動に起因するものとして，気温・降水量の変化，海水準変動が，プレート運動に起因するものとして，隆起・沈降運動，火山・火成活動，地震・断層活動が挙げられる。終端事象としては，生物圏の変化，希釈水量の変化，地下水流動と地化学環境の変化，埋設施設の地表接近が挙げられる。

　安全評価では，図-2.4.1.1に示す因果関係を基礎に基本シナリオ，変動シナリオなどを設定し，それぞれのシナリオごとに，埋設施設の閉鎖後の時間段階に応じて地質環境の確からしい状態設定を行い，確からしいパラメータを用いた安全評価を行うことになる。

　例えば，基本シナリオによる評価では，①過渡的な期間，②多重バリア機能に期待する

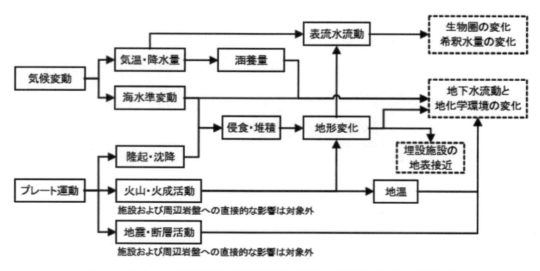

図-2.4.1.1　地質環境の長期変動が安全評価に与える影響[3]

期間, ③主に天然バリア機能に期待する期間, ④埋設施設が地表付近に近接することが想定される期間の4つの期間に分けて行うことを基本とし, **表-2.4.1.1**に示すように種々の変動事象による影響について, 状態設定を行う。ここでは, これらのシナリオ設定のための地形・地質調査の事例について示す。

表-2.4.1.1 地質環境に係る長期変動事象と安全評価の基本シナリオにおける状態設定[3]

起因事象	発生事象	基本シナリオにおける状態設定
プレート運動	火山・火成活動	評価対象地点周辺の第四紀火山における溶岩, 火砕流, 火山泥流等による, 埋設施設への地表からの熱的・化学的影響
	地震・断層活動	活断層の変位・変形構造の影響範囲に基づく地下水流動への影響
	隆起・沈降運動	過去から現在までの隆起・沈降速度に基づく将来の隆起・沈降速度
気候変動	海水準変動	過去から現在までの海水準変動に基づいた将来の海水準変動
	気候・降水量変化	花粉化石データ等から求められる過去の気温の評価に基づいた将来の気温. 気温と降水量との関係等から求められる過去の降水量の評価に基づいた将来の降水量
	涵養量変化	現在の気温・降水量の変化と基底流出量・地下水面から評価される涵養量の関係に基づいた将来の涵養量
プレート運動と気候変動	地形変化	評価対象地点における隆起・沈降運動, 海水準変動及び侵食・堆積作用に関する過去の履歴に基づいた将来の地形
	地下水流動	海水準変動, 涵養量, および地形変化に関する基本設定に基づく地下水流動解析による将来の地下水流動
	表流水流動	海水準変動, 気温・降水量, 及び地形変化等に関する基本設定に基づいた将来の表流水流動

2.4.2 地下深部の地質構造の把握

長期にわたる地質環境の変遷から将来を見通すために, 得られた地質・地質構造から調査地域の地史を検討することが重要で, 地表踏査, 物理探査等からボーリング調査へと段階的に進め, 調査項目と相互の関連性を考慮しながら合理的に行うことが, 構築すべき地質・地質構造モデルの信頼性の向上につながる[4]。

例えば, 太田他[5]は, 幌延深地層研究所設置地区周辺の岩盤の地質学的不均質性, 被覆層 (未固結堆積物) の厚さ, および物質の移動経路として重要な構造について, 詳細な情報を取得し, 3次元的な地質構造モデルを構築している。その調査として, 既存情報を用いた調査, 地表からの調査 (地表踏査および各種物理探査), ボーリング孔を用いた調査 (深層ボーリング調査 (コア観察・孔壁画像解析) および浅層簡易ボーリング調査 (ガス調査

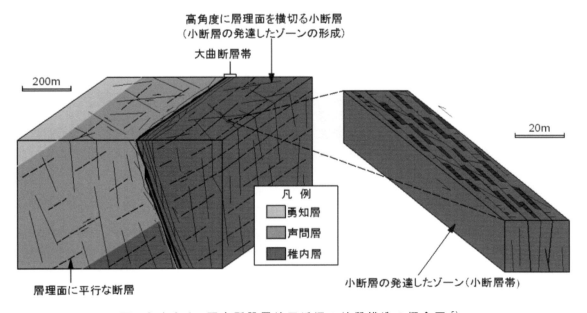

図-2.4.2.1 研究所設置地区近辺の地質構造の概念図[5]

を含む))を行い，**図-2.4.2.1** のような地質構造の概念図を示している。これにより，大曲断層の三次元分布と水理特性を推定し，小断層帯が水文地質学的に重要であることを示している。ただし，層理面にほぼ平行な小断層は主要な水みちとして機能している可能性が低いので，この図には示されていない。しかし，水みちとして機能している可能性の高い小断層帯は，その存在量が多いにもかかわらず，連続性は不明な点が多い。このため，決定論的に推定することは現実的に不可能であり，小断層帯を確率論的に考慮したモデルを構築することが大切であるとしている。

このように，地表地質調査と物理探査，場合によっては室内分析（X線分析や化石鑑定など）を行い，地質（断層・破砕帯や褶曲などを含む）の空間的分布と性状を評価し，地質構造モデルを構築することが肝要である。

2.4.3 地震・断層活動の把握

地質環境を評価するためには，地震の長期的な活動性，広域的テクトニクス（地質構造活動）を把握することが不可欠であり，観測事例をなるべく多くするためにも，概要調査の段階から地震等の観測を始めることが望ましい[4]。

基本的には，Hi-NET（高感度地震観測網）やKik-NET（強震観測網）の観測データを基に地震計の設置場所の調査を行い，地震計や孔内水位計・水圧計を設置して，地震動特性や地震時の地下水特性を評価する。こうした調査検討以外にも，震源計算処理プログラム(hypomh)と震源の高精度標定法であるマルチプレット・クリスタリング解析法※によって対象地域の震源分布を決定し，地質構造との関連を明らかにする試み[5]，気象庁一元化震源の補正による地震活動の把握[6]，史料地震学的手法による地震活動の把握[5]などが行われている。

一方，断層活動による調査・評価としては，地域周辺陸域と海域に分け，それぞれ地形解析，地表踏査と海底地形調査，海上音波探査の概査を行う。次の段階の精査では，それぞれ反射法地震探査，ボーリング調査，トレンチ調査などを実施して，活断層・活褶曲・活撓曲の分布位置と活動性を評価する。陸域では，地表踏査，トレンチ調査，ボーリング調査や反射法地震探査により，伏在断層の分布や活動性の評価も数多く行われている。海域では，より詳細な海上音波探査などにより，ある一定規模以上の活断層の詳細な位置は明らかにされているが，活動性の評価は，高レベル放射性廃棄物処分場の精密調査地区選定段階では，陸上並みの精度を持つ事例は少なく，課題も多い。このため海域の課題を解決するために，①歴史地震の際に出現した陸域の地表地震断層に対する活動性評価，②海底に分布する断層関連褶曲の活動性評価，③海底に分布する横ずれ断層に対する活動性評価を行う試みがなされている[7]。

2.4.4 火山・火成活動，熱・熱水活動の把握

火山・火成活動に伴う地質環境の長期的な安定性評価には，地下深部のマグマや高温流体などの存在の有無や大きさを把握することが重要である。

火山・火成活動については，地表調査（地質踏査，物理探査，地殻変動測定，ボーリング調査など）を実施し，島弧スケールの情報，火山同士の時空間スケールの情報，個々の火山スケールの情報を加味し，将来的に起こりうるマグマの貫入や噴出活動の時空間的な位置・規模・活動様式を評価する[3]。特に，マグマの上昇や移動過程，貫入量の将来予測やプチスポット火山などの検討が進められている。例えば，**図-2.4.4.1** に示すように，マグマの上昇過程を把握するための観測領域と観測密度の設定方法が示されている[8]。さらに，マグマの水平移動に関する検討と評価法も示されている（**図-2.4.4.2**）[9]。

一方，マグマや高温岩体などから放出される熱エネルギーによる周辺岩盤の温度上昇のほか，熱水対流系の形成による地下水流の変化，火山ガスや熱水などの混入による水質の変化なども想定される。こうした熱・熱水活動に関する評価としては，地表調査（地質踏

※ この解析法は，個々の断層の走向傾斜や相互の位置関係の推定に有効な震源位置決定法であると共に，断層面の形状等の地下構造に関する有用な情報を与えることができる[5]。

査,河川水・井戸・温泉調査,物理探査など)を実施し,熱・熱水に関わる概略モデルを評価した後に,ボーリング調査(ボーリング調査,孔内試験・検層など)を実施して,熱源からの距離を指標とした熱・熱水の影響の程度や範囲を,三次元的に把握・評価する[4]。

熱・熱水の影響は,非火山地域の地下でも検討を要する。玉生他[10]は,地形,地質,地温,震源,比抵抗,キュリー点深度,重力基盤,P波速度などの分布データを収集し,それらの情報はデジタル化後,データベースシステム(例えば,地下情報可視化データベース)に登録し,同システムの可視化機能で様々な角度から各種情報を比較検討している。その結果,調査地区選定後に実施される概要調査段階では,全国規模の熱構造を考慮した上での概要地区固有の熱構造の把握が必要であることを示している。

この他の方法として,熱水活動の空間的移動や温度変化,新規発生などの変動を予測するためには,過去の履歴を知る調査も行われている。例えば,電子スピン共鳴(ESR)法を用いることで,マグマや高温岩体の冷却年代,温度や継続時間についての推定が試みられている[11]。

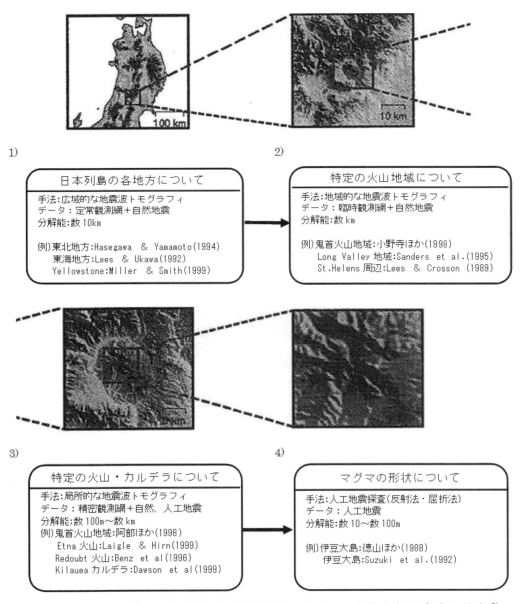

図-2.4.4.1 マグマの上昇過程を把握するための観測領域と観測密度の設定[8]

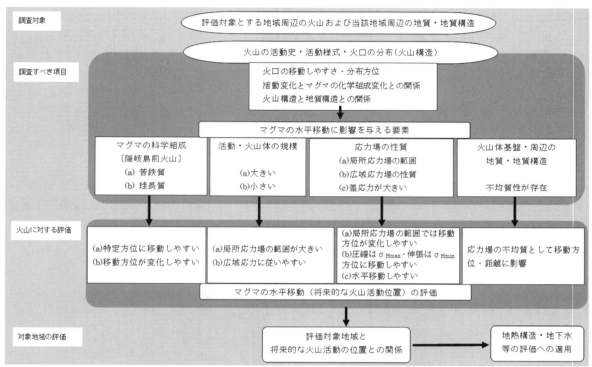

図-2.4.4.2 マグマの水平移動に関する評価法[9]

2.4.5 地殻変動特性（隆起・沈降）の把握

地殻変動としては，火山・火成活動や地震・断層活動によるものがあるが，これ以外に，アイソスタシー等様々な事象による地殻の隆起・沈降や侵食がある。

隆起・沈降，侵食による地殻変動の調査・評価では，文献調査と地形調査（空中写真等の判読結果など）を基に，段丘面などの過去の基準面の隆起・沈降量調査（地質踏査，地質年代調査，段丘編年調査，ボーリング調査，トレンチ調査など）と最大下刻量調査（物理探査，ボーリング調査，地質年代調査など）を通じて，将来の地殻の隆起・沈降量をモ

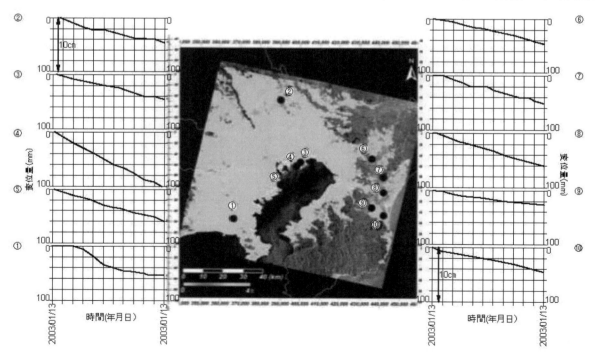

図-2.4.5.1 SARによる広域・同時の地殻変動の計測例[12]

デル化することができる。

地殻変動を観測するシステムとして，Hi-NET や Kik-NET，GPS などが挙げられるが，最近では地上観測点設置の必要がなく高い分解能をもった合成開口レーダ（SAR：Synthetic Aperture Radar）を用いて，長期の地盤変動量を計測する手法が示されている[12]。PSInSARという手法で，PS 点（恒久錯乱点）と呼ばれる画像上の点の抽出が重要である。日本国内では，緑の多い山岳地帯などでは PS 点の抽出が難しい場合があり，変動を捉えることができないこともある。しかし，図－2.4.5.1 に示すように PS 点の多い関東平野では地盤変動量を適正に捉えることなどができ，適用性に留意した利用により有効な手法となる。

2.4.6 地下水の地化学的特性の把握

地層処分では，地下水の水質等が処分システムに著しい影響を与えないことが求められる。このためには，他の調査評価と同様に，地下水の地化学的状況を把握することが必要である。

地下水の地化学特性に係る調査・評価については，まず，地表湧水点・既存孔井調査（水・ガス試料採取，原位置計測，水質分析，地下水年代測定など）を実施し，概略の地下水水質分布を把握・評価し，概略の地下水地化学モデルを基にボーリング調査を実施する。ボーリング調査では，岩石コア試料採取，地下水・ガス試料採取，原位置計測，水質分析，地下水年代測定を行い詳細な地下水水質分布を把握することで，長期的な安定性を含めて，地下水水質等が処分システムに著しい影響を与えないか否かを検討・評価することができる[4]。

2.4.7 地層処分の地形・地質の見方

地層処分の時間スケールについて予測評価を行うには，これまでの地球の形成史をより適切に把握していくことが重要となる。そのために，物理探査やリモートセンシングなど

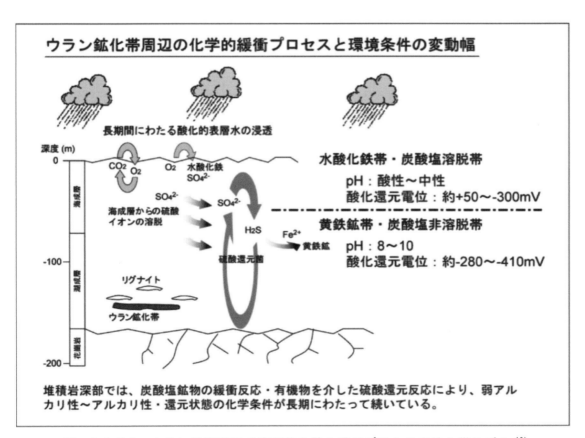

図－2.4.7.1　ウラン鉱床周辺の支配的な酸化還元プロセスの地化学モデル[13]

の適切な手法を用いて，様々な事象を捉え，適切に現象を把握していくスタディーネイチャーと共に，現象論と物性論の交わるナチュラルアナログの考え方を基本とした取り組みが必要である。

　ナチュラルアナログ研究とは「人工物の挙動を理解する際に，類似例を天然現象に求め，自然に学ぶ研究のこと」とされ，IAEA－TECDOC-1109 では「Natural analogues can be regarded as long term natural experiments the results or outcome of which can be observe.」とし，長期間の天然現象（自然現象）にその類似性を求め，その結果を利用するものである。

　鉱床の形成などがこうしたものの参考となるのは言うまでもなく，史料地震学的検討（あるいは地震考古学）や地下水の地化学特性の把握などに既に利用されている。例えば，東濃地域の月吉鉱床のようなウラン鉱床が長期間にわたり保持されてきた主要因として，長期的な還元環境の保持が挙げられ，この強還元環境の形成には，黄鉄鉱の溶解反応よりも，硫酸還元菌による硫酸還元とそれに伴う黄鉄鉱の沈殿反応が関与していることが，ナチュラルアナログ研究から示されている[13]。このように，地層処分については，特に時間の長い広範囲な地形・地質の読み方・見方が重要となる。

引用・参考文献

1) 日本学術会議：回答－高レベル放射性廃棄物の処分について，平成 24 年 9 月 11 日，36p.2012.
2) 原子力安全委員会：余裕深度処分の管理期間終了後における安全評価に関する考え方，2010.
3) 日本応用地質学会：原典からみる応用地質学－その論理と実用－，古今書院，2011.
4) 土木学会原子力土木委員会地下環境部会：精密調査地区選定段階における地質環境調査と評価の基本的考え方，144p.2006.
5) 太田久仁雄・阿部寛信・山口雄大・國丸貴紀・石井英一・操上広志・戸村豪治・柴野一則・濱 克宏・松井裕哉・新里忠史・高橋一晴・丹生屋純夫・大原英史・浅森浩一・森岡宏之・舟木泰智・茂田直孝・福島 龍朗：報告書番号JAEA-Review2007-044,幌延深地層研究計画における地上からの調査研究段階（第 1 段階）研究成果報告書分冊「深地層の科学的研究」，434p.2007.
6) 青柳恭平・阿部信太郎：2004 年新潟県中越地震と地質構造の関係－活褶曲地域における震源断層評価－，電力中央研究所報告№06030，pp.1～23，2007.
7) 阿部信太郎・青柳恭平：日本列島沿岸海域における海底活断層調査の現状と課題 - 海底活断層評価の信頼度向上に向けて - ，電力中央研究所報告№05047，pp.1～26，2006.
8) 阿部信太郎・青柳恭平・小田義也・土志田潔：地震波トモグラフィーによるマグマ上昇過程の解明－伊豆半島北部箱根火山地域の上部マントルから地殻浅部に至る構造とマグマの供給について－，電力中央研究所報告 U03023，2003.
9) 土志田 潔・三浦大助・幡谷竜太：マグマの水平移動に対する評価法の提案-隠岐島前火山の火道分布に基づく化学組成の影響の検討-，電力中央研究所報告№05026，pp.1～19，2006.
10) 玉生志郎・阪口圭一：概要調査における熱・熱水の影響評価のための調査・解析・評価手法の提案，地質調査研究報告，第 59 巻 1/2 号，pp.123～134，2008.
11) 水垣桂子：電子スピン共鳴法による熱・熱水の影響評価，地質調査研究報告，第 59 巻 1/2 号，pp.109～116，2008.
12) 出口知敬・六川修一・松島潤：干渉 SAR の時系列解析による長期地盤変動計測，日本リモートセンシング学会誌，Vol.29，No.2,pp.6～7，2009.
13) 岩月輝希・村上由記・長沼毅・濱克宏：ウラン鉱床の長期保存に関わる岩盤の酸化還元緩衝能力―東濃地域における天然環境の水−鉱物−微生物システムの研究例，地球化学，第 37 巻 2 号，pp.71-82，2003.

2.5 地球環境

地球環境というと，地球温暖化問題を真っ先に思い浮かべる人も多いだろう。「挨拶はお天気の話から」と言われるように，確かに人間生活が影響していると確認されている地球温暖化に関する話題は，身近な話題となりやすい。しかし，地球が生まれてから現在まで人間が地球環境にかかわった時代は極めて短い期間である。

本節では，地球環境の歴史をもう少し長い時間軸で捉え，地球環境が変わることでどのような現象と連鎖が起こり，その結果として地形や地盤の形成にどのように影響するのか，人間は地球環境とどのような付き合い方をすればよいのか，地盤工学に係る人たちがどのように地球環境と接し理解すればよいかと言った視点を中心に，説明を行おうと思う。

2.5.1 地球環境変動の歴史
(1) 気候変動と地球環境の歴史

地球ができてから46億年の歴史の中で，地球環境は絶えず変動を繰り返してきた。たとえば，無氷河期と言われる中生代白亜紀のような温暖な時代や「スノーボールアースイベント」と呼ばれる全球凍結の時代(原生代マリノアン氷河期やスターチアン氷河期，ヒューロニアン氷河期等)，あるいは新生代第四紀の氷河時代などである。

そして地球環境変動の歴史の中で生命は，種の絶滅や新たな種の発生を繰り返し生き延びてきた。

このような地球環境の変動について，地盤工学者や技術者等は，どのような視点で現象や人間等に対する影響の把握，あるいは理解しておく必要があるのだろうか。

近年，地盤工学と関係の深い第四紀[1]以降の地球環境変動の歴史については，酸素同位体や環境指標となる化石等による研究で詳細な変動の状況が把握されつつある。

たとえば，図-2.5.1.1に示した図は，Lisiecki,L.E., and M.E.Raymo(2005)[2]が数多くの深海底コアの酸素同位体濃度変化を整理して求めた曲線に，時代区分と現在から見た寒暖の境界を加えたものである。これで見ると第四紀は，パルス的な温暖な時代の発生はあるものの，基本的には寒冷な時代であることが解る。

ただし，人間の生活への影響という視点をからこの図の中で確認できるパルス的な温暖な時代の推移に着目すると，地球環境の変動は，数千年の時間スケールの中でも発生していること，ちょっとしたインパクトが地球環境に与えられただけで，短期間に大きく地球環境は変動してしまっていること等を認識しておくことも重要である。

(2) 地球環境変動により発生する諸現象

地球環境変動は，地軸の傾きの変化や太陽エネルギー影響量の変化，火山の噴火等による大気中のエアロゾル量の変化などを代表とする自然由来によるもの，あるいはCO_2排出量の増減を代表とする温暖化影響物質の変化といった人為的な由来によるものなどがあり，それらの原因により気温の上昇や下降が発生し，さらにその気温の変化による影響を受けて，気圏・水圏・地圏等の環境が大きく変動するが，本項では地球環境変動の原因論よりは，むしろ地球環境が変動することによりどのような現象が発生するかといった点に主眼をおいた，地球環境から見た地形や地質の見方について解説したい。

まずどのような現象が起こるのかを説明するために，図-2.5.1.2「気候変動により発生する現象」[3]を示す。この図は，気候変動あるいは地球環境はどのような要素により影響を受けて変動するのか，変動に伴い発生するリスクにはどのような項目があるかについて階層的に取りまとめ，気候変動により発生する現象の各項目を示した図である。記載している各項目は，地盤や地形・地層等に残された過去の地球環境変動の痕跡を解釈し，さらにそれぞれの現象の原因や結果を取りまとめたものである。

図-2.5.1.2では，気温の上昇や下降が起こるとまず何が起こるのかについて1列目に示し，1列目の結果でどのような地球環境への影響や摂動が起こるかを2列目に，2列目に示した地球環境への影響や摂動に伴い発生する地球環境の変化を3列目に示し，4列目のコ

ラムで地球環境が変動することにより，人間生活に与えるマイナス・リスクにはどのような項目があるかを示している。大陸氷の減少・増大については，本来2列目と3列目の間に位置付けられるが，ここでは便宜的に1点鎖線で各項目に接続させることとした。この図から様々な環境指標が複合的に絡み合っていることが理解できる。

さらに，**図-2.5.1.2**に示した変化や摂動，あるいは変化や摂動の影響による結果の項目は，地盤や地形・地質等に残された気候変動の歴史から読み解かれた項目であるので，逆の見方をすれば，図に示されている項目は，地盤や地形の形成あるいは堆積環境等を含めた地層の評価や解釈にも寄与する。すなわち地盤や地形・地質の形成過程を知るための手がかりあるいは理解にもつながる。さらには，実務で作成することが多い地層推定断面図の見方や解釈を，どのような視点で行えばよいかの指針にもなる。

具体的にどのように地形や地質を地球環境と結び付け理解すればよいかについては，次項2.5.2気候変動と地形形成ならびに，2.5.3項に示す気候変動と地盤形成で代表的な事例を提示し解説する。

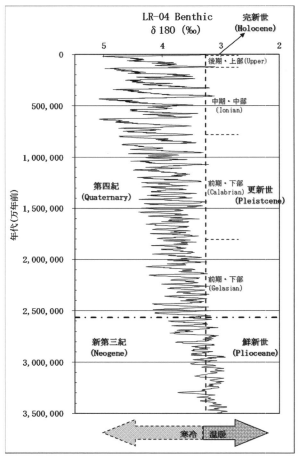

図-2.5.1.1 気候変動の歴史 [1), 2)]

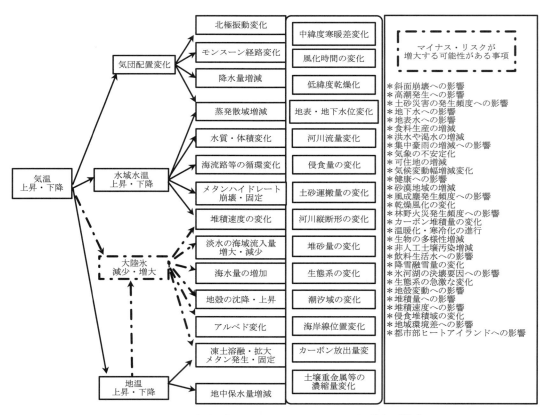

図 2.5.1.2 気候変動により発生する現象 [3)を一部改変]

2.5.2 気候変動と地形形成

気候変動により発生する現象のうち，海面の上昇や下降が地形の形成にどのように影響しているかを，図-2.5.2.1海面変動と河床変化モデルに示す。

この図では，海面の上昇や下降に伴い，河川の縦断形および堆積・侵食域同位置における堆積物の粒度が変化することを説明している。ここで示されている海面の上昇や下降は，地球環境の変動による海面の上昇や下降の影響だけでなく，地殻変動を含めた相対的な海面の上昇や下降による影響を示したものであるのだが，海面が上昇したり下降したりすると，流域全体の侵食域や侵食フロントあるいは堆積物の堆積する場所や堆積物の粒度が変化するということを，この図から読み取ることができる。つまり，地殻変動を除いた海面の上昇や下降は，海面が上昇する温暖な時代や海面が低下する寒冷時代により，侵食域や堆積域が移動・変化し，地形形成を解釈する場合に，地球環境変動を理解しない解釈は成り立たないことを意味している。このような考え方は理学だけではなく，工学の世界でも取り込まれ，河道シミュレーションモデルの基礎となっている。[4]

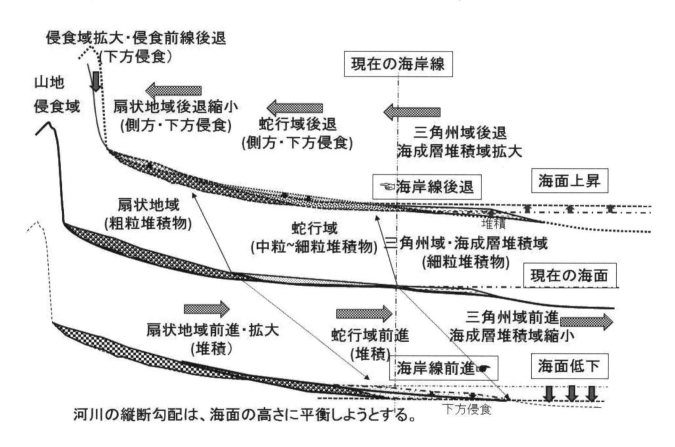

図-2.5.2.1　海面変動と河床変化モデル

2.5.3 気候変動と地盤形成

地形の形成過程と同様に，地盤の形成過程も地球環境に大きな影響を受けている。

図-2.5.3.1に示した「気候変動と層序」は，地球環境の変動と地層や地盤の形成がどのように関係しているかを示した図である。この図では，南極(ドームふじ)で求められた酸素同位体曲線(寒暖の歴史)と東京や千葉・名古屋周辺・大阪周辺の25万年前以降の地層とを対比し，各層の成因，代表的な広域火山灰層を横並びにしているため，地盤の性格を考える場合にどのような時代の地層で粒度が粗くなり，どのような時代の地層が工学的に弱い地盤になりやすいのかといった概念や，時代観を作り上げるうえで参考になる。

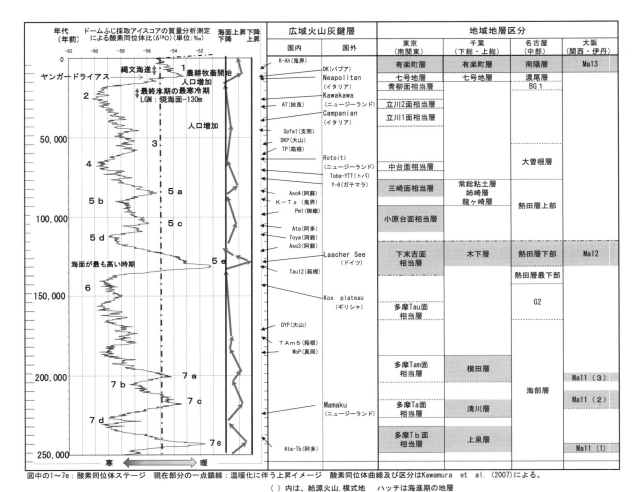

図-2.5.3.1 気候変動と層序[3]

　また，同図では各時代の海面変動がどのような動きをしているかも示されているため，前述した図-2.5.2.1で説明されている地形形成と海面変化の関係を組みあわせることで，どの時代に谷あるいは平坦な波食台や台地・サンゴ礁[12]等の地形が形成されたのか，あるいは考え方を拡張させ，建物や構造物の支持層を探すうえで支障となる埋没谷はいつの時代に形成されているのかといった，地盤リスクにかかわる項目を抽出するための指標にもなる。

2.5.4 実務から見た地球環境と過去の環境変動情報の利用

　2013年10月に地球温暖化会議ワーキング・グループ1第5次報告書（以下WG1‐AR5とする。）[13]が公表されたが，人間生活が地球環境に与える影響評価や予測技術，あるいは過去の地球環境を知るための技術は，シミュレーション技術や前述した酸素同位体による寒暖の歴史の推定技術を初めとして，大きな進歩を遂げている。これらの技術は，地盤を調査する場合でも極めて有効な手法であり，地形形成時期や地盤形成時期の推定，あるいは地層の広がりや地盤の性格を知るための武器になる。

　表-2.5.4.1に「層序確定のための環境指標等の調査手法」を示したが，この表に記載されている手法は過去の地球環境を知るための代表的な手法である。地盤調査が実施される場合，構造物の重要度や性能により調査内容に制約が生じ，この表に示した調査すべてが行われるわけではないが，地盤工学的な調査と組み合させる，あるいはすでに調べられている地盤調査対象域の地球環境の歴史を知ることで，地盤評価の質が大きく向上する。つ

まり地形や地質の見方や考え方は，地球環境の歴史を知ることで理解できる。特に地層断面図を作成する場合には，同一時間面の設定という基本的な手順が必要で，その設定根拠に，この表に示した過去の地球環境を知る手法を用いて解釈することが有効である。

表-2.5.4.1 層序確定のための環境指標等の調査手法

分類		試験方法	整理項目	材料としての情報	環境変遷としての情報利用
工学試験による推定（代わられる・環境変遷の推定にも共通で行える）		粒度試験（連続的に行った場合）	粒径加積曲線 中央粒径等	C・φ材料判断・区分 透水性の変化	堆積当時の運搬力・掃流力の把握 海面変動の傾向把握 堆積当時の環境・地形推定
		含水量・コンシステンシー（連続的に行った場合）	W_L・W_n	C・φ材料 判断・区分	海面変動の傾向把握
		肉眼・顕微鏡等観察	柱状図 観察記載	材料粒子の形状・性質 堆積構造パイピング等の有無	鉱物組成や砂粒子の岩種構成から見た堆積物の供給源推定 堆積当時の環境・地形推定
		化学分析	回帰曲線 炭素/窒素比等	化学組成，ｐh等材料としての判断	鉱物の特定，堆積環境の特定，風化の状態，母岩の推定
編年対比による層序年代測定法	年代層序法（火山灰）	鉱物組成分析	組成図等	母岩の推定・変質の推定	時間面を特定する火山灰の対比に利用できる．
		鉱物屈折率	測定レンジ等	母岩の推定	時間面を特定する火山灰の対比に利用できる．
		化学分析	SiO比　等	火成岩の形成過程・風化過程の把握・化学組成（全岩あるいは単一鉱物）	時間面を特定する火山灰の対比に利用できる．最も対比精度が高い
	化石年代層序法	花粉分析	個別属・科量 生息環境比等	炭素からなる殻を持つ	陸域の環境変化 気候区の変化・雨量の変化
		珪藻分析	個別種量 生息環境比等	珪酸からなる殻を持つ．塩分濃度等の推定に使用できる．	水域環境の変化
		貝形虫分析	個別種量 生息環境比等	炭酸カルシウムからなる殻を持つ	水域環境の変化
		有孔虫分析	個別種量 生息環境比等	炭酸カルシウムからなる殻を持つ	海域環境の変化の把握
		ナンノ化石分析	個別種量 生息環境比等	藻類の化石のため炭素で構成されるが，死後は石灰質からなる	水域環境の変化
		貝類分析	個別種量 生息環境比等	炭酸カルシウムからなる殻を持つ	水域環境の変化
		放散虫分析	個別種量 生息環境比等	珪酸質もしくは硫酸ストロンチウムからなる骨格を持つ	海域環境の変化
		大型化石（動植物）分析	個別種量 生息環境比等	炭素あるいは炭酸カルシウム等からなる骨格を持つ	陸域の環境変化
		生痕化石分析	構成種	生物が分泌した炭酸カルシウム等からなる皮膜を持つ	陸域の環境変化
	年代層序法（酸素同位体）	酸素同位体測定もしくは他のプロキシデータによる対比による層序確定	$\delta^{18}O/\delta^{16}O$	堆積時の古水温の推定等	寒暖の歴史，古気候，古水温，ローカルあるいはグローバルな海面変動の傾向や国際的な地層の対比に利用できる
	年代層序法（古地磁気）	古地磁気測定	正逆図 キュリー温度	生成時のキュリー温度 帯磁率 磁化方位	古地磁気の正逆・移動パターンが国際的な地層の対比に利用できる
代表的な数値年代分析法		放射性炭素（14C）測定法	^{14}C　^{13}C	放射性炭素測定法の場合には，炭素濃度変化，樹木年輪年代法の場合は，年輪幅の違いによる気候等の影響，K-Arやフッショントラック法の場合は，マグマ等の冷却時期や熱ルミネッセンス法等の場合には，焼成や光励起時期といった情報等の評価が行える	堆積年代の具体的な数値特定に利用できる．（測定法により精度差あり）
		樹木年輪年代法	年輪パターン		
		K-Ar法	^{40}Ar量		
		フィショントラック法	鉱物中のウラン量		
		熱ルミネッセンス法 光励起ルミネッセンス法 電子スピン共鳴法	被爆放射線総量		

2.5.5 地球温暖化現象を中心とした地球環境問題

前述したとおり2013年10月にWG1‐AR5[13]が公表されたが，近年地球環境問題の代表格が地球温暖化現象である。近年の地球温暖化現象はWG1‐AR5により人類の影響が確実視され，様々な地球環境要素に図-2.5.5.1に示すように地域性による影響度合いの差はあるものの，大きな影響を与えることが予測されている。[13],[14]

また，国連大学が公表している World Risk Report2012[15]では，World Risk Index のうち脆弱性にかかわる項目に地球環境に関係した項目が組み込まれており，海面変動や干ばつといった事象が，洪水・暴風・地震等と並列して地域の脆弱性を表しているとされ，特に海岸低地部や島嶼，山地部，河川低地部，砂漠縁辺部などに立地する国家の脆弱性が著しい。

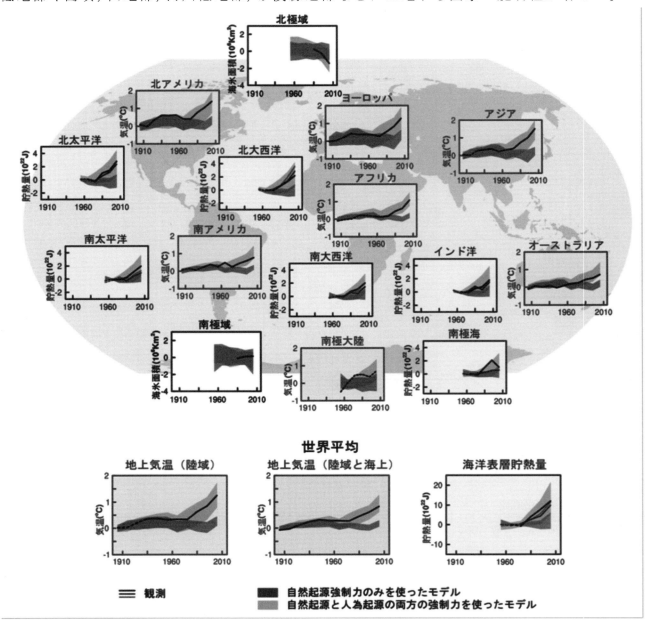

図-2.5.5.1 観測およびシミュレーションにより再現された気候変動の比較
（大気，雪氷，海洋における三つの大規模な指標）[13],[14]

このような地球温暖化現象の拡大は，2013年11月にフィリピンで発生した台風による高潮被害や2005年8月末にアメリカに襲来したハリケーン・カトリーナのようなスーパー・ハリケーンを初めとする「極端な気象現象」として現れており，災害をもたらす気象現象は，国境に制約されることなく広範囲に影響を及ぼしている。自然環境における影響事象だけでなく，地球環境上配慮が必要な微粉塵（たとえば pm2.5）や重金属を含んだ風成塵，酸性雨等のような人類が発生させた環境影響物質も，国境に関係なく拡散されている。さらに，2010年のエイヤフィヤトラヨークトルの火山（アイスランド）の噴火のような広域に火山灰を噴出するような場合も，広域交通麻痺など国境を越した影響が発生するので，広域評価・対応が必要になる。

このようにグローバルな環境変動の影響や地球規模で影響を与える現象は，飲料水等への影響や種の多様性への影響，災害脆弱性への影響など地球上の生物の生存や生活，財産に影響するので，目先の視点で現象の要因や影響を考えるのではなく，広域的で多角的な視点で影響を評価する姿勢と国家間の連携と対応が不可欠である。

引用・参考文献

1) 遠藤邦彦,奥村晃史：第四紀の位置と新定義 ―その経緯と意義―, 地盤工学会誌, Vol.58, No2, pp.46~49, 2010
2) Lisiecki,L.E., and M.E.Raymo : A Pliocene-Pleistocene stack of 57 globally distributed benthic δ^{18}O records,Paleoceanography,20,PA1003,doi:10.1029/2004PA001071,2005
 〈http://lorraine-lisiecki.com/stack.html〉
3) 大里重人, 遠藤邦彦, 中村裕昭：講座 3 気候変動により発生する現象とリスク, 地盤工学会誌,vol.61, No11/12．2013 口絵 11〈http://www.jiban.or.jp/file/kaishi/25-11_12/10.pdf〉
 及び 12〈http://www.jiban.or.jp/file/kaishi/25-11_12/11.pdf〉
4) たとえば山本晃一：沖積河川学, 山海堂,1994
5) K.Kawamura,H.Matsushima,S. Aoki,T.Nakazawa : Phasing of orbital forcing and Antarctic climate over the past 470,000 years from an extended Dome Fuji O2/N2 chronology. 2007 American Geophysical Union fall meeting, San Francisco, pp.10~14, 2007.
 〈http://www.ncdc.noaa.gov/paleo/icecore/antarctica/domefuji/domefuji-data.html〉
6) 大里重人,野口孝俊,秋山瑛子,千葉崇,鈴木茂; 遠藤邦彦,金澤直人,細矢卓志,田中政典：東京国際（羽田）空港 D 滑走路地域における古環境変遷と地盤工学的性質の関係について，日本第四紀学会講演要旨集,2009
7) C.Oppenheimer : Limited global change due to the largest known Quaternary eruption, Toba~74 Kyr BP, Quaternary Science Reviews,vol. 21, pp.1593~1609, 2002
8) 町田洋,新井房夫：新編 火山灰アトラス 日本列島とその周辺，東京大学出版会，2003
9) 岡崎浩子,佐藤弘幸,中里裕臣：更新統下総層群の形成ダイナミクス．第四紀研究, vol.40, pp.243~250, 2001.
10) 牧野内猛：知多半島の地形地質とそのおいたち，知多半島が見えてくる本，vol.2,pp.68~71,2002
11) 吉川周作，三田村宗樹：大阪平野第四系層序と深海底の酸素同位体比層序の比較,地質学雑誌,vol.105,No5,pp.332~340,1999
12) K.B.Cutler et al. : Rapid sea-level fall and deep-ocean temperature change since the last interglacial period, Earth and Planetary Science Letters,vol206,pp.253~271,2003
13) IPCC：IPCC 第 5 次評価報告書第 1 作業部会報告書 2013，2013
14) IPCC，気象庁：IPCC 第 5 次評価報告書第 1 作業部会報告書気候変動 2013, 自然科学的根拠政策決定者向け要約(気象庁暫定訳)，p.25，2013
15) United Nations University : World Risk Report2012〈http://www.ehs.unu.edu/file/get/10487.pdf〉

2.6 応用地生態

自然環境の保全は地盤工学の1つの大きなテーマであり，自然環境保全のためには，生態系をより深く理解する必要がある。しかし，生態系のなかでは動植物などの生物を中心とした研究は進んでいるが，これらの生物をはぐくむ地盤とのかかわりに関する研究は少ない。したがって，生物を中心とする生態系と非生物的環境である地盤，つまり，地形・地質との間の物質やエネルギー等のやりとりの実態を把握し，その生物に適した地盤環境を保全ないし再生する分野の研究が待たれる。

図-2.6.0.1に示したとおり，地形・地質学と生態系の関連性を明らかにする学問分野として**"地生態学"**が，また，それらの関係性を理解することで環境保全を進めるための応用技術として，工学を取り込んだ**"応用地生態学"**が提唱されている[1]。応用地生態学の目的としては，図-2.6.0.2に示したように人為による地生態の変化を予測して重要な地生態系を保全したり，実際に変化してしまった地生態系の修復や新しい地生態系の創造を提案することにある。

実際の応用地生態学を進めるにあたって，地形や地質の見方が重要であるが，地生態系全体を捉える新しい調査方法として，土層強度検査棒を用いた調査法や地生態断面調査法，地生態マップなどの技術が開発されているので，その手法の説明を行い，応用地生態に関する事例報告と人為的な影響の変化等への具体的な対応策について述べる。

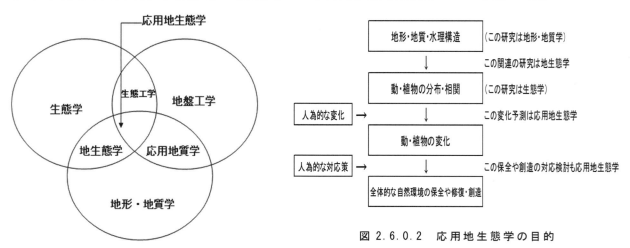

図 2.6.0.1 地生態学と応用地生態学の範囲

図 2.6.0.2 応用地生態学の目的

2.6.1 応用地生態学の概念

生態系は，地形・地質・地表水・地下水・気象等が相互に作用する，多様な非生物的環境の上に成立する。とくに生育基盤である地盤環境の多様性は重要であり，貴重種を含め，多くの植生は地盤環境に強く依存する。このような関連性を研究する学問は，先に述べたように**"地生態学"**あるいは**"景観生態学"**と呼ばれている。これらの学問を開発や土地利用という応用的な視点から活用できれば，保全すべき範囲や適切な環境保全方法・効果的な自然再生手法を，より合理的に決定できる。

応用地生態学の基本概念は，1950年代に地生態学として始まり，本格的な研究は小泉[2]などにより，高山研究の中で発展した。これは，高山では動植物の生きる条件が厳しく，どうしてもその地盤条件に左右されやすく，地形・地質と動植物の関連がわかりやすいためである。一方，海外では，1960年代から西ドイツを中心に自然地理学の分野で発展し，Troll[3]の唱えた景観生態学や地生態学は，1970年代にはLeser[4]の**景観生態学**の教科書としてまとめられた。これらの研究が世界的にまとまり，1981年には国際景観生態学会が設立され，国内外の景観生態学や地生態学に関する研究が増えた。

1990年代以降は，理学的な地生態学だけでなく工学や農学に利用できる応用地生態学的な研究が見られるようになった（例えば松井・竹内・田村[5]）。土木分野で，1997年に応用生態工学研究会が発足し，地表の環境変動が激しく地生態学が実力を発揮しやすい河川

計画や砂防などの分野で，地生態学的な視点を土木学に活用する動きが活発化した(例えば太田・高橋[6])。地盤工学と生態系の関係に関する啓蒙書なども出版されるようになり（例えば地盤工学会生態系読本編集委員会編[7]や土木学会斜面工学研究小委員会編[8]など)，地盤工学と地生態学の接近がみられる。この時期に横山（2002）[9]が景観の分析と保護のための地生態学をまとめている。

このように，地質学を工学などに応用する応用地質学が発展したように，地生態学を工学などに応用する応用地生態学という学問が必然的に生まれてくるわけであるが，小泉[10]は，このような研究分野をはじめて**「応用地生態学」**と呼んでいる。応用地質学の分野でもこのような概念の提言が同時発生的に見られるようになってきた。例えば，稲垣他[11]は地すべり地での地形・地質と生態系の関係を調べ，防災と環境の共生についてまとめている。こうしたなかで，佐々木[12]は応用地生態学を静的な地形・地質場のみならず動的な地形地質プロセスまでを考慮して，持続可能な土地利用や環境保全を可能とするための具体的な方法論と再定義し，応用地生態学を一般化させようと試みた。そして，土木研究所を中心とした応用地生態学研究会を組織し，その共同研究の中で地盤環境とその変化が生態系に及ぼす影響をまとめている[13]。

つまり，応用地生態学的な学問や概念が必要とされる社会環境が整ってきたといえる。**図-2.6.1.1**には，この応用地生態学の基本概念を示した。応用地生態学で扱う地盤環境は，大きく地形・地質・水環境である。地形・地質については，大きな山地を作る大地形や基盤地質構造から植生根茎の生育に直接関連する表層の微地形や土壌の性状までを含む。水環境についても，広域の水収支から地表の土壌水分までの広い範囲を含んでいる。したがって，応用地生態学は地形学や地質学のほかに，地質学の分野でほとんど扱わない**土壌学**や**水文学**が大きく係わってくることになる。

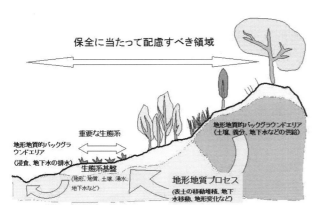

図-2.6.1.1　応用地生態学の基本概念[12]

2.6.2　文献でみる地形・地質と生態系との関係

中島他（2005）[14]は，地形・地質と生態系との関連性を記載した過去の145文献を集め，応用地生態学の現状をまとめた。**図-2.6.2.1**は，地形・地質などと生態系との関連性を示している。図2.6.2.1によると，生態系と地形要素との関連を研究したものが最も多く，次に土壌・地質・水環境・気象要素などの関連性を研究したものがあり，生態系の調査では，これらの要素に関する調査は必須と理解できる。特に地形要素では，高山や山地・丘陵を扱ったものが多く，斜面環境が生態系に及ぼす影響が大きいことがわかる。また，大〜中地形より，微地形に依存する生態系を扱った文献が8割を占る。これは，微地形が植生の存続にかかわる土壌の性状や地盤の水分の違いなどに関係しているためである。**図2.6.2.2**には，この微地形と関係が深い土壌・地下水と関連する生態系の文献を調べた。図2.6.2.2によると，土壌水分に関するものが過半数を占める。

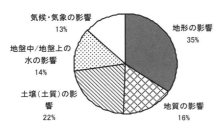

図-2.6.2.1　既往文献による生態系に及ぼす要素の割合[14]

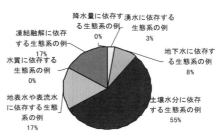

図-2.6.2.2　土壌・地下水と関連する生態[14]

したがって，地生態系の調査では土壌の分布やその水分の把握は非常に重要である．次に，地質要素について見ると，従来からいわれている石灰岩や蛇紋岩などの特殊な地質と植生との関連に関するものよりむしろ，岩の力学特性や岩の構造に依存する地生態系に関する文献が多く見られる．とりわけ，岩の風化特性や岩盤中の弱面や弱層が植生に影響する事例が多く見られる．このことは，地生態系に関わる調査では，既存の地質図の活用だけでなく，後で述べる生態系と地盤特性が把握できる**ローカルな地生態マップ**が必要であることを意味している．

2.6.3 アンケートでみる地形・地質と生態系保全の現状

動植物を中心とした生態系を保全するためには，生物の生息基盤となっている地形・地質・土壌・地表水・地下水などの地盤環境も含めて保全するのが基本である．しかし，実際の生態系保全では，地盤環境の重要性が認識されていない例が多い．そこで，稲垣他[15]は，国土交通省，道路公団，水資源機構の実施している道路・河川・ダム事業を対象にアンケート調査を行い，生態系と地形・地質に関する環境保全の現状をまとめた．アンケートは全国の事務所を対象とし，回答のあった46事業について検討した．その内訳は，道路事業が75%，ダム事業が19%，河川事業が6%である．

アンケート結果をもとに，保全対象を地盤（地形・地質・地下水など）と生態系（動物・植物など）に分けると，地盤が57%，生態系が43%とほぼ同程度であった．地盤については地下水の保全が54%ともっとも多く，地質（27%），地形（19%）がそれに続いている．地下水の保全では，道路トンネルや切土に伴う地下水の低下・涸渇への量的な考慮がもっとも多い．地質については有名な化石産地や重要な火山地質・地層・断層などの保全が行われている．地形については特異あるいは貴重な滝・砂州・渓谷・岩海などの景勝地の地形要素が対象となっている．

生態系に注目すると，植物が80%，動物が20%の対象比率となっている．一般的には猛禽類を対象とするものが多いが，地生態と直接関連する地盤の上に生育する植物への考慮が多かった．対象となった植物種は，イソツツジ，サクラソウ，ヒメコウホネのような湿原植物などの希少種である．動物種については，オオヒシクイ，ヒメタイコウチ，ノグチゲラなどの貴重種の他，地域の豊かな生態系を示すアンブレラ種の猛禽類や，その地域の生態系を代表する動物種であるタヌキなどが対象となっている．

地形・地質を含めて生態系の保全対策としては，**図-2.6.3.1**に示した対応策がとられている．生態系の保全対策は回避と緩和（ミチゲーション）があり，周辺環境への負荷の程度によって細分される．もっとも負荷の小さいものから順に示すと①計画の中止

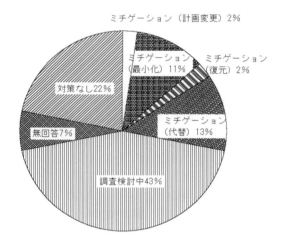

図-2.6.3.1　地生態系保全の現状[15]

や変更，②自然改変の最小化，③消失した自然の場所をかえての移植・復元，④消失した自然の代替(在来種による新規植栽など)，などである．**図-2.6.3.1**によると，計画変更は2%で少なく，最小化は11%，復元は2%，代替が13%と，保全対策の中では最小化や代替が多い．ただし，2005年現在進行中の事業も多く，対応策の調査検討中がもっとも多い43%となっている．

開発事業に伴う自然生態系を保全するうえでは，事業終了後も保全した自然生態系が維持されることが必要であり，そのためにはモニタリングが有効である．ただし，モニタリングを検討中のものは46%で，実際にモニタリングを実施しているのは15%と少なく，モニタリングなしという回答が39%であった．生態系や地盤への環境影響予測の不確実性を考えると，モニタリングの重要性を指摘したい．なお，実施されているモニタリングの内容は，地下水の水位観測や移植復元した植物の活着状況や，植栽した郷土種の生育状況，

猛禽類などの生育状況であった。これらのアンケート結果をまとめると，事業の中で個別に生態系や地盤環境を保全した例はあるが，これらを関連付けて事業全体で地盤環境を保全する事例が少ないことを考えると今後は，応用地生態学的視点でみた地域全体での自然環境の保全が重要といえる。

2.6.4 応用地生態学に必要な地形・地質調査技術

従来，開発工事に伴う周辺環境への影響については，単に周辺地盤や地下水への影響や騒音・振動などが関心の中心であった。しかし，近年では，自然生態系全体の保全や影響の軽減が注目されるようになってきた。生態系を形成している生物の多様性には階層構造があり，遺伝子レベル，種レベル，地域レベル，広域レベル，地球レベルの階層をもっており，互いに関連し合っている。この中で地盤調査に重要なものは，地域レベルの生物の多様性であり，地域の生態系の保全のあり方がわかるような調査が必要となる。また，地域の生態系にかかわる地形や地質は，これまでわれわれが扱ってきた地形や地質よりもさらに微小な地形・地質や地表の土壌・水分条件であることが多い。生態系は，このような複雑・多様な環境要素からなる空間の中で成立しているので，応用地生態学にかかわる地盤環境の調査手法も，これまでよりも詳細で複合的な調査技術が要求される。

表-2.6.4.1は，応用地生態学に必要とされる技術の例である。このように様々な従来調査技術を複合したり改良することにより，地生態の実態がわかってくる。以下に，応用地生態学を行う上で是非必要な新しい調査方法について述べる。

表-2.6.4.1 応用地生態学において必要とされる技術の例[13]

大分類	分野	開発課題と具体技術の一例
調査	①微地形調査技術	・微地形の測定精度向上や効率化 （レーザープロファイラ等） ・踏査時の位置把握の精度向上や効率化 （GPSや高精度高度計の活用等）
調査	②表層地質土質調査技術	・地質試料採取の効率化 （簡易連続長尺ソイルサンプラー等） ・表層地質構造の調査精度向上や効率化 （土層深易測定技術，極浅部地質構造探査技術等） ・物理化学特性の調査精度向上や効率化 （土質物理化学特性連続測定プローブ等）
調査	③地下水や土壌水の調査技術	・採水孔，観測孔の削孔の効率化 （簡易観測孔削孔技術等） ・地下水等の採取精度向上や効率化 （簡易採水技術，微小領域採水技術等） ・地下水位や土壌水分の測定技術の向上 （極浅部簡易多点水分測定技術等） ・地下水流動等の調査精度向上や効率化 （地下水流動探査技術，土壌水流動孔内観測技術等） ・地下水や土壌水の水質測定技術の向上 （地下水質連続測定プローブ，土壌水質経時的自動観測技術，地下空気成分測定技術等）
予測	①基盤環境変化予測技術	・地下水等のシミュレーション技術 （地下水や土壌水の不飽和流動シミュレーション，地下水流動と水質の連成シミュレーション等） ・地形改変による基盤環境変化シュミレーション技術 （地形改変による日照・風・降雨積雪残雪・地表面温度・土壌水分等の変化シミュレーション等）
予測	②生態系への影響予測技術	・地形地質と生態系の関連性の解析技術 （地生態学的関連性解析，GISによる生態系の基盤環境依存性の定量解析，等） ・基盤環境変化による影響予測評価技術 （地生態学的な影響予測とシミュレーションを統合した影響評価技術等）
対策	回避 ・影響域の決定技術	
対策	低減 ・地下水の保全技術	・地下水制御技術 （地下水供給源保全技術，地下水止水技術，地下水通水技術，地下水導水技術，土壌水分制御技術等）
対策	低減 ・改変個所の近自然化技術	・切土のり面の近自然化技術 （周辺山地形状と調和したのり面形状の設計技術，周辺の地質土層状況と調和したのり面表層の近自然化技術，切土前の基盤環境機能の復元技術等）
対策	低減 ・地形改変の最小化技術	・切土のり面の最小化技術 （急勾配化によるのり面最小化技術，自然斜面や切土のり面表層の補強安定化技術等）

（1）土層強度検査棒

今までの地域開発では，表層土壌は不要な物として扱うことが多かった。しかし，土壌中には多くの植物の種子が混入しているし，生態系の底辺を形成する微生物や小動物の生息場所となっている。したがって，開発工事で土壌を保全することは応用地生態学の立場からたいへん重要なことである。土壌の厚さや性状を調べるものとして，一般的に検土杖を用いた土壌の直接観察があり，土壌観察の際には，土色帳などを使用して土壌の分類を行っていた。土壌の工学的な物理特性を求める際には，山中式土壌硬度計やポータブルコーン貫入試験，動的簡易貫入試験などが利用されている。

写真-2.6.4.1 土層強度検査棒の測定状況

山中式土壌硬度計は植物の根茎の進入限界の指標となっており，植栽工などの適否を判定する際に使用される。土壌中の水分条件を測定するものとしてテンショメータがあり，測定結果はpF値で示されるのが一般的である。

しかしながら，山地は地形が複雑で，それに伴い土層深や土質も変化する。したがって，土壌の空間分布と土壌生成プロセス，地生態系の把握が応用地生態的に重要であるが，これらの土壌の厚さや性状を迅速に調査する方法として土層強度検査棒[16]（重さ約4kg）（写真-2.6.4.1）が開発され，地生態系調査へ適用性されている。

地域全体の地生態系を把握するには，さらに深い地質を考慮し，地生態断面を作成する必要があるが，この土層強度検査棒により詳細な地表の土層深分布を測定すると，図-2.6.4.1に示した表層土壌を中心とした地生態断面を作成することができる。この調査地は筑波山北側の地域で，基盤地質は花崗岩である。

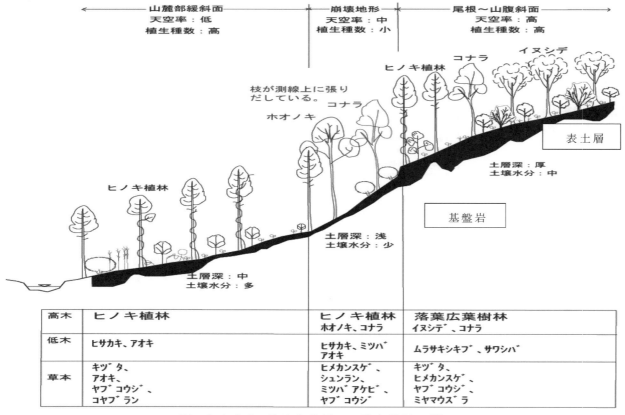

図-2.6.4.1 筑波山北側での地生態断面[16]

土層強度検査棒の貫入時の感触から判断すると，表層部は腐植土やローム，深部はマサからなるが，その土壌厚や土壌の性状が地形要素・植生と関連していることがよくわかる。これらの関連性については次節の地生態断面調査法で詳しく述べる。

（2） 地生態断面調査法

地域の動植物からなる生態系は，地盤である地形・地質・土壌・水理条件などにより規制されることや，関連することが多いことは既に述べた。特に，我が国では地域により地盤特性の変化が大きく，地域ごとに多様な生態系を形成している。一般に，動植物の基礎調査では，限られた範囲でのコドラート調査を行うことが多いが，これらの調査方法では多様な生態系を示す地域全体の生態系の特徴をつかむことが難しい。また，動物調査では断面に沿ってその生態を調査するラインセンサス法やベルトトランセクト等の方法がある。この方法は地表の生き物に注目した調査であり，それらの生態系の下支えとなっている地盤との関係はわからない。そこで，地形・地質調査で一般に行われているルートマップによる現地踏査と動植物の生態系調査を平行して行い，地盤情報と生物情報を有機的に評価する地生態断面調査法が提案されている[17]。その調査手法は，以下のとおりである。

① 地域の生態系が把握できる断面を選定し，その測線沿いに地表踏査によるルートマップを作成し，測線沿いの地表地質断面図を作成する。この時，地質だけでなく，微地形や土壌の種類・厚さ，湧水や表流水，湿地などの地表の水理条件も合わせて記載する。断面位置の選定に当たっては，地形の最大斜面方向や地質構造に直交する方向を採用すると，地域の地生態系がわかりやすい。

② 同断面沿いの植生調査をベルトトランセクト法により行い，測線沿いの植物種・樹高・胸高直径などを記載し，特に自然環境に影響を受けやすい植物種には注意する。

③ 同断面沿いの動物調査をラインセンサス法により記載する。特に，地域を代表する動物種やアンブレラ種などに注目する。

④ 現地調査の際には土木地質技術者，植物研究者，動物研究者などが共に作業を行い，調査中にお互いに意見を交換しながら地生態の関連を見つけだし，現地でのその解答を見つけていくことが望ましい。

⑤ 成果は地生態断面図にまとめ，地域の生態系を作り出している地形・地質・土壌・水理・植物・動物の関連性が一目でわかるようにする。

この調査法の利点としては，従来の労力がかかる面的な地表踏査や点の情報であるが，時間のかかるコドラート調査に比較して，簡便で経済的・実用的であり，開発に伴う環境アセスメントや地域の自然環境を保全・再生するための新しい調査方法といえる。

図-2.6.4.1 に示した土層調査地点である筑波山北側地域を例にとって，地生態調査法のまとめかたを示す。調査地は，花崗岩の分布する標高 300～400m の低い山地であり，かつて人の手の入った二次林でアカマツやコナラなどを主体としている。この地域の生態系を把握するため，5 測線の地生態断面調査を行っている（図-2.6.4.2 参照）。また，従来からの植生調査法と比較するために，代表的 4 地点でのコドラート調査を行っている。図-2.6.4.3 には No.1 測線である支沢の地生態断面図を示した。

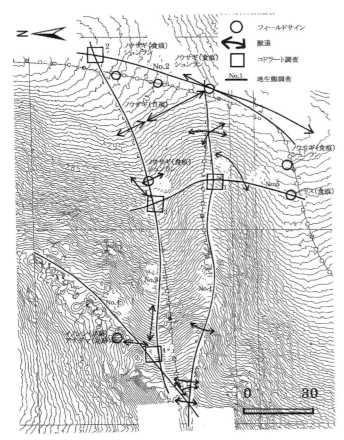

図-2.6.4.2 地生態断面調査のルートマップにおける測線位置例[17]

この断面では，主沢沿いに花崗岩の堅岩が露出するが，尾根や斜面中腹では花崗岩はマサ化している。また，主尾根部にはローム層が厚く分布する。支沢（No.1測線）沿いには崩積土が堆積し，崩積土の隙間からの湧水が多く，表流水も豊富な地域である。支沢の谷頭部には谷頭凹地があり，ここでは土壌が厚い。植生は主尾根部ではアカマツ林となり，谷頭付近はコナラを主体とする落葉広葉樹林で支沢下部はアブラチャンやアズマネザサを主体とする低木林となる。図-2.6.4.2に示したNo.3測線支尾根沿いでは，主尾根にあるアカマツが斜面上部のコナラ林まで入り込んで混交林化している。

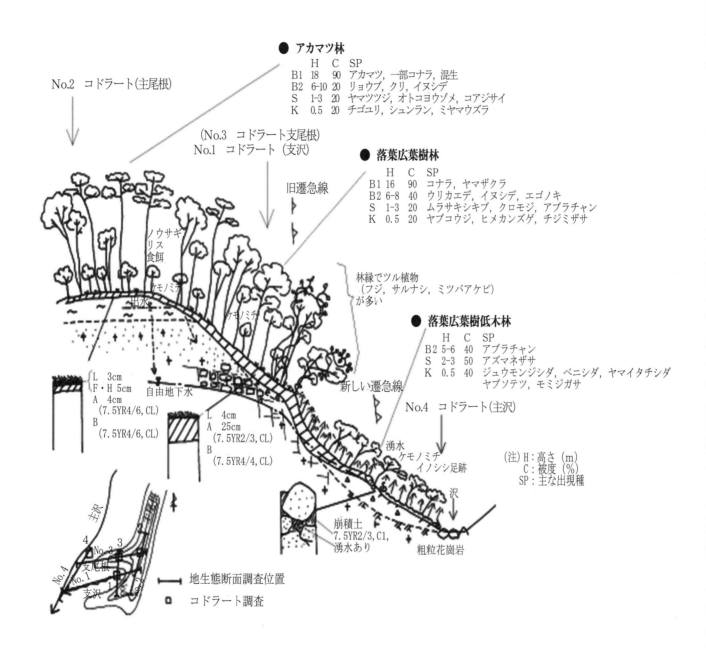

図－2.6.4.3 支沢（No.1測線）の地生態断面図 [17]

斜面下部では落葉広葉樹林となるが，主沢直上の花崗岩の急斜面部には本地域の潜在自然植生と考えられるウラジロガシ林がわずかに残っている。これらの地生態断面図から調査地の応用地生態学的に重要な箇所は，以下のとおりと判断できる。

a) 主尾根でのローム層が調査地域全体の地下水、土壌の保全に役立っており、結果的に本地域の生態系保全の鍵になっている。たとえば、尾根にローム層のない瀬戸内地域の花崗岩地域では、アカマツ主体の単調な植生になっている（**図-2.6.4.4**参照）。したがって、調査地では尾根部のローム層を切土して除去するような開発は避けるべきである。

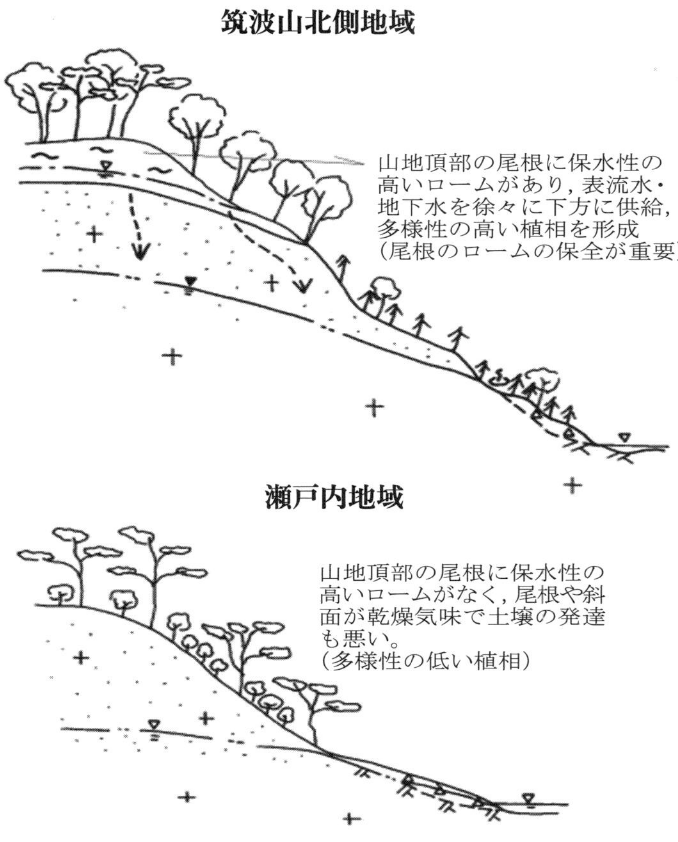

b）No.3測線のように急傾斜地には一部自然性の高い植物（ウラジロガシ林が潜在自然植生として本地域で唯一残っている）が残っており、その保全の重要性を指摘できる。

c）アズマネザサの分布は斜面下部の土壌水分条件、光条件によって決まってくる。開発あるいは保全の際には留意すべきである。

d）土壌の厚さと植物種とは関連しており、土壌の保全は重要である。

e）動物調査によるフィールドサインやケモノ道などについては**図-2.6.4.2**に示されるように、本地域ではイノシシ、アナグマ、ノウサギ、リスなどの哺乳類が各断面間を移動していることがよくわかる。これらの哺乳類の移動経路を考慮した開発・保全が重要となる。なお、行動圏の広い大型哺乳類については、広域の動向を把握する必要がある。

このように、地盤環境と生態系の関連性が明確に把握できれば、地形・地質の分布や発達史の理解などを通じて、保全すべきエリアや最適な対策手法を科学的に検討できる。

（3）　地生態マップ

生物多様性を支える地盤環境の基本的特性、双方の因果関係の抽出には先に述べた地生態断面調査法が適切である。水生動物などの保全で重要な流域内で地生態マップを作成すると、流域環境をより深く、応用地生態学的に捉えることができる。

地生態断面調査法では、地域の代表的な地盤と生態系の関係がつかめるが、その平面的な広がりを把握することはできない。以上の観点を踏まえ、地生態系の平面的な評価のしかたとして、ここでは特に地形・地質・土壌・動植物の特性を前面に出した地生態マップの作成方法を示す。

気象データ・地形図・地質図・土壌図・現存植生図・既存の自然環境に関する調査データ、レッドデータブック、天然記念物緊急調査結果（植生図・主要動植物地図）、空中写真などを用いて、以下に示した内容を考慮しながら、自然環境保全上の重要地点を図示する。

具体的には1：200,000地勢図（広域）、1：25,000地形図（詳細）を基本に作成し、地域の予察的な地生態マップ（予察的な場合には地生態ポテンシャルマップと呼んでもよい）とするが、現地調査など詳細な調査が実施された際には、1：5,000や1：1,000地形図（実用）などの実質的な地生態マップにすることができる。地生態マップ作成上注目すべき地形、地質、土壌、植物・植生、動物などについて**表-2.6.4.2**にまとめた。

図-2.6.4.4　筑波山北側地域と瀬戸内地域との地生態断面の比較（花崗岩分布域）[17]

表－2.6.4.2 地生態マップで注目すべき項目 [13]

要素	項目	説明
地形	①地形の連続性（広域）	大型哺乳類の移動路
	②地すべり	生物多様性
	③崩壊地、雪崩地	特有の動植物、石礫地の可能性
	④急崖地、急傾斜地	自然性の高い植生の残存の可能性
	⑤湿地、池沼	自然性の高い湿生植物群落や依存的生物の分布の可能性
	⑥湧水の発生しやすい地形（扇状地、破砕帯地すべり地、洪積台地の斜面下部など）	自然性の高い湿生植物群落（貧栄養湿地）や遺存的植物（暖帯における寒冷地植物、例：貧栄養湿地におけるミカズキグサ、イワショウブ、ヌマガヤなどの分布）の生育の可能性、貴重動物（ハッチョウトンボなど）の生息の可能性
	⑦盆地（微気象条件：空中の湿度の高さ）	着生植物（ラン科植物）、シダ植物の多さなど
	⑧台地斜面（樹林として残されることが多い。湧水の存在）	樹林は生物の多様性の基盤。湧水はサンショウウオの生息など
	⑨岩隙地、風衝地（特殊な立地）	特有の動植物
	⑩沢部、河川および海域との連続性	回遊型水生生物の存在や水域の健全性の評価
	⑪海浜（特殊な立地）	特有の動植物（ハマユウ、ハマヒルガオ、コウボウムギなど）
	⑫微気象条を規定する地形	峻険な崖では上昇流発生し、大型ワシタカ類の好適生息地となるなど
地質	①火成岩（花崗岩・流紋岩など）	砂質、乾燥しやすいなどで貧栄養湿地を形成
	②堆積岩（新第三紀層）	地すべりが多く、そこでは生物多様性が高いなど
	③特殊な岩石（蛇紋岩、石灰石）	特有の植物
	④断層・破砕帯	活断層沿いに凹地や湿地ができたり、破砕帯地すべりでは湧水が多く、多様な土地利用による生物多様性が高い。
	⑤湧水が発生しやすい地質（堆積層：泥岩層の上の砂礫層など）	貧栄養湿地、サンショウウオ類の生息など
	⑥尾根部のローム層	保水機能大
土壌	①生産性の高い土壌（褐色森林土：BD、BE、BFなど）	豊富な動植物
	②生産性の極端に低い土壌（未熟土壌、砂浜、岩礫地：特殊な生物の分布の可能性）の分布域	特有の動植物
	③RD土壌（希少土壌型：特殊な生物の分布の可能性）	特有な動植物
植物・植生	①樹林の連続性（広域）	大型哺乳類の移動路
	②自然性の高い植生（植生自然度8以上：自然林に近い二次林、自然林、自然草原）	希少性
	③現存量の大きな樹林（樹高が高く、胸高直径の大きな発達した樹林）	動植物の重要な生活基盤、生態系の豊かさを指標
	④集水域の斜面中下部の樹林	治水、河川生態系の保全上重要：斜面下部の樹林は上部に比べ、伐採した場合、大雨時に多量の硝酸態窒素が流出し、河川のpHの低下、下流域の富栄養化をもたらす。
	⑤注目すべき植物（RD種など）	希少性を指標
動物	①注目すべき動物（RD種など）の分布	希少性を指標
	②生態系の上位種（猛禽類：ワシタカ類、フクロウ類）や大型哺乳類（クマ、シカ、カモシカ、イノシシ、サル）の生息	生態系の豊かさを指標
	③脆弱な地域個体群や孤立した地域個体群（サンショウウオ類など開発耐性の低い種の分布）	希少性を指標
	④動物の重要な移動路	地域生態系の重要地点

　これらのデータをＧＩＳ上の階層データとして保存し，それらの因果関係を統計処理すると，生物にとって重要な地盤条件が平面的に見えてくる。

　地生態マップ作成上注目すべき地形では，動植物などの生態系に影響を及ぼしやすい地すべり地形などの斜面不安定地形や，地表の水分条件を変化させる凹地などの水理的微地形のほか，動物の移動できる尾根地形などの地形の連続性（尾根－峠－尾根など）に注目するのが要点である。注目すべき地質としては，貧栄養湿地を作りやすい花崗岩・流紋岩などの火成岩や水分条件が多様で地すべりが発生しやすい破砕帯や変質帯に注目したり，特殊な動植物相を形成させるといわれている石灰岩や蛇紋岩にも注目したい。また，地表の水分条件に影響を与える土壌の厚さや団粒構造などの土の性状にも注目する。

　注目すべき植物や植生分布として，レッドデータベース種の他に大型哺乳類の移動路となる樹林の連続性や急崖などの自然性の高い植生がある。集水域の斜面中下部の樹林は，治水・河川生態系の保全上重要であり，斜面下部の樹林は上部に比べ，伐採した場合，豪

雨時に多量の硝酸態窒素が流出し，河川のpHの低下，下流域の富栄養化をもたらすので注目したい。注目すべき動物や生息場所としては，地域特有の貴重な動物や代表種の他に，ワシタカ類などの生態系の上位種や脆弱な地域個体群・孤立した地域個体群あるいは動物の重要な移動路や営巣地などがあげられる。

2.6.5 応用地生態学による自然環境の調査事例

応用地生態学による自然環境の調査事例は多くないが，ここでは代表的なもの2例について述べることにする。

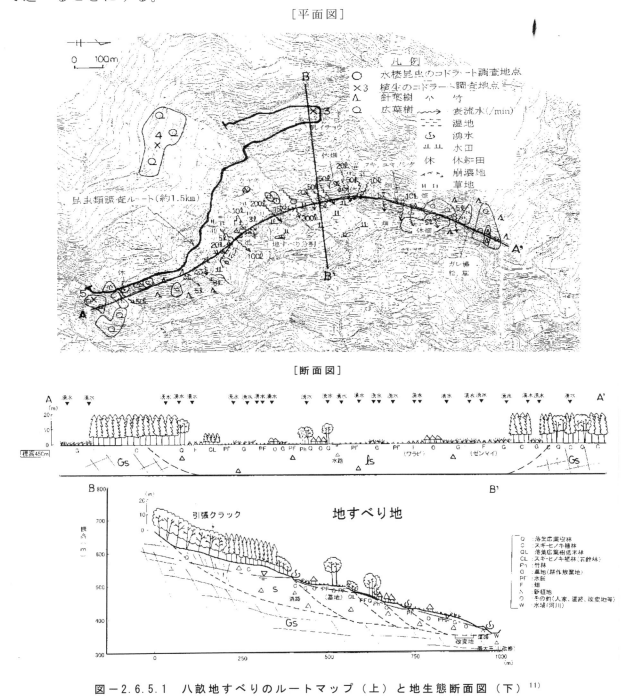

図-2.6.5.1 八畝地すべりのルートマップ（上）と地生態断面図（下）[11]

(1) 四国破砕帯地すべり地の例

四国御荷鉾地すべりを例として，地すべり地域の地生態系の調査を行っている。地すべり地では山岳地に比較して，微地形の変化に富んだ独特の地すべり地形や地質の特徴を反

映して，地下水の湧水量や土壌水分量などの水環境や土地利用が多様であること，それに対応して二次的環境に関わる様々な植生を有し，動植物の多様性が高いことがわかった[11]。調査地の八畝地すべりは，高知県の四国山地に位置し，地質は御荷鉾緑色岩からなる地すべり地帯で，広く緩斜面が分布している。ここには里山集落が分布しており，稲作を中心とした畑作や桑，ミツマタ等の農耕がおこなわれてきた。ここでは，これらの多様な土地利用に対応してパッチ状の分布を示す変化の多い植生が認められる[18]。一方，同じ地質でも八畝地すべりと隣接するものの，非地すべり地で急峻な斜面からなる笹越地区では，スギ・ヒノキ植林や自然林等の森林を基本とした単調な土地利用や植生が認められる。ここで八畝地すべりの代表的な部分の植生・土地利用のルートマップと地生態断面図を，図 2.6.5.1 に示す。日本では生態系に少なからず人為的な影響があり，これらを排除することはむつかしい。したがって，人為的な影響を含めて応用地生態系の評価を行っているのが現状である。

さて，八畝地すべりでは特有の微地形・土地利用および多様性の高い植生分布が認められるほか，地すべり地の湧水や土壌水分の豊富さが示されている。地形の断面形状は，地すべり地では凹凸のある変化に富んだ斜面になっていることが多い。また，地盤としては，粘土質から礫質までの多様な土壌や水分条件が観察される。この粘土質の地盤，湧水の豊富さ，緩傾斜という地盤条件に対応して，土地利用が進み棚田が多く，畑のほか一部には竹林などが見られる。周辺は戦後植林されたスギ・ヒノキ林が広がり，滑落崖などの急斜面などではイヌシデやコナラなどを主体とした落葉広葉樹二次林が見られ，土地利用や植生の多様さが特徴である。

これらの地生態断面図において，植物出現種を定量的に記録し，出現種の特徴について検討し，図2.6.5.2 に示した植生多様度を求めている。これによっても，八畝地すべり地での植生の多様性が隣接する非地すべり地（笹越地区）より高いことが確認されている。

（2） 活断層でできた山門湿原の例

山門湿原は，滋賀県の北部に位置し，面積約 4ha で集水面積 45ha の高層湿原である。地質は，白亜紀の花崗岩からなり，南北走向で縦ずれ（東側隆起）の活断層である大浦峠西断層により谷の閉塞，埋積によって湿地が形成されている。山門湿原周辺の森は，暖温帯に分布するカシ林と冷温帯に分布するブナ林が共存し，湿原ではミツガシワ，ヒツジグサ，サギソウ，トキソウ，オオミズゴケなどの希少種，固有種からなる多様な生物相を有している。自然環境を保全すべき湿原とその周辺山地における地生態系を把握するために，湿原から斜面樹林にかけて地生態断面調査が実施されている。図-2.6.5.2 に示したとおり山門湿原周辺は東側から押し上げた大浦峠西断層によりその西側が窪地化し山門湿原ができた。この断層はくり返し活動している可能性が高く，窪地に堆積物がたまっても，その底が断層の活動のたびに深くなり，湿原が形成されつづける構造となっている。

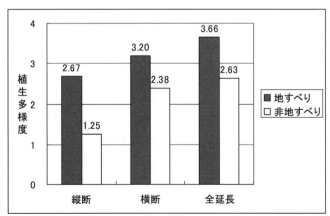

多様度指数はShannon-Wiener関数を用いた。値が大きいと多様度が高い。
値は地生態断面図を用い，植生単位の各出現延長から算出

図-2.6.5.2　地すべり地と非地すべり地の植生多様度のちがい[11]

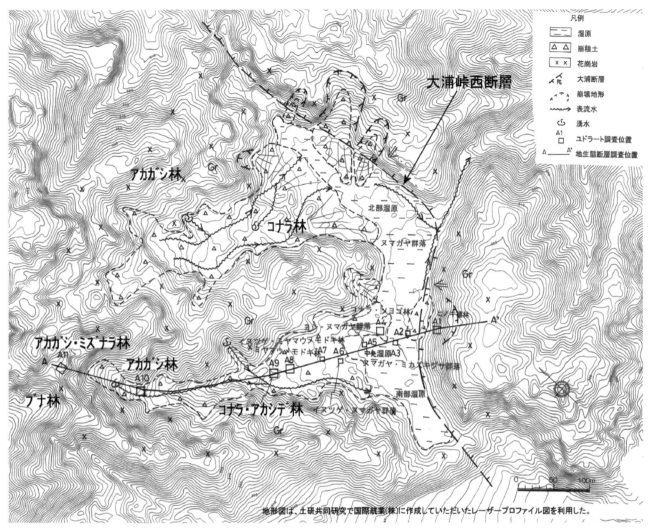

図-2.6.5.3　山門湿原の地生態ルートマップ[13]

　ただし，現在は東側から大浦川の支沢谷頭の侵食が著しく，北部湿原と中央湿原の中間付近で東側からの河川争奪が発生し，湿原の水位低下をおこしている。北部湿原では，周辺山地からの崩壊土砂や土石流堆積物により陸地化が進んでおり，湿原内にミヤマウメモドキなどの低木が侵入してきている。

　地生態断面図（図-2.6.5.4）は，中央湿地を横断する方向の，AA断面で，東からヒノキ植林，ヌマガヤ・ミカズキグサ群落（ヒツジグサ生育）の湿原，イヌツゲ・ミヤマウメモドキ低木林，コナラ林，アカガシ林そしてアカガシーミズナラ林（ブナ生育）にかけての測線である。ここでは，高標高部にブナ林があり，やや標高を下げるとアカガシ林が見られる日本でも特異な植生環境を示している。さらに，標高を下げると二次林のコナラ林となり，湿地を埋めた沢部ではミヤマウメモドキなどの低木林となり，中央窪地はヒツジグサ等の生育する湿原となる。この地生態断面沿いで植生が変化するごとにA1〜A11のコドラート調査が実施され，地生態断面調査の精度があげられている。

　この図から山門湿原の自然環境保全の方策を読み取ると以下のとおりになる。湿地の乾性地化が進んでいる現状を考えると，湿原が乾性地化するにしたがって，ヒツジグサ→ミツガシワ→ミカズキグサ→ヌマガヤ・ヨシ→ミヤマウメモドキ→イヌツゲ→ソヨゴ→コナラなどと推移していくものと思われる。乾性地化すると鳥散布型の植物（主に木本類のモチノキ属：ミヤマウメモドキ，イヌツゲ，ソヨゴなど）が多くなり，湿原自体が失われていく。このため，①西からの沢の流入土砂をおさえる必要がある。そのためにはコナラ林の二次林の整備と自然林であるアカガシ林，ブナーミズナラ林の保全が重要である[19]。次

に，②東からの斜面崩壊土砂の低減のためにヒノキ植林の整備が必要で，間伐整備だけでなく，将来的に斜面崩壊に対して抵抗力の高い広葉樹との複層混交林化への誘導が望まれる*。長い目で見れば陸地化した湿原は，大浦峠西断層の活動により再生される可能性はあるが，その時期は未定である。早急に陸地化を食い止めたい場合は，東側から河川争奪で入りこんだ大浦川支沢谷頭部を自然環境保全でゆるされる範囲で少しダムアップさせることも考えられる。

　地形学・地質学と生態学との境界領域である地生態学の現状を説明し，応用地質の分野の技術者が進むべき応用地生態学のあり方を示した。その調査方法として，土層強度検査棒の利用や地生態断面調査法，地生態マップを紹介し，具体的な地生態学の保全研究例を示した。日本の表層地質の分布は，①プレートテクトニクスでの変動帯に位置すること，②気候区分の上では温暖湿潤帯に属することで特徴づけられる。変動帯であるということは，地殻変動や斜面での重力移動に伴う多様な地形要素や地質要素をもっている。気候が温暖湿潤であることは植物にとって良好な生育環境といえ，多様な生物環境を提供している。このような多様な地形，地質，生物環境にある日本において応用地生態学が必要となってきたことは必然的な動きといえる。つまり，応用地生態学は工学的に地生態系を保全することを目的とするが，その基本は，生態系にとって重要な地盤環境である地形・地質環境とその多様性をよく知るということである[21]。

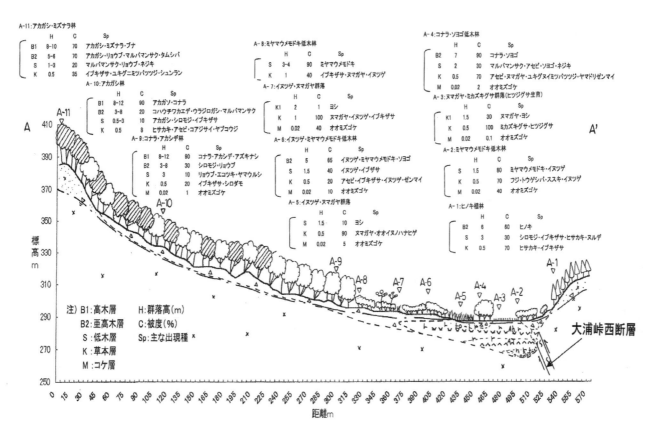

図－2.6.5.4　山門湿原の地生態断面図[13]

---

* たとえば[20]

引用・参考文献

1) 稲垣秀輝・佐々木靖人：応用地生態学による自然環境の保全，応用地質，Val.47，No.5，pp297-309，2006
2) 小泉武栄：木曽駒ヶ岳高山帯の自然景観-とくに植生と構造土について-，日本生態学会誌，Vol.24，No.2，1974．
3) Troll, C：Geo-ecology of the mountainous regions of the Tropical Americas, *Colloquim.Geogr* No.9，223p.1968.
4) Leser, H：*Landschaftsökologie*,UTB521,Ulmer, Stuttgart, 432p.1976.
5) 松井健，武内和彦，田村俊和（編）：丘陵地の自然環境-その特性と保全-，古今書院，202p.1990．
6) 太田猛彦・高橋剛一郎：渓流生態砂防学，東京大学出版会，246p.1999．
7) 地盤工学会生態系読本編集委員会編：生態系読本，暮らしと緑の環境学，地盤工学会，212p，2002．
8) 土木学会斜面工学研究小委員会編：知っておきたい斜面のはなしQ&A－斜面とくらす－，土木学会，291p，2005．
9) 横山秀司編：景観の分析と保護のための地生態学入門，古今書院，277p，2002．
10) 小泉武栄：「自然」の学としての地生態学-自然地理学のあり方-，地理学評論，vol.66A，No.12，pp.778～793，1993．
11) 稲垣秀輝・小坂英輝・平田夏実・草加速太・稲田敏昭：四国御荷鉾地すべりの多様な生態系，地すべり，vol.41，No.3，pp.217～226，2004．
12) 佐々木靖人：応用地生態学―生態学と応用地質学のコラボレーション―，応用地質，vol.43，No.6，pp.345～358，2003．
13) 土木研究所他：地形地質的視点に基づく生態系への環境影響の予測・軽減技術に関する共同研究報告書，220p.2009．
14) 中島教陽・尾園修治郎・西柳良平・佐々木靖人・伊藤政美・応用地生態学研究会：文献に見る地盤と生態系の関係，日本応用地質学会平成17年度研究発表会講演論文集，pp.415～418，2005．
15) 稲垣秀輝・佐々木靖人・伊藤政美・平田夏実：アンケートによる道路・河川・ダム事業の生態系と地盤環境保全の現状分析，土木学会誌，vol.90，No.10，October，pp.52～55，2005．
16) 佐々木靖人・柴田光博・福田徹也・片山弘憲：斜面の土層深とせん断強度の簡易試験法の開発，平成14年度応用地質学会講演論文集，pp.359～362，2002．
17) 稲垣秀輝・小坂英輝・平田夏実・草加速太・稲田敏昭：地生態断面調査法，第39回地盤工学研究発表会講演集，pp.59～60，2004．
18) 稲垣秀輝・小坂英輝：破砕帯御荷鉾地すべりの地形・地質と土地利用，土と基礎，vol.52，No.7，pp.8～10，2004．
19) 稲垣秀輝：斜面安定への生態系の寄与，生態系読本-暮らしと緑の環境学-地盤工学会，pp.121～122，2002．
20) 太田猛彦：21世紀における日本の森林と山岳地の管理について，地学雑誌，Vol.113，No.2，pp.203～211，2004．
21) 稲垣秀輝：環境地盤調査の現状と課題，地盤災害・地盤環境問題論文集第2巻，地盤工学会，pp.91～98，2002．

column

『地すべりの地形・地質と地生態学的な土地利用』

　隣り合う地すべりで土地利用が異なり，富の差が生じていた話です。

　場所は四国山地の山の中です。四国山地北側には，三波川結晶片岩というぱらぱら剥がれやすい岩盤が分布し，そこには"破砕帯地すべり"と呼ばれる規模の大きな地すべりがいくつもあります。そこはその岩片状になりやすい地質の特徴から，水はけが良く畑作を中心とした集落ができていました。

　それに対して，対岸にみえる地すべり斜面には，水田が棚田状に分布し，周囲の家も大きいように見えます。どうして，対岸の地すべりには水田があるのでしょう。ここの地質は御荷鉾緑色岩という粘土になりやすい岩盤が分布しています。このため，これらの岩石が分布する地すべりを"御荷鉾地すべり"と呼び，やはり規模の大きな地すべりが多いのです。ここでは，地盤の水もちがよく，水田ができて，お米がとれるのです(**写真-1**)。

　四国山地でお米が取れる土地は少なく，この御荷鉾地すべり地域は，貴重なところです。現在は，平野部から取れるお米の流通があり，休耕田も目立っていますが，室町時代からある乳イチョウを持つ神社など古来から集落ができて，豊かな農家が多かったと聞いています。

　水が多いと地すべりが動き出し，住むのに困ると考えがちですが，地すべりを起こすのは深層地下水で，水田に利用するような浅層水は，畔の崩れには影響しますが，棚田全体を動かすような地すべり活動には関係しないことが，水文地質学的調査でわかってきています。青粘土が出るような棚田では確かに畔が崩れることもあるのですが，農家の方は畔を直せば済むことだと言い，それよりそのようなところのお米はたいへんおいしいと聞きました。地盤が動いて養分やミネラルが新しく供給されるためかもしれません。

　しかし，長雨などで深層地下水が上昇すると，棚田全体が上から下へ動く場合があります。この場合には，最下部の水田がせまくなり，最上部の土地は広がります。そのような大きな災害が，起きないように水田の中に水神や土の神を祭っています(**写真-2**)。土地が移動した際の対策としては，最上部の新しい土地は最下部の水田の持ち主の土地のものになって，地域全体で問題が起きないようになっているそうです。

　地すべり地域での生活の知恵ですが，地すべりの地質に合わせた地生態学的な農地の利用にはおどろかされます。

写真-1　四国山地でも水田の多い御荷鉾地すべり

写真-2　地すべり地帯の水田の中にある祠

（稲垣秀輝）

引用・参考文献
　稲垣秀輝・小坂英輝(2004):破砕帯御荷鉾地すべりにおける地形・地質と土地利用,地盤工学会誌,Vol.52,No.7,pp.8〜10.

2.7 水環境

地球表層と大気を含めて循環する水の環境について，ここでは 2.7.1 に水循環基本法の基本理念，2.7.2 に流域単位での水循環と地下水流動系，2.7.3 に涵養域保全と湧水モニタリングを取り上げる。

2.7.1 水循環基本法の基本理念

2014 年 3 月 27 日に成立，同 4 月 2 日に公布，同 7 月 1 日に施行された水循環基本法は，明治維新以降に初めて制定された「水の基本法」である。同法第二条で，「水」は地表水と地下水に留まらず「蒸発，降下，流下または浸透」という循環過程での状態の物質全てを包含する概念として，「水循環」は「地表水または地下水として河川の流域を中心に循環すること」，「健全な水循環」は「人の活動および環境保全に果たす水の機能が適切に保たれた状態での水循環」とそれぞれ定義されたことは，画期的である。そして，同法第三条の基本理念には環境倫理に基づく 6 つの基本原則 [1] が盛り込まれたことが特筆される。表-2.7.1.1 に 6 つの基本原則と水循環基本法第三条（基本理念）との対応をまとめた。

表-2.7.1.1 水循環基本法に盛り込まれた基本原則

	基本原則		水循環基本法　第三条（基本理念）
1	健全な水循環の積極的推進原則	第1項	水については，水循環の過程において，地球上の生命を育み，国民生活及び産業活動に重要な役割を果たしていることに鑑み，健全な水循環の維持又は回復のための取組が積極的に推進されなければならない。
2	共有財原則	第2項	水が国民共有の貴重な財産であり，公共性の高いものであることに鑑み，水については，その適正な利用が行われるとともに，全ての国民がその恵沢を将来にわたって享受できることが確保されなければならない。
3	世代間での公平性原則		
4	最大努力原則	第3項	水の利用に当たっては，水循環に及ぼす影響が回避され又は最小となり，健全な水循環が維持されるよう配慮されなければならない。
5	流域一環原則	第4項	水は，水循環の過程において生じた事象がその後の過程においても影響を及ぼすものであることに鑑み，流域に係る水循環について，流域として総合的かつ一体的に管理されなければならない。
6	国際的協調原則	第5項	健全な水循環の維持又は回復が人類共通の課題であることに鑑み，水循環に関する取組の推進は，国際的協調の下に行われなければならない。

第 1 項では「水は・・・水循環の過程で・・・地球上の生命を育み，国民生活および産業活動に重要な役割を果たし」との表現で，水循環が生態系維持と人間の社会活動上欠かせない機能を有していることを喝破し，「健全な水循環の積極的推進原則」を提起している。

第 2 項では「共有財原則」と「世代間での公平性原則」によって，従来の所有権が河川と地下水とで公水と私水とに分かれていたり，水利用は基本的に早い者勝ち原則と既得権が優先してきたことに対して，今後の水利用は流域での合意形成と将来を通じて水循環の健全性維持を義務づけている。

第 3 項で「最大努力原則」は，第 2 項で謳われた水の恵みを享受できる国民の権利に対する水環境を守る国民の義務を規定したものである。ただし，「影響が最小となり，健全な水循環が維持されるよう配慮」と後退した表現に留まっている。これは実効性を踏まえての許容であり，今後の技術の進展，社会と国民意識の成熟を待っての課題として残された。

第 4 項では「流域一環原則」を謳い，科学的に水循環の知見が普及・定着しているにも関わらず，水管理の実態が行政の縦割りと地域割りという人間社会の都合で，個別に局所的に行われ実効性が上がらなかったことへの反省を踏まえ方針転換を迫っている。

第5項では「国際的協調原則」が謳われているが，これはそもそも水循環自体が地球規模での現象であるし，地球温暖化に伴う気候変動が地球規模の水循環に大きく影響することから，健全な水循環の維持・回復の枠組みは，国ごとにバラバラに実施できるものではなく，国際的協調のもとに行うべき理念として掲げられた。日本各地に深刻な被害をもたらした公害としての広域地盤沈下は，地域ごとの規制が功を奏して，各地とも概ね沈静化傾向となったが，世界に目を向ければ，現在，深刻な地盤沈下に悩まされている地域は枚挙にいとまがない。日本の地盤沈下対策の経験を輸出して，世界貢献することが期待されている。

内閣府に設置された水循環政策本部において，水循環基本計画が2015年7月に制定されたことから，理念に留まらず，具体的に持続可能な健全な水循環確保の仕組み構築に向けて動き出した。

2.7.2 流域の水循環
(1) 水循環と地下水流動系

水循環の基本は空・地表・地下の相互間で水が循環して存在し，水量・水質・水温・生態系等が土地・空間ごとに維持され続ける概念である。この地球規模の水循環の一環として地下水流動系があり，地下水流動系に対応する流域を単位とした狭義の水循環系を考えることができる。図-2.7.1.1に地下水流動系単位の流域の水循環のイメージ図を示す。

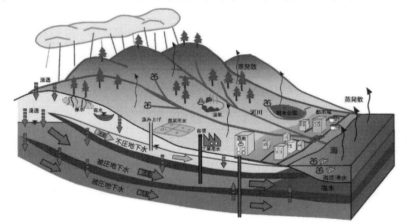

図－2.7.1.1　地下水流動系単位の流域の水循環のイメージ図

この地下水流動系単位の水循環モデルでは，上流域を主に降水が地下浸透する涵養域，下流域を地下水が表流水と合流する流出域（大局的には海に代表されるが，崖線や河川沿いの各地に存在している），その中間に該当する上流域から下流域に向けての区間で，地下水が流下・流動する不圧帯水層や被圧帯水層中を流動域と便宜的に呼んでいる。実際には上流域でも蒸発散は起こるし，下流域や海域でも降水はあるが，一般に次の関係が成り立つ。

　　　　　年間蒸発散量：上流域＜下流域
　　　　　年間降水量　：上流域＞下流域

大局的には大気圏では下流域・海域側から上流域・山側に向けた水の流れが卓越し，地表と地下では山側から海側に向けた流れが卓越し，水文的水循環が成立することになる。

> 下流域・海域側における蒸発散⇒上空に雲を形成⇒雲が流れて山地に当たって降水⇒降水は地表で蒸発散と地下浸透と地表流出に3分割⇒地表流出水は河川を形成して海に向けて流下し海に合流，一方，地下に浸透した水は地下水として帯水層を流下して下流域と海域に流出⇒下流域・海域側における蒸発散・・・・・・・・・・・・・・・・・・・・・・・≪以降，繰り返し≫

このような水循環によって地球上のどの地域についても，地域特性に応じた量と質・温度の水が持続的に運搬・配分され，それぞれの地域に応じた環境機能と資源の役割を果た

し，生態系維持に寄与していることが分かる。水の機能と資源の側面の例を**表-2.7.1.2**に示す。

健全な水循環の確保が叫ばれるが，ここで言う「健全な」とは，その地域に応じて水が果たしている機能と資源の持続性を確保するという主旨である。

また，水循環は人類の生存によって，自然の水循環と人工的水循環が合わさった形で存在する。人工的水循環とは，人間が必要とする水を用水として，自然の水循環系から取水し，各種用途（例えば，生活用水，農業用水，工業用水，環境用水など）に利用して，利用後の水を浄化処理して，再び自然の水循環系に戻すサイクルである。一般的には採水した分を使った後に返すので，量的収支は合っている面もあるが，質と時間と位置等の観点では自然の水循環系を大きく乱しているのが実情である。この乱れ（環境負荷）を如何に最少とするかが，健全な水循環系の維持・確保のポイントである。

表-2.7.1.2 水の機能と資源の側面 [2)を基に作成]

分類	機能・資源	機能・資源の効果役割
機能的側面	地象・水象	地象の安定（浸食・運搬・堆積等の安定），水象の安定（流出の維持と平滑化）
	気象緩和機能	地上気象の安定，都市気候の緩和
	地盤環境維持機能	地盤の維持・安定，海水侵入の防止，地下環境の安定
	物質運搬・収容機能	地下水による物質運搬・収容（良好な水の運搬，汚水物質等の浄化）
	生物生息環境維持機能	湖沼・湿地等の形成，湿地性植物の生育
資源的側面	多種用水資源	農業用水，工業用水，生活用水への利用
	エネルギー資源	冷暖房，消雪，氷室，温泉への利用
	アメニティ空間資源	観光地・親水空間，遺跡・史跡・文化財，温泉地としての利用

(2) 流域の水循環

地下水流動系を考える流域単位での水循環のイメージ図を**図-2.7.1.1**に示したが，大局的には山地・丘陵地・台地が涵養域，低地が流動域，海域が流出域と見ることができる。しかし，低地部でも農地（特に水田）が発達していれば灌漑期には涵養域になるし，台地・丘陵地であっても地下浸透ができないような開発や土地利用が行われれば，涵養域とは言えない状態になっていることもある。また，山から海までの河川流域に準じて地下水流域を設定したとしても，その流域内であっても谷部や崖線で湧水が見られる場合，実際にはその湧水を流出域とする小さな地下水流動系（小流域）が存在していることになる。地下水流動系を考える上で，地形と水文地質構造は重要な要素ではあるが，水循環は人為的な改変や土地利用に大きく影響を受けることから，微地形が一義的に地下水流動系区分（涵養域，流動域，流出域）に対応するとは限らないことに留意する必要がある。

また，地下水流向を把握することは，環境影響管理上，極めて重要なことである。2.1.2項で地表水と地下水とで分水界が異なる場合があることに触れたが，地表面の傾斜情報からだけでは地下水流向を特定あるいは想定することはできない。地下水流向を想定するには，最低限，帯水層構造と涵養源と流出ヶ所の3要素が必要である。

(3) 土地改変・土地利用変化の水収支への影響 [3)]

水循環の健全性を水量の観点から評価する方法の一つに，水収支の考え方がある。**図-2.7.1.2**と**表-2.7.1.2**に，単位流域における地下水の水収支項目を示す。

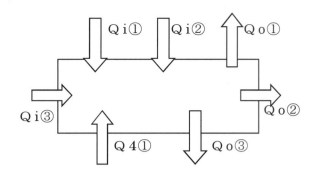

図-2.7.1.2 地下水流域水収支

表-2.7.1.2 単位地下水流域の水収支項目

区分	記号	水収支項目
流入水	Qi①	降雨浸透地下水
	Qi②	人工涵養
	Qi③	上流側地下からの流入水
	Qi④	帯水層下位層からの流入水
流出水	Qo①	地下水揚水
	Qo②	下流側地下への流出水
	Qo③	帯水層下位層への流出水

水収支の基本的な評価方法は

Σ(流入水)$-\Sigma$(流出水)$\fallingdotseq 0$ ⇒ 地下水位一定
Σ(流入水)$-\Sigma$(流出水)> 0 ⇒ 地下水位上昇
Σ(流入水)$-\Sigma$(流出水)< 0 ⇒ 地下水位低下

となる。ここで,

Σ(流入水)$=Qi①+Qi②+Qi③+Qi④$
Σ(流出水)$=Qo①+Qo②+Qo③$

すなわち,単位流域内に入る水よりも外に多く流出すれば,流域内の水は不足し,地下水位は低下する。逆に,単位流域内に入る水よりも外に出る水量が少なければ,流域内の水の貯留量が増えて,地下水位は上昇する。

これらの水収支を渇水期と豊水期ごと,かつ経年的に求めることで量的過不足の概略傾向を把握することができ,水循環の健全性維持・回復等の対策検討の基礎資料とすることができる。すなわち,水収支の経年変化と,各種環境変化との相関から,環境悪化要因を抽出したり,各種保全施策の検証基礎資料とすることができる。

水収支計算の方法は下記に例示するように多種多様あり,それぞれ一長一短があるので,目的にあった方法を選択する。

① 年間水収支法(水収支項目ごとの年間総水量間の収支)〔同じ要領で,渇水期と豊水期の各短期間でも実施することが望ましい〕
② タンクモデル解析(非定常法)
③ 有限要素法(平面2次元,準3次元,3次元)
④ 差分法

一方,図-2.7.1.3に「涵養域」で局所的に起こっている現象を,「降水量」「蒸発散量」「地表面流出量」「地下浸透水量」の関係で示す。これより,地下浸透水量と降水量との関係は下式で表すことができる。

地下浸透水量=(降水量-蒸発散量)×地下浸透能
ここで,地下浸透能$\fallingdotseq 1-$表面流出率
また,降水量-蒸発散量=可能涵養量

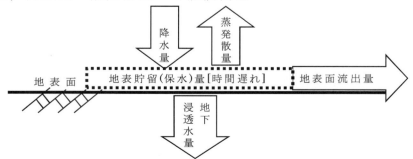

図-2.7.1.3 降水量・蒸発散量・地表面流出量・地下浸透水量の関係概念図

表面流出率は地形・地質区分や土地被覆・土地利用条件との関係として各種機関からさまざまな情報が公表されており、代表的なものを**表-2.7.1.2**に例示する。

表-2.7.1.2 表面流出率の例

土地利用の形態	表面流出率
池沼・水路・ため池	1.00
コンクリートで覆れた土地（法面除く）	0.95
宅地	0.90
道路・鉄道・飛行場	0.90
運動場（排水施設を伴う）	0.80
ゴルフ場	0.50
人工造成植生法面	0.40
山地	0.30
林地、耕地	0.20

注：平成16年国土交通省告示第521号より抜粋、再構成

実際の現象としては、降水量が多くなれば地盤は飽和して、地下浸透はできなくなるので、累加雨量と流域保留量（地下浸透量と地表貯留量との和）との関係を使って、降水量の程度に併せて地表流出量と地下浸透量との割合を変化させて、できるだけ実態に沿った地下浸透量を求めようという方法[4]もある。

2.7.3 涵養域保全と湧水モニタリング

(1) 山地森林の多面的機能

山地森林は以下に列記するように、環境上・防災上・生産活動上も含めて、多面的機能を有している。
① 水循環系における地下水流動系の涵養域機能
② 緑のダム機能（保水・貯留機能）
③ 海を豊かにする源としての機能
④ CO_2吸収機能
⑤ 土砂流出・地表面流出抑制機能
⑥ 木材生産機能

山地森林は放置していたのでは、上記機能を維持することはできない。山地森林の整備ができて初めて上記機能が発揮される。木材活用による環境・防災・林業の好循環創出が極めて重要[5]である。

(2) 湧水による地下水モニタリング

表-2.7.1.3に例示するように、湧泉（湧水ヶ所）は目に見えない流動系をなしている地下水の地表への出口（流出口）である。湧水の状況（水量変化）や水質は基本的には地下水環境

表-2.7.1.3 湧水の流出形態

湧出契機	流出形態	流出の状況・意義	地形上の位置・状態
自然湧出	浸出面流出	地表面と地下水面が交差して自然流出	崖線、谷頭
	自噴	被圧水	自噴地帯
人工湧出	湧水ヶ所創出	積極的創出［意図的に創出］	扇状地［掘込み］
			自噴地帯［井戸設置］
		消極的創出	人工崖、水路、池
	漏洩	事故・障害［意図せずに］	トンネル湧水
			地下室地下街への漏洩水

表-2.7.1.4 湧水モニタリングの意義

モニタリングの目的	モニタリングの意義
現在の地下水状態(量・質・水温,流動性,等)の把握	バックグラウンドの把握
	異常（環境変化）の検出【環境監視】
各種地下水施策(保全,育水,等)の検証	住民へのアカウンタビリティの基礎情報
	次の施策検討への基礎情報

のバロメーターとなっており，地下水のモニターの役割をはたしている。湧水ヶ所が存在する場合には，湧水を定期的に観測することで，地下水環境の変化を追跡したり，各種地下水施策の効果検証に活用することができる（**表-2.7.1.4**）。

引用・参考文献

1) 水制度改革議員連盟監修：水循環基本法の成立と展望，日本水道新聞社，2014．
2) 環境省総合環境政策局編集・大気・水・環境負荷分野の環境影響評価技術検討会編：環境アセスメント技術ガイド「大気・水・土壌・環境負荷」，(社)日本環境アセスメント協会発行，p.8, 2006．
3) 中村裕昭：地下水環境の保全に向けた取り組みと調査のポイント，地質と調査，'12-1(131), pp.14〜21, 2012．
4) 農林水産省農村振興局企画部資源課監修：土地改良事業計画設計基準及び運用・解説，計画「排水」，基準，基準の運用，基準及び運用の解説，付録技術書，社団法人農業土木学会発行，p.218, 2006．
5) 土木における木材の利用拡大に関する横断的研究会編：2011年度土木における木材の利用拡大に関する横断的研究成果報告書，2011．

左：江戸時代中期の新田開発で，利根川から灌漑用水を引くためにつくられた見沼代用水路
右：見沼代用水路を利用した舟運のために設けられた見沼通船堀．河川（芝川）との水位差があるため閘門が設置されている（いずれもさいたま市）

第3章　維持管理

　各種構造物の維持管理のためには，地形・地質をどのように見きわめたらよいかを本章で解説する。対象となる構造物は，河川構造物・土構造物・宅地・トンネル・ダム・埋没物・発電施設などである。いずれも，地盤の中やその上に築造されたものであり，構造物を支える地形・地質の状況が構造物の適正な維持に大きく関係してくる。

① 河川構造物には，堤防・護岸・樋門・水門・堰・排水機場等がある。この中で最も重要なものは土からなる堤防で，多種多様な土を長い年月をかけて作り上げてきたものである。したがって，堤防自体の維持管理では，材料としての土質や基礎の地盤状況を正確に把握し，適正な維持管理が求められる。堤防は延長がきわめて長い線状構造物であるため，堤防基礎の地形や地質が何で，どのような地質構造を持っているかを知ることが必要となる。たとえば，堤防の下に旧河道堆積物が横断している場合，高水時の漏水や地震時の液状化により破堤することも考えられる。つまり，堤防の基礎地盤の状況を地形判読も取り入れて判定していくことが，堤防の維持管理には重要である。

② 土構造物としては，切土のり面と盛土のり面がある。切土のり面では，のり面での地盤の劣化や風化の進行を把握するだけでなく，のり面周辺の地形・地質を読み解いて，のり面の維持に影響を及ぼす大きな地すべり地形はないか，大規模な断層破砕帯がないか等の把握も重要である。盛土のり面についても，盛土自体の劣化だけでなく，排水状況は適切か，盛土基礎の地盤がどのような地質と地質構造から成っているかを地形・地質を調べることにより理解し，盛土のり面の維持管理に利用することが求められる。

③ 宅地に関しては，我が国が地盤の変動帯に位置し脆弱な地盤が多いことを念頭に入れて，地盤災害の誘因となる地震・火山噴火・洪水・豪雨等に強い宅地であるかどうかの把握が，安全な宅地の維持管理の基本となる。このためには，宅地がどのような地形や地質の上にあるかを見定めて適正な維持管理をしていくことになる。

④ 基礎構造物で問題となる地形・地質には，圧密沈下や液状化の発生し易い軟弱地盤や漏れ谷地盤・傾斜地盤・活断層・地すべり・空洞のある地盤・膨張性地山・風化しやすい岩盤等がある。調査によってこれらの地盤の地形・地質を適確に読み解き，適正な維持管理が求められる。

⑤ トンネルは地中に長く延びる構造物であり，その維持管理については地山の地形・地質をよく知って，適正な対応が求められる。最も気を付けたい地形・地質は，地すべり地形・断層破砕帯・岩盤変質帯等である。

⑥ ダムは，ダム本体やダムサイトの地盤強度や透水性の確認だけでなく，貯水池周辺での地すべり等について地形・地質を調べて維持管理すべきである。また，貯水地での堆砂の増加はダム機能上大きな問題であり，継続的な土砂管理が必要となる。近年では，ダムの長期的な維持管理として，ダムの嵩上げや放流施設の改修なども計画されている。これらの計画では地形・地質の読み方は欠かせない。

⑦ 埋設物は，地盤中にある管路や地下鉄等の線状構造物や建築の構造地下部分等である。特に，道路の路面下浅層部にある上下水道やガス・電気・通信施設等は，その延長がきわめて長く，まず地形・地質から地盤の特性を読み解くことが重要となる。詳細な探査手法としては，地中レーダーや電磁探査等がある。

⑧ 発電施設については，火山発電所や原子力発電所等の点状構造物と鉄塔などの線状構造物がある。いずれも社会インフラの重要な施設であり，その維持管理が必要となる。特に，原子力発電所については，地震や津波に対する脅威から施設を守る維持が求められる。このための安全審査指針も見直されているので，これらを参考とした対応が迫られている。

　このように，土木構造物を適性に維持管理するためには，まず広域的に地形・地質を適確に読み解き，問題地点を適確に見出して対応していくことが求められている。本章ではその具体的な方法や考え方を説明する。

3.1 河川構造物

河川構造物には，堤防，護岸，樋門・水門，床止め・堰，排水機場等の各種構造物がある。このうち河川堤防は，洪水から流域の人命や資産を防御するためにつくられた長大な構造物であり，その安全性は地形や地質と大きな関わりをもつ。ここでは，河川堤防の立地条件や構造的特徴を踏まえて，洪水や地震に対する安全性を確保する上での留意点や安全性評価における地盤の見方，維持管理の重要性などについて述べる。

3.1.1 河川堤防の特徴

河川堤防は他の土木構造物と異なり，もともと自然状態の河川に沿って作られたものであり，その平面線形や地質条件を選ぶことはできない。また，堤防は，災害のつどそれに対抗するために嵩上げや腹付けが行われてきた歴史的構造物であり，築堤には多種多様の土が用いられてきた。さらに，過去の河川改修によって堤防の位置（法線）や断面形状が変化してきたことも，堤防内部の土質構造や堤防下部の地盤条件をさらに複雑なものにしている。

河川堤防は延長が長い線状構造物であり，一箇所でも堤防が決壊した場合には，浸水被害は広範囲に及ぶ場合が多い。そのため，洪水を防御する本来の機能（治水機能）を確保するために，維持管理が果たす役割はきわめて重要である。

3.1.2 治水機能を維持する上での留意点

河川堤防の治水機能を維持し，洪水や地震に対する安全性を確保するためには，以下の点に留意する必要がある。

(1) 越水に対する安全性（天端高さの確保）

河川堤防の被害は越水（溢水）によるものが多い。越水は，堤防天端高の低い箇所や，河道の断面不足等で局所的に河川水位が高くなる箇所で発生する。軟弱な粘土層が厚く分布する地域では，築堤後に圧密沈下が長期間にわたって続くことから，天端高の監視が必要である。一般的には，築堤に当たってはあらかじめ築堤後の沈下が考慮されており，天端高は余盛を含めて設定されているため問題となる場合は少ないが，沈下の原因にはその他にも，人為的な地下水揚水による広域地盤沈下や大規模盛土の近接工事による引き込み沈下等があり，想定以上の沈下量が発生する場合があるので注意が必要である。

(2) 浸透に対する安全性

浸透による堤防の破壊現象は，降雨および河川水の浸透に起因するのり面のすべり破壊と，基礎地盤のパイピング破壊に大別される。

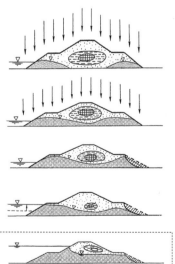

降雨により堤体の飽和度が上昇する。

堤体内の浸潤面はのり尻付近から上昇し，堤体中心部は遅れて上昇する。

飽和度の上昇により透水性が増加するとともに，堤体土のせん断強度が低下し，のり崩れが一部発生する。河川水位が上昇し始める。

堤体の透水性が増大しているため河川水が浸透しやすく浸潤面の上昇が速くなり，裏のり尻の水位上昇が速くなる。裏のり尻から漏水が始まる。

堤体内水位が裏のり面の表層付近まで達すると，堤体が粘性土の場合は裏のり尻が泥濘化し小規模なクラックが入り，堤体から漏水が始まる。土が軟らかいブロック状に崩れ，それによって上部の土がすべる(a)。
堤体が砂質土の場合，裏のり尻が緩くなり水と一緒に流亡化する(b)。

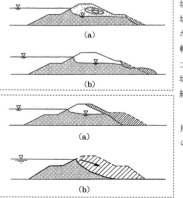

崩壊が上部に向かって進行し，のりが崩れて堤体の厚さが薄くなると天端が崩壊し破堤する。

図-3.1.2.1　降雨と河川水による浸透破壊のメカニズム [1]をもとに編集

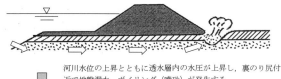

河川水位の上昇とともに透水層内の水圧が上昇し、裏のり尻付近で地盤漏水、ボイリング（噴砂）が発生する。

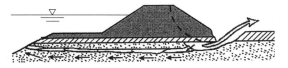

パイピングによって空洞が川表側に向かって進行・拡大し、堤防の崩壊に至る。

図-3.1.2.2　パイピングによる浸透破壊のメカニズム

降雨および河川水の浸透によるのり面のすべり破壊は、図-3.1.2.1に示す過程で起きると考えられている。降雨および河川水が堤体内に浸透して裏のり部の浸潤面が上昇すると、飽和度の増加に伴う土の強度低下が起こり、それによってのり面の不安定化が生じる。

一方、基礎地盤のパイピング破壊による堤防の不安定化は、図-3.1.2.2に示すように、河川水位の上昇とともに裏のり尻付近で動水勾配が大きくなり、限界値を超えたときに土粒子の移動や土の破壊が生じることに起因し、それが進行することによってもたらされる。

（3）地震に対する安全性

地震による堤防の被害は、基礎地盤に緩い飽和砂層が分布する場合に、その砂層の液状化により堤防が沈下あるいは崩壊する形で発生する。典型的な被害例を図-3.1.2.3に示す。

一方、基礎地盤が軟弱粘土層であっても、堤体のめりこみ沈下が生じており、堤体下部が液状化しやすい材料からなりその部分が飽和している場合には、堤体下部の液状化による被害が発生する可能性がある。図-3.1.2.4には釧路川の例を示したが、2011年の東日本大震災においても、東北地方および関東地方の堤防で同様の被害が数多く発生している。

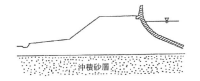

〈被災前〉沖積砂層

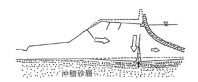

沖積砂層の液状化に伴い、パラペットの重みにより川表側の沈下が生じる。このとき、川裏側ではテンションが働く。

川表側の沈下が進行し、堤体の傾動が大きくなる。また、堤体中央から川裏側にくさび状の陥没が生じる。川表側堤体は液状化した砂の中で大きく移動する。

〈被災後形状〉川表側堤体は液状化した砂中を移動するとともに、周囲の砂の流れにより削られ丸みを帯びる（土塊まわりに同心円状の流理構造が発達する）。

図-3.1.2.3　基礎地盤の液状化による堤防被害例（1995年兵庫県南部地震・淀川左岸酉島地区）[1)]

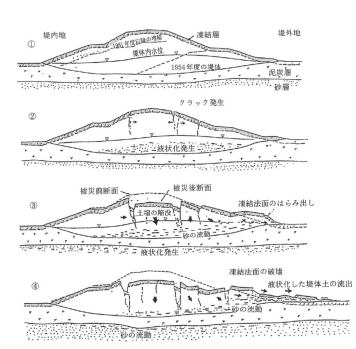

図-3.1.2.4　堤体下部の液状化による堤防被害例（1993年釧路沖地震，釧路川）[1)]

（4）樋門・樋管等構造物周辺堤防の空洞化

河川堤防には、河川水の取水や堤内地の排水のために樋門・樋管が設置されている。樋

門・樋管のような横断構造物周辺の堤防は，弱点箇所といわれており，構造物に沿って水みちが生じやすく，実際に洪水時に被災した事例も少なくない。現在では支持杭基礎は用いられていないが，過去に設置された支持杭基礎形式の樋門・樋管周辺では，軟弱粘土層が分布する地域において，**図-3.1.2.5**に示すような抜け上がりによる空洞化が発生しており，維持管理上の課題となっている。空洞が発達すると，洪水時に漏水や堤防の陥没が発生し，破堤に至ることもあるので注意が必要である。

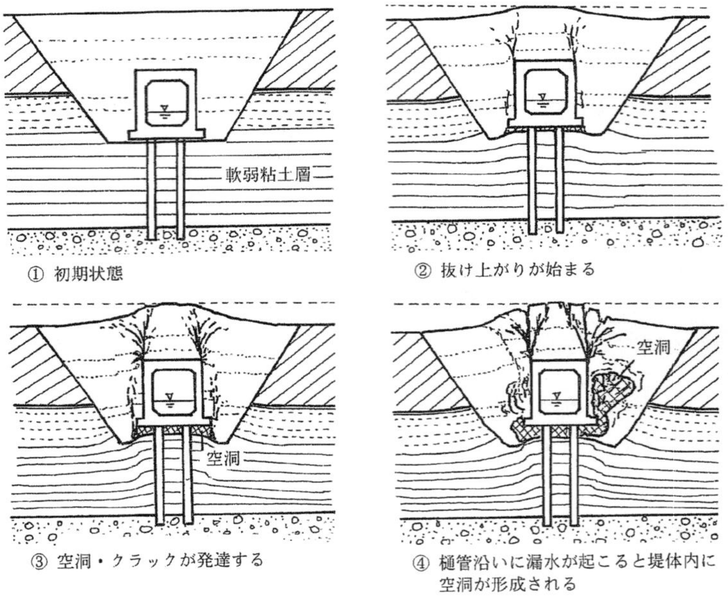

図-3.1.2.5　樋門・樋管等構造物周辺堤防の空洞化メカニズム

(5) 侵食に対する安全性

河道内では，侵食や洗掘による被害が多くみられる。前者は，主に高水敷や堤防の表のり面が流水により侵食され，のり崩れや破堤にいたるものである。後者は**図-3.1.2.6**に示すように，河床の洗掘による堤脚部の深掘れとともに，堤体下部の土砂が抜け出し，それによって堤体に緩みを生じ崩壊するものである。急流河川や水衝部では特に注意が必要である。

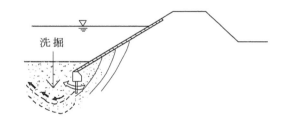

図-3.1.2.6　堤脚部の洗掘による被災模式図[1]

3.1.3　安全性評価に関わる地盤の見方

上述した河川堤防の安全性を把握し，対策や維持管理を効果的に進めるために，安全性に対する各種の点検・評価が実施されている。以下では，安全性評価において重要な要素となる地盤の見方について述べる。

浸透に対する安全性の評価では，治水地形分類がよく用いられる。治水地形分類は，氾濫平野，自然堤防，旧河道といった洪水と関連の深い微地形を分類したものであり，河川による地形の形成過程や，洪水災害に対する危険性が定性的に把握できる。

治水地形分類図は，治水対策を進めることを目的に，国が管理する河川の流域のうち平野部を対象として，扇状地，自然堤防，旧河道，後背低地などの詳細な地形分類および河川工作物等が盛り込まれた地図であり，昭和51年の台風17号による長良川の破堤で大きな被害を受けたのを契機として作成された。

治水地形分類図には，氾濫平野，自然堤防，旧河道といった洪水と関連の深い微地形が分類して示されており，河川による地形の形成過程や，洪水災害に対する危険性が定性的に把握できることから，河川堤防の概略点検等に利用されている。なお，平成19年度から国土地理院によって治水地形分類図の更新が行われており，明治以降の河川の流路の変遷が表示されるようになった。また，近年，全国の直轄河川や海岸沿いでは航空レーザ測量による「数値地図5mメッシュ（標高）」が公開されており，これと併用することにより微地形の起伏を明瞭に把握できるようになった。

治水地形分類による各地形区分の成因，地質と工学的性質の特徴をまとめて**表-3.1.3.1**に示す。

表-3.1.3.1 河川堤防と地形・地質の関係[1]

地形			地質		工学的性質				備考
区分	名称	成因・定義	地質	地層の連続性	透水性	強度	圧縮性(沈下)	地震時の液状化	
台地	台地	低地からの比高が1m以上の平坦地	洪積世とそれより古い地層で砂、礫、粘土。	良好	地質によるがやや不良。砂層で中位。	大	小	生じない	洪水に対して安全であるが、降雨による被害が出る場所もある。
微高地	自然堤防	洪水時に河川が運搬した土砂が流路外に堆積したもの。低地との比高1～2m程度。	砂、礫が多い。	良好	良好	中	小	生じやすい	中・小規模の洪水には安全な集落が多い。
微高地	旧川微高地	かつての河川跡で砂州などの微高地・周辺低地との比高は同じか少し低い。	砂、礫が多い。	不良	良好	中	小	生じやすい	高水の影響を受けやすく、湧水等を生じやすい。
微高地	扇状地	山地河川により山麓に堆積した砂礫の斜面。平地より勾配が急で、流路の変化が多い。	山地河川により山麓に堆積した砂礫の斜面。平地より勾配が急で、流路の変化が多い。	良好	良好	大	小	ほとんど生じない	大きな高水では旧河道が流路となる。基盤漏水を生じやすい。ガマの発生が多い。
凹地	旧河道	過去の河川流路の跡・新しいものは湛水している。周辺の低地より低く、両側の自然堤防より1～2m低い。	新しいものは砂・礫、古いものは上部が粘性土、下部が砂・礫からなる。	中	良好	粘性土は小、砂・礫は中。	粘性土は大、砂・礫は小。	生じやすい	高水時に漏水やボイリングを起こしやすい。内水氾濫で湛水する。
凹地	旧落堀	過去の破堤でできた池、または池の跡。池または湿地で残っているものが多い。	粘性土が多い。	不良	不良	小	大	砂で埋め立てられた場所では生じやすい	堤防に接して存在する場合は漏水を生じやすい。降雨で湛水しやすい。
低地	氾濫平野	河川の沖積作用や浅海性堆積作用によって形成された低地。河川勾配は下流部で緩い。最下流部は海岸平野となる。	粘性土が大部分であるが、上部に砂層が分布する地域もある。	良好	一般に不良	小	大	砂が分布する場所では生じやすい	下流部は高水による内水氾濫や洪水になりやすい。人口密集地が多く、その他は水田となっているところが多い。
低地	旧湿地	砂丘や河川の後背湿地で、沼や凹地が多い。地下水位が高い。	粘性土、腐植土が多い。	中	不良	極小	大	生じにくい	降雨によって内水氾濫を起こしやすく、湛水時間が長い。
人工地形	干拓地	水面を干して陸地としたため、堤外地水位より低い。	一般に粘性土が多い。場所によって腐植土。	良好	不良	小	大	砂地盤の場所では生じやすい	堤内地の地盤高が外水面より低いため、人工的に水位を管理している。

　旧河道や落堀・旧落堀といった治水地形に分類される箇所では，他の地形分類（地形区分）に比べて過去に漏水等の浸透による被害が発生していることが知られており，いわゆる要注意地形と称されている。旧河道を埋める堆積物をみると，古い時代のものは，下部に砂礫層がありその上に粘土層が分布するタイプが多く，新しい時代のものは砂礫層を主体とし，表層部は砂質となっているタイプが多い。そのため，旧河道部の透水性は良好な場合が多く，旧河道が堤防を横断する場合には出水時に漏水を生じやすい。また，自然堤防や旧川微高地には透水性の良好な砂や礫が堆積している場合が多いが，これらの堆積物が難透水性の地盤上に面的に広がる部分の堤防では漏水しやすい[2]。

　図-3.1.3.1は，堤防にとって安全性に問題のある地形・地質条件を示したものである。図中に示したように，堤外側に旧河道・自然堤防・旧川微高地のような透水性の良好な地盤が分布し，堤内側に粘性土が堆積した旧河道・落堀・低地や基盤岩等が分布する地形・地質条件の箇所では，出水時に浸透水が堰上げられて堤体裏のり部の浸潤面が上昇しやすく，上述したように堤防のり面の不安定化を招く恐れがある。このような地盤は"行き止まり型地盤"とも称され特に注意が必要であるとされている。その他，基礎地盤に透水性

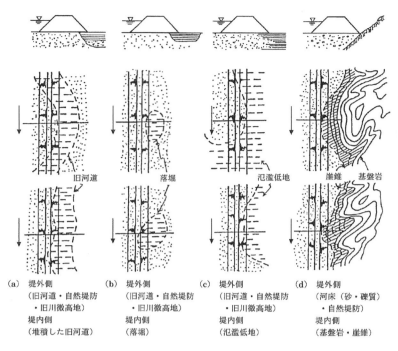

図-3.1.3.1 堤防にとって安全性に問題のある地形・地質[1]

写真-3.1.3.1 地盤漏水に伴う噴砂跡の例

の高い地層が分布する地域で，堤内地盤高が周辺に比べて低く，表層の被覆土層の厚さが薄い箇所では，地盤漏水が生じやすく，ボイリングや噴砂（**写真-3.1.3.1参照**）を伴うこともある。このような現象が長時間継続すると，**図-3.1.2.2**に示したようにパイピング現象の進行とともに堤防の不安定化に至ることもある。

上述したように，浸透に対する堤防の安全性評価に当たっては，堤防周辺における微地形分布の把握がきわめて重要であり，微地形分類（区分）図をもとに危険箇所を予想し，その上で必要に応じてサウンディングやボーリング等による詳細調査に移行するとよい。

一方，微地形分類（区分）と地震による被害の程度との間には，一定の相関関係があるといわれており，河川堤防の耐震点検マニュアル[3]では，治水地形分類図による地形区分を一つの指標として，以下の関係が示されている。

・地震による堤防の沈下の可能性が極めて大きい地形区分：旧河道，落堀，旧落堀，高い盛土地，干拓地，砂丘
・地震による堤防の沈下の可能性が大きい地形区分：自然堤防，旧川微高地，氾濫平野，湿地，旧湿地

これらは，いずれも基礎地盤に液状化が生じやすい砂層が分布する可能性が高いと考えられる。その他，基礎地盤に軟弱な粘土層が分布し，堤体のめり込みが生じている箇所では，堤体下部で液状化が発生する可能性がある。

3.1.4 維持管理上の課題
(1) 弱点箇所の抽出

河川堤防の維持管理においては，対象となる延長が長いため，各種の点検等を通じて弱点箇所を抽出し，そこを重点的に監視あるいは適切な対策を施すことが重要となる。そのために必要となる堤防縦断方向の堤体や基礎地盤の土質構造については，ボーリング調査結果をもとに概略的に把握されているが，調査地点数が限られていることもあり，ボーリング情報を補完する効率的な調査手法が求められている。統合物理探査[4]は，同一測線上で牽引型比抵抗探査と表面波探査を実施して得られる比抵抗構造とS波速度構造から，河川堤防の弱点箇所を効率的に検出する手法として期待されている。**図-3.1.4.1**には，旧河道の存在が想定される区間を対象に，堤防天端上で牽引型比抵抗探査を実施した例を示し

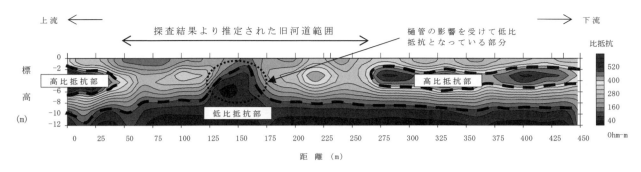

図－3.1.4.1　牽引型比抵抗探査による旧河道範囲の調査事例

た。この例では，基礎地盤の表層部に連続的に分布する高比抵抗部（砂層）が欠如している範囲が確認され，この部分が旧河道に相当すると判定された。

また，堤内地の地盤高が局所的に低い箇所も弱点箇所となる可能性があるため，堤防周辺の地盤高の詳細な分布を把握することが重要であり，三次元レーザ計測[5]等の新技術の活用が期待されるところである。

(2) 詳細点検による安全性評価

河川堤防の詳細点検では，対象区間を堤防高，背後地の状況，治水地形分類，堤体や基礎地盤の土質特性，過去の被災履歴等をもとに細分し，細分した区間の中から代表断面を選定する。代表断面では，横断方向にボーリング調査を 3 地点程度実施して地盤モデルを設定し，浸透流解析と安定計算をもとに，すべり破壊やパイピングに対する安全性照査が行われる[6]。区間の細分や地盤モデルの設定に当たっては，上述したような行き止まり型地盤が形成されている可能性が無いかどうか，周辺の微地形分布を含めて十分な検討を行うことが重要である。特に，堤内地の微地形が堤防付近で変化している箇所等では，行き止まり地盤が形成されている可能性があるため，その点を考慮して地盤モデルを設定する必要があり，必要に応じてサウンディング等による追加調査を実施するなど，慎重な対応が望まれる。

(3) モニタリング

堤防天端高の管理や構造物周辺堤防の点検では，堤防の沈下の有無や沈下の進行状況を把握することが重要となる。河川では，定期的に縦横断測量が実施されている場合が多いことから，過去に実施した測量成果を時系列的に比較することにより，堤防形状や堤防天端高の経時的な変化を把握することができる。また，将来的には三次元レーザー計測技術のモニタリングへの活用も期待される。過去に遡って広域的な地盤沈下量を把握したい場合には，合成開口レーダーを搭載した衛星が観測した SAR 画像を利用して，地盤変動履歴の推定を行う手法（PSInSAR）[7]を利用することも考えられる。

一方，堤防の安全性評価では，地盤モデルや地盤物性の評価，解析手法等，多くの課題があり，高度化に向けた取り組みが求められている。浸透流解析を例に挙げると，実堤防において堤体内の水位や水分量等のモニタリングを行うことによって，雨水等の浸透に伴うこれらの挙動を把握でき，より実態に合った解析条件や物性値の設定方法等について有効な知見が得られることから，今後，この種のモニタリング事例の蓄積が望まれる。

引用・参考文献

1) 中島秀雄：図説　河川堤防，技報堂出版，pp.89〜207，2003.
2) 島　博保・奥園誠之・今村遼平：土木技術者のための現地踏査，鹿島出版会，pp.51〜59，1981.
3) 国土交通省水管理国土保全局：レベル 2 地震動に対する河川堤防の耐震点検マニュアル，p.13，2012.
4) 土木研究所・物理探査学会：河川堤防の統合物理探査，愛智出版，2013.
5) 久保田啓二朗・大浪裕之・西山　哲・東　良慶：堤防の変状等を高精度に把握するモービルマッピングシステムの開発，土木技術資料，Vol.55，No.4，2013.
6) 国土技術研究センター：河川堤防の構造検討の手引き（改訂版），2012.
7) 水野敏実・松岡俊文・山本勝也：SAR 画像を用いた地盤変動解析による地質構造の推定，地盤工学会誌，Vol.57，No.5，pp.12〜15，2009.

3.2 土構造物

ここでは切土のり面と盛土のり面をとりあげ，切土部の不安定化の進行・盛土の造成を背景とする問題・排水系統および周辺構造物の影響等の観点から維持管理上の問題について述べる。

3.2.1 切土のり面
(1) 不安定化の進行

切土による上載荷重の除去は，地下にあった岩盤に岩の変形と不連続面（層理面，片理面，節理面など）を開口させて地山を緩ませ，風化変質作用を急速に進める。そのため，切土施工時には安定を保っていたのり面が，長期的に不安定化して崩壊することがある。この点について Skempton[1]は，古第三紀に堆積したロンドン粘土の切土のり面において，施工後3～46年経過して発生した4事例ののり面崩壊について検討し，遅れ破壊の原因が地山の緩みと強度低下であることを述べている。

奥園[2]は，泥岩，凝灰岩，蛇紋岩等の風化がはやい岩の分布する高速道路の切土のり面を対象に，各種の調査により風化の進行状況について約10年間の追跡調査を行い，風化を考慮した適正法勾配，のり面保護工の効果等について検討した。この結果の一部は「泥岩・凝灰岩（風化がはやい岩）の岩質区分と適正のり勾配」としてまとめられ，高速道路会社の設計要領に掲載されている。この検討で着目すべき点として，切土後の風化帯形成の厚さが5～6mであったことがあげられる。風化帯の形成速度は切土初期に早く，10年後には鈍化しており，この程度を風化による劣化層厚とみておけばいいと考えられる。実際にもこの程度の風化帯層厚の形成による遅れ破壊と思われる崩壊事例[3]がある。

切土後10年以上を経た国道の切土のり面において，長期にわたって降雨が無く地震も無い状況で崩壊が発生した（図-2.2.1.1）。道路が通過する尾根部を高さ約30m，勾配1:0.5で切土したモルタル吹付のり面で，崩壊規模は幅60m・深さ3～7m・崩壊土量は約1万 m³であった。このため国道は埋没して10日間以上にわたり通行止めとなった。

地質は四万十帯の砂岩と頁岩の互層であり，急傾斜の受け盤構造となっている。弾性波探査の結果，崩壊部分は弾性波速度値 0.5km/sec の風化が進んだ地山であった。地質が急傾斜の受け盤構造で地形が尾根部あることから，切土によって転倒性のクリープ変位が発生し，この変位が継続して崩壊に至ったものと推定される。

また，前掲 1.3.2 の図-1.3.2.9 に示した場合と同様であるが，切土掘削後の緩みによって節理が開口し，降雨時の流入水による水圧が繰り返し作用

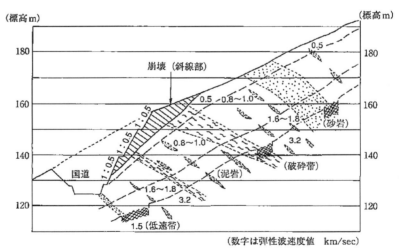

図-3.2.1.1 切土のり面の崩壊 [3]

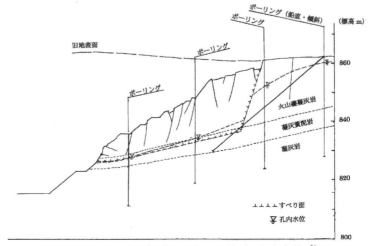

図-3.2.1.2 切土のり面の地すべり変状 [3]

して最終的にのり面崩壊につながった例がある。

浅間山麓の台地状の尾根を横断する部分で，平成6年に高速道路の切土施工がなされた。切土高は45m，のり面勾配は1:1.2である。地質は新第三紀鮮新世の火山岩類を主体とし，下位から弱溶結凝灰岩・凝灰質砂岩・泥岩・火山礫凝灰岩などが傾斜10°程度の流れ盤構造で分布する。火山岩類には急傾斜の節理が格子状に発達する。この場所で平成12年9月12日朝，降雨が止む直前に地すべり変状が発生した。変状発生時の連続雨量は132mm，最大時間雨量はこの3時間前に10.5mmを記録しているが，経験雨量からみて特に大きな降雨ではない。変状規模は斜面長65m・幅80m・すべり面深さ20mで，2段目小段付近から上方ののり面が2m程度押し出され，のり肩付近には落差1～3メートルの滑落崖が生じた（図-3.2.1.2）。平面的な変状範囲は急傾斜の節理系に規制されて台形を示し，変状範囲内では節理が開口して多数のクラックが発生した。以上から，地すべり移動層には雨水が浸透しやすく容易に不安定化することが考えられ，移動層をこのまま抑止することは困難であった。このため，対策として移動層の大半を排土して背後の新設のり面をアンカー工で抑止し，さらに補助工法として排水用の横孔ボーリングが施工された。

この事例は，切り土後6年以上の時間をおいて初生的な地すべり変状が発生したものである。火山岩やローム層では急傾斜の節理が発達するため，切り土後の緩みの発生で節理が開口し，そこに雨水が流入してわずかな水量で大きな水圧を作用させる。この水圧が繰り返し作用して節理の開口が進み，流れ盤の弱層をすべり面にして地すべり変状が発生したものと考えられる。

一方，受け盤のり面では自然斜面と同様に，比較的長期にわたる地山の変動としてトップリングが認められることがある。トップリングによる変位が発生すると前掲1.3.2の例で示したように，降雨時に急速な崩壊につながる場合があるため早期の対策が望まれる。トップリングに対して不安定なのり面の条件は以下を参考にするとよい。

トップリングの発生したのり面や斜面の特徴をもとに，トップリングを引き起こしやすい地形・地質要因を検討した結果は次の通りである[4]。
① 不連続面（層理面，へき開面，断層面等）が急傾斜の受け盤構造でのり面・斜面との関係が図-3.2.1.3に示す領域
② のり面・斜面の延長方向と地質構造（走向）がほぼ平行（交角30°以内）
③ のり面・斜面下部が急勾配または脆弱な地質が分布
④ のり面・斜面の両側が開放された尾根地形

上記①のトップリング発生危険領域図について説明する。トップリングが発生したのり面・斜面について，のり面・斜面の傾斜と層理面等の不連続面の傾斜の関係をプロット（黒点）し

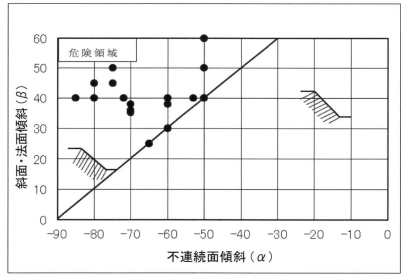

図-3.2.1.3 トップリングの発生危険領域図
（黒点はトップリング発生のり面・斜面）[4]

たもので，不連続面の傾斜がのり面・斜面に対して垂直に交わる角度以上に急になる領域が不安定な場合になる。ただし，のり面・斜面の傾斜が25°以下(勾配1:2.0程度)になる緩斜面の領域にはトップリングの実績は無いので，安定領域と考えられる。

(2) のり面への表流水の影響

のり面周辺の土地利用変化に伴う排水系統の変更や，山道等からの流入水によるのり面や斜面の崩壊事例があるので，排水系統に注意が必要である。

豪雨時に高知と松山を結ぶ国道33号の高知県仁淀川町において，のり面と斜面が崩壊して国道を埋積した（**写真－3.2.1.1**）。この崩壊原因は国道上部に位置する道路からの大量の流入水があったことである。国道の上方に位置する道路は，写真に示す右手一帯の斜面からの表流水を集水しており，流下する途中で崩壊地の上部から流れ込んだのである。崩壊発生時は幸いにして国道は通行規制中であったため，通行車両の被害はなかった。

同様な事例として山道や林道からの流入水による高速道路や国道の被災が各地にあるため，点検等で注意すべき点である。

また，のり面が緑化工単独の場合に問題になるのり面は，次のとおりである。
① 常時湧水が認められる場合や降雨時に多量の湧水があるのり面
② 泥岩のスレーキングなどのように風化の早い軟岩のり面における表層の不安定化
③ 強酸性を示す地質（土砂・軟岩・硬岩を問わず）が分布するのり面
④ 寒冷地での凍上や凍結融解作用が発生しやすい土質（風化帯を含む）ののり面

これらの対策として，フトンかご工があげられる。フトンかご工は，ある程度の土圧に抵抗可能で柔軟構造であるため，多少の変位があっても機能を損なうことがない。また透水性に優れており，降雨や融雪時に多量の湧水がある場合にも効果を発揮する。とくに軟弱地山ののり尻部における土留め対策に多用される。フトンかご工は擁壁タイプの構造であるが，寒冷地でののり面の凍上防止対策として薄いマット状にした特殊フトンかご工（かごマット工）がのり面保護工として効果をあげている（**写真－3.2.1.2**）。

写真－3.2.1.1 国道上部の道路からの流入水による崩壊

写真－3.2.1.2 のり面上部に特殊フトンかご工を採用した凍上対策

写真－3.2.2.1 地震で崩壊した高含水状態の盛土

3.2.2 盛土のり面
(1) 盛土の安定

盛土施工は基本的に土量バランスを考えて施工するので多くの場合，造成地盤としては安定した切土部と谷埋めや腹付け盛土部が存在する。盛土は良い材料を適度な含水状態で良く締固め，

浸透水が盛土内に滞留しないように排水工が上手く機能していれば十分に安定である。言い換えれば，盛土の安定は材料と施工次第といえる。

盛土が地震時や豪雨時に崩壊・変状する例は，谷間や斜面を盛土した「谷埋め盛土」や「腹付け盛土」と呼ばれる部分に多く認められる（1.2.4，1.3.4 参照）。このような場所では締固め施工をしにくいため，よほど丁寧に締固め施工をしないと，ルーズな盛土となって不安定化しやすくなる。また，表流水が集中して盛土内に浸透しやすい場でもあるため，盛土基底部をはじめ十分な地下排水対策が必要とされるが，盛土荷重で埋設ドレーンが切断するなど機能せず，盛土内に大量の地下水が滞留している場合がある。このような盛土部では沈下現象や盛土のすべり変位といった不安定化が認められ，降雨時には急速な崩壊が発生する場合がある。

このようなリスクのある盛土部を見出すために，次のような方法がとられる。一般には盛土前の古い地形図を入手して新しい地形図と重ねて，谷埋め盛土，腹付け盛土，厚い盛土の把握を行う。都市域では古い時代から縮尺2万5千分の1地形図（旧版地形図）が残っているので新しい地形図との比較ができる。また古い空中写真を入手すれば開発前の状態をさらに詳しく知ることもできる。

谷埋め盛土は阪神・淡路大震災以後の地震被害で，横断形状が幅広の盛土ほどすべりやすいことが認められている。これは盛土側面の摩擦抵抗の影響が幅広の谷埋め盛土ほど小さくなることに起因する。谷埋め盛土では相対的に幅広の谷埋め盛土が不安定であり，埋められた谷筋には湧水箇所があるので地下水が滞留していないか，盛土の締固めが十分行われているか調べて対処すべきである（1.3.4参照）。

(2) 不安定化した盛土の例

ある谷埋め盛土が完成直後に不安定化して変状した現場の3か所において，ボーリング調査を行った結果の標準貫入試験結果を**図-3.2.2.2**示す。図は10cm貫入量ごとの打撃回数を深度との関係でプロットしたもので，深部までN値に換算して10以下の緩い砂質土が主体であった。このことは丁寧な締固め施工が行われていないことを示している。この盛土の形状は**図-3.2.2.3**の平面図と**図-3.2.2.4**の断面図に示すとおりで，盛土部に周辺斜面からの表流水が集まりやすい地形であり，盛土のり面末端付近では湧水の滲み出しが認められた。ボーリング調査結果の孔内水位は盛土内の高い位置に確認され，孔内傾斜計の観測結果からは降雨時に盛土内の地下水位が上昇するとともに，盛土底面でのすべり変位が確認された。これらの結果から，盛土内部の間隙水圧が上昇することで層厚20m以上のルーズな谷埋め盛土が不安定化していることが明らかになった。盛土内の地下水位が高い理由は，盛土周辺斜面からの浸透地下水対策が十分ではないこと，および盛土内部の排水工が十分機能していないことであった。このため，対策としては盛土周辺から流入する表流水の排水処理工と盛土内の地下水排除工を採用して，盛土を安定化させている。

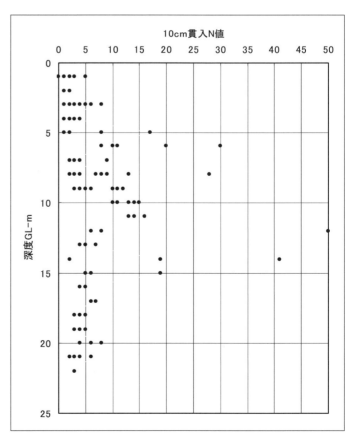

図-3.2.2.2　10cm貫入打撃回数の深度分布

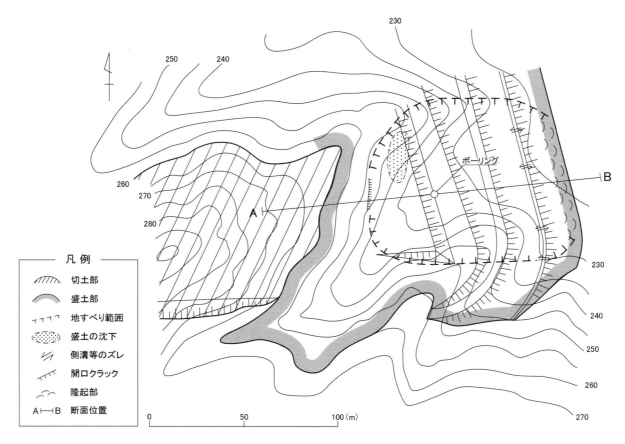

図−3.2.2.3　谷埋め盛土のすべり変状範囲 [5]

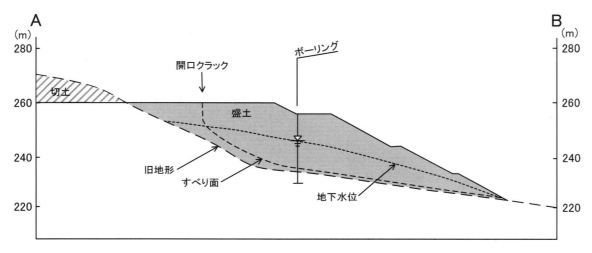

図−3.2.2.4　谷埋め盛土の地下水位とすべり面 [5]

(3) 盛土部の構造物の影響

　道路盛土などでは斜面からの表流水の集中しやすい場所や，渓流横断部での豪雨時の被災が目立つ。被災例としては，渓流横過盛土部において，土石流の流下で土砂や流木によって道路横断函渠が閉塞されて道路に土砂が流出する場合が多く，場合によっては盛土部全体が破壊して流失することがある。このような災害形態は，土石流が発生しない場合でも次のような発生事例がある。道路に縦断勾配があって路面等から集まった表流水が渓流横過部に集中して横断函渠の呑口部が溢れて盛土が不安定化することや，**図-3.2.2.5**に示すような多量の浸透水が横断函渠部分で盛土内に滞留して盛土が崩壊する場合である。

　また，排水系統の流末処理部や接続部などの細部での設計施工上の問題がある。盛土部

の表面排水路において，排水溝の平面形が集水桝を介せずに変化する場合や，縦断形で勾配が急変する場合など，跳水の発生によるガリー侵食の進行，あるいは盛土内に多量の表流水が浸透することによる盛土破壊につながる場合がある（**写真-3.2.2.1，図-3.2.2.6**）。

以上のように構造物としては健全であっても機能的に問題のある排水系統などは，豪雨直後の点検や通常の降雨時の点検によって流水状況を確認することが望ましい。

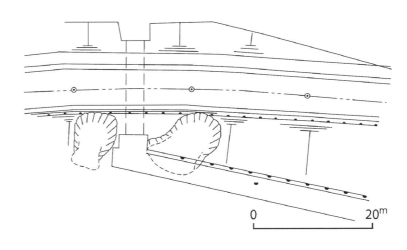

図-3.2.2.5 横断構造物による浸透水の滞留が原因の盛土崩

写真-3.2.2.1 排水溝沿いのガリー侵食

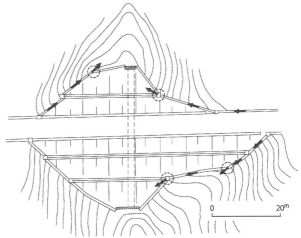

図-3.2.2.6 排水溝の平面屈曲部からの逸水

引用・参考文献

1) Skempton, A.W.: Slope Stability of Cuttings in Brown London Clay, Proc. of 9th Int. Conf. of Soil Mechanics and Foundation Engineering, Vol.3, pp. 261~270, 1977.
2) 奥園誠之：切取りノリ面の風化とその対策，土と基礎，Vol.26, No.6, pp.37~44, 1978.
3) 上野将司：切土のり面の設計・施工のポイント，理工図書，pp.9~12, 2004.
4) 上野将司：トップリングタイプ斜面変動の調査と対策，応用地質技術年報，No.31, pp.25~41, 2012.
5) 上野将司：危ない地形・地質の見極め方，日経BP社，pp.144~145, 2012.

3.3 宅地

我が国は地殻の変動帯に位置し，脆弱な地盤が多い。このため，宅地でも多様な自然災害と人為災害が発生する。現実には，市民が手軽に地盤災害の危険箇所を理解することはかなり難しいが，地盤災害としては，地震・火山噴火・洪水・地すべり・崩壊・落石・土石流等の自然災害や不同沈下のような人為災害がある。

東日本一帯を襲ったマグニチュード 9.0 という 2011 年 3 月 11 日の巨大地震は，宅地の不安定化が注目を浴びた地震でもあった。一般には問題なしと思われていた宅地が液状化したり，地すべりを起こしたりの被害が各所で見られた。液状化は首都圏の湾岸地域に，地すべり（特に谷埋め盛土の地すべり）は，仙台市や福島市の新興造成地に甚大な被害をもたらした。いずれも地域全体を覆い尽くすほどの広域なもので，これらの被害は建物の耐震性能だけで到底回避できるものではない。地震を含めたこれらの地盤災害から宅地を守るための有効な維持管理は，地形・地質をよく知ることでもあり，ここではそのための方法についてまとめてみたい。

3.3.1 宅地の地盤災害

宅地の安全性・危険性という観点から，地震を中心に豪雨災害や火山噴火まで，自然災害が発生した際に危険と思われる地形や地質を分かりやすく住民に解説するのは，地盤技術者の役割である。地盤と地震の関係は，単にその地域の地盤が良好か不良かという話に留まらない。地盤としては良好でも，ひとたび地盤直下の活断層が活動すれば，どのような地盤でもその被害を免れることはできない。代表的な宅地災害の特徴を**写真-3.3.1.1〜写真 3.3.1.4**に示す。

写真-3.3.1.1　東京湾岸地域の液状化被害

写真-3.3.1.2　東北地域での谷埋め盛土の地すべり被害

写真-3.3.1.3　活断層のズレによる建物被害
（2011.4.11：いわき地震）

写真-3.3.1.4 東日本大震災による崖崩れで全壊した家屋

2011 年の東日本大震災では，地盤の液状化が首都圏の湾岸地域に甚大な被害を与えた（**写真-3.3.1.1 参照**）。また，谷埋め盛土の地すべりは，仙台市や福島市の新興造成に大きな被害を与えている（**写真-3.3.1.2 参照**）。これら以外にも活断層の変位による地盤災害（**写真-3.3.1.3 参照**）や地震時の崖崩れ（**写真-3.3.1.4 参照**）なども多かった（**図-3.3.1.1 参照**）。いずれも，建物の耐震性を高めるだけでは対処できない地盤災害現象である。これらの宅地の地形・地質の特徴と地盤災害の種類をまとめたのが**図-3.3.1.2**である。地形・地質をよく知ると，宅地の維持管理上，問題の多い箇所がわかってくる。

 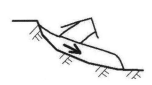 

① 液状化　　②谷埋め盛土の地すべり　　③活断層による地盤のズレ　　④崖崩れ

図-3.3.1.1　地震の際，地盤が動くことによる宅地被害[1]

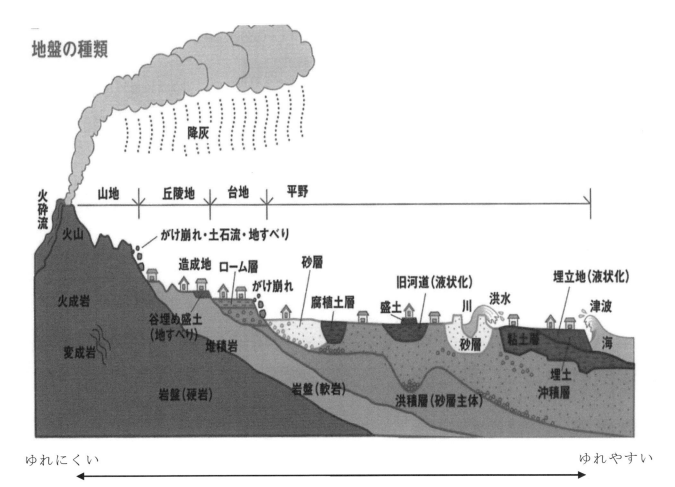

図-3.3.1.2　日本の地形・地質と災害[2]

3.3.2　谷埋め盛土のすべり

ここでは，問題となっている造成地での谷埋め盛土の地すべりに対する維持管理上での考え方について述べたい。図-3.3.2.1には（A）常時の盛土の不同沈下による地盤災害の例と，現在注目されている（B）地震時の盛土のすべりを示した。地震時には図のような谷埋め盛土や腹付け盛土が全体にすべり出すのである。このような地すべりには盛土下面の土質強度や地下水の高さ，地震動の大きさなどがかかわってくる。

1978年宮城県沖地震の際に，仙台市太白区緑ケ丘などで谷埋め盛土が地すべり的な変動をしたことはある程度知られていた。特に，1968年十勝沖地震では，東北本線の盛土に設置されていた間隙水圧計で地震の瞬間の圧力上昇が計測され，振動台実験によって，鉄道盛土の地すべりの発生は間隙水圧上昇が主要因であることが明らかにされている[4]。しかし，宅地盛土については被災事例数が少ないことから，メカニズムを明らかにするに至らなかった。

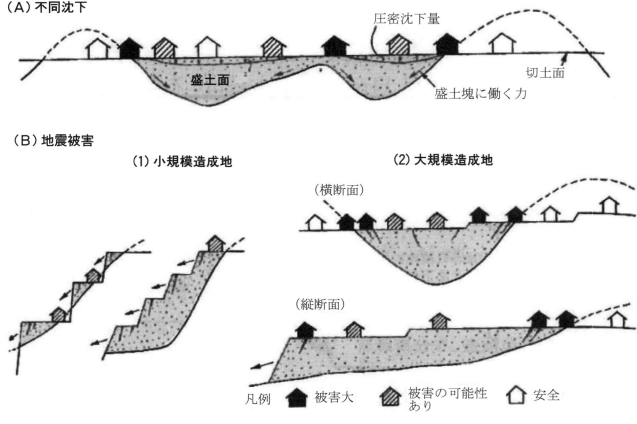

図-3.3.2.1　造成盛土の地盤災害例 [3]

　本格的な研究の発端は，1995年兵庫県南部地震後に阪神地域で行われた釜井ら(1996)[5]の詳細な現地調査結果と言ってよい。同じ地域でも変動した盛土と，変動しなかった盛土が混在することや，埋没している地山傾斜角が緩いものでも変動しているところが多いこと，盛土材の強度に大きな違いがないことなどから，従来の土質工学の常識とは異なるメカニズムが変動の原因であることが推察された。2004年新潟県中越地震でも，長岡市の大規模造成地を中心に谷埋め盛土の地すべり的変動が発生した。この被災を契機として，2006年に宅地造成等規制法が改正され，宅地耐震化推進事業が創設された。その際，大地震による造成地盛土の地すべり的変動は「滑動崩落現象」と命名された。宅地耐震化推進事業は，大規模造成地の変動予測（図-3.3.2.2参照）と大規模造成地滑動崩落防止事業の2つの事業で構成される。変動予測調査は，特に，地形・地質の見方が重要となるが，大規模造成地内から盛土造成地を抽出し概略的な危険度評価を行う（第一次スクリーニング：図3.3.2.3参照）。この中でさらに，追加調査が必要な箇所は，地盤調査が行われ工学的な手法を用いて詳細な危険度判定が実施される（第二次スクリーニング）。第二次スクリーニングで危険と判定された盛土造成地は，「造成宅地防災区域」に指定され，滑動崩落防止工事が実施される仕組みとなっている [6]。

　宅地耐震化推進事業制定後も，2007年新潟県中越沖地震における柏崎市周辺の造成地や，2011年東北地方太平洋沖地震における福島県福島市・郡山市，宮城県仙台市の大規模造成地で同様の現象が多数発生した。ここでは，大規模盛土変動予測調査は，期間的に合わなかった。このため，その後は多くの自治体で予測調査が精力的に進められている。

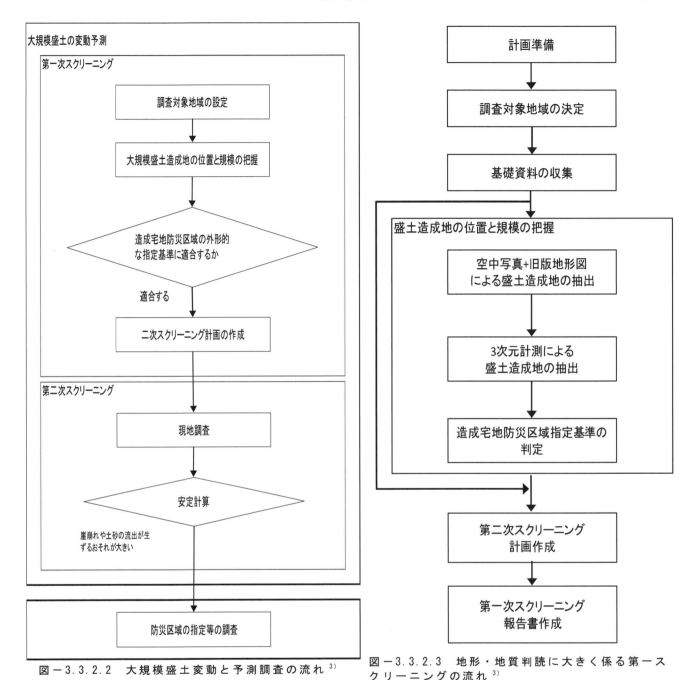

図-3.3.2.2 大規模盛土変動と予測調査の流れ[3]

図-3.3.2.3 地形・地質判読に大きく係る第一スクリーニングの流れ[3]

　一方大規模造成地滑動崩壊防止工事については，2007年新潟県中越沖地震で被災した柏崎市山本団地で適用された。

　もともと造成地の維持管理のための対策工法に関しては，地下水排除工や抑止工といった従来の地すべり対策工法があり，1978年宮城県沖地震で大変動した仙台市太白区緑ヶ丘3丁目では，5列の抑止杭工（せん断杭）と2基の集水井工が施工された。しかし，2011年東北地方太平洋沖地震で，同箇所は再び被災した。既存対策工は盛土全体の大変動を抑えることには成功したが，盛土内の変形は抑えられず家屋が被災した。このため宅地耐震化推進事業の滑動崩落防止工法として，既存家屋がある箇所での効果的で安価な工法の開発が求められており，地下水排除工が主体となると考えられる。たとえば，先に述べたとおり大規模盛土造成地滑動崩壊防止事業が，全国初に適用された事例として柏崎市山本団地の例を図-3.3.2.4に示した。ここでは，暗渠工などの地下水排除工が採用されている。

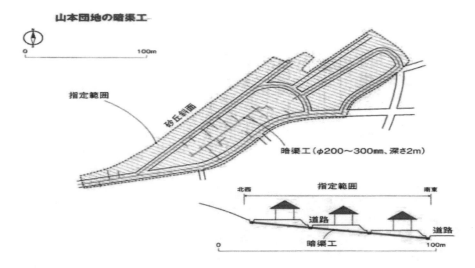

図-3.3.2.4　新潟県柏崎市山本団地の滑動崩落防止対策事例[7]

3.3.3　宅地造成等規制法

ここでは，宅地の維持管理に大きく貢献している宅地造成等規制法について，少し詳しく解説する．そもそも，法規制の中には，大きな土砂災害・事故をきっかけに制定されたものが多い（**表-3.3.3.1**）．

表-3.3.3.1　土砂災害関連の立法の経緯[8]

立法の契機		立法の推移	
1948	福井地震	1950	建築基準法（中規模の地震対応）
1957	集中豪雨による地すべり災害	1958	地すべり等防止法
1961	集中豪雨で宅地造成地の崖崩れ災害	1961	宅地造成等規制法
1961	乱開発・都市のスプロール化	1968	都市計画法（開発許可制）
1967	集中豪雨で自然斜面の崖崩れ災害	1969	急傾斜地の崩壊による災害防止に関する法律
1967	ゴルフ場開発などで森林の乱開発	1969	森林法改正（林地開発許可制）
1967	海浜等の埋立による環境破壊	1969	公有水面埋立法改正（環境保全・災害防止条項）
1978	宮城県沖地震	1981	建築基準法改正（最大規模の地震対応）・新耐震設計施行
1999	広島土砂災害	2000	土砂災害防止法
2004	新潟県中越地震で造成宅地に地盤災害	2006	宅地造成等規制法・都市計画法の改正（造成宅地の規制強化）
2005	福岡県西方地震で造成宅地に地盤災害		
2011	東日本大震災	2011	東日本大震災復興基本法
2013	大島町土石流災害	2014	改正土砂災害防止法
2014	広島市土石流災害		

たとえば，地すべり等防止法は，1957年に集中豪雨で熊本県・長崎県・新潟県等で相次いで発生した地すべり災害を契機として，1958年に成立した。宅地造成等規制法は，1961年に集中豪雨で神奈川県や兵庫県等の宅地造成地で相次いで発生した造成地でのがけ崩れ災害を契機として，同年成立した。急傾斜地の崩壊による災害防止に関する法律は，1967年に集中豪雨で広島県や長崎県等で相次いで発生した自然斜面でのがけ崩れ災害を契機として1969年に成立した。土砂災害防止法は1999年の広島県で多発した土砂災害を契機に，2000年に成立している。

宅地造成等規制法に関して言えば，図-3.3.3.1のとおり宅地造成地の土砂災害防止を目的として作られた法令であり，ある一定の規制区域において宅地造成工事に対して，県が行為の制限と許可等を行うことになる。その際の技術基準については，第9条に示しているが，詳細について翌年に制定された宅地造成等規制法施行令第4～15条や同規則などに示されている。また，1989年には，建設省が都道府県に対して宅地造成事業に関して通達した宅地防災のための技術マニュアルで，細かい技術基準が示され，技術的にも土砂災害を予防する努力が行なわれている。また，法令が災害形態に合わなくなると，さらに実態に合うように改正が行われる。

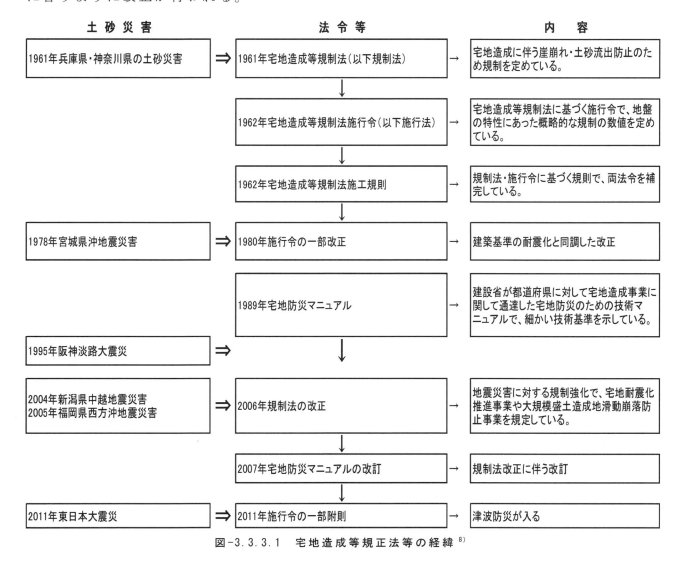

図-3.3.3.1 宅地造成等規正法等の経緯[8]

たとえば，1978年宮城沖地震を契機に1980年に施行令の一部が建築基準の耐震化と同調して改正された。1995年の阪神・淡路大震災や2004年の新潟中越地震，2005年の福岡県西方沖地震などにおいて，造成宅地を中心に多くの谷埋め盛土や腹付け盛土の地すべり災害が生じた。このような大規模地震による造成された宅地の安全性の確保を図るため，

2006年には宅地造成等規制法が一部改正された。この地震災害に対する規制強化によって，宅地耐震化推進事業や大規模盛土造成地すべり崩落防止事業が実施されるようになっている。この規制法改正を受けて，先に述べた宅地耐震化推進事業を取り込んだ宅地防災マニュアルが，2007年に改訂されている。さらに，2011年に発生した東北地方太平洋沖地震による津波災害を受けて，附則として津波防災の項目が付加された。つまり，今後も様々な災害を契機として，土砂災害に係る新しい法制度が成立する可能性がある。

これまでの宅地の維持管理上の不具合を見ると，自然災害への対応の不備と人的瑕疵がある。自然災害を見ると，山地の宅地は崖くずれや土石流の被害が多く，都市の宅地は盛土のすべりや液状化の被害が多いことがわかってきた。地盤工事の不備や周辺の地盤工事によって宅地が影響を受けることもたびたびおこっている。もともと宅地地盤は安全であるという認識の上で建物が作られているのであるが，予想外の外力や地盤内部の崩壊に弱いのである。司法的には度重なる豪雨災害や地震災害によって宅地が被災してきた事実の上に，いろいろな法律が作られ，その予防が行われてきた経緯があり，実際に発生した事故については訴訟で解決してきている。しかし，東日本大震災などを契機に宅地の安全性がより注目され，宅地の安全性を確保する地形・地質の見分け方が増々重要になってきている。

これら課題を解決するために，地盤工学会では平成25年から「地盤品質管理士試験」を実施し，多くの地盤品質管理士が合格した。宅地の地形・地質の見分け方ができる地盤品質管理士の今後の活躍を期待したい。

引用・参考文献
1) 地盤工学会：役立つ地盤リスクの知識，丸善，188p.2013.
2) 稲垣秀輝：もし大地震が来たら？最新47都道府県危険マップ，エクスナレッジムック，175p.2012.
3) 今村遼平：大規模盛土造成地の変動調査への提案-とくに「第1次スクリーニング」調査へ-応用測量論文集[講演]JAST, Vol.19, pp.5〜16, 2008.
4) 社団法人日本鉄道施設協会：盛土の耐震設計に関する研究報告書，pp.102〜103, 1972.
5) 釜井俊孝・鈴木清文・磯部一洋：平成7年兵庫県南部地震による都市域の斜面変動，地震調査所月報，第47巻，第2/3号，pp.175〜200, 1996.
6) 地盤工学会：地盤調査の方法と解説-二分冊の2-，第12編地盤環境調査，pp.1099〜1143, 2013.
7) 稲垣秀輝：地震に負けない地盤がわかる本，エクスナレッジムック，126p, 2012.
8) 稲垣秀輝：宅地造成等規制法，地すべりキーワード101-4-，日本地すべり学会誌，Vol.51, No.1, pp.31〜32, 2014.

新潟県刈羽村稲葉地区の宅地が2004年の新潟県中越地震の際，地盤の液状化により被災した。建物を再建する際に地盤の地下水低下工法行ったところ，2007年の新潟県中越沖地震で周りの宅地が再液状化して被災したが，この建物は，対策工の効果があり，被害は無かった。

3.4 基礎構造物

基礎構造は一般に浅い基礎と深い基礎に分類され，直接基礎や杭基礎，ケーソン基礎，鋼管矢板基礎等からなる。これらの基礎構造物は地中に設置されることが多く目視が困難なため，上部工の変状等からその異常を推定することが求められる。ここでは，そうした地盤と密接な関係にある基礎構造物を維持管理する上で問題となる地形・地質とは何か，どう対処するかについての考え方を述べる。

3.4.1 問題となる地形・地質

基礎構造物において維持管理上の問題が発生しやすい地形・地質条件として，以下のようなものがある。

①圧密沈下や液状化の発生し易い軟弱地盤

軟弱地盤における地盤沈下が生じると，杭基礎には負の摩擦力による荷重の増大や杭頭突出による支持力低下が懸念される。他事業による盛土や掘削等の影響により，応力解放や地下水位の変化により，基礎に変状が発生する場合もある（1.6.2参照）。地震時には液状化による支持力低下や沈下の発生が問題となる（1.2.2参照）。

②傾斜地盤や溺れ谷に堆積した軟弱地盤

傾斜した基盤や溺れ谷に堆積した軟弱地盤上の直接基礎では不同沈下の発生に伴う家屋等の変状が懸念される。また，杭基礎等の場合は伏在する支持層の起伏が大きく変化するため，支持層まで達しない杭が施工されて，上部工に変状が及ぶ場合がある。最近の基礎杭の長さ不足によって発生した問題としては次の2事例が挙げられる。

・傾斜地盤で建設中の橋台の沈下・傾動 [1)]

三重県紀北町の山麓で，建設直後の橋台に発生した沈下・傾動現象は，斜面下方（海側）の杭が支持層に届いていないことが原因であった。

・谷埋め盛土に建設された11階建てマンションの傾動（**写真-1.6.2.2参照**）[2)]

横浜市西区で2003年完成のマンションが10年後にわずかに傾動していることが確認された。調査の結果，原因は杭の一部が支持層に届いていないためであることが明らかにされた。

③活断層

地震時に活断層を境にして地盤が大きく変位すると，断層をまたいで設置された構造物の変状や破壊が問題となる。東北日本太平洋沖地震の1か月後に発生した余震では活断層の変位により寺院の本堂や関係施設が被災した（**写真-3.4.1.1**）。1995年の兵庫県南部地震の際に，淡路島に出現した野島断層に接する位置にあった2階建てRC構造の家屋はほぼ健全な状態で残った。断層変位にかからなければ，写真の石畳のように被災しない場合がある。

活断層の変位を考慮した構造物として，JR新神戸駅があげられる。駅部は地形的制約から活断層上に本線高架橋ラーメン基礎を構築せざるを得ず，ホームとは基礎を独立することで，断層が変位した場合に深刻な被害を受けない構造としている [3)]。

写真-3.4.1.1 活断層の上に位置する建築物の被害（東北日本太平洋沖地震の余震）

④地すべり地

地すべり変動によって写真-3.4.1.2に示すような建築物の被害が発生するが，建築物が地すべりの内部にある場合に，移動はする

写真-3.4.1.2 地すべり境界に位置する家屋の被害 [4)]

が被災しないことがある。活断層と同様に，変位が大きく表れる地すべり境界付近で被害が大きくなる。

図-3.4.1.1は地すべりの末端付近に橋梁の橋台基礎が位置する事例の橋梁の変状である。反対側の橋台が不動地盤に位置するため，地すべり変位によって橋軸方向に圧縮されて橋梁上部工に変状が発生し

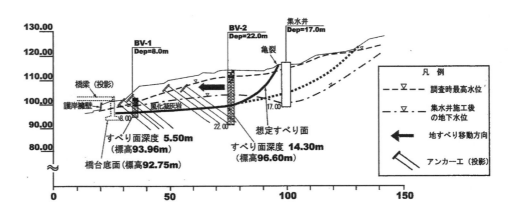

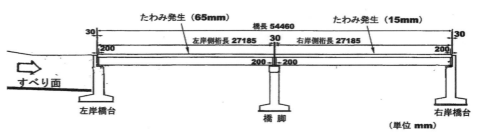

図-3.4.1.1 地すべり末端部に橋台が位置する橋梁上部工の被害[5]
上：地すべりと橋梁の位置関係 下：上部工の変状（断面が逆な点に注意）

たもので，放置すれば上部工が座屈する恐れがあった。このような橋梁の被災例は数か所の地すべり地で認められ，橋台を改修するなどの対策がとられている。
⑤空洞の存在等
　カルスト台地や地下採掘場跡地等の地下空洞上の基礎構造物，および河川や海岸に面した吸い出しや洗掘の発生し易い箇所にある基礎構造物では，陥没や沈下等の変状が懸念される。特に陥没に関しては，前兆がないまま突然発生することが多く，比較的被害が大きくなる傾向があるため注意を要する（1.6.3参照）。
⑥膨張性地山
　膨張性地山に関しては1.6.4 隆起災害に詳述されているが，モンモリロナイトのような粘土鉱物を含む地山の水分吸収による膨張や塩基風化による膨張等で構造物に変状が生じたり支持力が低下したりする問題が挙げられる。
⑦風化し易い岩盤
　亀裂の多い岩盤やスレーキングし易い泥岩等では，掘削に伴う応力解放等の影響により支持力が低下し，構造物が変状する場合がある。この場合，変状は比較的緩慢であり定期的な点検で確認されることが多い。
⑧酸性土壌等による腐食
　温泉余土やボタ土（石炭の採掘に際し排出される土砂）のような酸性土壌により基礎部材のコンクリートや鋼材が腐食し，構造物の耐力低下や変状の生じることがある。また，海岸域等の塩化物含有量の多い地盤では，鋼材の腐食が問題になる場合もある。

3.4.2 対処法と課題
基礎構造物の維持管理上重要なことは，発生した変状の把握や原因究明，今後の予測である。そのために必要な調査と着眼点，および維持管理上の課題について示す。
　ⅰ）資料収集と整理
発生した変状の原因究明には以下のような資料収集と整理が有効である。
①地形図・地質図・空中写真・活断層図・地すべり地形分布図・近隣地質調査結果（ボーリング柱状図等）
　地形図や空中写真は，過去に作成された旧版地形図や撮影写真を入手すると，開発前の地形や土地利用から構造物の変状原因を想定できる場合が多い。図-3.4.2.1は八王子

市南部の宅地造成による地形変化で，小さな樹枝状の谷（谷地）が発達する丘陵地形は，宅地造成工事によって台地状の地形に改変されたことがわかる。両図を比較すれば，谷埋め盛土の位置や規模を比較的容易に把握することができ，杭基礎などを施工する場合の基本的な地盤資料とすることができよう。

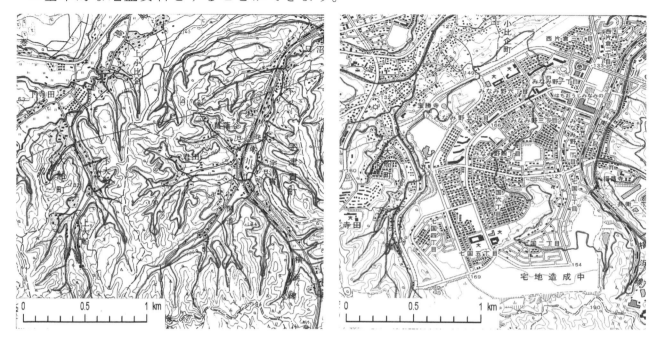

図-3.4.2.1　八王子市南部の宅地造成による地形の変化（標高150m等高線と水系を強調）
国土地理院　1:25,000 地形図「八王子」昭和43年修正測量（左），平成19年更新（右）

②構造物の諸元（竣工図書・設計計算書等）
③施設の点検結果
④過去の補修履歴

ⅱ）　**変状の見方**

変状を正しく把握するためには，先ずは目視で確認することが基本となるが，確認された沈下やひび割れ，傾斜といった事象を総合的に判断し，予想される原因を想定した上で再度現場を確認することがポイントである。そのためには変状の種類や形態，時期や継続性等について理解を深め，その原因と特徴を把握する必要がある。主な変状種類の原因と特徴を表-3.4.2.1に示す。

ⅲ）　**点検方法**

点検の方法については，各構造物の点検マニュアル等に従うことになるが，基礎構造物においては特に以下の項目に留意した点検を行うことが重要となる。
①周辺地盤の沈下や水平移動，クラック，陥没等の変状状況
②構造物の傾斜や沈下，ひび割れ等の変状状況
③構造物周辺の湧水状況・湧水痕跡
④液状化による噴砂痕

ⅳ）　**変状原因の詳細調査**

資料調査と目視点検のみでは変状原因が確定できない場合や，今後の変状予測や対策工の検討を行う場合に，以下のような詳細調査を行うことがある。
①地質調査
　基礎構造物の変状原因の解明については，地質状況の把握は必要不可欠である。地質調査を行う場合には，その目的や地盤の特性に応じた調査項目や数量を適切に選定する必要がある。

表-3.4.2.1 基礎構造物の主な変状種類の原因と特徴

変状の種類	原因	特徴
沈下	圧密沈下	軟弱層上の直接基礎において圧密排水等による長期間の沈下が生じる
	液状化	地震により直接基礎底面下の地盤が液状化し沈下が生じる
	支持力不足	構造物基礎の支持力不足により沈下が生じる
	基礎体の破壊	負の摩擦力等の荷重増や劣化等により杭体等が破壊され沈下が生じる
傾斜・倒壊	不同沈下	基礎底面下の沈下量に差が生じ構造物が傾斜・倒壊する
	支持力不足	基礎の支持力が部分的に不足して構造物が傾斜・倒壊する
	荷重増加	基礎に作用する偏心荷重によって構造物が傾斜・倒壊する
側方移動	支持力不足	抗土圧構造物等において地盤の水平支持力が低下し移動が生じる
	荷重増加	地すべりや地盤の掘削等によるの偏土圧増加により移動が生じる
	液状化	液状化に伴う護岸等の崩壊により比較的広域的に側方移動が生じる
ひび割れ	不同沈下	基礎に不同沈下が生じて構造上の応力が増加し、ひび割れが生じる
	偏土圧	基礎に偏土圧が生じ構造上の応力が増加し、ひび割れが生じる
	すべり	すべり力が作用し、基礎にひび割れが生じる
	荷重増加	増加荷重の作用で、基礎にひび割れが生じる
	鉄筋の腐食	鉄筋の腐食膨張により、基礎にひび割れが生じる
	アルカリ骨材反応等	アルカリ骨材反応等のコンクリートの劣化により、基礎にひび割れが生じる
漏水	ひび割れ	基礎のひび割れを通じて漏水が生じる
	止水版の破損	止水版が変状や老朽化により破損し、漏水が生じる
鋼材の腐食	塩化物濃度上昇	鋼材周辺の塩化物濃度が上昇し、腐食が生じる
陥没	空洞	基礎下の空洞の存在で、陥没が生じる
剥離・剥落	鉄筋の腐食	かぶり不足や塩害等により鉄筋が腐食し、コンクリートの剥離や剥落が生じる
	経年劣化	コンクリートが供用中に劣化し、剥離や剥落が生じる
	応力超過	増加荷重の作用で、基礎コンクリートの剥離や剥落が生じる

② 構造物の形状調査

構造物の形状が不明の場合、試掘による直接確認が基本になるが、以下に示す物理探査を用いて推定する方法がある。ただし、これらの探査に際しては探査法自体の適用条件に加えて、既設構造物等の現場条件があるので注意が必要である。
・反射法地震探査
・磁気探査
・微動・振動探査
・物理検層

③ 劣化調査

劣化調査は各関係機関においてそれぞれ詳細な調査方法が示されているが、特に基礎構造物の劣化調査では基礎杭等が問題となる。基礎杭等の損傷を調査する方法として以下の方法がある[6]。

・ボアホールカメラ：フーチング上から杭体を直接ボーリングし、ボアホールカメラで孔内を直接確認することで損傷の度合いやその程度を把握する。
・インティグリティ法：杭頭などをハンマーで打撃し、発生する弾性波を打撃位置近傍に設置した地震計で計測して杭長や損傷位置を判定する手法である。
・AE法：杭や地盤中に設けたボーリング孔にAEセンサを設置し、基礎構造物に加振機等で荷重変動を与えた場合に損傷部から発生するAE波を観測して、損傷位置を探査する。

以上の他に、ボアホールレーダ法、磁気探査法、衝撃振動試験法などがある。

④ 動態観測

動態観測は軟弱地盤や地すべり等の変状が継続していることが予想される場合に行

うものであり，変状の大きさや進行速度を定期的に観測することによって，変状原因の特定や今後の変状予測，対策工の検討に必要な挙動を把握することができる。

v) 対策工

基礎構造物の変状対策は，変状の種類やその原因，進行具合等により最適工法が決定されるため，それらの状況を精度よく把握し，経済性や施工性，機能性，環境や景観，その他その構造物に求められる特別な事項について検討を行うことが求められる。

橋台等の土木構造物の側方移動に対しては，軽量材を用いた荷重軽減工法や抑え盛土工法があげられるが，地すべりが原因であれば規模の大きな抑止対策が必要になる場合がある。住宅等の基礎が不等沈下等で変状した場合の対策工について，選定フローを図-3.4.2.2に示す。低中層の集合住宅が傾動した場合においても，これらと同様な工法が民間各社で開発されて適用されている。

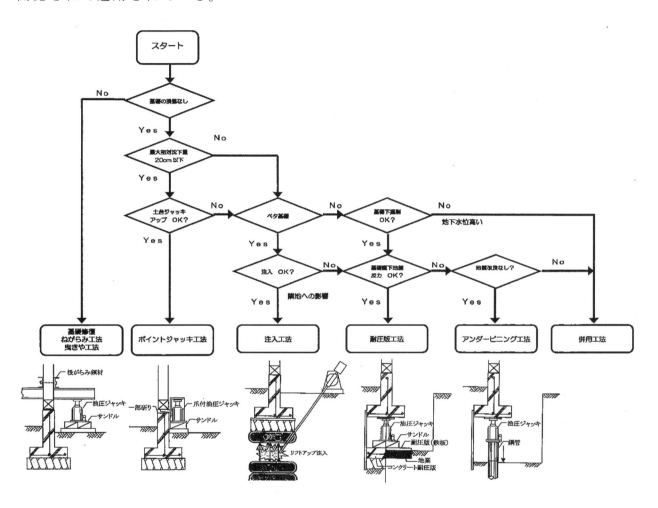

図-3.4.2.2　小規模建築物の沈下傾斜修復工法の選定フロー[7]

vi) 維持管理上の課題

基礎構造物の維持管理で特に問題となるのは，構造物の大部分が地中にあり容易に点検ができないことである。そのため構造物の諸元や地盤情報等を基に点検可能な地上部分の情報を定期的に確認して経時的変化を捉え，必要に応じて変状調査や対策工を行うことにより，健全性を保つことが重要である。

以上のような健全性を維持管理する上での課題として，以下の項目があげられる。

① モニタリング

モニタリングの精度や手法の選定，経済性の向上等に課題がある。今後維持管理システムの中で点検や対策工事等との関連を図り，より効率的にモニタリングシステムを確立するかが求められている。

② 地中の構造物形状調査
　既設構造物の場合，その竣工図が残されておらず形状や配筋情報等が不明な場合が多い。こうした場合は各種の物理探査等により推定することになるが，地中の構造物調査は適用性・費用等の問題がある。
③アセットマネジメントシステムの構築
　各構造物の種別ごとに点検マニュアルが整備されつつあり，それに伴い点検結果のデータベース化が進んでいる。しかし，それらのデータの効果的な活用については十分ではなく，今後劣化予測や対策工の選定により有効な活用ができるよう構造物全体としてのアセットマネジメントシステムの構築が望まれる。

引用・参考文献
1) 日経BP社：想定外の地質構造で橋台が沈下，日経コンストラクション，2014年4月18日号,pp.26～29.
2) 日経BP社：傾いた分譲マンション盛り土造成地に死角，日経アーキテクチュア，2014年10月10日号,pp.95～97.
3) 池田俊雄：活断層と新神戸駅の基礎，応用地質，第12巻，第2号，pp. 77～82, 1971.
4) 上野将司：危ない地形・地質の見極め方，日経BP社，p.134, 2012
5) 小松順一・和賀征樹：地すべりによる橋梁の変状と復旧事例，日本地すべり学会誌,Vol.46, No.4, pp.226～232, 2009.
6) 社団法人地盤工学会：地盤工学への物理探査技術の適用と事例,pp.328～332, 2001.
7) 浦安市液状化対策技術検討調査委員会（公益社団法人地盤工学会・公益社団法人土木学会・一般社団法人日本建築学会）：平成23年度浦安市液状化対策技術検討調査報告書,第Ⅳ編,p.50,2012

2011年3月の東北地方太平洋沖地震の際の地盤の液状化による千葉県浦安市での被害。
　左：支持杭の無い基礎の場合は多くの戸建て住宅が沈下傾動した
　右：支持杭で支持されたRC建築は被害を免れたが，周辺地盤が沈下して上下水道等のライフラインが破断するなどの被害がでた。

3.5 トンネル

トンネルは周辺地山の地圧や変動を受けて敏感にクラック等の変状を発生させる。その変状の詳細と周辺の地形地質を総合する、と変状原因を明らかにできる場合が多い。ここでは地すべり・断層破砕帯・変質帯を貫いたトンネルにおいて，供用中に発生した変状について述べる。

3.5.1 地すべりを貫くトンネル

地すべり変動に起因するトンネル変状は，高速道路調査会[1]の研究報告書で120事例が収集されているほど，各地で認められる現象である。トンネル掘削が地すべりに与える悪影響としては，トンネル掘削による地山の緩みやすべり面の欠損が考えられており，地すべりとの平面的な位置関係（滑動方向と平行・直行・斜交）や断面的な位置関係（地すべり頭部・末端）により影響が異なるものとされている。最も危険なケースは，地すべり末端をトンネルが横断する場合とされ，位置関係を考慮した安定計算法が提案され，高速道路会社の設計要領に掲載されている。

地すべりによるトンネルの変状は，施工中に発生する場合とトンネル完成後，長期間かけて顕在化する場合がある。前者はトンネル掘削の影響が大きかったものと考えられるが，後者はトンネル掘削の影響は小さく掘削前から継続する地すべり変動によるものと考えられる。地すべりはトンネル坑口部での遭遇が多いが，トンネル中間部分に地すべりが位置する場合や，トンネルの大半が地すべり土塊中に位置する場合もある。

トンネル変状が地すべりに起因する場合の対策は抑止工が基本になるが，地すべり規模が大きいと排水対策が主体になり，場合によってはルート変更が採用される。排水対策は周辺地下水の状況が明らかにされないと効果的な設計・施工ができないが，トンネル内からの積極的な排水工を含めて適切な排水対策がなされれば地すべり変位を抑制でき，トンネルへの影響を問題ない程度に地すべりを抑制することができる。次に供用中のトンネルに地すべり変状が発生した事例について説明する。

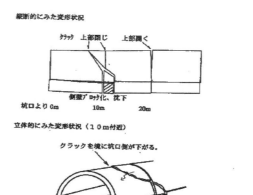

図－3.5.1.1 トンネルの変状

(1) 坑口部の地すべり

坑口部の覆工コンクリートの変状に対して狭い範囲の原因究明調査であったため，変状原因である地すべりが見逃されていたものである。海岸沿いの傾斜40～45°の比較的急な斜面であり，地質は粘板岩を主体とする中古生層である。既設の短いトンネルの坑口付近の覆工コンクリートに図－3.5.1.1のようなクラックが発生したため，変状原因の調査が行われたが坑門付近の基礎地盤の支持力不足によるものと想定され，トンネル坑口付近でのボーリングによる基礎調査が実施された。しかし，基礎地盤は良好であり支持力の問題はまったく考えられず，他の原因が検討されることになった。やや広い範囲で現地踏査を実施した結果，地すべりの側面せん断亀裂の位置にトンネルがわずかにかかっていることに起因する変状であることが明らかになった（図-3.5.1.2）。地すべりを見逃した理由はトンネル本体に着目しすぎて，周辺

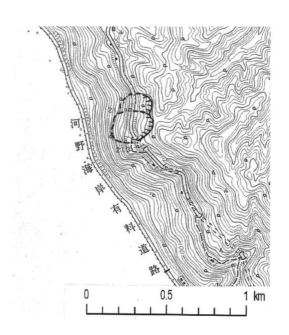

図－3.5.1.2 トンネルと地すべり範囲の関係（国土地理院 1:25,000 地形図「河野」）

地形とくに明かり部分の地形観察が不足していたことによる。当初の対策はトンネル変状原因が支持力不足と想定され，限定的な注入工による地盤の強化が考えられていたが，地すべり移動に起因することが判明したので，トンネル補修は断念してルートを小シフトさせて明かり区間としている。

(2) トンネル中間部の地すべり

トンネル設計に際して，地すべりの存在を認識していながらトンネルが地すべり移動層を貫通して被害を受けた例は主要な道路でも意外と多いが，ここでは地すべり排水トンネルの被災例を示す。

対象の地すべりは1000年以上の古い時代から活動が知られ，調査によって明らかになった規模は長さ900m，幅200m，深さ40mである。地質は秩父帯に属する砂岩・粘板岩・石灰岩などの付加体堆積物が主体で，これらに加えて火成岩や蛇紋岩が貫入して複雑な地質構造をなす。昭和38年の豪雨後に活発な活動があったため，本格的な地すべり対策工事が長期にわたって実施されてきた。最近の地すべり活動は小康状態にあるが完全には停止していない。地すべり対策は排水対策を主体に進められ，その一環としてすべり面よりも深い深度に排水トンネルが計画され，トンネル内からの集水ボーリングが実施された（**図-3.5.1.3**）。しかし，すべり面深度が一部区間で想定よりも深かったためトンネルが**図-3.5.1.4**の断面図に示すように移動岩塊を貫通してしまった。トンネルの排水機能は損なわれていないが，その後の地すべり変位によりトンネルは大きく変形したた

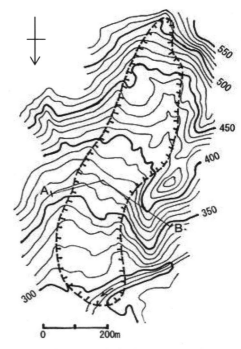

図-3.5.1.3 地すべり平面図と排水トンネルの位置（原図を簡略化）[2]

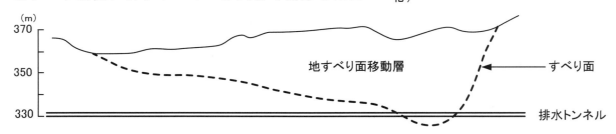

図-3.5.1.4 地すべりを貫いた排水トンネルの断面（原図を簡略化）[2]

め，点検等でトンネル内を通り抜けることはできなくなった。

地すべり横断方向の断面図に示すように地すべりの中央がすべり面の最深部ではなく，偏った位置が最深部であったためにトンネルが地すべり土塊を貫通することになったと思われる。このため，**1.3.1 地すべり**に示した地すべりの形状比を参考にするなどして，地すべりを回避できているかどうか検討することも重要な点である。この事例の場合，地すべりの幅が200mであるから安全側の想定として，その1/4程度の50mをすべり面深度と想定すれば被災を免れることができたと考えられる。

トンネルが地すべりを貫通した例のうち，地すべり地形が中間にある場合に地すべりに対する注意が払われていないことがある（**図-3.5.1.5**）。上信越道の日暮山トンネル1期線では完成後に地すべり地形の直下で覆工コンクリートにクラック等の変状が発生した。この原因として，トンネル土被りが100m以上あったことや施工中に湧水や地圧対策に工夫を要した区間[3]であり，地すべり変動は考慮されずに泥岩の膨張圧とされ補修対策が行われていた。その後の2期線施工は両坑口から掘削工事が行われ，貫通まで残り100m程度となった時点で，地すべり滑落崖の裾部の地表が直径30m，深さ18mでスリバチ状に陥没

するとともに，地表下130mで施工中のトンネル内に大量の土砂が流入する事故が発生した。この原因究明の中で，地すべり頭部陥没帯（引張り領域）を充填するルーズな土砂が流入したことや，1期線のトンネル変状が地すべり変位によることが明らかにされた[4]。トンネルの土被りが大きいとはいえ，地すべり地形の規模も幅500mと大きく，前述の排水トンネルと同様に地すべりの形状比を考慮すれば，トンネル変状が地すべりによることを早期に想定できたと考えられる。

3.5.2 断層破砕帯・変質帯等の脆弱地質を貫くトンネル

トンネル掘削では断層破砕帯や熱水変質帯に遭遇して，大湧水や強大な地圧によって難工事になった例としては，東海道線の丹那トンネル，関西電力大町トンネル，青函トンネル，上越新幹線中山トンネル，ほくほく線鍋立山トンネル等，枚挙にいとまがない。しかし，トンネル完成後にも長期にわたり，湧水や地圧による盤膨れが継続して維持管理上問題になる例がある。

（1）路面の隆起

トンネル内の路面の隆起は最近の現象ではなく，長大トンネルが数多く完成した昭和40年代から顕在化するようになった。掘削施工中に地質状況が多少悪くても問題視されなかった部分で，施工数年後から隆起が認められるようになり，長期にわたって微小変位が継続する場合が多いようである。具体的には長野自動車道の一本松トンネル[5]や，福島県の中通りと会津を結ぶ甲子トンネル[6]など，凝灰岩等が粘土化した脆弱な地質分布箇所にあたる。

しかし，図-3.5.2.1に示す山形市街地東方の山形自動車道盃山トンネル（上り線）では，平成20年8月（供用18年後）に約40cmの急激な路面の隆起やクラック等の変状が発生した。特異であるのはインバートコンクリート設置区間であることと，設計断面に対して95cmもの隆起変位であった。変状区間は約100mで土被りは60〜100m，地質は熱水変質作用を受けて脆弱化した流紋岩質凝灰岩である。左右の壁面と路面からの地中変位計測結果では，変位はトンネルから10m程度の深度まで発生していることが確認されている[7][8]。

このような急速で大きな変位は極めて稀な現象と思われるが，隆起兆候のあるトンネルでは十分な監視と

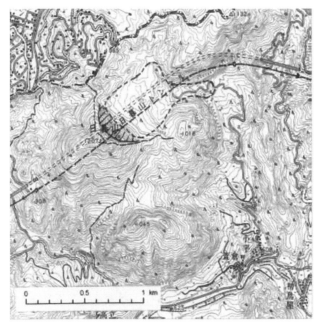

図-3.5.1.5 トンネルの中間に位置する地すべり（国土地理院 1:25,000 地形図「南軽井沢」）

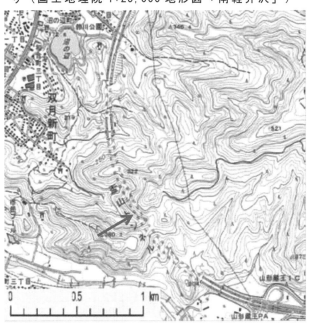

図-3.5.2.1 トンネル内路面隆起位置（矢印）（国土地理院 1:25,000 地形図「山形北部」）

写真3.5.2.1 トンネル内路面の隆起状況[8]

注意が望まれる。
(2) 湧水

大量の湧水で難工事となった代表的なトンネルとして，東海道線の丹那トンネルと上越新幹線の中山トンネルがある。施工中の大量湧水は時間が経つと次第に減少して一定値に落ち着くようになる。これを恒常湧水と呼び，供用後も湧水が長期間継続するため，地表では減渇水問題が生じる。河川では流量が減って涸れ川になる区間の出現，民家井戸では水位低下や枯渇現象が発生し，湧水なども減・渇水する。影響はトンネル周辺に限定されず，流域一帯の広域の水収支を変化させることがある。

大正7年から始まった延長約7800mの丹那トンネルの工事では，いくつもの断層破砕帯に遭遇し，突発的な大湧水や崩壊に伴って施工が困難になることや多くの犠牲者を出すなどして，掘削施工はたびたび長期間停止した。ボーリング技術等が確立されていなかったことなどから事前の地質調査は十分とはいえず，想定した地質とはまったく異なる地質条件下の施工になったためであった。トンネル掘削中の最大湧水量は約 210m³/min であり，現在の技術でも対処が困難な湧水量である。世紀の難工事といわれ，トンネルは16年の歳月をかけて昭和8年に完成した。丹那トンネルの湧水実績と掘削実績工程は図-3.5.2.2のようにまとめられている。地質は玄武岩溶岩・凝灰角礫岩・凝灰岩・頁岩などであるが，破砕帯に遭遇した位置で大湧水や崩壊が発生して，掘削施工がたびたび止まっている。現在でも両坑口あわせて70m³/min程度の大量の恒常湧水があり，これを地域の生活用水として戻すことが続いている。

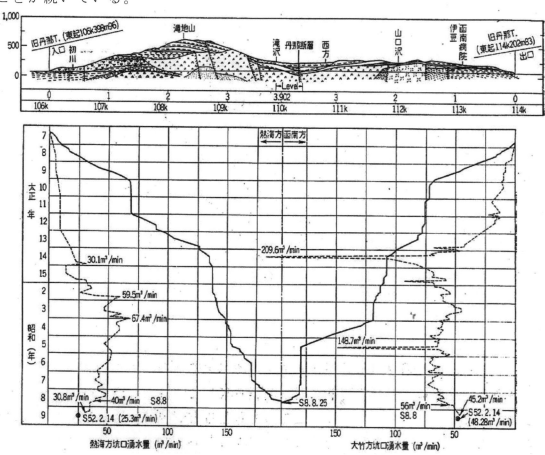

図-3.5.2.2 丹那トンネルの湧水実績と掘削工程[9]

上越新幹線の中山トンネルは延長14,830mの長大トンネルであり，施工を急いだために十分な調査ができず，劣悪な地質条件のために難工事となってしまった。地質は新第三紀から第四紀の火山噴出物や貫入岩などが複雑に堆積し，その一部は非固結のルーズな地質である。施工中には水圧2MPa（20kgf/cm²）以上の高圧地下水が分布する帯水層や，著しい膨張性を示す地山が対象になった。

新第三紀の火成岩類は湧水の点では問題のない地層であったが，この上位に分布する第四紀の火山噴出物層に大量高圧の地下水が貯留されており，トンネル基面が両者の不整合面付近に位置することが水文地質的な問題点であった。このためトンネル掘削に際しては薬液による止水注入や水抜き坑道の対策がとられたが，立坑からの掘削になった2工区ではそれぞれ80m^3/min，110m^3/minの大出水に見舞われ，工区全体が水没するなど難工事となった。当初計画のトンネルルートでは高圧湧水帯を通過しなければならず検討が行われたが，最終的にこれを回避するルートに変更された（**図-3.5.2.3**）。ルート変更は一部区間に急なカーブを入れたため，供用後の新幹線はこの地点で大幅な減速運転を余儀なくされている[10]。当地区の高圧大量の地下水の胚胎は，透水性のルーズな地層が分布する地質構造に加えて，地形が標高400～650mの火山性小起伏面であって，雨水が地層中に大量に浸透しやすい状況であることがあげられる。トンネル湧水により，

図-3.5.2.3　湧水箇所を迂回して屈曲した中山トンネルのルート（1:50,000 地形図「中之条」）

地表では減渇水が生じたため湧水を地表に戻すことが丹那トンネルと同様に続けられている。

引用・参考文献

1) 速道路調査会：トンネル坑口周辺の地すべり・崩壊対策に関する研究報告書，1981.
2) 檜垣大助：長者地すべり地における地すべり斜面の変遷過程，地すべり，第29巻，第2号，pp.12～19，1992.
3) 村良明・羽田勝・木曽伸一：膨張性泥岩を克服　上信越自動車道日暮山トンネル，トンネルと地下，24巻1号，pp.7～16,1993.
4) 藤田芳邦・谷井敬春・高橋浩・菊池裕一：土かぶり130mの地表陥没に至った大崩落，トンネルと地下，34巻1号，pp.7～14,2003.
5) 早川泰史・坂本香：長野自動車道一本松トンネルの変状と対策について，土木学会中部支部研究発表会,pp.303～304,2010.
6) 日経コンストラクション編集：福島県のトンネルで舗装面が隆起，日経コンストラクション，2013年6月24日号，pp.24～27, 2013.
7) 多田誠・佐久間智・菅原徳夫・末岡眞純・後藤俊英：山形自動車道盃山トンネルで発生した変状と対策について，木学会東北支部技術研究発表会，pp.601～602, 2007.
8) 菖蒲幸男・鶴原敬久・奥井裕三・佐久間智・菅原徳夫・多田誠・末岡眞純・中田主税：供用後に変状が発生した盃山トンネルの地質状況，全地連e－フォーラム松江，NOo.49, 2009.
9) 村上郁雄・大島洋志・塚本正雄：丹那トンネルの湧水・渇水はどうなっているのか，トンネルと地下，8巻10号，pp.41～51, 1977.
10) ㈳全国地質調査業協会連合会：日本の地形・地質，鹿島出版会，pp.169～173, 2001.

3.6 ダム

ダムは，洪水調節，流水の正常な機能の維持および利水補給，発電等多様な目的を持つ重要な社会資本であり，これらの目的が達成されるよう流水の管理を行うとともに，その前提となるダムの安全性と機能を，長期にわたり保有することが求められている[1]。我が国の高さ15m以上のダムの総数は治水・河川維持用水などの河川管理施設ダム，利水ダム，発電用ダムなどで現在，約2700基である[2]が，これらは1960年代から1970年代に建設されたものが多く，今後一斉に完成後50年以上となり，老朽化に伴う機能低下等の問題が予想される。これらのうち河川管理施設のダムは800基以上，発電用のダムは約400基が建設され，現在，日常点検や3～5年ごとに行う定期検査により，ダム機能の維持・確認を行っている[1]。また，国土交通省では，完成後30～50年経過したダムの「総合点検」を実施し，ダム機能に関わる根本的改修等を計画的かつ効率的に行い，ダムの長寿命化による長期的な効用の発揮を目指している。ダム施設や貯水池の維持管理は計画の策定(P)，状態把握(D)，分析・評価(C)および対策(A)のPDCAサイクルにより行うこととされ，維持管理で得られたデータを蓄積し，計画的な維持管理に反映されている(図-3.6.0.1)。

本項では，ダム施設として，ダム堤体にかかわる施設や貯水池の維持管理の現状と課題を概観し，このうち特に貯水池の堆砂と貯水池周辺斜面の安定に関する現状の対応を述べる。また，ダムの長寿命化を目指す長期的な維持管理計画とこれに関連したダムの再開発について紹介する。

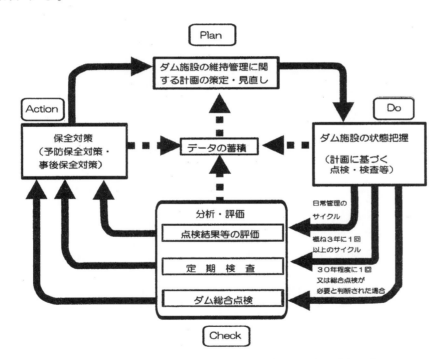

注：ダム施設の維持管理に関する計画には、ダム点検整備基準及びダムの長寿命化計画を含む

図-3.6.0.1 ダム施設の維持管理におけるPDCAサイクルのイメージ[1]

3.6.1 ダム堤体の維持管理における課題と対応

今日までの世界のダムの全事故の約40%は不適切な基礎に由来している[3]。ダムの安全性は基礎条件すなわち，ダム基礎の安定をはかることと不可分である。また，ダム本体の老朽化や変状についても継続的にモニタリングし，適切な対応を図らなければならない。ダム施設の維持管理では，その安全性及び機能を長期にわたり保持するため，巡視・日常点検，臨時点検，ダム総合点検及び定期検査により状態を定期的・継続的に把握し，それらの結果を総合的に分析・評価した上で必要な対策を行っている[1]。

ダムの定期検査により，堤体では①漏水・浸透水，②変位・変形，③揚圧力（コンクリ

ートダム），④ダム基礎の間隙水圧・浸潤線（フィルダム）の点検・計測データの確認等を行い，異常がないか検討する。特にフィルダムでは，基礎部を含めた浸潤線を検討し，パイピングを発生してダムの安定に支障をきたす恐れがないか，留意する必要がある[4]。

検査により，異常が認められた場合の対応は，ダム固有の条件があるため一律ではないが，以下の対策が考えられる。

- 堤体からの漏水・浸透水対策：堤体グラウチング，表面遮水膜敷設による遮水
- 堤体の変位・変形対策：フィレットの増し打ち(コンクリートダム)，腹付盛立て，天端かさ上げ(フィルダム)
- コンクリートダムの揚圧力対策：カーテングラウチングによる遮水
- フィルダム基礎の異常間隙水圧対策：ドレーン施設による水圧低減

3.6.2 貯水池の維持管理における課題

ⅰ) 堆砂問題

貯水池での堆砂が進行すると，貯水容量の減少，ダム施設の機能低下（取水障害，発電水車の摩耗・水車効率の低下，デルタ堆積土砂や上流域の河床上昇による洪水吐排水障害，航行障害，貯水池上流の発電所での放水障害，取水口の埋没など）により，維持費用が増大するだけでなく，上流域での洪水被害，生態系の変化，栄養塩類による土壌汚染なども発生する可能性がある[5]。

ⅱ) 流砂系問題

下流域への土砂供給が減少することで，下流域での河床低下・河岸侵食・海岸侵食・橋梁基礎部の洗掘などを助長するだけでなく，表層のアーマリング（流水による河床表面の粗粒化）による生態系への障害（水中生物の産卵場所の消失）が生じる。

ⅲ) 湖岸の侵食と地すべり

貯水池湖岸で侵食が進行したり地すべりが発生すると，堆砂容量の低下をきたすだけでなく，沿岸道路やリクリエーション広場などの貯水池周辺施設の機能を損なう可能性がある。

3.6.3 継続的な土砂管理対策

貯水池を長寿命化し，持続的に供用するため，継続的な土砂管理，モニタリングが必要である。

堆砂状況のモニタリングや検査は貯水池内，貯水池上流端を対象として実施する。堆砂量が計画堆砂量を超過したり計画時とは異なる堆砂形状を示すと，貯水容量の減少によるダム機能の喪失，放流設備等構造物の操作不能，上流部の河床上昇による洪水被害の発生等の問題が生じる。堆砂状況は，堆砂測量結果や貯水池上流の地形状況の検討を基に，ダム設置者からの聞き取りによって確認する。上記の障害が予想される場合は，以下の対応が計画，検討されている。主な堆砂対策を**図-3.6.3.1**に示す。

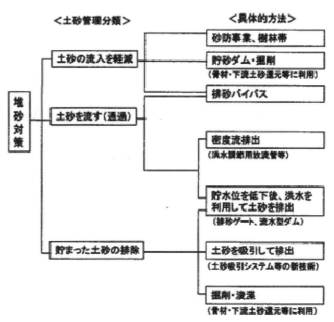

図－3.6.3.1　ダムの堆砂対策[1]

① 流入土砂の低減：流域の侵食抑制や貯水池上流域での土砂捕捉によって，貯水池への土砂流出を低減する。
② 堆砂の制御：貯水池上流端部での砂防ダムや貯砂ダムを設置し，貯水池への土砂流入を抑制し，堆砂を制御する。

③ 土砂の誘導：土砂流入を伴う洪水時に水位を下げたり，河道外に貯水池を築造したり，土砂バイパスや高濁度の密度流を利用したりするなどして，流入する土砂の一部または全部を貯水池の外へと水理的に誘導する。

④ 土砂の除去：貯水池内に堆積した土砂をフラッシング，浚渫，ドライ掘削などで定期的に除去する。

⑤ 充分な堆砂容量の確保：必要な堆砂容量は，その貯水池内あるいはより上流の貯水池において確保する。

⑥ 浚渫土砂の集積位置：堆積土砂をのちに運搬・除去しやすい場所，あるいは貯水池の運用の妨げにならない場所に集積する。また，取水口やほかの設備は，流送土砂や堆積土砂の影響が最小限になるよう配置する。

3.6.4 貯水池およびその周辺の課題と対応

地すべり，崩壊の検査対象は貯水池内地山となっている。貯水池周辺の地すべりや崩壊は，検査で発見するより，日常管理による発生の有無を把握することが重要である。地すべりは，湛水初期に発生することが多く，施工後，長期間を経過したダムにおいて新たな地すべりが発生することは少ない。しかし，台風時の大降雨で地山の地下水位が上昇したり，貯水池の放水に伴う急激な貯水位低下により，新たに地すべりが発生することがある。地すべり，崩壊の実態は建設中の地すべり調査結果や湛水後の観測結果により，ダム設置者からの聞き取りにより確認する。特に，貯水位低下時の貯水池斜面は，植生もなく全露頭の状態であることから，安定岩盤，緩んだ岩盤，地すべり土塊，すべり面，崩積土，土石流，段丘など，斜面の土質・地質構成や構造，変状地形，地質区分と地形区分の対応や境界がきわめて明瞭である。ボートや徒歩で湖面と斜面を移動し，斜面の地形区分や地質区分，層理面，断層などの走向傾斜，土質・地質構成や構造，岩盤の風化やゆるみ，それらの拡がりや境界，すべり面などを観察するとよい。あわせて**写真-3.6.4.1**のような湖岸の連続写真を撮影し，地形図に位置情報を合わせて記録しておくとよい[6]。

写真-3.6.4.1　貯水位低下時の地すべり斜面末端部

変形・クラックの検査対象は周辺道路とし，継続的にモニタリングできるよう，計測器やマークの設置も行う。これらの点検・計測結果は，個所ごとにカルテとして整理し，効果的な斜面管理に活用される。計測結果の監視は**図-3.6.4.1**のフローに基づいて実施されている[7]。**図-3.6.4.2**に計測結果を変動総括図として整理した例を示す。

3.6 ダム

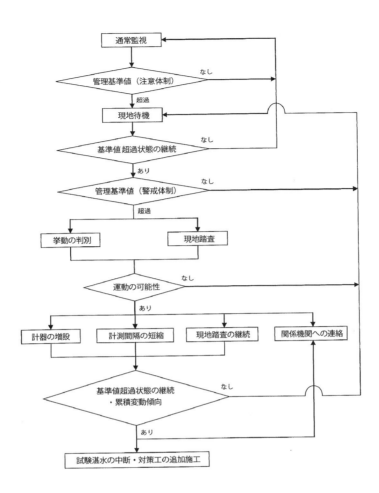

図－3.6.4.1 貯水池地すべりの監理基準値を超過した場合の対応 [7]

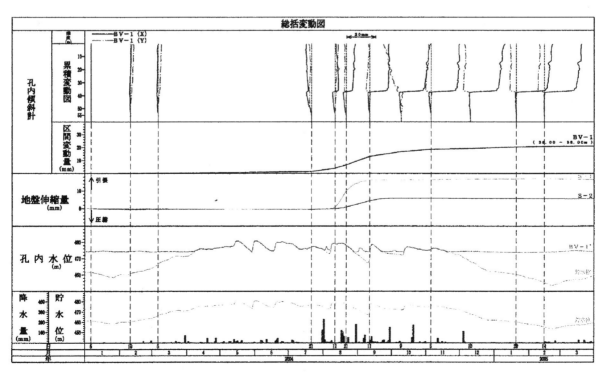

図－3.6.4.2 貯水池斜面の計測（変動総括図）の例 [7]

3.6.5 ダムの長期的な維持管理計画

従来の維持管理では，日常の管理と定期検査等によって必要な調査を実施し，堤体だけでなくゲート・電気設備等のダム施設の構成要素ごとに健全度を評価したうえで，必要な補修対策を実施している。しかし，近年，管理開始から数十年を経過するダムが増加し，新規のダム建設も減少するなか，効果的に既設ダムの長寿命化を図る必要がある。このため，リスクマネジメントの手法を取り入れた効率的・効果的なダムの維持管理実施方策が研究されている（図-3.6.5.1）。これは，ダムの各施設の経年的な損傷や劣化のメカニズムを検討し，ダム機能への影響度を評価して管理レベルを設定し，それに応じた予防保全，事後保全の考え方を整理し，次いで管理レベルと健全度評価に応じて対策の実施必要性の判断を行い，あわせて構成要素の設置条件，使用条件，環境条件なども加味して総合評価を行い，対策の優先度を決定するものである。既設ダムが増加し，今後は管理ダムの経年劣化による機能低下やそれに対する維持管理費の増加が予想される。このためダムの長寿命化を目指して，ダムの長期的な維持管理計画の立案とこれに基づいた対応が従来以上に求められている[1),8)]。

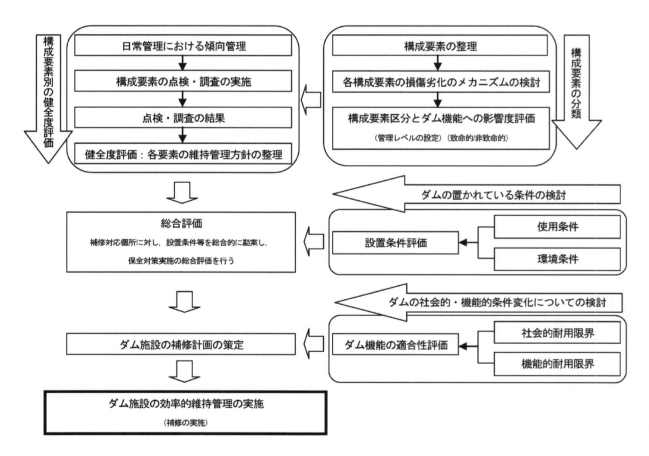

図—3.6.5.1 ダムの長寿命化を目指した効果的な維持管理の考え方フロー[8)]

3.6.6 ダムの再開発

ダムの再開発事業は，既存のダムの機能維持・強化などを目的として実施される。近年，より効果的・効率的な社会資本整備が求められ，また，ダム建設に適した地点が少なくなってきていることから，新規ダム建設に代わる新たな河川開発手法としてその実績が増加傾向にある。

ダムの再開発事業には，以下の手法があり，治水と利水機能の強化を図ること，あるいはダム機能の長期的な維持を図ることを目的に実施される。

　　①ダム堤体の改修
　　②放流施設（洪水吐・排水トンネルなど）の改修・増強

③ダム湖（貯水池）の掘削による容量増加
　④ダム湖（貯水池）の貯水容量配分の変更
　⑤ダムの嵩上げ
　⑥ダム直下に新規ダムを建設

　ダム再開発事業にあたっては，これらの手法が貯水池周辺斜面に与える影響について検討する。多少なりとも斜面への影響が懸念される場合には，原則として新規ダムと同様の調査・解析を行い，さらに必要に応じて適切な調査・解析を追加し，不安定化が想定される地すべり等に対しては，所定の安定性を確保するための対策工が必要となる。その際，既設ダムにおける貯水池運用実績，湛水時の地すべり等の挙動，湛水面以下の露岩状況などに関する調査・解析結果を有効に活用することが必要である。

　ダム再開発事業における貯水池斜面の対応での留意点は以下のとおりである。

　既設ダムの湛水斜面における地すべり移動体の分布や基盤岩の露岩などの状況から，貯水池斜面の地すべり境界や末端部などの範囲を特定できるので，既設ダム貯水位低下時の露頭調査が重要である。

　上記の④，⑤，⑥の手法に伴う最高水位や制限水位等の貯水位運用範囲の変更，および①，②や④の手法に伴う貯水位低下速度の変更など，貯水池運用条件が変更される場合には，貯水池周辺斜面には既設ダムと異なる残留間隙水圧や浮力が作用する可能性がある。検討にあたっては，既設ダムの貯水池運用に伴う貯水位低下時の地下水挙動の実績による残留間隙水圧の残留率，および貯水位変化・降雨状況に応じた斜面変動に基づいた地すべり等の運動特性や安全率を参考に，再開発事業における斜面安定を考察することが必要である。すなわち，地すべり等の変動が貯水位変動時あるいは降雨時に生じているか，貯水位上昇時あるいは下降時に生じているか，貯水位標高や貯水位変動速度との関係があるかなどを考察する。

　貯水池運用条件の変更を伴う再開発事業における湛水の影響については，既設ダムの湛水時の計測データを用いた浸透流解析を参考に検討することが有効である。

　上記③の貯水池内の堆積土砂や湛水斜面・湖底の掘削に伴って地形改変が生じる場合には，斜面末端部の押え荷重の除荷あるいは頭部への掘削ズリの搬入による載荷などによって，地すべり等の斜面が不安定化する可能性があるため，必要に応じてすべり面形状や安定性を把握するための調査・解析を行う。

引用・参考文献

1) 国土交通省水管理・国土保全局長通達：河川砂防技術基準　維持管理編（ダム編），p.69, 2014.
2) 日本ダム協会ホームページ：日本のダム数　http://damnet.or.jp/cgi-bin/binranA/Syuukei.cgi?sy=sou　2014/08/19 確認）
3) ロバート　B. ヤンセン（君島博次訳）：アメリカ内務省開拓局：ダムと公共の安全―世界の重大事故と教訓―，東海大学出版会，p.368, 1983.
4) (財)ダム水源地環境整備センター，ダムの管理例規集，山海堂，p.731, 2006.
5) Gregory L. Morris, Jiahua Fan(角　哲也・岡野真久監修)：貯水池土砂管理ハンドブック，技報堂出版，p.726., 2010.
6) ダム工学会編：総説　岩盤の地質調査技術と評価，pp.489~518, 2012.
7) (財)国土技術研究センター編：改訂新版　貯水池周辺の地すべり調査と対策，p.277, 2010.
8) (財)ダム技術センターホームページ：
　http://www.jdec.or.jp/02project_outline/02_research_and_development/02maintenance_plan.htm　2014/07/30 確認）
9) 国土交通省河川局治水課：貯水池周辺の地すべり調査と対策に関する技術指針（案）・同解説, 2009.
10) 国土交通省水管理・国土保全局長通達：河川砂防技術基準調査編，第 2 章，第 15 章，第 18 章，2014.
11) 国土交通省砂防部，独立行政法人土木研究所：地すべり防止技術指針及び同解説，2008.

column

『構造物の長寿命化』

(1) 背景・目的：橋梁・トンネル・ダム等の社会資本は高度経済成長期の1950年代半ばから1970年代前半に建設されたものが多く，これらは一斉に完成後50年以上となる。全国で約70万橋ある道路橋梁のうち建設後50年を経過した橋梁の割合は2013年の18%から2023年には43%へと増加し，道路トンネル約1万本は2013年の20%から2023年には34%へ，ダム約2700基は2010年の45%から2020年には58%へそれ

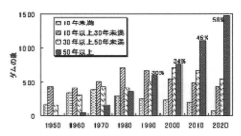

既設ダムの完成後経過年数区分の経年推移
（山口嘉一ほか：戦略研究28—ダムの長寿命化のためのダム本体維持管理技術に関する研究，土木研究所，2011）

ぞれ増加する。多くの社会資本に対し，老朽化に伴う機能低下等の問題の発生が懸念されていた中で，2012年12月に中央自動車道笹子トンネル天井板落下事故が発生して多数の犠牲者がでたことから，国土交通省では2013年を「社会資本メンテナンス元年」と位置付け，「インフラ長寿命化計画」が策定された。本計画では，国・地方とも厳しい財政状況にあるなかで，今ある構造物を適切かつ安全に長期間効率的に使い続けるための取り組みとして，点検・診断・修繕等の措置や長寿命化計画等の充実を含む維持管理のメンテナンスサイクルを構築し継続的に発展させることで，国民の安全・安心の確保，維持・更新に係るトータルコストの縮減・平準化などを目指している。

(2) 対象：道路，河川・ダム，海岸，下水道，港湾，空港，鉄道などの土木・建築施設，機械設備，電気設備等の，国民生活や社会経済活動を支える各種インフラ施設を幅広く対象としている。

(3) 対応方策：早期発見・早期対策する予防的な保全を目指した維持管理によって，ライフサイクルコストの低減，年次更新予算の平準化，構造物の長寿命化を図る。各施設の劣化・損傷について，維持管理計画(P)に基づき頻度を定めた計画的な点検を実施(D)し，構造物の健全度を維持管理・更新にかかわる法令・基準に適合し，一定の類型化した尺度で診断(C)する。その後の措置(A)として補修等の対策，点検優先箇所の選定，劣化・損傷基準の提案などをPDCAメンテナンスサイクルで繰り返し実施する。点検・診断・措置の状況は逐次データベースへ記録・保存し，これらを利用してリスクを回避してゆく。適時，適切な補修・補強を行うと，完

橋梁の長寿命化の例（国土交通省ホームページ：http://www.mlit.go.jp/road/sisaku/yobohozen/torikumi.pdf)

成後80年を越えても大きな損傷がなく使用されている橋梁も多い。

(4) 構造物の劣化・損傷の現状：コンクリート構造物では，ひび割れ・剥離・剥落・遊離石灰・鉄筋等の鋼材の腐食などの劣化・損傷があり，これが進行すると耐荷力や耐久性の低下につながる。鋼構造物では，塗膜の劣化，鋼材の腐食とそれに伴う部材断面の減少，鋼材の亀裂とその進行に伴う破断，接触・衝突等による変形などの劣化・損傷がある。また，地すべり・軟弱地盤・排水不良・河川や海岸の侵食等の地盤条件も，構造物基礎の損傷につながる恐れがある。

(5) 今後の課題と地盤技術者の役割：非破壊試験，構造物の劣化・損傷進行度予測，劣化・損傷後の安定性能・長期的耐久性評価，ICTの活用，補修・補強等の技術開発についての取組みが必要である。地盤技術者には，地盤の課題から構造物の損傷につながるリスクについて，構造物の亀裂解析，空洞調査，地形・地質的評価などで重要な役割が求められている。

（小俣新重郎）

3.7 埋設物

地盤中には管路や地下鉄等の線状構造物，建築物地下部分，盛土横断構造物などの埋設物が存在するが，施設の機能が低下した場合，周辺地盤環境に大きな影響を与える場合がある。ここでは埋設物や周辺地盤の防災・維持管理のための調査法，留意点を紹介する。

3.7.1 埋設物の現状

我が国の社会資本の根幹となる道路の総延長は，現在約127万kmに達する。道路の路面下浅層部では上下水道・ガス・電気・通信施設等が埋設されているが，都市域ではさらに深層部に大断面の管路や地下鉄など線状構造物が整備され，広域に地下空間が利用されている。埋設物は年々ストック数が増えているが，高度成長期に設けられた施設の老朽化につれて維持管理が深刻な問題となっている。

埋設物の代表例として下水道に着目すると，図-3.7.1.1に示すように敷設延長は平成24年度末現在，約45万km，同施設に起因した道路陥没事故は毎年4000件程度発生している。道路利用者の安全・安心，事故による交通機能の喪失は社会的な影響が大きいため，道路管理者による路面下空洞調査やその補修対応が計画的に行われている。一方，河川管理施設の水門・樋管・樋門などの堤防横断工作物は，地盤沈下に起因する抜け上がりによる空洞化や止水機能の低下が維持管理上の課題としてあげられる。このような施設の機能に影響を与える空洞化などの問題に対しては現在，国土強靱化施策により点検・調査・対応が行われている。

その他，上記埋設物が周辺地盤地下水環境に悪影響を与える現象，もしくは受ける現象として，例えば図-3.7.1.2に示すような地下水の流れに横断する方向に設けられた構造物の地下水流動阻害問題，図-3.7.1.3のような設計水位を越える自然地下水位の上昇による構造物の安定問題等がある。同事象に対してはモニタリング・調査・解析をふまえ，設計・施工時，もしくは供用後，危険水準に達する前に対策が行われている。

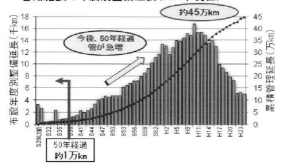
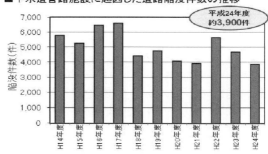

図—3.7.1.1 管路施設の年代別整備延長と陥没件数[1]

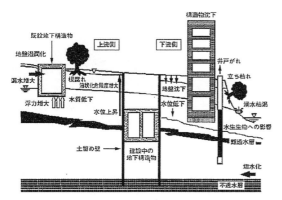

図—3.7.1.2 地下水流動阻害概念図[2]

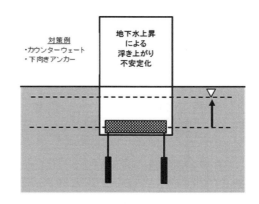

図—3.7.1.3 浮力対策事例

以上のような背景から，埋設物の維持管理を行う上での課題をまとめると**表-3.7.1.1**のようになり，いずれも地盤・地下水が大きく関係し，各種の施設・項目に応じて点検・調査・モニタリングが行われている。

表—3.7.1.1　埋設物の課題と各種変状事象

課題	概要	発現事象	進展事象
経年劣化	本体の強度・止水機能の低下	亀裂・剥離，目地開き・ズレ	本体変形・漏水　周辺地盤吸出し
周辺地盤空洞化	周辺地盤健全性低下　施設の止水遮水機能低下	緩み・空洞化進行　洪水時の通水	陥没事故，道路機能喪失　堤防の決壊
地下水流動阻害　地下水位上昇	地下水・地盤環境変化　設計水圧を上回る水圧	上流側上昇，下流側下降　浮き上がりなど	水位・水質・流向の変化

3.7.2　埋設物や周辺地盤の調査

地盤中に敷設された埋設物の維持管理のための調査項目を大別すると，「埋設物本体の調査」，「埋設物の位置やルート調査」，「埋設物周辺地盤の健全性調査」に区分できる。これらの調査では，単に劣化・変状箇所や位置・規模の特定にとどまることなく，地形・地質，地下水情報との関係も含めて調査・評価する必要がある。

(1)　埋設物本体の調査

埋設管本体が健全であれば路面下の陥没事故をはじめ，周辺地盤に悪影響を与えることはないが，地盤沈下に伴う変形や破損，継手のズレなどが埋設物に発生した場合は，周辺土砂や地下水の吸い込みを伴うため本体の健全性調査は重要である。

埋設物本体調査は鉄や鉄筋コンクリートで設けられた埋設管等本体の健全性の確認を目的としたものであり，人が入れるような大きな断面と空頭があれば人力による調査・点検が行われる。一方，人が立ち入れない場合は，ロボットカメラなどによる間接的な調査法が用いられる。着目箇所は主に，本体と継手部に区分でき，前者においては撓み，亀裂，剥離，ジャンカ（コンクリートの打設不良でセメントと砂利が分離したもの），鉄筋露出，鉄筋錆び，湧水など，後者は開き，ズレ，湧水，土砂の流入等を記録する。

さらに，コンクリート本体の健全性は，シュミットハンマーによる反発度，抜取りコアによる圧縮強度，中性化試験が一般的である。

埋設管本体の変状箇所は地形や地質情報と合わせて整理すると，盛土や軟弱層の分布域や切り盛り境が多く，地盤沈下や地盤変形に伴って発生している。**図-3.7.2.1**に小口径排水管の調査結果例を示すが，管内ロボットカメラにより継ぎ手のズレが検出でき，当該箇所は盛土の最も厚くなる箇所に位置すると判定できたものである。

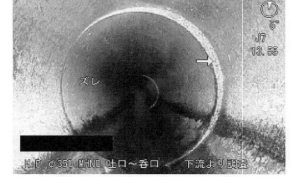

図—3.7.2.1　小口径樋管のロボットカメラによる調査事例

(2)　埋設物の位置やルート調査

埋設物の位置やルート調査は，道路面の開削を伴う土木工事，道路下のシールド工事などにおいて，工事対象範囲に存在する埋設物を防護・回避する目的で行い，これらの敷設位置を正確に把握する必要がある。

調査は資料調査と現地調査に分けると，**表-3.7.2.1**のような内容となり，埋設管情報の入手，平面図・断面図の作成，現地調査による確認となる。また，工事の影響範囲に入る重要埋設物については許容変位量を基準として，工事による事前影響予測や対策検討のた

めの地盤構造，強度・変形特性，地下水情報を得るための調査が必要となる。

表—3.7.2.1 埋設物の位置調査

調査区分	調査内容
資料調査	管理者への聞き取り（埋設管の種類，大きさ，深さ，平面位置等）
現地調査 (埋設物)	開削による直接調査および表函物の実測 物理探査による埋設物位置調査：レーダ探査・電磁探査 物理探査による埋設物深度調査：磁気センサー法，ボアホールレーダ法等 探査結果より開削確認調査

　現地調査は，開削による直接調査および表函物の実測，地上で行う物理探査に区分できる。物理探査は，対象とする埋設管の平面位置や深さによって探査手法や機種を予め選定する必要がある。対象物が浅い場合は，レーダ探査や電磁探査が一般的であるが，深い場合は分解能が低下するため，連続波レーダ探査や電気探査，表面波探査等が用いられる。

　レーダ探査は地中に向かって電磁波を送信し，地層や埋設管・空洞等の境界面で発生する反射波を地表で観測する方法である。反射波は地中の物性境界面を示しているため，設定した測線において連続的に反射波を観測することにより，図-3.7.2.2に示すような地中構造を推定できる探査結果を取得することができる。アンテナは鉛直方向から片側に約45度，両側で90度の感度分布を有するため，反射体の手前では見かけ上深い位置にあるように見え，直上で最も接近し，離れるにしたがって徐々に深くなるように見える。このため反射波のつながりとなる反射波形図では双曲線構造（図-3.7.2.2の丸の中）となる。

　探査機の周波数により可探深度や分解能が異なってくるが，後述する反射波形図（図-3.7.2.3）より，①双曲線を示す波形，②頂部が負極性を示す，③振幅が強い，④複数横断測線の共通する位置に検出，の条件がそろった場合には埋設管の可能性が高いと判断できる。なお，路面下の浅い埋設物調査で一般的に用いられているレーダ機器の周波数は 350～500MHz 程度であり，この場合深度 1.5m 程度までは評価が可能であるが，

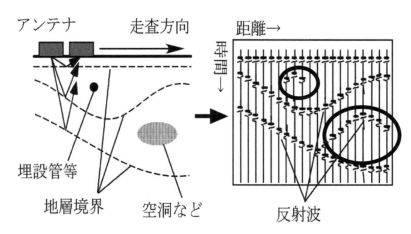

図—3.7.2.2 地中レーダ探査の測定方法および概念

これ以深は分解能が著しく低下するため，目的とする深度に応じたアンテナを搭載したレーダ機種の選定が必要である。

　埋設管の判定方法としては道路を縦断する管の場合，レーダ測線は横断測線を道路延長に沿って複数本配置し，それぞれの測線の同様な深度で特徴のある反射記録が複数得られた場合は，複数の埋設管が検出できたと判断できる。一方，類似性のない異常反応は別の物体や空洞の可能性が考えられる。埋設物や空洞は最終的には試掘調査で確認すべきである。

　次に，特定されている矢板や杭などの埋設物先端深度の調査手法について述べる。調査方法は基礎杭から1m以内にボーリング孔を予想する先端深さに対して2～3m下まで掘削し，孔内にセンサーを入れて杭先端部からの反応を検出する方法が一般的である。センサーの種類によって表-3.7.2.2に示すような磁気センサー法，ボアホールレーダ法，孔内磁力ベクトル計があるが，1本の調査孔では先端深度しか分からないため，距離や方向を詳細に把握するには，最低3本の調査孔と探査が必要となる。同表右に示す孔内磁力ベクトル計[3]の場合は1本の調査孔でも埋設物までの方向と距離が検出できる。

　また杭の上部が露出している場合には，インテグリティ試験（ハンドハンマーで杭頭部

を軽打し，発生した微小ひずみ弾性波の反射性状より杭の断面形状の変化や長さが把握できる）で健全性も把握できる。

表—3.7.2.2 障害物先端深度調査法

磁気センサー法 （鉛直磁気探査法）	ボアホールレーダ法	孔内ベクトル磁力計[3]
概要図	概要図	概要図
鋼矢板など細長い鉄材では，その先端部に磁気異常が集中する。これを磁気傾度計，フラックスゲート磁力計で測定し，先端深度を調査する。 　杭とボーリング孔の離隔は1.0m程度	ボーリング孔内に挿入できる円筒状形状のレーダ探査法である。杭が孔の横に存在する深さ範囲のみ，杭表面からの反射波があるため，反射記録の途切れる位置が杭先端の深さとなる。杭とボーリング孔の離隔は0.5m程度	孔内ベクトル磁力計は3軸磁力センサーを内蔵しているため，磁力異常の方向と大きさを検出できるため，1本のボーリング孔でこれらの情報を得られることができる。杭とボーリング孔の離隔は4m付近まで対応可能

(3) 埋設物周辺地盤健全性調査

埋設物周辺地盤の課題としては，埋設物に発生した亀裂や継ぎ手の開口による土砂や地下水の流入による周辺地盤の緩みや空洞化，建設時の埋め戻し材の締固め不足による経年的な緩みや空洞化，杭で支持された構造物の周辺地盤の沈下による抜け上がりによる施設背面の空洞化などがある。これら空洞調査法は地表面に顕在化した陥没箇所などでは一般に，ボーリングやサウンディング等の直接調査を実施して，地盤の異常区間の深度や範囲を調査する。一方，陥没箇所周辺や管理区間全線もしくは特定範囲の浅層部や施設背面地盤に限定した空洞調査の場合は，主にレーダ探査が行われる。レーダ探査は路面下の1.5m程度の空洞を対象とした場合は350〜500MHz，コンクリート護岸等を対象とした施設背面空洞であれば800MHz，樋管・樋門の底版下空洞であれば1GHz程度の周波数を有するアンテナのレーダ探査機器が採用される。ただし，躯体の厚さ，配筋状況，水深，被覆層により適用性と限界があるので，採用には注意が必要である。

埋設物周辺健全性調査を段階的に区分すると，資料調査，空洞分布調査，確認調査となる。

i) 資料調査

埋設物周辺地盤の健全性を把握するには，埋設物自体が変位する要因，埋設物が敷設されて周辺の地盤や地下水環境が変化する要因を整理する必要がある。埋設物の変位は基礎地盤が切土ではほとんどないかあっても軽微なものであるが，盛土では地盤変位が生じるため，大規模な盛土区間や切り盛り境では亀裂や継ぎ手の破断に伴う土砂や地下水の埋設管内への流入が考えられる。一方，埋設物が敷設された結果，周辺の地下水環境が変化する場合もある。

このような素因・誘因を把握するためには，次のような資料調査が必要である。
古地図・地形図・地質図・年代別空中写真・陥没・崩壊など被災履歴・近接する工事履歴・

既往地盤調査データ・降雨および地震記録

ii） 空洞分布調査

地盤内部の地質構造や空洞分布・存在状態を把握するには**表-3.7.2.3**に示すような表面波探査，比抵抗探査，重力探査，地中レーダ探査，反射法地震探査などの地表面からの物理探査が有効である。この内，空洞調査で主に使われる手法としてはレーダ探査が一般的であるが，舗装面直下の1.5m程度の深度を対象とした場合はパルスレーダ探査，1.5m以深になると連続波レーダ探査が適用できる。

以下，空洞調査で最も実績の高いレーダ探査による判定方法を示す。空洞判定は下記の3条件を満たす必要がある。

条件1　双曲線構造を呈する反応

空洞のような立体的な構造からの反射波の集合体は，円錐状に広がる送信電磁波の特性に影響されて双曲線を呈した集合体となる。

条件2　振幅の大きい強反応

反射波は**図-3.7.2.3**に示すように媒体と媒体の境界面で発生する。この時の媒体の物性差が大きいほど，振幅の大きい強い反射波が発生する。空洞（空気）は周辺土壌と比べて大きな物性差を持つため，強い明瞭な反射波が発生する。埋設管の場合は平行測線でも同じような双曲線反応が得られるが空洞の場合は独立した双曲線画像となる。

条件3　反応の極性が正極性

波形には，その立ち上がりに正負の極性がある。反射波が発生する物性境界面の上層よりも下層媒体の方が電磁波の伝搬する速度が速い物性を示す場合は正極性，遅い場合は負極性になる。空洞（空気）は，電磁波が伝搬できる媒体の中で最も伝搬速度が速いため，空洞（空気）以外のいかなる媒体が被覆していても空洞（空気）からの反射波形は正極性となる。したがって負極性の場合は埋設管や水没空洞等の判定となる。**図-3.7.2.3**は振幅極性が正（＋）を白色，負（－）の場合が黒色とした場合の空洞反応事例であるが，双曲線構造，振幅が大，正極性であることが読み取れる。

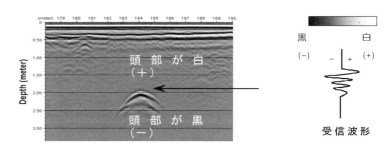

図—3.7.2.3　空洞反応（空気）と振幅極性

iii）　確認調査

レーダ探査による空洞調査は以下のような段階的な調査で最終判定する。

一次調査：主測線によるレーダ探査を実施し，異常反射箇所を抽出する。道路の場合は進行方向を縦断測線として複数測線実施する。

詳細調査：1次調査で検出できた異常反射箇所で，副測線・横断測線を実施する。1次調査と全く同じ位置・高さで異常反射波形が検出できた場合は，空洞の可能性が高くなるので確認調査を実施する。

確認調査：詳細調査で特定できた位置で小口径のドリル削孔や簡易貫入試験を実施し，空洞の有無を判定する。空洞であった場合は小型カメラ等を用いたスコープ調査で内部確認を行う。空洞の最下部は大抵の場合，崩落土砂が堆積しているため，簡易貫入試験やボーリング調査を行うことで空洞の根源となる深度がわかる。

これらの調査に平行して陥没や空洞箇所では，軟弱地盤や地下水流路に関係するか，敷設後に盛土で地盤高が高くなったか，一方，開削で土被りが浅くなったか，切盛り境かなど，埋設物本体に作用する荷重や地下水・地盤条件が変化するような周辺地盤情報の収集・整理も必要である。

なお直轄国道では，7チャンネルレーダとGPSを搭載した探査車による路面下空洞調査による維持管理が行われている。同手法は時速45km/h程度の探査速度で位置情報とレー

ダ反射記録を同時に取得できるため，一般の通行車両に支障を与えることなく調査ができる。検出できた異常反応箇所は後日，交通規制を行ったうえで，上記のような詳細調査・確認調査が行われる。

その他の調査法には，電気探査や表面波探査なども用いられる。表面波探査は地盤強度の指標となるS波速度構造，電気探査は地盤物性の指標となる比抵抗構造の情報が得られ，成果は図-3.7.2.4のようなコンター図となり，同図より周辺と調和しない異常領域を空洞の可能性があるとして評価する。これらの探査手法は，図-3.7.2.5に示すレーダ探査と比べて分解能は低くなり，成果のアウトプットは全く異なったものとなるため，目的・精度・成果イメージを慎重に検討したうえで調査方法を選定しなければならない。物理探査による空洞調査は同表のほか，ボーリング孔を利用するトモグラフィ探査もある。

表—3.7.2.3　地表面からの物理探査による空洞調査法一覧表[4]

	表面波探査	比抵抗探査	重力探査	パルス・レーダ探査	連続波レーダ探査	反射法地震探査
概要	地表面を起振し受信した表面波の位相速度から構造解析を行い，地盤の深度方向の速度構造を求める。	地表に設置した電極から電流を流し，電流および電位差を測定して地中の比抵抗分布を求める。	重力計により，地表の重力を測定し，地形や標高などの各種補正を行い，重力分布を求める。	地表面から地中に電磁波（パルス波）を連続して放射し，電気的特性が異なる境界面の反射波をとらえる。	各測点において，周波数を変化させた電磁波（連続波）を放射して反射波をとらえる。連続波により探査深度が向上する。	地表の振源から地中に弾性波を発生し，地中の音響インピーダンスが異なる境界面からの反射波をとらえる。
利用分野	地質構造，地盤強度，空洞	地質構造，地下水・温泉，産業廃棄物，空洞	地質構造，空洞	表層地質構造，地中埋設物，路面下空洞，構造物背面空洞	地質構造，産業廃棄物，空洞	地質構造，空洞
成果	S波速度構造図	比抵抗分布図	密度分布図	反射断面図	反射断面図	反射断面図
測定深度	数m〜30m程度	0.5〜数100m	2〜1,000m	0.2〜4m程度	2〜20m程度	数m〜数100m
分解能	最小測点間隔	最小測点間隔	1m〜	0.05〜0.3m	0.5〜1m	2〜10m
精度	測点間隔に依存	電極間隔に依存	測点間隔・深度による	機種・誘電率による	測点間隔・誘電率による	測点間隔・深度による
適用性	検出可能深度は，空洞径の3倍程度の土被りまで。	検出可能深度は，空洞径の4〜5倍程度の土被りまで。水没空洞は周辺地盤との電気的コントラストが小さくなるため困難。	坑道等，広域な空洞の分布調査に適しているが，空洞径2m以下の場合は検出困難な場合が多い。	測定深度以内であれば検出可能。	土被りの1/5程度の空洞径なら検出可能。	大規模な空洞に対しては有効であるが，一般的に空洞径2m以下については検出困難な場合が多い。

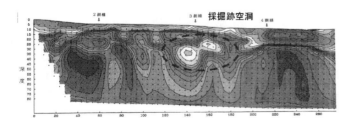

図—3.7.2.4　比抵抗探査事例（充填技術センター[5]）

図—3.7.2.5　連続波レーダ探査事例（中田[6]）

最後に埋設物周辺健全性調査として「埋設物による地下水流動阻害」と「埋設物に作用する揚圧力」について概説する。前者は地下水の流れを横断するような大規模な埋設物の場合，上流側ではダムアップ，下流側ではダムダウンなど地下水流動阻害（図-3.7.1.2）が起こり，周辺地下水環境が変化するため，一般的には通水管や透水性土留めなどの対策が行われている。後者は，都市域が対象となるが，地下水揚水規制施行後の自然地下水の回復途上に設けられた施設では，もともとの設計条件となる地下水位が低いため，自然地下水の回復に伴い過剰な揚圧力が躯体に作用するようになり，浮き上がり対策としてカウンターウェートや下向きアンカー（図-3.7.1.3）による対策が施されている。

これら，埋設物周辺の地下水環境に関連する維持管理のための調査は主にモニタリングであり，水位や流量・水質など，**表-3.7.2.4**に示すような項目が行われている。なお，メンテナンスは**図-3.7.2.6**に示す概念で変動量を与え，例えば通水設備の機能回復については機械洗浄や薬品洗浄などで，定期的な対策施設の機能回復処置が行われている。

表—3.7.2.4 モニタリング項目

項目	計測施設	計測項目
地下水流動状況	水位観測孔・通水設備	水位，流量，流向・流速の変化
流動阻害要因	通水設備	目詰まり，水質，施設の摩耗・破損
周辺環境変化	周辺井戸や地盤高等	影響区域内の水位変化

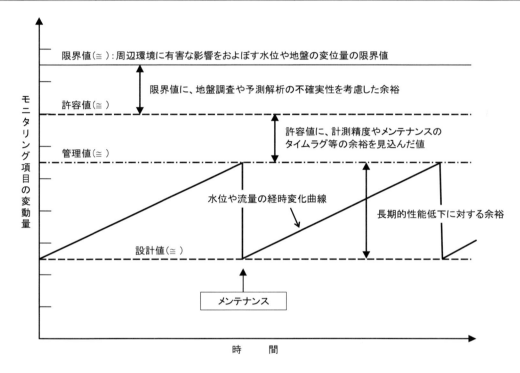

図—3.7.2.6 モニタリングによる管理値の概要[7]

引用・参考文献

1) 国土交通省 HP：http://www.mlit.go.jp/mizukokudo/sewerage/crd_sewerage_tk_000135.html2014/09/02 確認）
2) 地下水地盤環境に関する研究協議会・地下水流動保全工法に関する研究委員会：地下水流動保全工法，pp.1~2, 2002.
3) 押田淳・内山昭憲・久保田隆二・鈴木敬一：孔内ベクトル磁力計の開発，物理探査学会第115回学術講演会論文集，pp.139~140, 2006.
4) 公益社団法人地盤工学会：地盤調査の方法と解説，p.1210, 2013
5) 充填技術センター編：新版 空洞充填調査施工マニュアル，p.50, 2010.
6) 中田文雄：特殊地下壕の調査技術の現状について，充てん，第49号，pp.18~26, 2006.
7) 地下水地盤環境に関する研究協議会・地下水流動保全工法に関する研究委員会：地下水流動保全技術 講習会テキスト，pp.7~23, 2006.

3.8 発電施設

東北地方太平洋沖地震による福島第一原子力発電所の事故では，大規模な地震や津波が極めてまれな現象であっても，原子力関連施設の安全機能に障害を与えた際には，自然環境・社会環境に容認することのできない影響を与えることが再認識された。原子力施設の安全性の評価と維持管理においても，地盤工学技術者・地質技術者の果たすべき役割は大きく，ここでは一般の施設に比較して発生確率の低い自然災害を想定した原子力発電所の安全規制と，そこでの地形・地質の見方，特に活断層の扱いについて述べる。

3.8.1 東北地方太平洋沖地震による発電施設の被害

東北から関東にかけての太平洋沿岸には図-3.8.1.1に示すように，火力発電所・原子力発電所が多数立地するが，こうした堅牢な構造物でさえも，その多くが東北地方太平洋沖地震による被災を免れることができなかった[1),2),3)]。被災した主な施設は，津浪が10m前後ないしそれ以上の高さに達した地域に多いが，地震動や液状化による被害も広範囲に発生した。被害を受けた発電設備の能力は，点検中の設備を含めて約3,000万kWに達し，東北電力と東京電力が持つ供給力の約1/3の発電能力に相当する。大規模な災害に対して影響を最小限に抑える電力施設におけるリスクマネジメントと，事故を想定したアクシデントマネジメントが改めて問われることとなった。

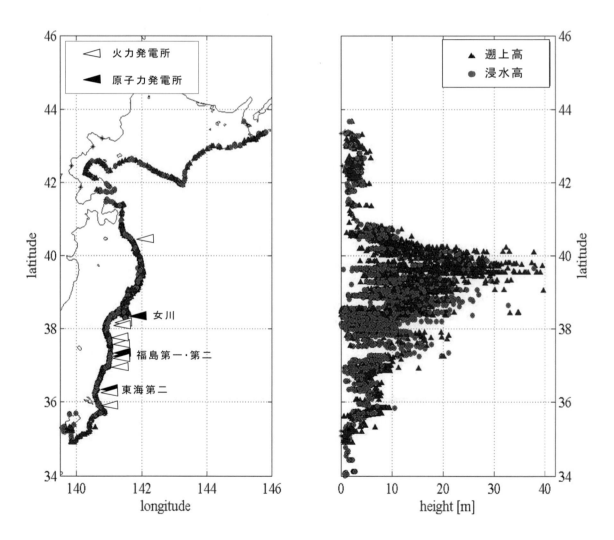

図-3.8.1.1 東北地方太平洋沖地震による津浪高と主な発電所施設
（津浪の高さの速報値[5)]に被災した発電所施設[1),2),3)]の概略位置を加筆）

この地震と津波により被災した発電所のうち，火力発電所では，震災直後から電力供給

力確保のための関係者による懸命の復旧作業が進められ，本書執筆中の 2014 年 8 月時点では，主な発電所は発電能力を回復して稼働している。

一方，原子力発電所では，女川・福島第二・東海第二の各原子力発電所では，外部電源・非常用電源の一部を失いながらも，「止める」・「冷やす」・「閉じ込める」機能を維持した。しかし福島第一原子力発電所では，運転中の1～3号機が地震発生直後に自動的に緊急停止したものの，地震動で外部電源をすべて喪失した。さらにその後の津波により1～4号機が非常用電源を次々と失い，最終的に全電源を喪失したため，「冷やす」・「閉じ込める」機能を維持できず，放射性物質を大量に外部環境に放出する苛酷事故（シビアアクシデント）となった（**写真-3.8.1.1**）。

写真-3.8.1.1　東北地方太平洋沖地震による福島第一原子力発電所関連施設の被害[5]
A：土砂崩壊による鉄塔の倒壊，B：福島第一原子力発電所の防潮堤を越流する津波

福島第一原子力発電所では，原子炉建屋への地下水流入による汚染水の増加防止対策などと，使用済み燃料の取り出しをはじめとする長期にわたる廃炉へ向けた取り組みが，同時並行で進められている。全国の原子力発電所は必要な安全対策を講じるためにすべて運転を停止し，再稼働には，2012年9月に設置された原子力規制委員会による新たな規制基準への適合が要求されている。

3.8.2 原子力発電所の安全規制と活断層の扱い

福島原子力発電所事故調査委員会（国会事故調）[6]は，事故の背景として原子力発電所の設置許可申請当時の地震科学が未熟であったことを指摘している。福島第一原子力発電所を始めとする日本の主な原子力発電所が稼働し始めた 1960～1970 年代は，活断層と地震の規模の関係，活断層の平均変位速度−単位変位量−活動間隔の関係など，活断層の基本的性質が次第に明らかになってきた時期でもある。地震や活断層の研究が発電所の計画に対して遅れてきたことから，審査指針（規制基準）は，活断層や地震に関する知見の増加とともに，経験工学的に改定されてきた（**表-3.8.2.1，表-3.8.2.2**）。

(1)　「旧指針」[7]（発電用原子炉施設に関する耐震設計審査指針）

1978 年に原子力委員会が制定した指針を，1981 年の建築基準法改正に伴って原子力委員会から分離された原子力安全委員会が改定したものであり，「旧指針」と呼ばれる。

1960～1970 年代に得られた活断層に関する知見が，統一した認定基準により集成された「日本の活断層」[8]が出版された時期に策定された。「旧指針」での活断層の定義は「日本の活断層」と同様に，「第四紀（約 180 万年前以降）に活動した断層であって，将来も活動する可能性のある断層」とされている（なお第四紀の年代の定義はその後変更された）。

「旧指針」では，耐震設計に用いる基準地震動の策定にあたり，当時の知見にもとづいて，以下のような断層と地震を考慮の対象としている。

① 基準地震動の発生源となる断層は，50,000 年前以降活動したもの，または地震の再来期間が 50,000 年未満のものとする。
② 基準地震動を与える近距離地震には，M＝6.5 の直下地震を想定する。

①は，活断層の活動間隔が長くても 50,000 年であるとの知見にもとづいている。②は，M6.5 以下の地震では地表に断層が現れない場合もあり，最悪の場合，このような地震を引き起こす活断層を見逃す可能性があるとの判断によるものである。

表-3.8.2.1 1980年以降発生した主な地震・活断層に関する研究・原子炉施設の審査指針（規制基準）

年	主な地震 Mj: 気象庁マグニチュード Mw: モーメントマグニチュード	年	活断層に関する主な調査・研究など 発電用原子炉施設に関する審査指針・基準など
		1980	「日本の活断層」出版・活断層のトレンチ調査
		1981	*旧指針：発電用原子炉施設に関する耐震設計審査指針*
1983	日本海中部地震 (Mj 7.3, Mw 7.7)		
1984	長野県西部地震 (Mj 6.8)		
1993	釧路沖地震 (Mj 7.5, Mw 7.6)	1991	「新編-日本の活断層」出版
1993	北海道南西沖地震 (Mj 7.8, Mw 7.7)		
1994	北海道東方沖地震 (Mj 8.2, Mw 8.3)	1994	東北日本の反転テクトニクス
1994	三陸はるか沖地震 (Mj 7.6, Mw 7.8)		
1995	兵庫県南部地震 (Mj 7.3, Mw 6.9)	1995	地震調査研究推進本部設置
		1996	反射法地震探査・地下構造
		1998	地震の発生確率
		1999	津波堆積物
2000	鳥取県西部地震 (Mj 7.3, Mw 6.8)		
2001	2001年芸予地震 (Mj 6.7, Mw 6.8)	2002	「第四紀逆断層アトラス」出版
2003	十勝沖地震 (Mj 8.0, Mw 8.0〜8.3)	2003	「活断層詳細デジタルマップ」出版
		2003	日本列島と周辺海域の地震地体構造区分
2004	新潟県中越地震 (Mj 6.8, Mw 6.7)		
		2006	強震動予測地図
		2006	*新指針：発電用原子炉施設に関する耐震設計審査指針*
2007	能登半島地震 (Mj 6.9, Mw 6.6)	2007	日本活断層学会設立
2007	新潟県中越沖地震 (Mj 6.8, Mw 6.7)		
2008	岩手・宮城内陸地震 (Mj 7.2, Mw 7.0)	2008	*活断層等に関する安全審査の手引き*
		2010	*発電用原子炉施設の耐震安全性に関する安全審査の手引き*
2011	東北地方太平洋沖地震 (Mj 8.4, Mw 9.0)	2011	巨大地震に伴う応力変化
2011	福島県浜通り地震 (Mj 7.0, Mw 6.6-6.8)		地震の連動・活断層の相互作用
		2012	*原子力規制委員会設置*
		2013	*新規制基準*

(2) 「新指針」[9]（発電用原子炉施設に関する耐震設計審査指針）

1995年の兵庫県南部地震（阪神・淡路大震災）では，活断層が引き起こす直下型地震による構造物の被害が広く認識されるとともに，構造物の耐震性についても多くの知見が得られた。この地震を契機として，地震に関する研究を一元的に推進する地震調査研究推進本部が設置され，日本全国の活断層についての知見が蓄積されていった。調査方法についても，ピストンコアラー・ジオスライサーのような試料採取技術や，海域の音波探査・反射法地震探査などの物理探査技術などが進歩した。新たな知見や調査技術を踏まえた指針の改定作業は2001年から始まり，2006年に「新指針」が策定された。

「新指針」での活断層の定義は，「最近の地質時代に繰り返し活動し，将来も活動する可能性のある断層」とされている。「最近の地質時代」の年代はこの時点で明記されていないが，活断層は約40万年前以降から現在に至るまで，ほぼ同一の地殻変動様式が継続し，今後も同様の活動をする可能性が高いと考えられている[10]。

「新指針」では，発電所施設の重要度分類や基準地震動の策定方法の改定が行われるともに，活断層の調査では「既存文献の調査，変動地形学的調査，地表地質調査，地球物理学的調査等を適切に組み合わせて十分な調査を実施する」とされた。

「耐震設計上考慮する活断層としては，後期更新世以降（120,000〜130,000年前以降）の活動が否定できないもの」として判断を厳格化した。さらに「認定に際しては最終間氷期の地層又は地形面に断層による変位・変形が認められるか否かによることができる」とした。言い換えれば，基準の年代範囲が「旧指針」の50,000年前から，「新指針」では120,000〜130,000年前に拡大されたことになる。その考え方は以下の理由にもとづく。

① 活断層の活動間隔が50,000年を超えることもありうる。
② 変位基準となる50,000年前の地形や地層は，沿岸地域では認定できないことが多い（氷期に相当するため海面高度が低く，分布が海底や河川沿いに限られる）。そのた

め，海面高度が高く広範囲に分布する最終間氷期の地形や地層を用いる。

また「旧指針」では地表に現れない断層から発生する近距離地震として M＝6.5 の直下地震を想定していたが，「新指針」では「震源を特定せずに策定する地震動」という考え方が導入されている。これは震源と活断層を関連付けることが困難な過去の内陸地殻内の地震について，震源近傍の観測記録から地震動を想定するものである。

(3) 「新規制基準」[11]

新たに設置された原子力規制委員会が策定した「新規制基準」は，既設の発電所に対しても適用され，それまで電力会社による自主的な取り組みであったシビアアクシデントへの対策を法律で義務付けた。発電所施設の重要度分類や基準地震動の策定方法については，基本的に「新指針」を踏襲している。

「新規制基準」の地震や津波に対する安全評価では，①：施設の安全設計に用いる「基準津波」の考え方が導入されたこと，②：地震による揺れに加えて地盤の「ずれや変形」に対する基準を明確化したこと，の2点が主な新しい内容である。

ⅰ) 基準津波

既往最大を上回るレベルの津波を「基準津波」として策定し，基準津波への対応として津波防護施設等の設置を要求している。津波を発生させる要因としては，プレート間地震，海洋プレート内地震，海域の活断層による地殻内地震，陸上および海底での地すべり・斜面崩壊，火山現象（噴火・山体崩壊・カルデラ陥没等）から，大きな影響を与える要因を複数選定し，その組み合わせも考慮する内容となっている。

ⅱ) 地盤のずれや変形

従来の指針が基準地震動の発生源として活断層の評価を求めていたのに対し，「新規制基準」では，これに加えて「重要な安全機能を有する施設は，将来活動する可能性のある断層等の露頭が無いことを確認した地盤に設置すること」が明記された。「将来活動する可能性のある断層等」としては，「後期更新世以降の活動が否定できないもの」として「新指針」の基準が引き継がれている。ただし地形面や地層の欠如によって「後期更新世以降の活動性が明確に判断できない場合には，中期更新世以降（約40万年前以降）まで遡って地形，地質・地質構造及び応力場等を総合的に検討した上で活動性を評価する」として，活断層の変動様式の継続期間が勘案されている（**表-3.8.2.2**）。

表-3.8.2.2 安全規制と活断層の考え方・扱いの変遷

	原子力安全委員会		原子力規制委員会
	旧指針 1981	新指針 2006	新規制基準 2013
活断層の定義	第四紀に活動し，将来も活動する可能性のある断層	最近の地質時代（約40万年間）に繰り返し活動し，将来も活動する可能性のある断層	
評価の目的	重要な発電所施設の耐震安全設計のための基準地震動の策定		重要な発電所施設の地盤のずれや変形
活動性評価の基準	5万年前以降活動したものまたは地震発生間隔が5万年未満のもの	後期更新世以降（12-13万年前以降）の活動が否定できないもの	上記地形面・地層が欠如する場合 中期更新世以降（約40万年前以降）まで遡って総合的に検討
地表に現れない断層から発生する地震	近距離地震 M＝6.5の直下地震を想定	震源を特定せずに策定する地震動の想定	

3.8.3 原子力施設における活断層評価の課題

震災と福島第一発電所の事故後，旧原子力安全・保安院は「地震・津波に関する意見聴取会」を開催し，津波や活断層に関する検討を始めた。その中で既設発電所敷地内の断層に関する調査・検討もなされた。この検討は原子力規制委員会に引き継がれ，数地点の発電所を対象として進められているが，この中で断層の活動性評価（将来活動する可能性の

ある断層であるか否かの判定）には，なお多くの技術的課題があることも浮き彫りになっている。以下に主な課題とみられる3点を挙げるが，今後これらの課題に対する調査・研究が進み，新たな知見として評価に反映されることが望まれる。

① 基盤岩のみを変位させる断層の活動性評価

「後期更新世以降」あるいは「中期更新世以降」の活動の有無を判定するには，その年代の地形面・地層と断層の関係が把握されなければならない。しかし実際には，断層付近に基準となる地形面・地層が分布しない例が多数見受けられる。そのような場合には，断層付近の岩盤から得られる情報（地盤の動きの方向・向き，変形様式，風化・変質作用の時期と変形時期の関係，固結状態など）から，断層活動の年代感を得る必要がある。ところがこれまでの活断層の研究は，地形と断層を覆う地層の変位に主眼が置かれてきたため，このような岩盤からの情報と活動時期の関係ついての知見は非常に少ない。松田[11]は，「断層破砕帯の構造や断層岩（断層活動に伴って形成される特徴的な構造を伴う岩石）からその断層の過去の活動をどの程度まで知ることができるか，これからの地質学的アプローチがその有効性を示すことを期待する」と述べている。

② 副次的な地盤の変形の評価

地表付近に見えている活断層は地下深部へ連続し，震源（岩石の破壊が最初に発生する場所）は一般に深さ10～15km程度の地殻上部に存在する。活断層（起震断層）が活動する（深部で破壊が生じる）と，物性や応力状態が異なる地表近くでは，岩盤中の既存の割れ目などを使って分岐する例，比較的軟質な岩盤・堆積物では破壊せずに緩やかに撓む例も多い。このような地表近くの副次的な動きについても，重要構造物との関連において評価が求められる。しかしこれまでの活断層の調査・研究は，活断層（起震断層）の変位量・活動時期・活動間隔などを知ることが主な目的であったため，副次的な変形（変形量・変形領域・変形様式など）を評価できるような知見は少ない。副次的な地盤の変形に関する定量的な評価に結び付く研究開発が望まれる。

③ ノンテクトニック断層と活断層の識別

断層は地盤のずれを意味するものであるから，しばしば地すべりのような斜面の重力性の動きによっても形成される。また1.6.4に述べた地盤の膨張・隆起によっても生じることが知られるようになってきた。このように，地殻内の広域的な応力によって形成される断層以外の成因によるものは，ノンテクトニック断層と呼ばれている。ノンテクトニック断層も，それが将来活動することなく，耐震重要施設の地盤に変位が生じる恐れがないことを確認する必要がある。しかし活断層との最も本質的な相違は，地すべりのすべり領域を除去するなど，変位・変形の原因そのものを工学的に排除することができる点である。ノンテクトニック断層は応用地質学分野で扱われているものの，活断層の研究ではほとんど対象となっておらず，ノンテクトニック断層と活断層を識別する調査・評価方法の研究が必要である。

引用・参考文献

1) 東北電力株式会社ホームページ：http://www.tohoku-epco.co.jp/
2) 東京電力株式会社ホームページ：http://www.tepco.co.jp/index-j.html
3) 日本原子力発電株式会社ホームページ：http://www.japc.co.jp/
4) 東北地方太平洋沖地震津波合同調査グループ：(http://www.coastal.jp/ttjt/) 2014年8月参照
5) 原子力災害対策本部：原子力安全に関するIAEA閣僚会議に対する日本国政府の報告書－東京電力福島原子力発電所の事故について－ Ⅲ．東北地方太平洋沖地震とそれによる津波の被害，60p, 2011.
6) 東京電力福島原子力発電所事故調査委員会：国会事故調 報告書，592p, 2012.
7) 原子力安全委員会：発電用原子炉施設に関する耐震設計指針（昭和56年7月20日原子力安全委員会決定）．
8) 日本の活断層，東京大学出版会，
9) 地震調査研究推進本部：「活断層の長期評価手法」報告書（暫定版），117p, 2010.
10) 原子力安全委員会：発電用原子炉施設に関する耐震設計指針（平成18年9月19日原子力安全委員会決定）．

11) 原子力規制委員会：実用発電用原子炉及びその附属施設の位置，構造及び設備の基準に関する規則（平成 25 年 6 月 28 日原子力規制委員会規則第 5 号），実用発電用原子炉及びその附属施設の位置，構造及び設備の基準に関する規則の解釈（平成 25 年 6 月 19 日原子力規制委員会決定）．
12) 松田時彦：活断層研究の歴史と課題，活断層研究，No.28, pp.15〜22, 2008.

---

column

『小水力発電』

(1) 小水力発電が必要とされる背景

石油・天然ガス・石炭など化石燃料の枯渇や，これらの利用に伴なう二酸化炭素やメタンなど温室効果ガス排出による地球温暖化の進行が世界的に認識され，CO_2 排出の少ないエネルギー資源の利用が求められている。しかし，我が国の 2013 年度の電力 10 社の総発電電力量 9,397 億 kWh の構成比は，東日本大震災後の原子力発電所の長期停止等もあり，火力発電量が 88.3％と過去最高となり，水力発電量は 8.5％の 800 億 kWh に留まっている。

日本は世界有数の降水量の多い地域にあり，国土の 7 割が森林で覆われ，年間を通じて川の流れが絶えることはなく，地形が急峻で落差を利用した水力発電に有利な国である。地球温暖化防止対策の一環として水力発電は CO_2 排出量が極端に少なく，エネルギー源となる水量の変動が小さく安定した発電ができる。新たな大規模水力発電用のダム適地が少ないことから，未開発の埋蔵水力のなかでも出力概ね 1,000kW 以下の小水力発電の開発が期待されている。

国も自然エネルギー事業化の普及に有効な政策手法の一つとして，太陽光・風力・地熱・中小水力など再生可能エネルギーで発電された電気を，国が定める価格で一定期間，電力会社が買い取ることを義務付ける制度として，全量買い取り／固定価格買取制度 FIT を 2012 年夏から施行している。この制度は出力 3 万 kW 以下の中小水力発電も対象としている。

(2) 小水力発電の特徴

水力発電は明治時代に紡績業や鉱山業の自家発電所として登場し，100 年を超える歴史があり，水車や発電機などの発電技術は成熟している。小水力発電は河川水・農業用排水・浄水・水道用水・工業用水などを繰返し利用する再生可能な純国産エネルギーであり，建設時の環境負荷が少なく，短期間で設置が可能で，地方分散の小電力需要に臨機に対応が可能である。国内だけでなく，海外でも開発途上国などでは初期投資の少ない小水力発電の導入が期待される。

(3) 地形・地質的な立地条件と地盤技術者の役割

水力発電で得られる電気エネルギーの大きさは，落差と流量でほぼ決まり，落差が高く流量が多くなるほど発電出力は大きくなる。川や用水路などの周辺で効率的な発電所計画地点を選定する。水路式発電では，取水口→導水路→ヘッドタンク（貯水槽）→水圧鉄管→発電所→放水路などの土木設備を配置する。発電出力に比較してこれらの土木施設の工事費の比率が高くなるので，立地条件調査では初期投資や維持管理費用の縮減のため，地盤技術者の役割として地形・地質，土木的に経済的地点選定が求められる。また，砂防ダムを取水堰に利用した水力発電の計画では，取水堰の建設費用が軽減されるばかりでなく，砂防ダムそのものの落差を用いることによって，比較的容易に落差を得ることができるため，水路や水圧管の設置費用も軽減できるが，既設の砂防ダムの強度や機能に影響しないことはもちろん，水車に土砂やごみが流れ込まないような取水設備の計画や維持管理が必要となる。

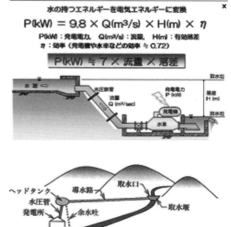

水路式小水力発電の土木施設[2]

(小俣新重郎)

あとがき

　本書は，現在ならびに将来，国民の生活上重要な影響をもつ防災・環境・インフラストラクチャーの維持管理における地形地質情報の把握の仕方，ならびに見かた・考え方を述べたものである。

　建設計画・保全計画いずれであっても，地盤調査は，あるサイトやルートあるいは地区いずれを対象とする場合も，マクロからミクロへと段階を踏んで実施するのが鉄則である。地盤調査の後半段階では，物理探査やボーリング調査・原位置試験・動態観測など，狭い領域や点的な詳細調査が行われるが，それを「どの地点で，どういう手法で，どの程度行うか」の判断は，対象地域とその周辺地域までも含めた，やや広域の地形・地質調査の結果にもとづいて行うべきである。すなわち，地形地質調査は（1）広域の中でその地区の地形と個々の地質・土質単元の分布を把握し，それらのあり方—成層状況や断層・褶曲・不整合などの地質構造—や，その地点の地盤で発生する災害現象等を把握する定性的・理学的な段階と，（2）（1）の段階で明確にされた地形・地質・土質単元部分での，上記のような詳細調査あるいは室内試験など，個々の定量的・工学的性質を把握する段階があり，常に（1）から（2）へと移っていくべきである。

　このように，対象地域を含む広域から地盤の特性やその地域での位置づけを正しく把握したうえで問題点を絞っていくには，このようなマクロからミクロへとステップを踏んで実施することが大切である。調査の段階的進展に際しては，問題点の絞り込みとともに，施工中や供用後の防災，建設の経済性や施工性，等の点での効率を高めるとともに，今では環境保全や景観保全などを念頭に置いた対処が強く求められる。

　本書で記した地形・地質情報はこのうち主として上記（1），すなわち建設計画や保全計画の初期段階で得られる情報が主であって，得られた地形・地質情報の見方や評価の仕方，建設や維持管理・更新に際しての目の付けどころなどのノウハウを，現在コンサルタントの第一線で活躍している専門家が結集して力を込めて紙面の許す限り披露したものである。ただ，"まえがき"に記したように，基礎技術的なこと—例えば①地すべり地の抽出方法，②活断層の抽出方法，③低地微地形の読み方，④火山の一般形態など—は，全て割愛した。これらについては既に，前の版本やそれぞれについての読み取り方法についての詳しい個々の専門書が出版されているため，それらに負うことにして，本書ではもっぱら防災・環境・維持管理といった面から，①〜④などの地形・地質情報をどう見て，どう評価し，どう対応するのが望ましいかなどのノウハウを中心に記述した。その点でも，従来の地形・地質の教科書とは一味ちがい，きわめて実践にそくしたものとなっている。本書が我が国のインフラストラクチャー等の整備に多少とも資することができれば，著者一同大きな喜びとするところである。

執筆者一同

索　引

〔あ 行〕

アア溶岩	122, 123
アウターライズ地震	35
青木雪卿（せっけい）	16, 31
吾妻火砕流	8, 11
吾妻川	9, 10, 11, 12, 30, 131
浅間石	9, 12
アクシデントマネジメント	278
アグルチネイト	10, 114
浅間A軽石	8
浅間山天明噴火	8, 30
足柄平野	4, 5, 6, 7, 8
アスペクト比	122
アセットマネジメントシステム	258
阿蘇カルデラ	120
阿蘇山	87, 92, 94, 96, 125
圧密沈下	156, 233, 234, 253, 256
アバランチシュート	135, 139
安政地震	2
安政東南海地震	68
安政南海地震	47, 68
安全評価	198, 199, 204, 281
アンダーピニング工法	158

〔い 行〕

行き止まり型地盤	237, 239
池田組大絵図	18
伊豆大島	25, 87, 92, 94, 95, 96, 98, 112, 118, 119, 123, 127, 128
伊勢湾台風	174, 176, 177, 178
伊奈半左衛門忠順（ただのぶ）	6
伊能忠敬	18
岩倉山	17, 19, 20, 47
インターセクション・ポイント	96
インティグリティ法	256
インテグリティ試験	273

〔う 行〕

受け盤構造	89, 91
受け盤斜面	49, 53
有珠山	92, 95, 96, 112, 127, 131
雲仙岳	120, 126, 129, 131, 132
雲仙地溝帯	13
雲仙普賢岳	13, 30

〔え 行〕

英国海軍病院	27
AE法	256
液状化	1, 34, 36, 37, 41, 42, 43, 44, 45, 46, 50, 51, 52, 56, 59, 174, 179, 181, 183, 233, 235, 238, 246, 247, 252, 253, 255, 256, 258, 278
S波速度	38, 50
越水	234
越流	83, 105
MIS	32
沿岸漂砂	169
塩水化	152, 153, 179, 180
塩水楔	186
塩淡境界	153
塩類風化	164, 166, 167, 168

〔お 行〕

応急対策	84, 182
黄鉄鉱	164, 167, 168, 185, 188, 204
応用地生態学	212, 213, 215, 218, 219, 221, 224, 225
応力解放	164, 253, 254
大磯丘陵	28, 31
大口水下水損六ヶ村	7
大口堤	5, 6, 7, 8
大岳地獄物語	15, 30
大洞（おおぼら）	26, 27
落掘	105, 237, 238
鬼押出し溶岩流	8, 9, 10, 12, 30, 123
溺れ谷	253

〔か 行〕

海岸侵食	149, 169, 173
海岸法	178
海岸保全基本計画	178
海岸保全施設	174, 177, 178
海溝型地震	2, 34, 38, 39, 47, 61, 67, 72, 78
塊状溶岩	112, 122, 123
海嘯	174
海食崖の後退速度	170, 171, 172
海食崖	169, 170, 171, 172

外水氾濫	105, 107, 108, 109
海面上昇	153, 154, 174, 177, 183
海面変動	207, 208, 210
概略点検	236
確実度	73, 76
確率論的地震動予測地図	38
火砕サージ	113, 120
火砕成溶岩	10, 12
火砕流	1, 9, 13, 15, 30, 31, 112, 113, 120, 121, 125, 129, 130, 131, 132
火山ガス	112, 113, 120, 124, 125, 132, 185, 200
火山・火成活動	198, 199, 200, 202
火山岩塊	114, 115
火山災害	111, 113, 127, 131, 149
火山砕屑物（テフラ）	114
火山灰	92, 95, 112, 113, 114, 115, 117, 118, 119, 129, 130
火山噴火	111, 112, 113, 114, 126, 129, 130, 131, 233, 246
過剰間隙水圧	50, 56, 57, 59
河床変化モデル	207
過剰揚水	149, 150, 152, 154
春日森堤	5, 7
河川構造物	233, 234
河川堤防	234, 235, 236, 238, 239
活火山	92, 95, 111, 124, 132
活褶曲運動	35
活断層	1, 31, 34, 35, 38, 40, 53, 54, 72, 73, 74, 75, 76, 77, 78, 79, 191, 194, 195, 196, 199, 200, 204, 222, 233, 246, 247, 253, 254, 258, 278, 279, 280, 281, 282, 283, 284
活動セグメント	74
活動度	73, 75, 76, 78
滑動崩落	55, 57, 58, 59, 60, 99, 248, 249
河道閉塞	17, 18, 20, 25, 27, 52
ガリー侵食	89, 90
軽石	92, 112, 113, 114, 116, 146
岩流瀬堤（がらせてい）	5, 6, 7, 8
カルデラ	112, 115, 120, 121, 125, 126, 131, 137
河（川）原樋新湖	24
環境指標	205, 206, 208, 209
間隙水圧	50, 51, 56, 57, 59, 86, 99, 243, 247, 265, 269
関西地方大水害	174, 176
岩屑なだれ	113, 126, 131
完全混合モデル	188, 189
関東地震	2, 24, 25, 26, 27, 28, 29, 31, 42, 44, 46, 47, 50, 67, 68
関東大震災	24, 29, 31, 54
鎌原（かんばら）観音堂	9, 12
鎌原土石なだれ	8, 9, 10, 11, 12, 30
陥没	154, 159, 160, 162, 236, 254, 260, 271, 272, 274, 275
陥没帯	81, 82, 85
陥没災害	159, 162, 163
陥没の形態	160
陥没のメカニズム	161
柄沢北断層	28

〔き 行〕

紀伊半島豪雨災害	21
危険渓流	97, 98
気候変動	101, 198, 199, 205, 206, 207, 208, 210, 211, 228
基準津波	281
起震断層	53, 72, 74, 282
基礎構造物	233, 253, 254, 255, 256, 257
北アメリカプレート	34, 35
北伊豆地震	36, 72
北武断層	74, 77, 78, 79
基本シナリオ	198, 199
旧河道	105, 106, 107, 108, 109, 162, 233, 236, 237, 238, 239
旧指針	279, 280, 281
旧川微高地	237, 238
旧版地形図	4, 7
キュリー温度	9
強震観測網	200
共振現象	39
共振	38, 39, 61, 62
距離減衰	36, 37, 47, 48
霧立峠地すべり	143
切土のり面	90, 145, 233, 240, 245

〔く 行〕

空振	111, 113, 128
空中写真	42, 45, 62, 65, 66, 68, 69, 75, 76, 79, 81, 83, 84, 85, 86, 87, 89, 93, 106, 134, 138, 157, 170
空洞調査	160, 270, 271, 274, 275, 276
九十九里浜	169
楠平	14
グライド	134
繰り返しせん断	51, 52
クロスメディア環境汚染	185

〔け 行〕

景観生態学	212
渓岸の崖錐	93, 94
傾斜地盤	156, 233, 253
傾斜量図	20, 22, 31
渓床勾配	95, 96, 98
渓床堆積物	93
渓流の出口	95, 96, 139
下水道	38, 159, 233, 270, 271
決壊洪水	21, 31
原位置透水試験	102, 103
減渇水問題	262
原子力発電所	233, 278, 279, 282, 283
元禄地震	6, 29, 68

〔こ 行〕

高圧地下水	262
高圧湧水帯	263
広域地盤沈下	149, 150, 151, 152, 153, 154, 180, 181, 183, 228, 234
広域評価	210
公害	149, 180, 181, 228
降下火砕物	113, 114
高感度地震観測網	200
恒久対策	83, 84
航空レーザ測量	53, 76, 62, 84, 85, 236
恒常湧水	262
神代（こうじろ）領	15
洪水ハザードマップ	110
鋼製有孔パイプ	103
洪積世	32
後続流	95
孔内磁力ベクトル計	273
孔内水位	243
後背湿地	41, 106
小貝川	108
小型の扇状地	93
国川（こくがわ）	140
国川地すべり	81, 141
古地磁気	9
虚空蔵山	19
固着域	37
御殿場岩屑なだれ	5
固有振動周期	62

〔さ 行〕

SAR	203, 239
災害がれき	197
災害ポテンシャル	1
災害リスク	178, 191
災害列島	1
犀川丘陵	16, 17, 20
最終処分場	191, 192, 194, 195, 196, 197, 198
最大加速度	50
最大時間雨量	22
酒匂川	4, 5, 6, 7, 8
砂丘間低地	41
座屈破壊	165
真田幸貫（ゆきつら）	16
砂礫型土石流	95
三角末端面	76
三次元レーザ計測	239
酸素同位体	205, 207, 208, 211
山体崩壊	5, 13, 14, 15, 34, 113, 126, 131
山頂噴火	10
三波川結晶片岩	226
残留間隙水圧	269

〔し 行〕

シーティング節理	48, 53
塩野新湖	22
四月朔地震	13, 14, 30
時間雨量	87, 89, 90, 92, 93, 94, 109, 241
磁気センサー法	273, 274
地震災害	19, 34, 36, 37, 38, 54
地震・断層活動	198, 199, 200, 202
地震動	13, 34, 35, 36, 37, 38, 39, 40, 47, 48, 49, 50, 51, 52, 53, 78, 79, 91, 131, 160, 247, 278, 279, 281
地すべり地形	81, 82, 83, 84, 85, 141, 143, 192, 220, 221, 233, 254, 260, 261
地すべり地形分布図	85
地すべり地	192, 213, 221, 222
地すべり等防止法	251
地すべりの幅	82
地すべり	81, 82, 83, 84, 85, 88, 89, 91, 94, 98, 104, 113, 131, 137, 138, 139, 140, 141, 142, 143, 155, 156, 159, 162, 173, 191, 192, 226, 233, 241, 246, 247, 248, 249, 251, 252, 253, 254, 256, 257, 258, 259, 260, 263, 265, 266, 267, 269, 270, 281, 282
自然堤防	105, 106, 107, 109, 236, 237, 238
信濃川河口	169
地盤改良工法	158
地盤形成	206, 207, 208

地盤沈下	106, 149, 150, 152, 153, 154, 157, 174, 177, 179, 180, 181, 183, 192, 195, 228, 234, 239, 253, 271, 272
地盤沈降	149
地盤品質管理士	252
渋沢東断層	28
島原大変肥後迷惑	13, 15, 30
下末吉層	32
断機能	191, 192, 198
ジャッキアップ工法	158
集合運搬	94
集水井工	249
集水井	83
重力探査	275
種の多様性	211
詳細点検	239
小水力発電	283
昭和新山	127, 132
除荷	90, 164, 269
処理機能	191, 192, 198
白糸川	26, 27
白土（しらち）湖	14
新規制基準	281
震源断層	34, 36, 37, 38, 47, 48, 52, 72, 75, 78
震源特性	36
人工的な空洞	159, 160, 161, 162
震災の帯	36, 37
審査指針	233, 279, 280
新指針	280, 281
震生湖	28, 31
深層崩壊	26, 27, 31, 54, 88, 91
新十津川村	21
新焼け溶岩	13, 14

〔す行〕

水蒸気爆発	11, 12, 30
水蒸気噴火	112, 121, 127
水防法	178
水文地質構造	229
スコリア	92, 112, 114, 116, 118, 119, 146
筋状地形	134, 135, 137, 139
ストロンボリ式	112, 113, 128
スノーボールアースイベント	205
すべり破壊	81, 90, 234, 235, 239
すべり面液状化	56
すべり面深度	81, 82, 260
スメクタイト	144, 148, 164, 166
スラブ内地震	35
スレーキング	242, 254

〔せ行〕

脆弱性	174, 210, 211
生態系	179, 180, 181, 212, 213, 214, 215, 216, 217, 219, 220, 221, 222, 224, 225, 227, 228, 229
瀬替工事	6
積算寒度	144
積雪寒冷地域	133
積雪深	135, 137, 138, 141, 142, 143
0次谷	86, 87, 98
ゼロメートル地帯	106, 152, 154
遷急線	87, 134
先行降雨	50
善光寺地震	16, 17, 18, 19, 20, 31, 47
扇状地	92, 93, 129, 139, 189, 236
扇状地性の地形	92, 95, 96, 97
全層雪崩	133, 134, 135, 139
セントヘレンズ火山	12

〔そ行〕

素因	90, 92, 149, 150, 153
想定地震地図	38
掃流	93, 95, 96, 98

〔た行〕

第一次スクリーニング	248
大規模崩壊	88, 99
堆砂空間	98
大正関東地震	24, 26
耐震設計	38, 195, 252, 279, 280, 282
耐震点検	238, 239
堆積環境	206
第二次スクリーニング	248
太平洋プレート	34
第四紀	32, 33, 34, 49, 68, 70, 71, 72, 76, 88, 137, 150, 169, 171
第四紀断層調査	195
高尾山	22
高潮災害	149, 174, 176, 178
高潮対策	174, 177, 178
宅地造成等規制法	55, 250, 251, 252
宅地防災マニュアル	252
宅地盛土	36, 58, 247
多重防御	178
田中休愚（きゅうぐ）	7
谷埋め盛土	55, 56, 59, 81, 159, 243, 246, 247, 248, 251, 253
ダムアップ効果	183

ダム機能	233, 264, 265, 268	鳥瞰図	14, 77
ダム工	97, 98	長期浸水	177
ダム再開発事業	269	長周期地震動	38, 39, 47
ダム総合点検	264	長寿命化	264, 265, 268, 270
ダムの再開発事業	268	貯水池	233, 264, 265, 266, 267, 269
段丘	96, 106, 107, 137	直下型地震	16, 29, 34, 174, 280
丹沢山地	8, 24, 25, 47, 67	貯留機能	191, 192, 197, 198, 231
短周期地震動	39	貯留構造物	192, 193, 194, 195
断層の上盤効果	38, 47	沈降	34, 61, 67, 68, 69, 70, 72, 78, 127, 198, 202
断層破砕帯	35, 36, 233, 259, 261, 262, 282		
断層変位地形	72, 73, 75, 76		
丹那トンネル	27, 36, 261, 262, 263		

〔ち 行〕

〔つ 行〕

地域防災計画	97, 178	津波	1, 4, 13, 14, 15, 26, 27, 31, 34, 54, 61, 62, 63, 64, 65, 66, 69, 79, 113, 126, 131, 152, 170, 174, 176, 177, 178, 233, 252, 278, 279, 281
地下空洞	159, 160, 161, 163		
地殻変動	113, 127, 128, 131, 200, 202, 203, 207, 224		
地下水位回復	180, 182, 183		
地下水位低下	153, 180, 183	津波地震	61
地下水採取規制	149, 153, 180, 181, 183	津波遡上高	61

〔て 行〕

地下水障害	179, 180, 182, 183, 184	堤外地	105
地下水年代測定法	188, 190	定期検査	264, 268
地下水の地化学的特性	203	堤内	235, 237, 238, 239
地下水排除工	99, 103, 104, 243, 249	堤内地	81, 105, 109, 177
地下水モニタリング	231	泥流型土石流	95
地下水流動系	150, 153, 184, 227, 228, 229, 231	泥流	86, 92, 95, 113, 129, 130, 131
地下水分水界	184	適正のり勾配	240
地球温暖化	154, 174, 179, 205, 208, 209, 210, 228, 283	デブリ	134, 135, 139
		電子基準点	69, 70, 71
地球環境変動	205, 207	天然ダム	2, 17, 18, 21, 22, 24, 29, 31, 47, 52, 94
地球環境	179, 198, 205, 206, 207, 208, 209, 210		
地形形成	134, 206, 207, 208	伝播経路特性	36, 37
治水地形分類	109, 236, 238, 239	天明泥流	9, 10, 11, 12, 30
地生態断面	212, 216, 217, 218, 219, 221, 222, 223, 224, 225		

〔と 行〕

地生態マップ	212, 214, 219, 220, 224	東京軽石層	28
地生態ルートマップ	223	凍結指数	144, 146
地層処分	179, 198, 203, 204	凍結深度	144, 146, 148
秩父帯	88, 89	統合物理探査	239
地中変位計測	261	凍上量	145, 146
地中流水音探査	103, 104	凍上力	144, 147
地表地震断層	34, 72	凍上	133, 144, 145, 146, 147, 148
中華街	27	透水性	86, 87, 102, 103, 192, 238, 242, 263, 276
中間処理施設	191	動的特性	36, 37
沖積錐	87, 93, 95, 96, 97, 98, 139	東南海地震	65, 66, 68
沖積世	32, 33	東北地方太平洋沖地震	2, 34, 43, 44, 46, 47, 50, 56, 60, 62, 63, 64, 65, 66, 67, 69, 70, 71, 170, 248, 249, 252
沖積層基底礫層	32		
中腹噴火	9, 10	導流堤	98, 169

道路陥没	271
特殊土	119
都市水害	105
土砂移動現象	2, 30, 81, 111
土砂管理	233, 265, 269
土砂流	92, 95, 96, 163, 169
土壌・地下水汚染	185, 186, 189, 190
土尻川	17
土石流危険渓流	98
土石流ハザードマップ	97
土石流	1, 2, 6, 13, 14, 26, 27, 29, 34, 47, 50, 52, 81, 87, 92, 93, 94, 95, 96, 97, 98, 113, 129, 130, 139, 140, 143, 244, 246, 252, 266
土層強度検査棒	86, 102, 103, 104, 212, 215, 216, 224
土地利用	2, 17, 29, 38, 62, 64, 65, 66, 78, 81, 106, 154, 174, 191, 194, 212, 213, 222, 226, 229, 231, 241, 254
十津川村	21, 31
ドップラー効果	37, 47
トップリング	89, 90, 91, 241, 245
利根川	9, 10, 11, 30, 43, 108, 109, 131
トモグラフィ探査	276
トリリニアダイアグラム	193
トレンチ調査	34, 76, 77, 79, 166, 200, 202
泥入り	11
泥押し	11
トンネル坑口	98, 259
トンネル変状	259, 260, 261

〔 な 行 〕

内水氾濫	81, 105, 106, 107, 109, 156, 177
内陸型地震	35, 37, 38, 47, 72
中山トンネル	261, 262
流れ盤	49, 51, 52, 241
流れ山	13, 14, 26, 126
雪崩地形	134, 135, 137, 138, 139
雪崩防災	138, 139
雪崩予測図	138
雪崩	133, 134, 135, 137, 138, 139
ナチュラルアナログ研究	204
七号地層	32, 33
波除碑	174
南海地震	66, 68, 174
軟岩	55, 132, 170, 171, 242
軟弱地盤	25, 37, 50, 80, 155, 156, 157, 158, 195, 233, 253, 256, 275

〔 に 行 〕

日本砂山列島	1

〔 ね 行 〕

根岸九郎左衛門鎮衛（やすもり）	10
熱水活動	200
根府川	26, 27, 31, 47, 50

〔 の 行 〕

濃尾地震	47, 72
法面勾配	99
のり面崩壊	90, 240, 241
ノンテクトニック断層	282

〔 は 行 〕

ハイエン台風	174
廃棄物処理施設	191
廃棄物処理	179, 191, 195, 196
廃棄物	179, 186, 190, 191, 192, 194, 195, 196, 197, 198, 200, 204
排水機能	101, 260
排水系統	240, 241, 244, 245
排水対策	82, 165, 177, 243, 259, 260
排水不良	101
パイピング破壊	234, 235
パイプ流路	99, 103
波源域	61
箱根火山	25, 26, 28, 30, 31
ハザードマップ	110, 111, 116, 130, 132, 178
破砕帯地すべり	221, 226
波食棚	168, 170, 171
発電施設	233, 278
破堤	105, 106, 107, 108, 109, 174, 233, 236
幅/深さ比	56
パホイホイ溶岩	122
腹付け盛土	81, 242, 243, 247, 251
ハロイサイト	50
林新湖	21, 24
反射法地震探査	280
磐梯山	12
盤膨れ	164, 165, 167, 168, 261
氾濫平野	63, 236, 238

〔 ひ 行 〕

火石泥いり	11
東日本大震災	34, 39, 178, 197, 235, 246, 252, 283
東日本太平洋沖地震	253
微高地	7, 63, 65, 66, 105, 106, 107

ピストン流モデル	188, 189	〔ま 行〕	
砒素	185, 186, 187, 188, 190	埋設物	233, 271, 272, 273, 274, 275, 276, 277
比抵抗探査	192, 239, 275	槇山	22
樋門・樋管	235	マグマ噴火	112
百段の階段	27	マニングの水理公式	11
標準盛り土勾配	101	眉山	12, 13, 14, 15, 30
表層雪崩	133, 139	〔み 行〕	
表層崩壊	22, 48, 86, 87, 90, 92, 93, 94, 99, 102	三浦軽石層	28
屏風ヶ浦	169, 171, 172	御荷鉾地すべり	221, 225, 226
表面排水路	245	御荷鉾緑色岩	222, 226
表面波探査	101, 239, 273, 275, 276	御荷鉾緑色岩類	82
表面流出率	152, 230, 231	水収支	150, 153, 183, 184, 213, 229, 230, 262
〔ふ 行〕		水循環	179, 182, 227, 228, 229, 230, 231, 232
フィリピン海プレート	34, 68, 128	水循環基本法	153, 227, 232
プールの逃避行	27, 31	港の見える丘公園	27, 28
吹きよせ効果	177	蓑笠之助正高	7
複合扇状地	13	ミマツダイヤグラム	127
伏在断層	72, 78	三宅島	112, 115, 118, 121, 123,
富士山宝永噴火	4, 29, 30		125, 129, 130, 132
仏波止場	27, 28	〔む 行〕	
不同沈下	55, 58, 149, 155, 156, 157, 158, 195, 246, 247, 253	室戸台風	174, 175, 176
浮遊	93	〔め 行〕	
プリニー式噴火	10, 112, 113	明治大水害の記念碑	22
ブルカノ式噴火	112, 113, 128	メンテナンスサイクル	270
プレート内の地震	35	〔も 行〕	
噴砂	41, 44, 59, 238	モニタリング	214, 227, 231, 232, 239, 257, 264, 265, 266, 271, 272, 277
噴石	112, 115, 121	盛土造成地	55, 162, 248, 249, 252
〔へ 行〕		盛土のり面	99, 145, 233, 240, 242, 243
平均変位速度	73, 74, 75, 76, 77, 78, 279	モンモリロナイト	254
ヘキサダイアグラム	193	〔や 行〕	
変状原因	254, 255, 257, 259	柳井沼	9, 10, 11, 12
変動シナリオ	198	矢部川	109
ベントナイト	166	山崩れ激甚地帯	24, 25
〔ほ 行〕		山津波	27, 31
ボアホールカメラ	256	山中式土壌硬度計	215, 216
ボアホールレーダ法	256, 273, 274	山本団地	249, 250
ボイリング	238	〔ゆ 行〕	
宝永地震	2, 3, 4, 6, 28, 29, 47, 68	誘因	81, 92, 145, 149, 150, 153, 154
宝永テフラ	4	有機水銀	186
防災基本計画	178		
膨潤	164, 165, 166		
膨張性地山	164, 165, 168, 233, 254		
掘割（瀬替）工事	6		
本質岩塊	8, 9, 10, 12		

湧水	9, 14, 50, 52, 59, 85, 89, 103, 147, 182, 217, 218, 222, 229, 231, 232, 243, 255, 260, 261, 262, 263, 272	陸の孤島	26
		リスク・コミュニケーション	178
湧水モニタリング	227, 231, 232	リスクマネジメント	268, 278
融雪災害	133, 140, 149	隆起災害	149, 164, 165, 166, 167, 254
融雪土砂災害	140	流動阻害	183, 191
有楽町層	32		
ユーラシアプレート	34, 35		
緩み岩盤	53		

〔よ 行〕

〔る 行〕

揚圧力	180, 181, 182, 183	ルート変更	259, 263
溶岩流	1, 8, 9, 10, 12, 13, 15, 92, 112, 113, 114, 122, 123		

〔れ 行〕

用水2法	181	レーダ探査	273, 274, 275, 276
抑止杭工	249	歴史災害	1, 2, 30, 31
抑止工	249, 259	レス	87
横ずれ断層	34, 35, 47, 72, 74, 200		

〔ろ 行〕

吉野郡水災史	21	漏水量	181, 182
ヨハネス・デレーケ	21	ローラースライダーモデル	56
1/4波長則	50	ロボットカメラ	272

〔ら 行〕

〔わ 行〕

ライフサイクルコスト	270	World Risk Index	210
		涌池	17, 19, 31

〔り 行〕

リアス式海岸	61, 62

平成27年度　出版企画委員会　名簿

委 員 長	小 川 和 也	旭化成建材(株)　事業本部　建材技術部	
幹　　事	杉 本 映 湖	(株)ダイヤコンサルタント　ジオエンジニアリング事業本部	
	渡 邉 康 司	(株)大林組　技術研究所　地盤技術研究部	
委　　員	石 原 雅 規	(国研)土木研究所　つくば中央研究所　地質・地盤研究グループ	
	越 村 賢 司	(株)建設技術研究所　東京本社　水工部	
	山 本 裕 司	基礎地盤コンサルタンツ(株)　関東支社　地盤ソリューション部	

平成 27 年 11 月 27 日発行	
地盤工学・実務シリーズ 32	
防災・環境・維持管理と地形地質	
編 集	地盤工学会　防災・環境・維持管理と地形地質編集委員会
発 行	公益社団法人　地 盤 工 学 会 東京都文京区千石 4 − 38 − 2 〒112-0011　電話 03-3946-8677　FAX 03-3946-8678
発 売	丸善出版(株) 東京都千代田区神田神保町 2 − 17　神田神保町ビル 〒101-0051　電話 03-3512-3256　FAX 03-3512-3270
印刷所	株式会社 報　光　社

Ⓒ　2015　公益社団法人　地盤工学会

27.11.1500-3985 ⑧

ISBN 978-4-88644-931-3

価格はカバーに表示してあります。
乱丁・落丁は送料当学会負担にてお取り替えいたします。
お手数ですが、地盤工学会まで、現物をお送り下さい。